全国高等学校自动化专业系列教材

教育部高等学校自动化专业教学指导分委员会牵头规划

Exercises for Modern Control Theory

现代控制理论习题集

高立群　郑　艳　井元伟　编著

Gao Liqun　Zheng Yan　Jing Yuanwei

清华大学出版社

北　京

内 容 简 介

本书是张嗣瀛院士主编的全国高等学校自动化专业系列教材《现代控制理论》的配套习题解答。

书中对该教材各章中所有习题均给出相应解答，同时还精选近年来出版的十几本现代控制理论教材中例题和习题并给出解答。书中习题涉及系统的状态方程建立及解法；系统的能控性、能观性和稳定性等定性理论；极点配置、反馈解耦、观测器设计等综合理论；以及最优控制理论和状态估计理论。同时书中还编录了一些利用 MATLAB 语言求解的习题。

本书以自动化专业及相关专业本科生为主要读者对象，同时也可供研究生和相关的工程技术人员参考。

图书在版编目（CIP）数据

现代控制理论习题集/高立群，郑艳，井元伟编著. —北京：清华大学出版社，2007. 10（2025. 1 重印）
（全国高等学校自动化专业系列教材）
ISBN 978-7-302-15678-9

Ⅰ. 现… Ⅱ. ①高… ②郑… ③井… Ⅲ. 现代控制理论—高等学校—习题 Ⅳ. O231-44

中国版本图书馆 CIP 数据核字(2007)第 105497 号

责任编辑：王一玲　刘　彤
责任校对：白　蕾
责任印制：沈　露

出版发行：清华大学出版社
网　　址：https://www.tup.com.cn，https://www.wqxuetang.com
地　　址：北京清华大学学研大厦 A 座　　**邮　　编**：100084
社 总 机：010-83470000　　**邮　　购**：010-62786544
投稿与读者服务：010-62776969，c-service@tup.tsinghua.edu.cn
质量反馈：010-62772015，zhiliang@tup.tsinghua.edu.cn
印 装 者：涿州市般润文化传播有限公司
经　　销：全国新华书店
开　　本：175mm×245mm　　**印　　张**：20.75　　**字　　数**：423 千字
版　　次：2007 年 10 月第 1 版　　**印　　次**：2025 年 1月第 15 次印刷
定　　价：55.00元

产品编号：025261-04

出版说明

《全国高等学校自动化专业系列教材》

为适应我国对高等学校自动化专业人才培养的需要，配合各高校教学改革的进程，创建一套符合自动化专业培养目标和教学改革要求的新型自动化专业系列教材，“教育部高等学校自动化专业教学指导分委员会”（简称“教指委”）联合了“中国自动化学会教育工作委员会”、“中国电工技术学会高校工业自动化教育专业委员会”、“中国系统仿真学会教育工作委员会”和“中国机械工业教育协会电气工程及自动化学科委员会”四个委员会，以教学创新为指导思想，以教材带动教学改革为方针，设立专项资助基金，采用全国公开招标方式，组织编写出版了一套自动化专业系列教材——《全国高等学校自动化专业系列教材》。

本系列教材主要面向本科生，同时兼顾研究生；覆盖面包括专业基础课、专业核心课、专业选修课、实践环节课和专业综合训练课；重点突出自动化专业基础理论和前沿技术；以文字教材为主，适当包括多媒体教材；以主教材为主，适当包括习题集、实验指导书、教师参考书、多媒体课件、网络课程脚本等辅助教材；力求做到符合自动化专业培养目标、反映自动化专业教育改革方向、满足自动化专业教学需要；努力创造使之成为具有先进性、创新性、适用性和系统性的特色品牌教材。

本系列教材在“教指委”的领导下，从2004年起，通过招标机制，计划用3、4年时间出版50本左右教材，2006年开始陆续出版问世。为满足多层面、多类型的教学需求，同类教材可能出版多种版本。

本系列教材的主要读者群是自动化专业及相关专业的大学生和研究生，以及相关领域和部门的科学工作者和工程技术人员。我们希望本系列教材既能为在校大学生和研究生的学习提供内容先进、论述系统和适于教学的教材或参考书，也能为广大科学工作者和工程技术人员的知识更新与继续学习提供适合的参考资料。感谢使用本系列教材的广大教师、学生和科技工作者的热情支持，并欢迎提出批评和意见。

《全国高等学校自动化专业系列教材》编审委员会

2005年10月于北京

《全国高等学校自动化专业系列教材》编审委员会

序

FOREWORD

自动化学科有着光荣的历史和重要的地位，20 世纪 50 年代我国政府就十分重视自动化学科的发展和自动化专业人才的培养。五十多年来，自动化科学技术在众多领域中发挥了重大作用，如航空、航天等，“两弹一星”的伟大工程就包含了许多自动化科学技术的成果。自动化科学技术也改变了我国工业整体的面貌，不论是石油化工、电力、钢铁，还是轻工、建材、医药等领域都要用到自动化手段，在国防工业中自动化的作用更是巨大的。现在，世界上有很多非常活跃的领域都离不开自动化技术，比如机器人、月球车等。另外，自动化学科对一些交叉学科的发展同样起到了积极的促进作用，如网络控制、量子控制、流媒体控制、生物信息学、系统生物学等学科就是在系统论、控制论、信息论的影响下得到不断的发展。在整个世界已经进入信息时代的背景下，中国要完成工业化的任务还很重，或者说我们正处在后工业化的阶段。因此，国家提出走新型工业化的道路和“信息化带动工业化，工业化促进信息化”的科学发展观，这对自动化科学技术的发展是一个前所未有的战略机遇。

机遇难得，人才更难得。要发展自动化学科，人才是基础、是关键。高等学校是人才培养的基地，或者说人才培养是高等学校的根本。作为高等学校的领导和教师始终要把人才培养放在第一位，具体对自动化系或自动化学院的领导和教师来说，要时刻想着为国家关键行业和战线培养和输送优秀的自动化技术人才。

影响人才培养的因素很多，涉及教学改革的方方面面，包括如何拓宽专业口径、优化教学计划、增强教学柔性、强化通识教育、提高知识起点、降低专业重心、加强基础知识、强调专业实践等，其中构建融会贯通、紧密配合、有机联系的课程体系，编写有利于促进学生个性发展、培养学生创新能力的教材尤为重要。清华大学吴澄院士领导的《全国高等学校自动化专业系列教材》编审委员会，根据自动化学科对自动化技术人才素质与能力的需求，充分吸取国外自动化教材的优势与特点，在全国范围内，以招标方式，组织编写了这套自动化专业系列教材，这对推动高等学校自动化专业发展与人才培养具有重要的意义。这套系列教材的建设有新思路、新机制，适应了高等学校教学改革与发展的新形势，立足创建精品教材，重视实践性环节在人才培养中的作用，采用了竞争机制，以激励和推动教材建设。在此，我谨向参与本系列教材规划、组织、编写的老师，致以诚挚的感谢，并希望该系列教材在全国高等学校自动化专业人才培养中发挥应有的作用。

吴启迪教授

2005年10月于教育部

序

FOREWORD

《全国高等学校自动化专业系列教材》编审委员会在对国内外部分大学有关自动化专业的教材做深入调研的基础上，广泛听取了各方面的意见，以招标方式，组织编写了一套面向全国本科生(兼顾研究生)、体现自动化专业教材整体规划和课程体系、强调专业基础和理论联系实际的系列教材，自2006年起陆续面世。全套系列教材共五十多本，涵盖了自动化学科的主要知识领域，大部分教材都配置了包括电子教案、多媒体课件、习题辅导、课程实验指导书等立体化教材配件。此外，为强调落实“加强实践教育，培养创新人才”的教学改革思想，还特别规划了一组专业实验教程，包括《自动控制原理实验教程》、《运动控制实验教程》、《过程控制实验教程》、《检测技术实验教程》和《计算机控制系统实验教程》等。

自动化科学技术是一门应用性很强的学科，面对的是各种各样错综复杂的系统，控制对象可能是确定性的，也可能是随机性的；控制方法可能是常规控制，也可能需要优化控制。这样的学科专业人才应该具有什么样的知识结构，又应该如何通过专业教材来体现，这正是“系列教材编审委员会”规划系列教材时所面临的问题。为此，设立了《自动化专业课程体系结构研究》专项研究课题，成立了由清华大学萧德云教授负责，包括清华大学、上海交通大学、西安交通大学和东北大学等多所院校参与的联合研究小组，对自动化专业课程体系结构进行了深入研究，提出了按“控制理论与工程、控制系统与技术、系统理论与工程、信息处理与分析、计算机与网络、软件基础与工程、专业课程实验”等知识板块构建的课程体系结构。以此为基础，组织规划了一套涵盖几十门自动化专业基础课程和专业课程的系列教材。从基础理论到控制技术，从系统理论到工程实践，从计算机技术到信号处理，从设计分析到课程实验，涉及的知识单元多达数百个、知识点几千个，介入的学校五十多所，参与的教授一百二十多人，是一项庞大的系统工程。从编制招标要求、公布招标公告，到组织投标和评审，最后商定教材大纲，凝聚着全国百余名教授的心血，为的是编写出版一套具有一定规模、富有特色的、既考虑研究型大学又考虑应用型大学的自动化专业创新型系列教材。

然而，如何进一步构建完善的自动化专业教材体系结构？如何建设基础知识与最新知识有机融合的教材？如何充分利用现代技术，适应现代大学生的接受习惯，改变教材单一形态，建设数字化、电子化、网络化等多元形态、开放性的“广义教材”？等等，这些都还有待我们进行更深入的研究。

本套系列教材的出版，对更新自动化专业的知识体系、改善教学条件、创造个性化的教学环境，一定会起到积极的作用。但是由于受各方面条件所限，本套教材从整体结构到每本书的知识组成都可能存在许多不当甚至谬误之处，还望使用本套教材的广大教师、学生及各界人士不吝批评指正。

吴澄 院士

2005 年 10 月于清华大学

前言

PREFACE

为适应我国对高等学校自动化专业人才培养的需要,“教育部高等学校自动化专业教学指导分委员会”联合了“中国自动化学会教育工作委员会”、“中国电工技术学会高校自动化教育专业委员会”、“中国系统仿真学会教育工作委员会”和“中国机械工业教育协会电气工程及自动化学科委员会”四个委员会以教学创新为指导思想,以教材带动教学改革为方针,采取全国公开招标方式组织编写了一套自动化专业系列教材。本书是对该系列教材中《现代控制理论》(张嗣瀛院士主编)一书相配套的习题解答。

书中不仅对该教材各章中所有习题均给出相应的、详尽的解答,同时还精选近年来出版的十几本现代控制理论教材中的例题和习题并给出解答。书中题号右上角标“*”的为所增加的习题,题号右上角标“**”的为原书中的例题。书中习题涉及系统的状态方程建立及解法;系统的能控性、能观性和稳定性等定性理论;极点配置、反馈解耦、观测器设计等综合理论;以及最优控制理论和状态估计理论。本书可以帮助不同层次的读者更好地理解和掌握现代控制理论的思想和内容。书中介绍的利用 MATLAB 语言求解的习题,有利于培养读者利用计算机解决实际问题的能力。

本书以自动化及相关专业本科生为主要读者对象,同时也适于自动化及相关专业的专科生和研究生使用。

东北大学高立群教授编写了第 1、5、6、8 章,井元伟教授编写了第 4、7 章,郑艳副教授编写了第 2、3 章,张嗣瀛院士进行了总体构思和总纂。此外参加编写工作的还有李扬、王坤、片兆宇、郭丽等博士研究生,在此对他们表示感谢。

由于时间比较仓促,书中可能存在错误,请读者批评、指正。另外有些题目解法和答案并不唯一,这里一般只给出一种解法和答案。

编　者

2007 年 4 月

目录

CONTENTS

第1章 绪　论

1.1 控制理论的发展历程简介

在20世纪30、40年代，自动控制理论初步形成并奠定了基础；第二次世界大战后，在反馈理论、频率响应理论发展的基础上，形成了较为完善的自动控制系统设计的频率法理论。1948年又提出了根轨迹法，至此，自动控制理论发展的第一阶段基本形成。这种建立在频率法和根轨迹法基础上的理论，通常被称为经典控制理论。经典控制理论发展过程中的代表人物有奈奎斯特(H. Nyguist)、伯德(H. W. Bode)、维纳(N. Wiener)。

经典控制理论以拉氏变换为数学工具，以单输入-单输出的线性定常系统为主要研究对象，将描述系统的微分方程或差分方程变换到复数域中，得到系统的传递函数，并以此为基础在频率域中对系统进行分析与设计，确定控制器的结构和参数。通常是采用反馈控制，构成所谓闭环控制系统。经典控制理论具有明显的局限性，突出的是难以有效地应用于时变系统、多变量系统，也难以揭示系统更为深刻的特性。

在20世纪50年代蓬勃兴起的航空航天技术的推动和计算机技术飞速发展的支持下，控制理论在1960年前后有了重大的突破和创新。动态规划法和极大值原理的提出使得最优控制理论得到了极大的发展；状态空间法被引入到系统与控制理论中来，出现了能控性、能观性的概念和新的滤波理论。这些就构成了现代控制理论的起点和基础。现代控制理论发展过程中的代表人物主要有贝尔曼(R. Bellman)、庞特里雅金(Понтрягин，Л. С.)和卡尔曼(R. E. Kalman)。

现代控制理论以线性代数和微分方程为主要数学工具，以状态空间法为基础，分析与设计控制系统。状态空间法本质上是一种时域的方法，它分析和综合的目标是在揭示系统内在规律的基础上，实现系统在一定意义下的最优化。现代控制理论的研究对象广泛，不但是单变量、线性的定常系统，也可以是多变量、非线性的时变系统。

1.2 现代控制理论的主要内容

概括地说，现代控制理论有下列主要分支：

(1) 线性系统理论　主要研究线性系统状态的运动规律和改变这些规律的可能性与实施方法。它除了包括系统的能控性、能观性、稳定性分析之外，还包括状态反馈、状态估计及补偿器的理论和设计方法等内容。

(2) 最优滤波理论　主要研究如何根据被噪声污染的测量数据，按照某种判别准则，获得有用信号的最优估计。卡尔曼滤波是滤波理论的一大突破。

(3) 系统辨识　所谓系统辨识就是在系统的输入-输出试验数据的基础上，从一组给定的模型类中确定一个与所测量系统本质特征相等价的模型。

(4) 最优控制　最优控制就是在给定限制条件和性能指标下，寻找使系统性能在一定意义下为最优的控制规律。在解决最优控制问题中，庞特里雅金的极大值原理和贝尔曼动态规划法是两种最重要的方法。

(5) 自适应控制　其基本思想是，当被控对象内部结构和参数以及外部环境干扰存在不确定性时，在系统运行期间，系统自身能对有关信息实现在线测量和处理，从而不断修正系统结构的有关参数和控制作用，使之处于人们所期望的最佳状态。

(6) 非线性系统理论　主要研究非线性系统状态的运动规律和改变这些规律的可能性与实施方法。主要包括能控性、能观性、稳定性、线性化、解耦以及反馈控制、状态估计等理论。

1.3 本书内容及其特点

本书以自动化及相关专业本科生为主要对象，同时也适于自动化及相关专业的专科生和研究生使用。

本书与现行自动化专业本科生教材配套，侧重基础知识的理解和运用，适当地“拔高”以满足工科硕士研究生的需要。书中所含习题难易程度不同，可以帮助不同层次的读者更好地理解和掌握现代控制理论的思想和内容。书中习题涉及系统的状态方程建立及解法；系统的能控性、能观性和稳定性等定性理论；极点配置、反馈解耦、观测器设计等综合理论；以及最优控制理论和状态估计理论。书中介绍的利用MATLAB语言求解的习题会有利于培养读者利用计算机解决实际问题的能力。

本书侧重解题思想的介绍，力求通俗易懂，便于启发读者思路，达到举一反三的目的。

习题与解答

1.1* 现代控制理论与经典控制理论有哪些主要方面的不同?

答:现代控制理论以线性代数和微分方程为主要数学工具,以状态空间法为基础,分析与设计控制系统。状态空间法本质上是一种时域的方法,它分析和综合的目标是在揭示系统内在规律的基础上,实现系统在一定意义下的最优化。现代控制理论的研究对象广泛,不但是单变量、线性的定常系统,也可以是多变量、非线性的时变系统。

1.2* 经典控制理论发展过程中的代表人物有哪些?他们分别做出了些什么贡献?

答:奈奎斯特(H. Nyguist) 提出了系统稳定性的奈奎斯特判据。

伯德(H. W. Bode) 提出了简便而又实用的伯德图法进行系统频域分析。

维纳(N. Wiener) 总结了经典控制的一般性理论,推广了反馈的概念,提出维纳滤波。

1.3* 现代控制理论发展过程中的代表人物有哪些?他们分别做出了些什么贡献?

答:贝尔曼,给出动态规划求解最优控制问题方法。

庞特里雅金,证明了极大值原理,使得最优控制理论得到了极大的发展。

卡尔曼,提出了能控性、能观性的概念,特别是给出线性最小方差滤波递推算法,即卡尔曼滤波方法。

1.4* 试分析限制现代控制理论在实际生产中应用最重要的因素会是什么?

答:在运用现代控制理论解决问题时,首先必须建立一个能够很好地描述该对象的数学模型,而对于一个实际问题,由于问题的复杂性,往往无法获得理想的数学模型。其次,运用现代控制理论解决问题时,往往控制器比较复杂,在控制目标要求并不十分严格时,考虑经济条件的约束情况,往往采用经典控制方法,这样既可以保证控制要求,又简单方便。

1.5* 早期最著名的现代控制中最优控制理论应用实例是什么?

答:美国阿波罗号登月舱姿态控制。

第2章 控制系统的状态空间描述

本章主要涉及系统状态变量模式数学模型的建立。主要包括三部分内容：阐述系统状态空间描述的概念；给出依据不同的已知条件建立系统状态空间表达式的不同方法；有关系统线性变换方面的知识。

2.1 几个重要概念

状态变量 系统的状态变量是指能完全表征系统运动状态的最小一组变量。如给定了 $t=t_0$ 时刻这组变量的值和 $t\geqslant t_0$ 时刻的输入函数，则系统在 $t\geqslant t_0$ 时刻的行为就能完全确定。这样一组变量就称为状态变量。

状态方程 把系统的状态变量与输入之间的关系用一组一阶微分方程来描述的数学模型称之为状态方程。

输出方程 表征系统状态变量与输入变量和输出变量之间关系的数学表达式称为输出方程。它们具有代数方程的形式。

状态空间表达式 状态方程和输出方程综合起来，在状态空间中建立的对一个系统动态行为的完整描述(数学模型)，称为系统的状态空间表达式。

2.2 状态空间表达式的一般形式

(1) 非线性系统的状态空间描述如下：

$$\begin{cases}\dot{\boldsymbol{x}} = \boldsymbol{f}(\boldsymbol{x},\boldsymbol{u},t)\\ \boldsymbol{y} = \boldsymbol{g}(\boldsymbol{x},\boldsymbol{u},t)\end{cases} \tag{2.1}$$

其中，$\boldsymbol{x}\in\boldsymbol{R}^n$ 为状态向量；$\boldsymbol{u}\in\boldsymbol{R}^p$ 为输入向量；$\boldsymbol{y}\in\boldsymbol{R}^q$ 为输出向量。向量函数 $\dot{\boldsymbol{x}}=\boldsymbol{f}(\boldsymbol{x},\boldsymbol{u},t)$ 和 $\boldsymbol{y}=\boldsymbol{g}(\boldsymbol{x},\boldsymbol{u},t)$ 的全部或至少一个组成元素为状态变量 $\boldsymbol{x}$ 和控制 $\boldsymbol{u}$ 的非线性函数。

(2) 线性系统的状态空间描述如下：

$$\begin{cases}\dot{\boldsymbol{x}} = \boldsymbol{A}(t)\boldsymbol{x} + \boldsymbol{B}(t)\boldsymbol{u} \\ \boldsymbol{y} = \boldsymbol{C}(t)\boldsymbol{x} + \boldsymbol{D}(t)\boldsymbol{u}\end{cases} \tag{2.2}$$

其中，$\boldsymbol{A}(t) \in \boldsymbol{R}^{n\times n}$为系统矩阵；$\boldsymbol{B}(t) \in \boldsymbol{R}^{n\times p}$为控制矩阵；$\boldsymbol{C}(t) \in \boldsymbol{R}^{q\times n}$为输出矩阵；$\boldsymbol{D}(t) \in \boldsymbol{R}^{q\times p}$为直接传递矩阵。

① 由于矩阵 $\boldsymbol{A}(t)$、$\boldsymbol{B}(t)$、$\boldsymbol{C}(t)$和 $\boldsymbol{D}(t)$的各个元素与时间 t 有关，因此称这种系统是**线性时变系统**。

② 如果矩阵 $\boldsymbol{A}(t)$、$\boldsymbol{B}(t)$、$\boldsymbol{C}(t)$和 $\boldsymbol{D}(t)$的各个元素都是与时间 t 无关的常数，则称该系统为线性时不变系统或**线性定常系统**。这时，状态空间表达式为

$$\begin{cases}\dot{\boldsymbol{x}} = \boldsymbol{A}\boldsymbol{x} + \boldsymbol{B}\boldsymbol{u} \\ \boldsymbol{y} = \boldsymbol{C}\boldsymbol{x} + \boldsymbol{D}\boldsymbol{u}\end{cases} \tag{2.3}$$

其中各个系数矩阵为常数矩阵。

(3) 离散系统的状态空间描述如下：

$$\begin{cases}\boldsymbol{x}(k+1) = \boldsymbol{G}(k)\boldsymbol{x}(k) + \boldsymbol{H}(k)\boldsymbol{x}(k) \\ \boldsymbol{y}(k) = \boldsymbol{C}(k)\boldsymbol{x}(k) + \boldsymbol{D}(k)\boldsymbol{u}(k)\end{cases}, \quad k = 0,1,2,\cdots \tag{2.4}$$

其中 $k=0,1,2,\cdots$表示离散的时刻。

2.3　状态空间表达式的建立

2.3.1　由物理系统的机理直接建立状态空间表达式

根据系统内部的运动规律，直接推导其输入/输出关系的建模方法称为机理分析法，用机理分析法列写状态空间表达式的一般步骤：

(1) 确定输入变量和输出变量。

(2) 将物理系统划分为若干子系统，根据物理定律列写各子系统的微分方程。

(3) 根据各子系统微分方程的阶次选择状态变量(通常选择独立储能元件的储能变量如电感电流、电容电压等更为容易掌握)，将各子系统的微分方程写成一阶微分方程组的形式，即可得到系统的状态方程为

$$\dot{\boldsymbol{x}} = \boldsymbol{A}\boldsymbol{x} + \boldsymbol{B}\boldsymbol{u} \tag{2.5}$$

(4) 按照输出量是状态变量的线性组合，写成向量代数方程的形式，即可得到输出方程为

$$\boldsymbol{y} = \boldsymbol{C}\boldsymbol{x} + \boldsymbol{D}\boldsymbol{u} \tag{2.6}$$

2.3.2　由高阶微分方程化为状态空间描述

设一单输入单输出系统的高阶微分方程为

$$y^{(n)}+a_1y^{(n-1)}+a_2y^{(n-2)}+\cdots+a_{n-1}\dot{y}+a_ny$$
$$=b_0u^{(n)}+b_1u^{(n-1)}+\cdots+b_{n-1}\dot{u}+b_nu \tag{2.7}$$

由 2.2 节可知，线性定常系统的状态空间表达式为

$$\begin{cases}\dot{\boldsymbol{x}}=\boldsymbol{Ax}+\boldsymbol{B}u\\ y=\boldsymbol{Cx}+\boldsymbol{D}u\end{cases} \tag{2.8}$$

1. 方法 1

直接选取状态变量，将高阶微分方程(2.7)化为一阶微分方程组，从而得到形如式(2.8) 的系统状态空间表达式。

(1) 对式(2.7)选取状态变量组。

$$\begin{cases}x_1=y-\beta_0u\\ x_2=\dot{x}_1-\beta_1u=\dot{y}-\beta_0\dot{u}-\beta_1u\\ x_3=\dot{x}_2-\beta_2u=\ddot{y}-\beta_0\ddot{u}-\beta_1\dot{u}-\beta_2u\\ \qquad\vdots\\ x_n=\dot{x}_{n-1}-\beta_{n-1}u=y^{(n-1)}-\beta_0u^{(n-1)}-\beta_1u^{(n-2)}-\cdots-\beta_{n-2}\dot{u}-\beta_{n-1}u\end{cases} \tag{2.9}$$

其中待定系数 $\beta_i(i=0,1,\cdots,n)$可由式(2.10)计算，即

$$\begin{bmatrix}b_0\\b_1\\\vdots\\b_n\end{bmatrix}=\begin{bmatrix}1&0&0&\cdots&0\\a_1&1&0&\cdots&0\\\vdots&\ddots&\ddots&&\vdots\\a_{n-1}&\cdots&\ddots&1&0\\a_n&a_{n-1}&\cdots&a_1&1\end{bmatrix}\begin{bmatrix}\beta_0\\\beta_1\\\vdots\\\beta_n\end{bmatrix} \tag{2.10}$$

(2) 将高阶微分方程(2.7)化为状态空间表达式。

系统状态方程为

$$\begin{bmatrix}\dot{x}_1\\\dot{x}_2\\\vdots\\\dot{x}_n\end{bmatrix}=\begin{bmatrix}0&1&0&\cdots&0\\0&0&1&\cdots&0\\\vdots&\vdots&\vdots&\ddots&\vdots\\0&0&\cdots&0&1\\-a_n&-a_{n-1}&\cdots&\cdots&-a_1\end{bmatrix}\begin{bmatrix}x_1\\x_2\\\vdots\\x_n\end{bmatrix}+\begin{bmatrix}\beta_1\\\beta_2\\\vdots\\\beta_n\end{bmatrix}u \tag{2.11}$$

系统输出方程为

$$y=\begin{bmatrix}1&0&\cdots&0\end{bmatrix}\boldsymbol{x}+b_0u \tag{2.12}$$

2. 方法 2

对式(2.7)在零初始条件下取拉氏变换，得到系统的传递函数后，再由传递函数求取系统的状态空间表达式。具体方法见 2.3.3 节。

2.3.3　由传递函数建立状态空间表达式

控制系统的传递函数为

$$g(s)=\frac{Y(s)}{U(s)}=\frac{b_1 s^{n-1}+\cdots+b_{n-1}s+b_n}{s^n+a_1 s^{n-1}+\cdots+a_{n-1}s+a_n} \tag{2.13}$$

1. 直接法

由式(2.13)可直接得到如下系统状态空间表达式。

能控标准型：

$$\dot{\boldsymbol{x}}=\boldsymbol{A}\boldsymbol{x}+\boldsymbol{B}u=\begin{bmatrix}0 & 1 & \cdots & 0\\ 0 & 0 & \ddots & \\ \vdots & & \ddots & 1\\ -a_n & -a_{n-1} & \cdots & -a_1\end{bmatrix}\boldsymbol{x}+\begin{bmatrix}0\\ \vdots\\ 0\\ 1\end{bmatrix}u \tag{2.14}$$

$$y=\boldsymbol{C}\boldsymbol{x}=[b_n \quad b_{n-1} \quad \cdots \quad b_1]\boldsymbol{x} \tag{2.15}$$

能观标准型：

$$\dot{\boldsymbol{x}}=\boldsymbol{A}\boldsymbol{x}+\boldsymbol{B}u=\begin{bmatrix}0 & 0 & \cdots & 0 & -a_n\\ 1 & 0 & \cdots & 0 & -a_{n-1}\\ 0 & 1 & \cdots & \vdots & \vdots\\ \vdots & \vdots & \ddots & 0 & -a_2\\ 0 & 0 & \cdots & 1 & -a_1\end{bmatrix}\boldsymbol{x}+\begin{bmatrix}b_n\\ b_{n-1}\\ \vdots\\ b_1\end{bmatrix}u \tag{2.16}$$

$$y=\boldsymbol{C}\boldsymbol{x}=[0 \quad 0 \quad \cdots \quad 1]\boldsymbol{x} \tag{2.17}$$

请读者注意：

(1) 在上述能控标准型和能观标准型中，$\boldsymbol{A}$、$\boldsymbol{B}$ 和 $\boldsymbol{C}$ 中的元素与传递函数分子、分母中各项系数之间的关系。

(2) 在写能控(能观)标准型之前，应注意传递函数中分母多项式的最高次项系数是否为 1，若不为 1，则要用它去除传递函数的分子和分母，将该项系数化为 1。

(3) 注意传递函数是否为严格真有理分式，即 m 是否小于 n，若 $m=n$ 需作处理。

2. 并联分解法

按系统的极点，把传递函数展成部分分式也是求取状态空间表达式的常用方法。这样状态空间描述与控制系统的极点直接建立了联系，因此又称为状态方程的规范型。

(1) 系统传递函数的极点两两相异

此时式(2.13)可展成部分分式形式

$$g(s)=\frac{c_1}{s-p_1}+\frac{c_2}{s-p_2}+\cdots+\frac{c_n}{s-p_n} \tag{2.18}$$

其中

$$c_i=\lim_{t\to p_i}(s-p_i)g(s),\quad i=1,2,\cdots,n \tag{2.19}$$

可得系统状态空间表达式

$$\dot{\boldsymbol{x}}=\begin{bmatrix} p_1 & 0 & \cdots & 0 \\ 0 & p_2 & & \vdots \\ \vdots & & \ddots & 0 \\ 0 & \cdots & 0 & p_n \end{bmatrix}\boldsymbol{x}+\begin{bmatrix}1\\1\\\vdots\\1\end{bmatrix}u \tag{2.20}$$

$$y=[c_1\quad c_2\quad \cdots\quad c_n]\boldsymbol{x} \tag{2.21}$$

(2) 系统传递函数有重极点

此时式(2.13)可展成部分分式形式

$$g(s)=\frac{c_{11}}{(s-p_1)^r}+\frac{c_{12}}{(s-p_1)^{r-1}}+\cdots+\frac{c_{1r}}{(s-p_1)}+\frac{c_{r+1}}{(s-p_{r+1})}+\cdots+\frac{c_n}{(s-p_n)} \tag{2.22}$$

其中单极点 p_i 对应的系数 $c_i(i=r+1,\cdots,n)$仍按照式(2.19)计算，而 r 重极点 p_1 对应的系数 $c_{1j}(j=1,2,\cdots,r)$则按式(2.23)计算：

$$c_{1j}=\frac{1}{(j-1)!}\lim_{t\to p_1}\frac{\mathrm{d}^{j-1}}{\mathrm{d}s^{j-1}}\{(s-p_1)^r g(s)\},\quad j=1,2,\cdots,r \tag{2.23}$$

可得系统状态空间表达式为

$$\begin{bmatrix}\dot{x}_1\\\dot{x}_2\\\vdots\\\dot{x}_r\\\dot{x}_{r+1}\\\vdots\\\dot{x}_n\end{bmatrix}=\begin{bmatrix} p_1 & 1 & & 0 & & & \\ & p_1 & \ddots & \vdots & & 0 & \\ & & \ddots & 1 & & & \\ 0 & 0 & \cdots & p_1 & & & \\ & & & & p_{r+1} & & \\ & 0 & & & & \ddots & \\ & & & & & & p_n \end{bmatrix}\begin{bmatrix}x_1\\x_2\\\vdots\\x_r\\x_{r+1}\\\vdots\\x_n\end{bmatrix}+\begin{bmatrix}0\\0\\\vdots\\1\\1\\\vdots\\1\end{bmatrix}u \tag{2.24}$$

$$y=[c_{11}\quad c_{12}\quad \cdots\quad c_{1r}\quad c_{r+1}\quad \cdots\quad c_n]\begin{bmatrix}x_1\\x_2\\\vdots\\x_r\\x_{r+1}\\\vdots\\x_n\end{bmatrix} \tag{2.25}$$

可以看出，状态空间表达式中，$\boldsymbol{A}$ 矩阵具有约当型，因此又称为约当标准型。

3. 串联分解法

串联分解适用于传递函数已被分解为因式相乘的形式,如

$$g(s)=\frac{b_1(s-z_1)(s-z_2)\cdots(s-z_{n-1})}{(s-p_1)(s-p_2)\cdots(s-p_n)} \tag{2.26}$$

现以一个三阶系统传递函数为例予以说明。设

$$\begin{aligned}g(s)&=\frac{Y(s)}{U(s)}\\&=\frac{b_1(s-z_2)(s-z_3)}{(s-p_1)(s-p_2)(s-p_3)}\\&=\frac{b_1}{(s-p_1)}\times\frac{(s-z_2)}{(s-p_2)}\times\frac{(s-z_3)}{(s-p_3)}\end{aligned} \tag{2.27}$$

显然,这个系统可以看作为三个一阶系统串联而成,其模拟结构如图 2.1 所示。

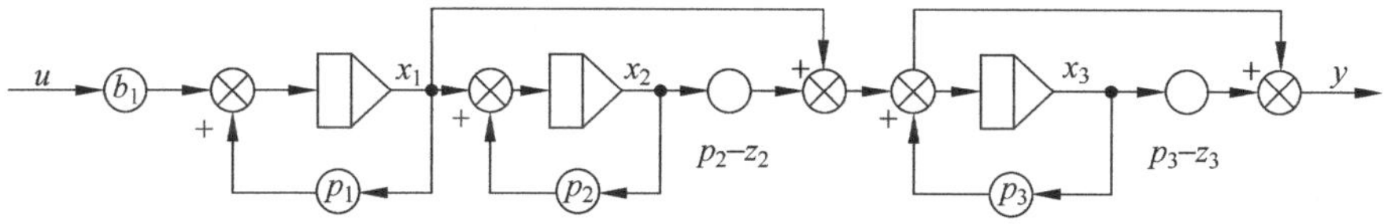

图 2.1　三阶串联系统模拟结构

若指定图中每个积分器的输出为状态变量,可得系统状态空间表达式为

$$\begin{bmatrix}\dot{x}_1\\\dot{x}_2\\\dot{x}_3\end{bmatrix}=\begin{bmatrix}p_1&0&0\\1&p_2&0\\1&p_2-z_2&p_3\end{bmatrix}\begin{bmatrix}x_1\\x_2\\x_3\end{bmatrix}+\begin{bmatrix}b_1\\0\\0\end{bmatrix}u$$

$$y=\begin{bmatrix}1&p_2-z_2&p_3-z_3\end{bmatrix}\begin{bmatrix}x_1\\x_2\\x_3\end{bmatrix} \tag{2.28}$$

2.4　线性变换

前已指出,一个给定动态系统,状态变量的选取可以有许多方法,因此一个系统可用许多不同的状态空间表达式来描述。状态变量的不同选取,其实是状态变量的一种线性变换或坐标变换。系统的状态方程可通过适当的线性非奇异变换而化为由特征值表征的对角线规范型或约当规范型。在后面的章节中将会看到,这种以特征值表征的规范型状态方程,对于分析系统的结构特性是非常直观的,对于系统状态方程的求解也是非常方便的。

2.4.1 把状态方程变换为对角标准型

给定系统状态方程

$$\dot{\boldsymbol{x}} = \boldsymbol{A}\boldsymbol{x} + \boldsymbol{B}\boldsymbol{u} \tag{2.29}$$

系统的特征值定义为特征方程

$$\det(\lambda \boldsymbol{I} - \boldsymbol{A}) = 0 \tag{2.30}$$

的根。

(1) 对于 n 阶系统式(2.29),设其特征值 $\lambda_1,\lambda_2,\cdots,\lambda_n$ 为两两相异,并利用它们的特征向量组成变换矩阵 $\boldsymbol{P}=[v_1,v_2,\cdots,v_n]$,那么系统的状态方程在变换 $\bar{\boldsymbol{x}}=\boldsymbol{P}^{-1}\boldsymbol{x}$ 下必可化为如下的对角线标准型:

$$\dot{\bar{\boldsymbol{x}}} = \begin{bmatrix} \lambda_1 & & & 0 \\ & \lambda_2 & & \\ & & \ddots & \\ 0 & & & \lambda_n \end{bmatrix} \bar{\boldsymbol{x}} + \bar{\boldsymbol{B}}\boldsymbol{u} \tag{2.31}$$

其中,$\bar{\boldsymbol{B}}=\boldsymbol{P}^{-1}\boldsymbol{B}$。

(2) 对于系统式(2.29),若矩阵 $\boldsymbol{A}$ 有 m 重特征值,如 $\lambda_1=\lambda_2=\cdots=\lambda_m(m\leqslant n)$,但仍然存在 n 个线性无关的特征向量,那么矩阵 $\boldsymbol{A}$ 可以对角化为

$$\dot{\bar{\boldsymbol{x}}} = \begin{bmatrix} \lambda_1 & & & & & 0 \\ & \ddots & & & & \\ & & \lambda_1 & & & \\ & & & \lambda_{m+1} & & \\ & & & & \ddots & \\ 0 & & & & & \lambda_n \end{bmatrix} \bar{\boldsymbol{x}} + \bar{\boldsymbol{B}}\boldsymbol{u} \tag{2.32}$$

2.4.2 把状态方程化为约当标准型

对于系统式(2.29),若矩阵 $\boldsymbol{A}$ 有 m 重特征值,且这 m 重特征值只有一个相应的特征向量,即线性无关的特征向量数少于 n,则矩阵 $\boldsymbol{A}$ 不能对角化,只能化成准对角标准型,即约当(Jordan)标准型。

设给定系统式(2.29),其特征值为 $\lambda_1(\sigma_1$ 重),$\lambda_2(\sigma_2$ 重),$\cdots$,$\lambda_l(\sigma_l$ 重),$(\sigma_1+\sigma_2+\cdots+\sigma_l)=n$,则存在线性非奇异变换矩阵 $\boldsymbol{P}$,通过引入变换 $\hat{\boldsymbol{x}}=\boldsymbol{P}^{-1}\boldsymbol{x}$,可使状态方程(2.29)化为如下的约当标准型:

$$\dot{\hat{\boldsymbol{x}}} = \boldsymbol{P}^{-1}\boldsymbol{A}\boldsymbol{P}\hat{\boldsymbol{x}} + \boldsymbol{P}^{-1}\boldsymbol{B}\boldsymbol{u} = \begin{bmatrix} \boldsymbol{J}_1 & & \boldsymbol{0} \\ & \ddots & \\ \boldsymbol{0} & & \boldsymbol{J}_l \end{bmatrix} \hat{\boldsymbol{x}} + \hat{\boldsymbol{B}}\boldsymbol{u} \tag{2.33}$$

其中，$\bar{\boldsymbol{B}}=\boldsymbol{P}^{-1}\boldsymbol{B}$。

$$\boldsymbol{J}_i=\begin{bmatrix}\lambda_i & 1 & & 0\\ & \lambda_i & \ddots & \\ & & \ddots & 1\\ 0 & & & \lambda_i\end{bmatrix}_{\sigma_i\times\sigma_i},i=1,\cdots,l \tag{2.34}$$

称为约当块。

几个重要结论：

(1) 系统特征方程和特征值的不变性

线性非奇异变换不改变系统的特征方程和系统的特征值。

(2) 传递函数矩阵的不变性

系统状态变量的线性变换不会影响传递函数矩阵，同一系统可以有多种形式的状态空间表达式与之对应，但系统对应的传递函数或传递函数矩阵是唯一的。

习题与解答

2.1　有电路如图 2.2 所示，设输入为 u_1，输出为 u_2，试自选状态变量并列写出其状态空间表达式。

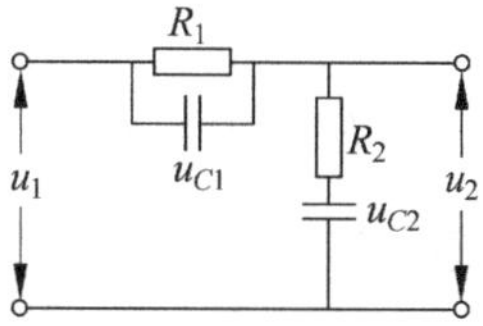

图　2.2

解　此题可采用机理分析法处理，首先根据电路定律列写微分方程，再选择状态变量，求得相应的系统状态空间表达式。也可以先由电路求得系统传递函数，再由传递函数求得系统状态空间表达式。

设 C_1 两端的电压为 u_{C1}，C_2 两端的电压为 u_{C2}，则

$$u_{C1}+C_2\frac{\mathrm{d}u_{C2}}{\mathrm{d}t}R_2+u_{C2}=u_1 \tag{1}$$

$$C_1\frac{\mathrm{d}u_{C1}}{\mathrm{d}t}+\frac{u_{C1}}{R_1}=C_2\frac{\mathrm{d}u_{C2}}{\mathrm{d}t} \tag{2}$$

选择状态变量为 $x_1=u_{C1}$，$x_2=u_{C2}$，由式(1)和式(2)得

$$\frac{\mathrm{d}u_{C1}}{\mathrm{d}t}=-\frac{R_1+R_2C_1}{R_1R_2C_1}u_{C1}-\frac{1}{R_2C_1}u_{C2}+\frac{1}{R_2C_1}u_1$$

$$\frac{\mathrm{d}u_{C2}}{\mathrm{d}t}=-\frac{1}{R_2C_2}u_{C1}-\frac{1}{R_2C_2}u_{C2}+\frac{1}{R_2C_2}u_1$$

状态空间表达式为

$$\begin{cases}\dot{x}_1=-\dfrac{R_1+R_2C_1}{R_1R_2C_1}x_1-\dfrac{1}{R_2C_1}x_2+\dfrac{1}{R_2C_1}u_1\\[2ex] \dot{x}_2=-\dfrac{1}{R_2C_2}x_1-\dfrac{1}{R_2C_2}x_2+\dfrac{1}{R_2C_2}u_1\\[2ex] y=u_2=u_1-x_1\end{cases}$$

即

$$\begin{bmatrix}\dot{x}_1\\ \dot{x}_2\end{bmatrix}=\begin{bmatrix}-\dfrac{R_1+R_2C_1}{R_1R_2C_1} & \dfrac{1}{R_2C_1}\\ -\dfrac{1}{R_2C_2} & -\dfrac{1}{R_2C_2}\end{bmatrix}\begin{bmatrix}x_1\\ x_2\end{bmatrix}+\begin{bmatrix}\dfrac{1}{R_2C_1}\\ \dfrac{1}{R_2C_2}\end{bmatrix}u_1$$

$$y=\begin{bmatrix}-1 & 0\end{bmatrix}\begin{bmatrix}x_1\\ x_2\end{bmatrix}+u_1$$

2.2 建立如图 2.3 所示系统的状态空间表达式，其中，M_1，M_2 为重物质量；K 为弹簧系数，B_2，B_2 为阻尼，$f(t)$为外力。

解 这是一个物理系统，采用机理分析法求状态空间表达式会更为方便。令 $f(t)$为输入量，即 $u=f$，M_1、M_2 的位移量 y_1、y_2 为输出量，选择状态变量 $x_1=y_1$，$x_2=y_2$，$x_3=\dfrac{\mathrm{d}y_1}{\mathrm{d}t}$，$x_4=\dfrac{\mathrm{d}y_2}{\mathrm{d}t}$。

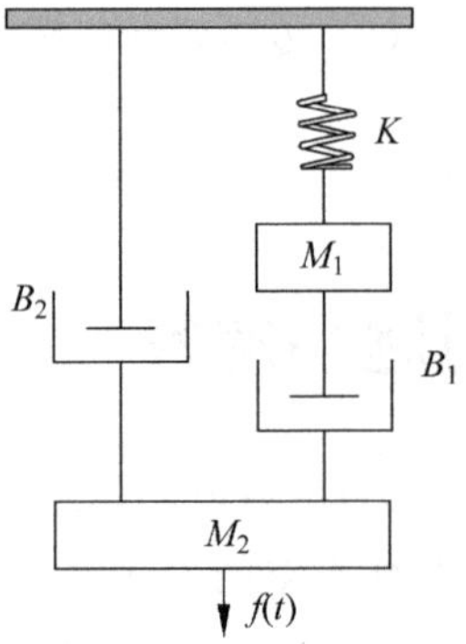

图 2.3

根据牛顿定律对 M_1 有

$$M_1\,\dot{x}_3=-Kx_1-B_1\frac{\mathrm{d}(x_2-x_1)}{\mathrm{d}t}$$

对 M_2 有

$$M_2\,\dot{x}_4=f(t)-B_1\frac{\mathrm{d}(x_2-x_1)}{\mathrm{d}t}-B_2\frac{\mathrm{d}x_2}{\mathrm{d}t}$$

状态方程为

$$\begin{cases}\dot{x}_1=x_3\\ \dot{x}_2=x_4\\ \dot{x}_3=-\dfrac{K}{M_1}x_1+\dfrac{B_1}{M_1}x_3-\dfrac{B_1}{M_1}x_4\\ \dot{x}_4=-\dfrac{B_1}{M_2}x_3-\left(\dfrac{B_1}{M_2}+\dfrac{B_2}{M_2}\right)x_4+\dfrac{1}{M_2}u\end{cases}$$

输出方程为

$$\begin{cases}y_1=x_1\\ y_2=x_2\end{cases}$$

写成矩阵形式为

$$\begin{bmatrix}\dot{x}_1\\ \dot{x}_2\\ \dot{x}_3\\ \dot{x}_4\end{bmatrix}=\begin{bmatrix}0 & 0 & 1 & 0\\ 0 & 0 & 0 & 1\\ -\dfrac{K}{M_1} & 0 & \dfrac{B_1}{M_1} & -\dfrac{B_1}{M_1}\\ 0 & 0 & -\dfrac{B_1}{M_2} & -\left(\dfrac{B_1}{M_2}+\dfrac{B_2}{M_2}\right)\end{bmatrix}\begin{bmatrix}x_1\\ x_2\\ x_3\\ x_4\end{bmatrix}+\begin{bmatrix}0\\ 0\\ 0\\ \dfrac{1}{M_2}\end{bmatrix}u$$

$$\begin{bmatrix} y_1 \\ y_2 \end{bmatrix} = \begin{bmatrix} 1 & 0 & 0 & 0 \\ 0 & 1 & 0 & 0 \end{bmatrix} \begin{bmatrix} x_1 \\ x_2 \\ x_3 \\ x_4 \end{bmatrix}$$

2.3 对图 2.4 所示电枢控制直流电动机在电枢控制电压 u 作用下，求以转角为输出的状态空间表达式。

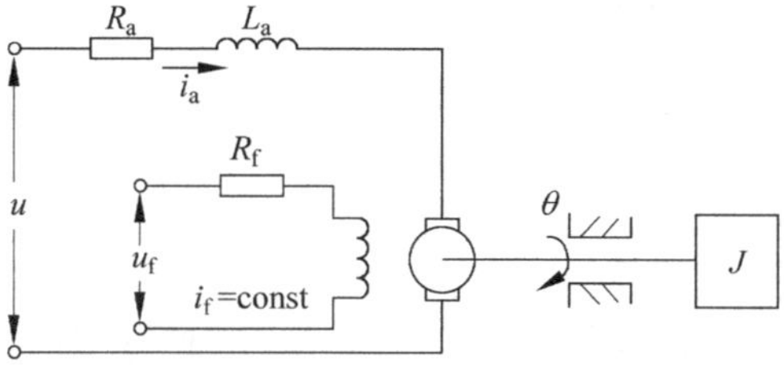

图 2.4 电枢控制结构

解 该系统包括电气及机械系统两部分。采用机理分析法求取系统状态空间表达式。

列写电枢回路的电压平衡方程有

$$L_a \frac{di_a}{dt} + R_a i_a + E_a = u$$

列写转矩平衡方程有

$$J \frac{d\omega}{dt} = C_m i_a$$

由电磁感应关系有

$$E_a = C_e \omega$$

式中，E_a 为电动机反电动势；C_m 为转矩常数；C_e 为电动势常数。

选取状态变量 $x_1 = i_a, x_2 = \omega, x_3 = \theta$，输出量 $y = \theta = x_3$，代入上面式子，经整理得系统状态空间表达式为

$$\begin{aligned} \dot{x}_1 &= -\frac{R_a}{L_a} x_1 - \frac{C_e}{L_a} x_2 + \frac{1}{L_a} u \\ \dot{x}_2 &= \frac{C_m}{J} x_1 \\ \dot{x}_3 &= x_2 \\ y &= x_3 \end{aligned}$$

写成矩阵形式得

$$\begin{bmatrix} \dot{x}_1 \\ \dot{x}_2 \\ \dot{x}_3 \end{bmatrix} = \begin{bmatrix} -\frac{R_a}{L_a} & -\frac{C_e}{L_a} & 0 \\ \frac{C_m}{J} & 0 & 0 \\ 0 & 1 & 0 \end{bmatrix} \begin{bmatrix} x_1 \\ x_2 \\ x_3 \end{bmatrix} + \begin{bmatrix} \frac{1}{L_a} \\ 0 \\ 0 \end{bmatrix}$$

$$y = \begin{bmatrix} 0 & 0 & 1 \end{bmatrix} \begin{bmatrix} x_1 \\ x_2 \\ x_3 \end{bmatrix}$$

2.4 图 2.5 所示的水槽系统。设水槽 1 的横截面积为 c_1，水位为 x_1；水槽 2 的横截面积为 c_2，水位为 x_2；输入 u 是单位时间的流入量；y_1、y_2 为输出量，是单位时间由水槽的流出量。设 R_1、R_2、R_3 为各水管的阻抗时，推导以水位 x_1、x_2 作为状态变量的系统状态空间表达式。

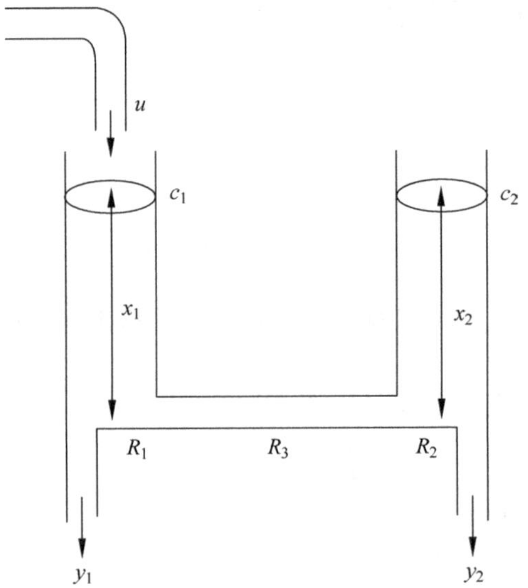

图 2.5 水槽系统

解 对水槽 1，考虑时间增量 Δt 内水量的进出。因为单位时间的流入量是输入 u 和有两个水槽的水位差决定的水量 $(x_2 - x_1)/R_3$，流出量是 $y_1 = x_1/R_1$，所以，设水位的增量为 Δx_1，则水量的增量是 $c_1 \Delta x_1$，为

$$c_1 \Delta x_1 = \left[-\frac{1}{R_1}x_1 + \frac{1}{R_3}(x_2 - x_1) + u\right]\Delta t$$

同理可得水槽 2 的水位增量 Δx_2 有如下关系：

$$c_2 \Delta x_2 = \left[-\frac{1}{R_2}x_2 + \frac{1}{R_3}(x_1 - x_2)\right]\Delta t$$

$$y_2 = \frac{1}{R_2}x_2$$

因此，设 $\Delta t \to 0$，则 $(\Delta x_1/\Delta t) \to \dot{x}_1$，$(\Delta x_2/\Delta t) \to \dot{x}_2$。

$$\dot{x}_1 = -\left(\frac{1}{c_1 R_1} + \frac{1}{c_1 R_3}\right)x_1 + \frac{1}{c_1 R_3}x_2 + \frac{1}{c_1}u$$

$$\dot{x}_2 = \frac{1}{c_2 R_3}x_1 - \left(\frac{1}{c_2 R_2} + \frac{1}{c_2 R_3}\right)x_2$$

即，设 $\boldsymbol{x}=[x_1\quad x_2]^{\mathrm{T}}$，$\boldsymbol{y}=[y_1\quad y_2]^{\mathrm{T}}$，则

$$\dot{\boldsymbol{x}}=\begin{bmatrix}-\left(\dfrac{1}{c_1R_1}+\dfrac{1}{c_1R_3}\right) & \dfrac{1}{c_1R_3}\\ \dfrac{1}{c_2R_3} & -\left(\dfrac{1}{c_2R_2}+\dfrac{1}{c_2R_3}\right)\end{bmatrix}\boldsymbol{x}+\begin{bmatrix}\dfrac{1}{c_1}\\ 0\end{bmatrix}u$$

$$\boldsymbol{y}=\begin{bmatrix}\dfrac{1}{R_1} & 0\\ 0 & \dfrac{1}{R_2}\end{bmatrix}\boldsymbol{x}$$

2.5　系统的结构如图 2.6 所示。以图中所标记的 x_1、x_2、x_3 作为状态变量，推导其状态空间表达式。其中，u、y 分别为系统的输入、输出，α_1、α_2、α_3 均为标量。

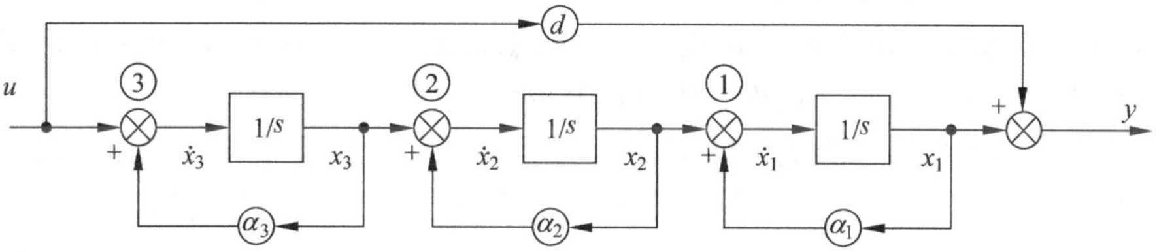

图 2.6　系统结构

解　图 2.6 给出了由积分器、放大器及加法器所描述的系统结构，且图中每个积分器的输出即为状态变量，这种图形称为系统状态变量图。状态变量图既描述了系统状态变量之间的关系，又说明了状态变量的物理意义。由状态变量图可直接求得系统的状态空间表达式。

着眼于求和点①、②、③，则有

$$①:\ \dot{x}_1=\alpha_1x_1+x_2$$

$$②:\ \dot{x}_2=\alpha_2x_2+x_3$$

$$③:\ \dot{x}_3=\alpha_3x_3+u$$

输出 y 为 $y=x_1+du$，得

$$\begin{bmatrix}\dot{x}_1\\ \dot{x}_2\\ \dot{x}_3\end{bmatrix}=\begin{bmatrix}a_1 & 1 & 0\\ 0 & a_2 & 1\\ 0 & 0 & a_3\end{bmatrix}\begin{bmatrix}x_1\\ x_2\\ x_3\end{bmatrix}+\begin{bmatrix}0\\ 0\\ 1\end{bmatrix}u$$

$$y=[1\quad 0\quad 0]\begin{bmatrix}x_1\\ x_2\\ x_3\end{bmatrix}+du$$

2.6　以恒压源 u 驱动的电网络如图 2.7 所示。选择电感 L 上的支路电流 x_1、电容 C 上的支路电压 x_2 作为状态变量时，求它的状态空间表达式。又输出是图中所示电容 C 的支路电压 y_1 和电阻 R_1 的支路电压 y_2。

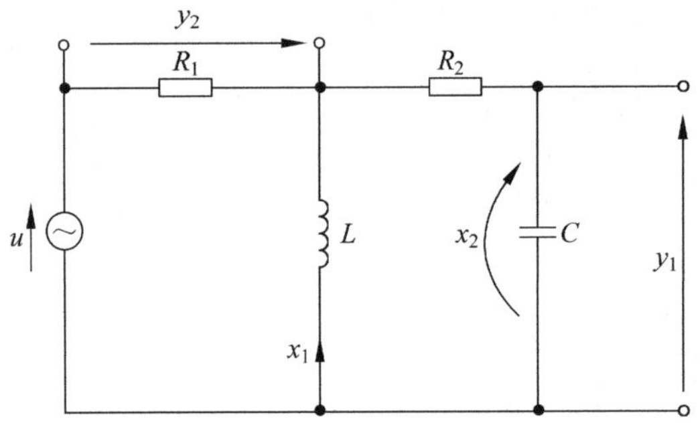

图 2.7 电网络结构

解 这是一个典型的电路系统，可采用机理分析法，根据电路原理列写微分方程，再求得系统状态空间表达式。也可先求得系统的传递函数，再由传递函数求系统状态空间表达式。这里采用机理分析法。

此题可以根据基尔霍夫定理求解，而在这里采用的方法是将电感以恒流源加以置换，电容以恒压源加以置换，由分析阻抗网络直接得到状态方程式。

关于 x_1、x_2 的电网络状态方程式以包含常数 R_{11}、M_{12}、P_{11}、N_{21}、G_{22}、Q_{21} 的形式表现出来，即

$$v_L = -L\dot{x}_1 = R_{11}x_1 + M_{12}x_2 + P_{11}u \tag{3}$$

$$i_C = -C\dot{x}_2 = N_{21}x_1 + G_{22}x_2 + Q_{21}u \tag{4}$$

式中，v_L 是与 x_1 相同方向的电感 L 上的电压；i_C 是与 x_2 相同方向的电容 C 上的支路电流。这时，求出以 L 置换电流 x_1 的恒流源，以 C 置换电压 x_2 的恒压源所得的如图 2.8 所示的阻抗网络，就可以决定各个系数。

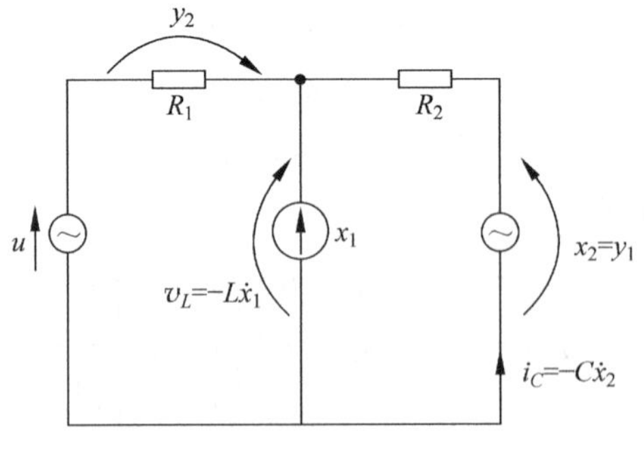

图 2.8 阻抗电网络

由叠加原理各个系数很容易确定。例如，要决定 R_{11}，让 $x_2=0$、$u=0$，也就是说，使电源 x_2、u 短路，求由电流 x_1 所产生的 v_L、x_1 与 v_L 之比即可。于是得到式(3)、式(4)中的系数分别为

$$R_{11} = \frac{R_1R_2}{R_1+R_2}, \quad M_{12} = \frac{R_1}{R_1+R_2}, \quad P_{11} = \frac{R_2}{R_1+R_2}$$

$$N_{21}=\frac{-R_1}{R_1+R_2},\quad G_{22}=\frac{1}{R_1+R_2},\quad Q_{21}=\frac{-1}{R_1+R_2}$$

将上述系数代入式(3)、式(4)中，得系统状态方程

$$\begin{bmatrix}\dot{x}_1\\ \dot{x}_2\end{bmatrix}=\begin{bmatrix}-\frac{R_1R_2}{L(R_1+R_2)} & -\frac{R_1}{L(R_1+R_2)}\\ \frac{R_1}{C(R_1+R_2)} & -\frac{1}{C(R_1+R_2)}\end{bmatrix}\begin{bmatrix}x_1\\ x_2\end{bmatrix}+\begin{bmatrix}-\frac{R_2}{L(R_1+R_2)}\\ \frac{1}{C(R_1+R_2)}\end{bmatrix}u$$

其次考虑输出 y_1、y_2。因为 $y_1=x_2$，于是得到

$$y_1=[0\quad 1]\begin{bmatrix}x_1\\ x_2\end{bmatrix}+0\cdot u$$

另一方面，y_2 由恒定电流 x_1、恒定电压 x_2、电源 u 决定，解阻抗网络求得

$$y_2=\frac{R_2}{R_1+R_2}x_1+\frac{R_1}{R_1+R_2}x_2-\frac{R_1}{R_1+R_2}u$$

得系统输出方程

$$\boldsymbol{y}=\begin{bmatrix}y_1\\ y_2\end{bmatrix}=\begin{bmatrix}0 & 1\\ \frac{R_2}{R_1+R_2} & \frac{R_1}{R_1+R_2}\end{bmatrix}\begin{bmatrix}x_1\\ x_2\end{bmatrix}+\begin{bmatrix}0\\ -\frac{R_1}{R_1+R_2}\end{bmatrix}u$$

2.7　试求图 2.9 所示的电网络中，以电感 L_1、L_2 上的支路电流 x_1、x_2 作为状态变量的状态空间表达式。这里 u 是恒流源的电流值，输出 y 是 R_3 上的支路电压。

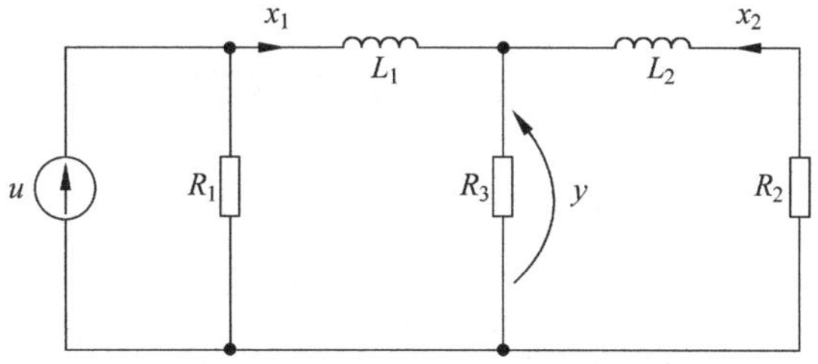

图 2.9　RL 电网络

解　采用机理分析法求状态空间表达式。由电路原理可得到如下微分方程，即

$$(x_1+x_2)R_3=-R_2x_2-L_2\dot{x}_2$$
$$u=x_1+[L_1\dot{x}_1+(x_1+x_2)R_3]/R_1$$
$$y=(x_1+x_2)R_3$$

整理得状态空间表达式为

$$\begin{bmatrix}\dot{x}_1\\ \dot{x}_2\end{bmatrix}=\begin{bmatrix}-\frac{R_1+R_3}{L_1} & -\frac{R_3}{L_1}\\ -\frac{R_3}{L_2} & -\frac{R_2+R_3}{L_2}\end{bmatrix}\begin{bmatrix}x_1\\ x_2\end{bmatrix}+\begin{bmatrix}\frac{R_1}{L_1}\\ 0\end{bmatrix}u$$

$$y=[R_3 \quad R_3]\begin{bmatrix}x_1\\x_2\end{bmatrix}$$

2.8 已知系统的微分方程

(1) $\dddot{y}+\ddot{y}+4\dot{y}+5y=3u$； (2) $2\dddot{y}+3\dot{y}=\ddot{u}-u$；

(3) $\dddot{y}+2\ddot{y}+3\dot{y}+5y=5\ddot{u}+7u$。

试列写出它们的状态空间表达式。

解

(1) 选择状态变量 $y=x_1,\dot{y}=x_2,\ddot{y}=x_3$，则有

$$\begin{cases}\dot{x}_1=x_2\\ \dot{x}_2=x_3\\ \dot{x}_3=-5x_1-4x_2-x_3+3u\\ y=x_1\end{cases}$$

状态空间表达式为

$$\begin{bmatrix}\dot{x}_1\\ \dot{x}_2\\ \dot{x}_3\end{bmatrix}=\begin{bmatrix}0&1&0\\0&0&1\\-5&-4&-1\end{bmatrix}\begin{bmatrix}x_1\\x_2\\x_3\end{bmatrix}+\begin{bmatrix}0\\0\\3\end{bmatrix}u$$

$$y=[1\quad 0\quad 0]\begin{bmatrix}x_1\\x_2\\x_3\end{bmatrix}$$

(2) 采用拉氏变换法求取状态空间表达式。对题中微分方程在零初始条件下取拉氏变换得

$$2s^3Y(s)+3sY(s)=s^2U(s)-U(s)$$

$$\frac{Y(s)}{U(s)}=\frac{s^2-1}{2s^3+3s}=\frac{\frac{1}{2}s^2-\frac{1}{2}}{s^3+\frac{3}{2}s}$$

由式(2.14)、式(2.15)可直接求得系统状态空间表达式为

$$\begin{bmatrix}\dot{x}_1\\ \dot{x}_2\\ \dot{x}_3\end{bmatrix}=\begin{bmatrix}0&1&0\\0&0&1\\0&-\frac{3}{2}&0\end{bmatrix}\begin{bmatrix}x_1\\x_2\\x_3\end{bmatrix}+\begin{bmatrix}0\\0\\1\end{bmatrix}u$$

$$y=\left[-\frac{1}{2}\quad 0\quad \frac{1}{2}\right]\begin{bmatrix}x_1\\x_2\\x_3\end{bmatrix}$$

(3) 采用拉氏变换法求取状态空间表达式。对题中微分方程在零初始条件下取拉氏变换得

$$s^3Y(s)+2s^2Y(s)+3sY(s)+5Y(s)=5s^3U(s)+7U(s)$$

$$\frac{Y(s)}{U(s)}=\frac{5s^3+7}{s^3+2s^2+3s+5}$$

在用传递函数求系统的状态空间表达式时，一定要注意传递函数是否为严格真有理分式，即 m 是否小于 n，若 $m=n$ 需作如下处理

$$\frac{Y(s)}{U(s)}=\frac{5s^3+7}{s^3+2s^2+3s+5}=5+\frac{-10s^2-15s-18}{s^3+2s^2+3s+5}$$

再由式(2.14)、式(2.15)可直接求得系统状态空间表达式为

$$\begin{bmatrix}\dot{x}_1\\ \dot{x}_2\\ \dot{x}_3\end{bmatrix}=\begin{bmatrix}0 & 1 & 0\\ 0 & 0 & 1\\ -5 & -3 & -2\end{bmatrix}\begin{bmatrix}x_1\\ x_2\\ x_3\end{bmatrix}+\begin{bmatrix}0\\ 0\\ 1\end{bmatrix}u$$

$$y=\begin{bmatrix}-18 & -15 & -10\end{bmatrix}\begin{bmatrix}x_1\\ x_2\\ x_3\end{bmatrix}+5u$$

2.9 已知下列传递函数，试用直接分解法建立其状态空间表达式，并画出状态变量图。

(1) $g(s)=\dfrac{s^3+s+1}{s^3+6s^2+11s+6}$ (2) $g(s)=\dfrac{s^2+2s+3}{s^3+2s^2+3s+1}$

解

(1) 首先将传递函数(1)化为严格真有理式，即

$$g(s)=\frac{Y(s)}{U(s)}=1+\frac{-6s^2-10s-5}{s^3+6s^2+11s+6}=1+g'(s)$$

令 $g'(s)=\dfrac{Y'(s)}{U'(s)}$，则有

$$Y'(s)=U'(s)\frac{-6s^{-1}-10s^{-2}-5s^{-3}}{1+6s^{-1}+11s^{-2}+6s^{-3}},$$

$$E'(s)=U'(s)\frac{1}{1+6s^{-1}+11s^{-2}+6s^{-3}},$$

即

$$E'(s)=U(s)-6s^{-1}E(s)-11s^{-2}E(s)-6s^{-3}E(s)$$

$$Y'(s)=-6s^{-1}E(s)-10s^{-2}E(s)-5s^{-3}E(s)$$

由上式可得状态变量图如下：

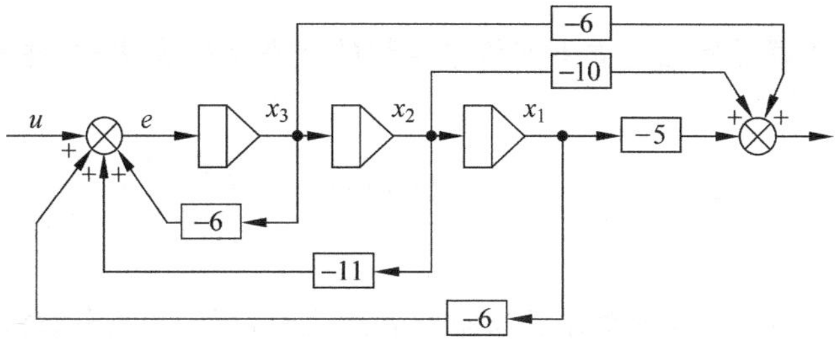

由状态变量图或式(2.14)、式(2.15)直接求得能控标准型状态空间表达式为

$$\begin{bmatrix}\dot{x}_1\\ \dot{x}_2\\ \dot{x}_3\end{bmatrix}=\begin{bmatrix}0 & 1 & 0\\ 0 & 0 & 1\\ -6 & -11 & -6\end{bmatrix}\begin{bmatrix}x_1\\ x_2\\ x_3\end{bmatrix}+\begin{bmatrix}0\\ 0\\ 1\end{bmatrix}u$$

$$y=\begin{bmatrix}-5 & -10 & -6\end{bmatrix}\begin{bmatrix}x_1\\ x_2\\ x_3\end{bmatrix}+u$$

(2) 由已知得

$$Y(s)=U(s)\,\frac{s^{-1}+2s^{-2}+3s^{-3}}{1+2s^{-1}+3s^{-2}+s^{-3}},$$

令 $$E(s)=U(s)\,\frac{1}{1+2s^{-1}+3s^{-2}+s^{-3}},$$

得 $$E(s)=U(s)-2s^{-1}E(s)-3s^{-2}E(s)-s^{-3}E(s)$$

$$Y(s)=s^{-1}E(s)+2s^{-2}E(s)+3s^{-3}E(s)$$

状态变量图如下：

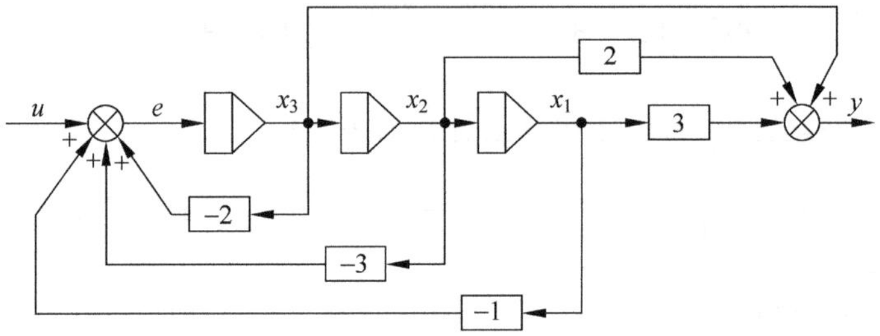

状态表达式如下：

$$\begin{bmatrix}\dot{x}_1\\ \dot{x}_2\\ \dot{x}_3\end{bmatrix}=\begin{bmatrix}0 & 1 & 0\\ 0 & 0 & 1\\ -1 & -3 & -2\end{bmatrix}\begin{bmatrix}x_1\\ x_2\\ x_3\end{bmatrix}+\begin{bmatrix}0\\ 0\\ 1\end{bmatrix}u$$

$$y=\begin{bmatrix}3 & 2 & 1\end{bmatrix}\begin{bmatrix}x_1\\ x_2\\ x_3\end{bmatrix}$$

2.10 用串联分解法建立下列传递函数的状态空间表达式，并画出状态变量图。

(1) $g(s)=\dfrac{6(s+1)}{s(s+2)(s+3)}$　　(2) $g(s)=\dfrac{2s+1}{s^2+6s+5}$

解

(1) 当已知系统传递函数求状态空间表达式时，可用直接分解法，也可以用串

联分解法或并联分解法。用直接分解法可不必对系统传递函数进行变换，可直接由式(2.14)～式(2.17)求得能控标准型或能观标准型状态空间表达式。而用并联分解法，需先将传递函数分解成部分分式形式；若用串联分解法则需先将传递函数分解成子系统串联的形式。

首先将传递函数分解成子系统串联的形式，即

$$g(s)=\frac{6}{s}\cdot\frac{s+1}{s+3}\cdot\frac{1}{s+2}$$

由上式可得状态变量图如下：

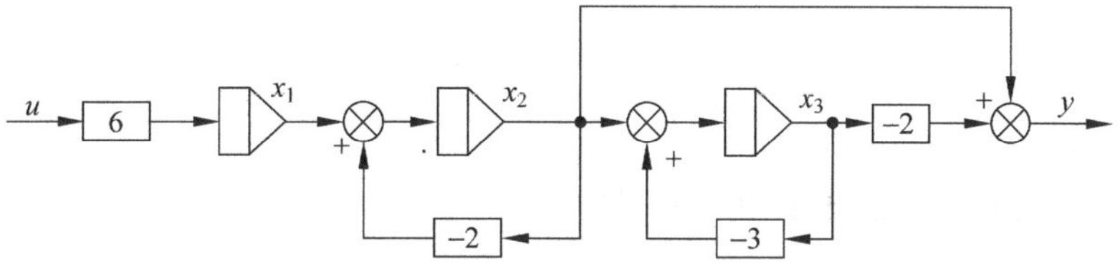

若指定图中每个积分器的输出量均为状态变量，则由系统的状态变量图可直接得到状态空间表达式为

$$\dot{x}_1=6u$$

$$\dot{x}_2=x_1-2x_2$$

$$\dot{x}_3=x_2-3x_3$$

$$y=x_2-2x_3$$

即

$$\begin{bmatrix}\dot{x}_1\\\dot{x}_2\\\dot{x}_3\end{bmatrix}=\begin{bmatrix}0&0&0\\1&-2&0\\0&1&-3\end{bmatrix}\begin{bmatrix}x_1\\x_2\\x_3\end{bmatrix}+\begin{bmatrix}6\\0\\0\end{bmatrix}u$$

$$y=\begin{bmatrix}0&1&-2\end{bmatrix}\begin{bmatrix}x_1\\x_2\\x_3\end{bmatrix}$$

(2) 将传递函数化为子系统串联的形式

$$g(s)=\frac{2\left(s+\frac{1}{2}\right)}{(s+1)(s+5)}=\frac{2}{s+5}\cdot\frac{s+\frac{1}{2}}{s+1}$$

状态变量图如下：

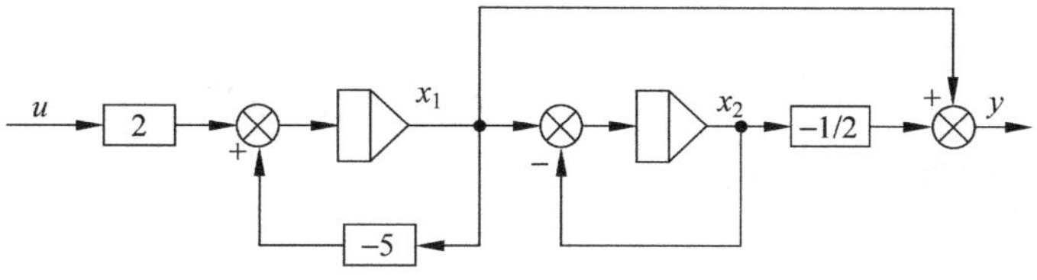

若指定图中每个积分器的输出为状态变量，则系统的状态空间表达式为

$$\dot{x}_1 = -5x_1 + 2u$$

$$\dot{x}_2 = x_1 - x_2$$

$$y = x_1 - \frac{1}{2}x_2$$

即

$$\begin{bmatrix}\dot{x}_1 \\ \dot{x}_2\end{bmatrix} = \begin{bmatrix}-5 & 0 \\ 1 & -1\end{bmatrix}\begin{bmatrix}x_1 \\ x_2\end{bmatrix} + \begin{bmatrix}2 \\ 0\end{bmatrix}u$$

$$y = \begin{bmatrix}1 & -\frac{1}{2}\end{bmatrix}\begin{bmatrix}x_1 \\ x_2\end{bmatrix}$$

2.11 用并联分解法重做 2.10 题。

解

(1) 首先将传递函数(1)分解为部分分式

$$g(s) = \frac{c_1}{s} + \frac{c_2}{s+2} + \frac{c_3}{s+3}$$

其中，

$$c_1 = \lim_{s\to 0}\frac{6(s+1)}{(s+2)(s+3)} = 1$$

$$c_2 = \lim_{s\to -2}\frac{6(s+1)}{s(s+3)} = 3$$

$$c_3 = \lim_{s\to -3}\frac{6(s+1)}{s(s+2)} = -4$$

$$g(s) = \frac{1}{s} + \frac{3}{s+2} + \frac{-4}{s+3}$$

令

$$\begin{cases} x_1(s) = \dfrac{1}{s}u(s) \\ x_2(s) = \dfrac{1}{s+2}u(s) \\ x_3(s) = \dfrac{1}{s+3}u(s) \end{cases} \tag{5}$$

则有

$$y(s) = \frac{1}{s}u(s) + \frac{3}{s+2}u(s) + \frac{-4}{s+3}u(s) \tag{6}$$

因此状态变量图为

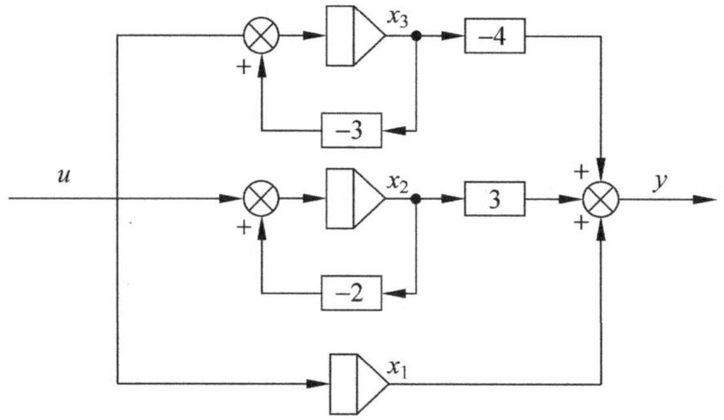

对式(5)、式(6)进行拉氏反变换得

$$\dot{x}_1 = u$$

$$\dot{x}_2 = -2x_2 + u$$

$$\dot{x}_3 = -3x_3 + u$$

$$y(t) = x_1(t) + 3x_2(t) - 4x_3(t)$$

状态表达式为

$$\begin{bmatrix} \dot{x}_1 \\ \dot{x}_2 \\ \dot{x}_3 \end{bmatrix} = \begin{bmatrix} 0 & 0 & 0 \\ 0 & -2 & 0 \\ 0 & 0 & -3 \end{bmatrix} \begin{bmatrix} x_1 \\ x_2 \\ x_3 \end{bmatrix} + \begin{bmatrix} 1 \\ 1 \\ 1 \end{bmatrix} u$$

$$y = \begin{bmatrix} 1 & 3 & -4 \end{bmatrix} \begin{bmatrix} x_1 \\ x_2 \\ x_3 \end{bmatrix}$$

(2) 首先将传递函数(2)分解为部分分式

$$g(s) = \frac{c_1}{s+1} + \frac{c_2}{s+5},$$

其中，

$$c_1 = \lim_{s\to -1} \frac{2s+1}{s+5} = -\frac{1}{4},$$

$$c_2 = \lim_{s\to -5} \frac{2s+1}{s+1} = \frac{9}{4},$$

$$g(s) = \frac{y(s)}{u(s)} = \frac{-\frac{1}{4}}{s+1} + \frac{\frac{9}{4}}{s+5},$$

$$y(s) = \frac{-\frac{1}{4}}{s+1}u(s) + \frac{\frac{9}{4}}{s+5}u(s) \tag{7}$$

令

$$\begin{cases} x_1(s) = \dfrac{1}{s+1}u(s) \\ x_2(s) = \dfrac{1}{s+5}u(s) \end{cases} \tag{8}$$

对式(7)、式(8)进行拉氏反变换得

$$\dot{x}_1(t) = -x_1 + u,$$

$$\dot{x}_2(t) = -5x_2 + u,$$

$$y(t) = -\frac{1}{4}x_1(t) + \frac{9}{4}x_2(t)$$

可知状态变量图如下：

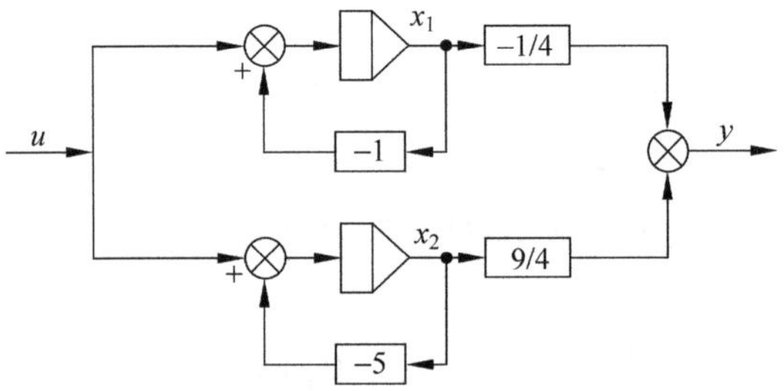

选择积分器输出为状态变量，可得状态空间表达式为

$$\begin{bmatrix} \dot{x}_1 \\ \dot{x}_2 \end{bmatrix} = \begin{bmatrix} -1 & 0 \\ 0 & -5 \end{bmatrix}\begin{bmatrix} x_1 \\ x_2 \end{bmatrix} + \begin{bmatrix} 1 \\ 1 \end{bmatrix}u$$

$$y = \begin{bmatrix} -\frac{1}{4} & \frac{9}{4} \end{bmatrix}\begin{bmatrix} -\frac{1}{4} & \frac{9}{4} \end{bmatrix}\begin{bmatrix} x_1 \\ x_2 \end{bmatrix}$$

2.12 某随动系统的方框图如图 2.10 所示，列写其状态空间表达式。

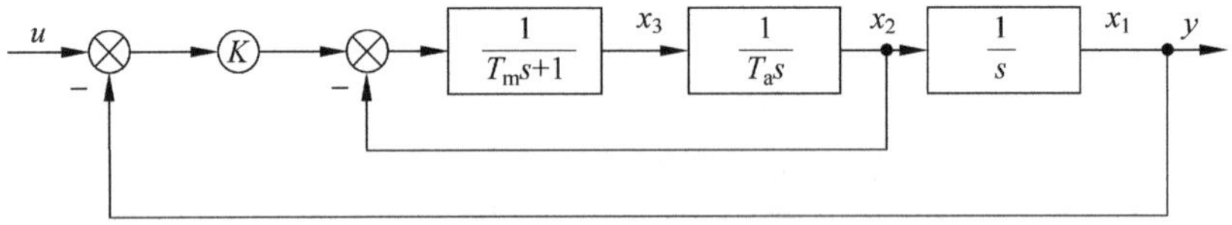

图 2.10 随动系统方框图

解 当系统的描述是以方框图形式给出时，求状态空间表达式通常有两种方法。

方法 1 可直接由系统方框图导出系统的状态空间描述。由方框图可得

$$x_1(s) = \frac{1}{s}x_2(s),$$

$$x_2(s) = \frac{1}{T_a s}x_3(s),$$

$$x_3(s)=\{[u(s)-x_1(s)]k-x_2(s)\}\frac{1}{T_m s+1},$$

$$y(s)=x_1(s)$$

对上式进行拉氏反变换得

$$\dot{x}_3(t)=-\frac{k}{T_m}x_1(t)-\frac{1}{T_m}x_2(t)-\frac{1}{T_m}x_3(t)+\frac{k}{T_m}u(t)$$

$$\dot{x}_2(t)=\frac{1}{T_a}x_3(t)$$

$$\dot{x}_1(t)=x_2(t)$$

$$y(t)=x_1(t)$$

状态空间表达式为

$$\begin{bmatrix}\dot{x}_1\\\dot{x}_2\\\dot{x}_3\end{bmatrix}=\begin{bmatrix}0&1&0\\0&0&\frac{1}{T_a}\\-\frac{k}{T_m}&-\frac{1}{T_m}&-\frac{1}{T_m}\end{bmatrix}\begin{bmatrix}x_1\\x_2\\x_3\end{bmatrix}+\begin{bmatrix}0\\0\\\frac{k}{T_m}\end{bmatrix}u$$

$$y=\begin{bmatrix}1&0&0\end{bmatrix}\begin{bmatrix}x_1\\x_2\\x_3\end{bmatrix}$$

方法 2　先由方框图求出系统闭环传递函数，再由闭环传递函数求出状态空间表达式。本题可以求得系统闭环传递函数为

$$g(s)=\frac{\frac{K}{T_m T_a}}{s^3+\frac{1}{T_m}s^2+\frac{1}{T_m T_a}s+\frac{K}{T_m T_a}}$$

由式(2.14)～式(2.17)直接得能控标准型

$$\dot{\boldsymbol{x}}=\begin{bmatrix}0&1&0\\0&0&1\\-\frac{K}{T_m T_a}&-\frac{1}{T_m T_a}&-\frac{1}{T_m}\end{bmatrix}\boldsymbol{x}+\begin{bmatrix}0\\0\\1\end{bmatrix}u$$

$$y=\begin{bmatrix}\frac{K}{T_m T_a}&0&0\end{bmatrix}\boldsymbol{x}$$

2.13　列写图 2.11 所示系统的状态空间表达式。

解　设

$$x_1(s)=y_1(s) \tag{9}$$

$$x_2(s)=y_2(s) \tag{10}$$

则由系统方框图 2.11 可得

$$x_1(s)=[u_1(s)-x_2(s)]\frac{c}{s+a} \tag{11}$$

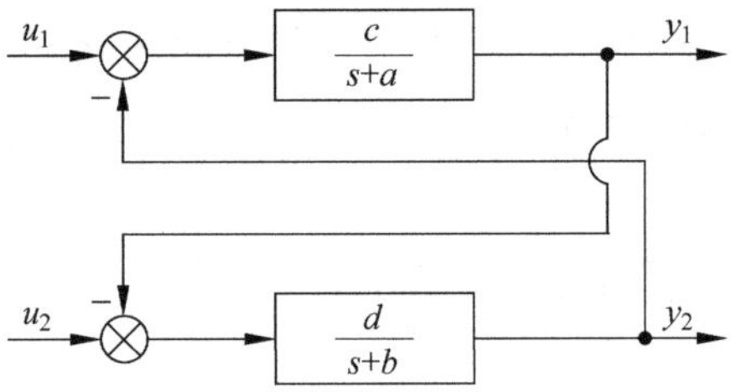

图 2.11 系统结构

$$x_2(s) = [u_2(s) - x_1(s)]\frac{d}{s+b} \tag{12}$$

对式(9)～式(12)进行拉氏反变换得

$$\dot{x}_1(t) = -ax_1(t) - cx_2(t) + cu_1(t)$$

$$\dot{x}_2(t) = -dx_1(t) - bx_2(t) + du_2(t)$$

$$y_1(t) = x_1(t)$$

$$y_2(t) = x_2(t)$$

则系统状态空间表达式为

$$\begin{bmatrix}\dot{x}_1\\ \dot{x}_2\end{bmatrix} = \begin{bmatrix}-a & -c\\ -d & -b\end{bmatrix}\begin{bmatrix}x_1\\ x_2\end{bmatrix} + \begin{bmatrix}c & 0\\ 0 & d\end{bmatrix}\begin{bmatrix}u_1\\ u_2\end{bmatrix}$$

$$\begin{bmatrix}y_1\\ y_2\end{bmatrix} = \begin{bmatrix}1 & 0\\ 0 & 1\end{bmatrix}\begin{bmatrix}x_1\\ x_2\end{bmatrix}$$

2.14 试将下列状态方程化为对角标准型。

(1) $\begin{bmatrix}\dot{x}_1\\ \dot{x}_2\end{bmatrix} = \begin{bmatrix}0 & 1\\ -5 & -6\end{bmatrix}\begin{bmatrix}x_1\\ x_2\end{bmatrix} + \begin{bmatrix}0\\ 1\end{bmatrix}u$

(2) $\begin{bmatrix}\dot{x}_1\\ \dot{x}_2\\ \dot{x}_3\end{bmatrix} = \begin{bmatrix}0 & 1 & 0\\ 3 & 0 & 2\\ -12 & -7 & -6\end{bmatrix}\begin{bmatrix}x_1\\ x_2\\ x_3\end{bmatrix} + \begin{bmatrix}2 & 3\\ 1 & 5\\ 7 & 1\end{bmatrix}\begin{bmatrix}u_1\\ u_2\end{bmatrix}$

解

(1)

① 求特征值。

$$|\lambda \boldsymbol{I} - \boldsymbol{A}| = \begin{vmatrix}\lambda & -1\\ 5 & \lambda+6\end{vmatrix} = \lambda(\lambda+6)+5 = (\lambda+5)(\lambda+1) = 0$$

解得

$$\lambda_1 = -1, \quad \lambda_2 = -5$$

② 求特征向量。

a. 对于 $\lambda_1=-1$,有

$$(\lambda_1\boldsymbol{I}-\boldsymbol{A})\ v_1=\begin{bmatrix}-1 & -1\\ 5 & 5\end{bmatrix}\begin{bmatrix}v_{11}\\ v_{12}\end{bmatrix}=\begin{bmatrix}0\\ 0\end{bmatrix}$$

解得

$$v_1=\begin{bmatrix}v_{11}\\ v_{12}\end{bmatrix}=\begin{bmatrix}1\\ -1\end{bmatrix}$$

b. 对于 $\lambda_2=-5$,有

$$(\lambda_2\boldsymbol{I}-\boldsymbol{A})\ v_2=\begin{bmatrix}-5 & -1\\ 5 & 1\end{bmatrix}\begin{bmatrix}v_{21}\\ v_{22}\end{bmatrix}=\begin{bmatrix}0\\ 0\end{bmatrix}$$

解得

$$v_2=\begin{bmatrix}v_{21}\\ v_{22}\end{bmatrix}=\begin{bmatrix}1\\ -5\end{bmatrix}$$

③ 构造 $\boldsymbol{P}$,求 $\boldsymbol{P}^{-1}$。

$$\boldsymbol{P}=[v_1\quad v_2]=\begin{bmatrix}1 & 1\\ -1 & -5\end{bmatrix},\quad \boldsymbol{P}^{-1}=\begin{bmatrix}\frac{5}{4} & \frac{1}{4}\\ -\frac{1}{4} & -\frac{1}{4}\end{bmatrix}$$

④ 求 $\bar{\boldsymbol{A}}$、$\bar{\boldsymbol{B}}$。

$$\bar{\boldsymbol{A}}=\boldsymbol{P}^{-1}\boldsymbol{A}\boldsymbol{P}=\begin{bmatrix}-1 & 0\\ 0 & -5\end{bmatrix}$$

$$\bar{\boldsymbol{B}}=\boldsymbol{P}^{-1}\boldsymbol{B}=\begin{bmatrix}\frac{5}{4} & \frac{1}{4}\\ -\frac{1}{4} & -\frac{1}{4}\end{bmatrix}\begin{bmatrix}0\\ 1\end{bmatrix}=\begin{bmatrix}\frac{1}{4}\\ -\frac{1}{4}\end{bmatrix}$$

则得对角标准型

$$\dot{\bar{\boldsymbol{x}}}=\begin{bmatrix}-1 & 0\\ 0 & -5\end{bmatrix}\bar{\boldsymbol{x}}+\begin{bmatrix}\frac{1}{4}\\ -\frac{1}{4}\end{bmatrix}\boldsymbol{u}$$

(2)

① 求特征值。

$$|\lambda\boldsymbol{I}-\boldsymbol{A}|=\begin{vmatrix}\lambda & -1 & 0\\ -3 & \lambda & -2\\ 12 & 7 & \lambda+6\end{vmatrix}=(\lambda+1)(\lambda+2)(\lambda+3)=0$$

解得　　$\lambda_1=-1,\quad \lambda_2=-2,\quad \lambda_3=-3$

② 求特征向量。

a. 对于 $\lambda_1=-1$,有

$$\begin{bmatrix}-1 & -1 & 0\\-3 & -1 & -2\\12 & 7 & 5\end{bmatrix}\begin{bmatrix}v_{11}\\v_{12}\\v_{13}\end{bmatrix}=\begin{bmatrix}0\\0\\0\end{bmatrix} \Rightarrow \begin{bmatrix}v_{11}\\v_{12}\\v_{13}\end{bmatrix}=\begin{bmatrix}1\\-1\\-1\end{bmatrix}$$

b. 对于 $\lambda_2=-2$，有

$$\begin{bmatrix}-2 & -1 & 0\\-3 & -2 & -2\\12 & 7 & 4\end{bmatrix}\begin{bmatrix}v_{11}\\v_{12}\\v_{13}\end{bmatrix}=\begin{bmatrix}0\\0\\0\end{bmatrix} \Rightarrow \begin{bmatrix}v_{11}\\v_{12}\\v_{13}\end{bmatrix}=\begin{bmatrix}2\\-4\\1\end{bmatrix}$$

c. 对于 $\lambda_2=-3$，有

$$\begin{bmatrix}-3 & -1 & 0\\-3 & -3 & -2\\12 & 7 & 3\end{bmatrix}\begin{bmatrix}v_{11}\\v_{12}\\v_{13}\end{bmatrix}=\begin{bmatrix}0\\0\\0\end{bmatrix} \Rightarrow \begin{bmatrix}v_{11}\\v_{12}\\v_{13}\end{bmatrix}=\begin{bmatrix}1\\-3\\3\end{bmatrix}$$

③ 构造 $\boldsymbol{P}$，求 $\boldsymbol{P}^{-1}$。

$$\boldsymbol{P}=\begin{bmatrix}1 & 2 & 1\\-1 & -4 & -3\\-1 & 1 & 3\end{bmatrix},\quad \boldsymbol{P}^{-1}=\begin{bmatrix}\frac{9}{2} & \frac{5}{2} & 1\\-3 & -2 & -1\\\frac{5}{2} & \frac{3}{2} & 1\end{bmatrix}$$

④ 求 $\overline{\boldsymbol{A}}$、$\overline{\boldsymbol{B}}$。

$$\overline{\boldsymbol{A}}=\boldsymbol{P}^{-1}\boldsymbol{A}\boldsymbol{P}=\begin{bmatrix}-1 & 0 & 0\\0 & -2 & 0\\0 & 0 & -3\end{bmatrix}$$

$$\overline{\boldsymbol{B}}=\boldsymbol{P}^{-1}\boldsymbol{B}=\begin{bmatrix}\frac{9}{2} & \frac{5}{2} & 1\\-3 & -2 & -1\\\frac{5}{2} & \frac{3}{2} & 1\end{bmatrix}\begin{bmatrix}2 & 3\\1 & 5\\7 & 1\end{bmatrix}=\begin{bmatrix}\frac{37}{2} & -27\\-15 & -20\\\frac{27}{2} & 16\end{bmatrix}$$

则得对角标准型

$$\dot{\overline{\boldsymbol{x}}}=\begin{bmatrix}-1 & 0 & 0\\0 & -2 & 0\\0 & 0 & -3\end{bmatrix}\overline{\boldsymbol{x}}+\begin{bmatrix}\frac{37}{2} & -27\\-15 & -20\\\frac{27}{2} & 16\end{bmatrix}\boldsymbol{u}$$

2.15 试将下列状态方程化为约当标准型。

$$\begin{bmatrix}\dot{x}_1\\\dot{x}_2\\\dot{x}_3\end{bmatrix}=\begin{bmatrix}4 & 1 & -2\\1 & 0 & 2\\1 & -1 & 3\end{bmatrix}\begin{bmatrix}x_1\\x_2\\x_3\end{bmatrix}+\begin{bmatrix}3 & 1\\2 & 7\\5 & 3\end{bmatrix}\begin{bmatrix}u_1\\u_2\end{bmatrix}$$

解

(1) 求特征值。

$$|\lambda \boldsymbol{I}-\boldsymbol{A}|=\begin{vmatrix}\lambda-4 & -1 & 2\\ -1 & \lambda & -2\\ -1 & 1 & \lambda-3\end{vmatrix}=(\lambda-1)(\lambda-3)^2=0$$

解得

$$\lambda_1=1,\quad \lambda_2=\lambda_3=3$$

(2) 求特征向量。

① 对于$\lambda=1$,有

$$(\lambda_i \boldsymbol{I}-\boldsymbol{A})v_i=\boldsymbol{0}$$

即

$$\begin{bmatrix}-3 & -1 & 2\\ -1 & 1 & -2\\ -1 & 1 & -2\end{bmatrix}\begin{bmatrix}v_{11}\\ v_{12}\\ v_{13}\end{bmatrix}=\begin{bmatrix}0\\ 0\\ 0\end{bmatrix}\quad\Rightarrow\begin{bmatrix}v_{11}\\ v_{12}\\ v_{13}\end{bmatrix}=\begin{bmatrix}0\\ 2\\ 1\end{bmatrix}$$

② 对于$\lambda=3$,有

$$(\lambda_i \boldsymbol{I}-\boldsymbol{A})v'_i=\boldsymbol{0}$$

即

$$\begin{bmatrix}-1 & -1 & 2\\ -1 & 3 & -2\\ -1 & 1 & 0\end{bmatrix}\begin{bmatrix}v'_{21}\\ v'_{22}\\ v'_{23}\end{bmatrix}=\begin{bmatrix}0\\ 0\\ 0\end{bmatrix}\quad\Rightarrow\begin{bmatrix}v'_{21}\\ v'_{22}\\ v'_{23}\end{bmatrix}=\begin{bmatrix}1\\ 1\\ 1\end{bmatrix}$$

$$(\lambda_i \boldsymbol{I}-\boldsymbol{A})v''_i=-v'_i$$

即

$$\begin{bmatrix}-1 & -1 & 2\\ -1 & 3 & -2\\ -1 & 1 & 0\end{bmatrix}\begin{bmatrix}v'_{21}\\ v'_{22}\\ v'_{23}\end{bmatrix}=\begin{bmatrix}-1\\ -1\\ -1\end{bmatrix}\quad\Rightarrow\begin{bmatrix}v'_{21}\\ v'_{22}\\ v'_{23}\end{bmatrix}=\begin{bmatrix}1\\ 0\\ 0\end{bmatrix}$$

(3) 构造$\boldsymbol{P}$,求$\boldsymbol{P}^{-1}$。

$$\boldsymbol{P}=\begin{bmatrix}0 & 1 & 1\\ 2 & 1 & 0\\ 1 & 1 & 0\end{bmatrix},\quad \boldsymbol{P}^{-1}=\begin{bmatrix}0 & 1 & -1\\ 0 & -1 & 2\\ 1 & 1 & -2\end{bmatrix}$$

(4) 求$\bar{\boldsymbol{A}}$、$\bar{\boldsymbol{B}}$。

$$\bar{\boldsymbol{A}}=\boldsymbol{P}^{-1}\boldsymbol{A}\boldsymbol{P}=\begin{bmatrix}1 & 0 & 0\\ 0 & 3 & 1\\ 0 & 0 & 3\end{bmatrix}$$

$$\bar{\boldsymbol{B}}=\boldsymbol{P}^{-1}\boldsymbol{B}=\begin{bmatrix}0 & 1 & -1\\ 0 & -1 & 2\\ 1 & 1 & -2\end{bmatrix}\begin{bmatrix}3 & 1\\ 2 & 7\\ 5 & 3\end{bmatrix}=\begin{bmatrix}-3 & 4\\ 8 & -1\\ -5 & 2\end{bmatrix}$$

则得约当标准型

$$\dot{x} = \left[\begin{array}{c:cc} 1 & 0 & 0 \\ \hdashline 0 & 3 & 1 \\ 0 & 0 & 3 \end{array}\right] x + \begin{bmatrix} -3 & 4 \\ 8 & -1 \\ -5 & 2 \end{bmatrix} u$$

2.16 已知系统的状态空间表达式为

$$\dot{x} = \begin{bmatrix} -5 & -1 \\ 3 & -1 \end{bmatrix} x + \begin{bmatrix} 2 \\ 5 \end{bmatrix} u$$

$$y = [1 \quad 2] x + 4u$$

求其对应的传递函数。

解

$$A = \begin{bmatrix} -5 & -1 \\ 3 & -1 \end{bmatrix}, \quad B = \begin{bmatrix} 2 \\ 5 \end{bmatrix}, \quad C = [1 \quad 2], \quad d = 4$$

$$g(s) = C(sI - A)^{-1} B + d$$

$$sI - A = \begin{bmatrix} s+5 & 1 \\ -3 & s+1 \end{bmatrix}$$

$$(sI - A)^{-1} = \frac{1}{(s+5)(s+1)+3} \begin{bmatrix} s+1 & -1 \\ 3 & s+5 \end{bmatrix}$$

$$\begin{aligned} g(s) &= C(sI - A)^{-1} B + d \\ &= \frac{1}{(s+2)(s+4)} [1 \quad 2] \begin{bmatrix} s+1 & -1 \\ 3 & s+5 \end{bmatrix} \begin{bmatrix} 2 \\ 5 \end{bmatrix} + 4 \\ &= \frac{4s^2 + 36s + 91}{s^2 + 6s + 8} \end{aligned}$$

2.17 已知系统的状态空间表达式为

$$\begin{bmatrix} \dot{x}_1 \\ \dot{x}_2 \\ \dot{x}_3 \end{bmatrix} = \begin{bmatrix} -2 & 1 & 0 \\ 0 & -3 & 0 \\ 0 & 1 & -4 \end{bmatrix} \begin{bmatrix} x_1 \\ x_2 \\ x_3 \end{bmatrix} + \begin{bmatrix} -1 & -1 \\ 1 & 4 \\ 2 & -3 \end{bmatrix} \begin{bmatrix} u_1 \\ u_2 \end{bmatrix}$$

$$\begin{bmatrix} y_1 \\ y_2 \end{bmatrix} = \begin{bmatrix} 1 & 1 & 1 \\ -2 & -1 & 0 \end{bmatrix} \begin{bmatrix} x_1 \\ x_2 \\ x_3 \end{bmatrix}$$

求其对应的传递函数矩阵。

解

$$A = \begin{bmatrix} -2 & 1 & 0 \\ 0 & -3 & 0 \\ 0 & 1 & -4 \end{bmatrix}, \quad B = \begin{bmatrix} -1 & -1 \\ 1 & 4 \\ 2 & -3 \end{bmatrix}, \quad C = \begin{bmatrix} 1 & 1 & 1 \\ -2 & -1 & 0 \end{bmatrix}, \quad D = 0$$

$$G(s) = C(sI - A)^{-1} B + D$$

$$sI-A=\begin{bmatrix} s+2 & -1 & 0 \\ 0 & s+3 & 0 \\ 0 & -1 & s+4 \end{bmatrix}$$

$$(sI-A)^{-1}=\begin{bmatrix} \frac{1}{s+2} & \frac{1}{(s+2)(s+3)} & 0 \\ 0 & \frac{1}{s+3} & 0 \\ 0 & \frac{1}{(s+3)(s+4)} & \frac{1}{s+4} \end{bmatrix}$$

$$C(sI-A)^{-1}=\begin{bmatrix} 1 & 1 & 1 \\ -2 & -1 & 0 \end{bmatrix}\begin{bmatrix} \frac{1}{s+2} & \frac{1}{(s+2)(s+3)} & 0 \\ 0 & \frac{1}{s+3} & 0 \\ 0 & \frac{1}{(s+3)(s+4)} & \frac{1}{s+4} \end{bmatrix}$$

$$=\begin{bmatrix} \frac{1}{s+2} & \frac{s^2+8s+14}{(s+2)(s+3)(s+4)} & \frac{1}{s+4} \\ \frac{-2}{s+2} & \frac{-s-4}{(s+2)(s+3)} & 0 \end{bmatrix}$$

$$G(s)=C(sI-A)^{-1}B=\begin{bmatrix} \frac{2s+7}{(s+3)(s+4)} & \frac{10s+26}{(s+2)(s+3)(s+4)} \\ \frac{1}{s+3} & \frac{-2s-10}{(s+2)(s+3)} \end{bmatrix}$$

2.18　设系统的前向通道传递函数矩阵和反馈通道传递函数矩阵分别为

$$G_0(s)=\begin{bmatrix} \frac{1}{s+1} & -\frac{1}{s} \\ 2 & \frac{1}{s+2} \end{bmatrix},\quad H(s)=\begin{bmatrix} 1 & 0 \\ 0 & 1 \end{bmatrix}$$

求其闭环传递函数矩阵。

解

$$G(s)=[I+G_0(s)H]^{-1}G_0(s)$$

$$G_0(s)H=\begin{bmatrix} \frac{1}{s+1} & -\frac{1}{s} \\ 2 & \frac{1}{s+2} \end{bmatrix}\begin{bmatrix} 1 & 0 \\ 0 & 1 \end{bmatrix}=\begin{bmatrix} \frac{1}{s+1} & -\frac{1}{s} \\ 2 & \frac{1}{s+2} \end{bmatrix}$$

$$I+G_0(s)H=\begin{bmatrix} 1 & 0 \\ 0 & 1 \end{bmatrix}+\begin{bmatrix} \frac{1}{s+1} & -\frac{1}{s} \\ 2 & \frac{1}{s+2} \end{bmatrix}=\begin{bmatrix} \frac{s+2}{s+1} & -\frac{1}{s} \\ 2 & \frac{s+3}{s+2} \end{bmatrix}$$

$$[\boldsymbol{I}+\boldsymbol{G}_0(s)\boldsymbol{H}]^{-1}=\begin{bmatrix}\dfrac{s(s+1)(s+3)}{(s+2)(s^2+5s+2)} & \dfrac{s+1}{s^2+5s+2}\\ \dfrac{-2s(s+1)}{s^2+5s+2} & \dfrac{s(s+2)}{s^2+5s+2}\end{bmatrix}$$

故

$$\boldsymbol{G}(s)=[\boldsymbol{I}+\boldsymbol{G}_0(s)\boldsymbol{H}]^{-1}\boldsymbol{G}_0(s)$$

$$\begin{aligned}\boldsymbol{G}(s)&=[\boldsymbol{I}+\boldsymbol{G}_0(s)\boldsymbol{H}]^{-1}\boldsymbol{G}_0(s)\\ &=\begin{bmatrix}\dfrac{s(s+1)(s+3)}{(s+2)(s^2+5s+2)} & \dfrac{s+1}{s^2+5s+2}\\ \dfrac{-2s(s+1)}{s^2+5s+2} & \dfrac{s(s+2)}{s^2+5s+2}\end{bmatrix}\begin{bmatrix}\dfrac{1}{s+1} & -\dfrac{1}{s}\\ 2 & \dfrac{1}{s+2}\end{bmatrix}\\ &=\begin{bmatrix}\dfrac{3s^2+9s+4}{(s+2)(s^2+5s+2)} & \dfrac{-(s+1)}{s^2+5s+2}\\ \dfrac{2s(s+1)}{s^2+5s+2} & \dfrac{3s+2}{s^2+5s+2}\end{bmatrix}\end{aligned}$$

2.19 设离散系统的差分方程为

$$y(k+2)+5y(k+1)+3y(k)=u(k+1)+2u(k)$$

求系统的状态空间表达式。

解 对差分方程取 z 变换,得

$$z^2y(z)+5zy(z)+3y(z)=zu(z)+2u(z)$$

$$g(z)=\frac{y(z)}{u(z)}=\frac{z+2}{z^2+5z+3}$$

离散系统状态空间方程式为

$$\begin{bmatrix}x_1(k+1)\\x_2(k+1)\end{bmatrix}=\begin{bmatrix}0 & 1\\-3 & -5\end{bmatrix}\begin{bmatrix}x_1(k)\\x_2(k)\end{bmatrix}+\begin{bmatrix}0\\1\end{bmatrix}u(k)$$

$$y=[2\quad 1]\begin{bmatrix}x_1(k)\\x_2(k)\end{bmatrix}$$

2.20 已知离散系统的状态空间表达式为

$$x_1(k+1)=x_2(k)$$

$$x_2(k+1)=x_1(k)+3x_2(k)+2u(k)$$

$$y(k)=x_1(k)+x_2(k)$$

求其对应的脉冲传递函数。

解 由离散系统的状态空间表达式取 z 变换,得

$$zX_1(z)=X_2(z)\tag{13}$$

$$zX_2(z)=X_1(z)+3X_2(z)+2U(z)\tag{14}$$

$$Y(z)=X_1(z)+X_2(z)\tag{15}$$

式(13)代入式(15)得

$$Y(z)=X_1(z)+zX_1(z)=(z+1)X_1(z)$$

$$X_1(z)=\frac{Y(z)}{z+1} \tag{16}$$

式(13)代入式(14)得

$$z^2X_1(z)=X_1(z)+3ZX_1(z)+2U(z)$$

$$(z^2-3z-1)X_1(z)=2U(z)$$

$$(z^2-3z-1)\frac{Y(z)}{z+1}=2U(z)$$

脉冲传递函数为

$$\frac{Y(z)}{U(z)}=\frac{2(z+1)}{(z^2-3z-1)}$$

2.21* 已知系统响应传递函数为

$$g(s)=\frac{2s^3+19s^2+49s+20}{s^3+6s^2+11s+6}$$

试求系统状态空间表达式。

解 此题为 $m=n=3$ 的情况。首先，应将其化为严格真有理分式，再用直接分解法由式(2.14)～式(2.17)直接写出能控标准型或能观标准型状态空间表达式，还可用串联分解法或并联分解法求状态空间表达式。但此题传递函数的形式并不是串联分解和部分分式展开的形式，所以，采用直接分解法会更为便捷。

将 $g(s)$化为严格真有理分式

$$g(s)=\frac{2s^3+19s^2+49s+20}{s^3+6s^2+11s+6}=2+\frac{7s^2+27s+8}{s^3+6s^2+11s+6}$$

由式(2.14)～式(2.17)直接得能控标准型

$$\dot{\boldsymbol{x}}=\begin{bmatrix}0&1&0\\0&0&1\\-6&-11&-6\end{bmatrix}\boldsymbol{x}+\begin{bmatrix}0\\0\\1\end{bmatrix}u$$

$$y=[8\quad 27\quad 7]\boldsymbol{x}+2u$$

同样可得能观标准型

$$\dot{\boldsymbol{x}}=\begin{bmatrix}0&0&-6\\1&0&-11\\0&1&-6\end{bmatrix}\boldsymbol{x}+\begin{bmatrix}8\\27\\7\end{bmatrix}u$$

$$y=[0\quad 0\quad \cdots\quad 1]\boldsymbol{x}+2u$$

2.22** 如图 2.12 所示的 RLC 电路，输入变量取为电源电压 u，输出变量取为电容两端电压 u_C，可以用两种状态变量列写其状态方程。

解 首先确定状态变量：此电路为二阶系统，有两个储能元件，根据电路理论可知，此电路最多有两个线性无关的变量，可选独立储能元件的变量作为状态变量。

(1) 取电感电流 i 和电容电压 u_C 作为状态变量，根据电路原理，有下列微分方程组：

$$L\frac{\mathrm{d}i}{\mathrm{d}t}+Ri+u_C=u$$

$$C\frac{\mathrm{d}u_C}{\mathrm{d}t}=i$$

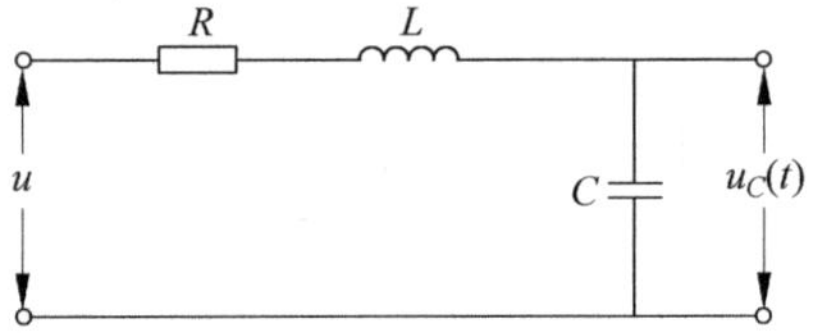

图 2.12 RLC 电路

令 $x_1=u_C$，$x_2=i$，则可导出状态方程为

$$\begin{cases}\dot{x}_1=\dfrac{1}{C}x_2\\ \dot{x}_2=-\dfrac{1}{L}x_1-\dfrac{R}{L}x_2+\dfrac{1}{L}u\end{cases}$$

若取电容电压 u_C 作为输出变量 y，则导出输出方程：

$$y=u_C=x_1$$

写成向量方程形式，则此电路的状态空间描述为

$$\begin{bmatrix}\dot{x}_1\\ \dot{x}_2\end{bmatrix}=\begin{bmatrix}0 & \dfrac{1}{C}\\ -\dfrac{1}{L} & -\dfrac{R}{L}\end{bmatrix}\begin{bmatrix}x_1\\ x_2\end{bmatrix}+\begin{bmatrix}0\\ \dfrac{1}{L}\end{bmatrix}u$$

$$y=\begin{bmatrix}1 & 0\end{bmatrix}\begin{bmatrix}x_1\\ x_2\end{bmatrix}$$

(2) 若取状态变量 $\bar{x}_1=L\dot{q}+Rq$，$\bar{x}_2=q$，q 为电容的电荷量。由于 $q=Cu_C$，故有 $\dot{q}=C\dot{u}_C=i$。根据电路原理，有下列状态方程：

$$\begin{cases}\dot{\bar{x}}_1=L\ddot{q}+R\dot{q}=-u_C+u=-\dfrac{1}{C}q+u=-\dfrac{1}{C}\bar{x}_2+u\\ \dot{\bar{x}}_2=\dot{q}=\dfrac{1}{L}\bar{x}_1-\dfrac{R}{L}\bar{x}_2\end{cases}$$

取电容电压 u_C 为输出变量 y，则导出输出方程为

$$y=u_C=\frac{1}{C}q=\frac{1}{C}\bar{x}_2$$

写成向量方程形式，则此电路的状态空间描述为

$$\begin{bmatrix}\dot{\bar{x}}_1\\ \dot{\bar{x}}_2\end{bmatrix}=\begin{bmatrix}0 & -\dfrac{1}{C}\\ \dfrac{1}{L} & -\dfrac{R}{L}\end{bmatrix}\begin{bmatrix}\bar{x}_1\\ \bar{x}_2\end{bmatrix}+\begin{bmatrix}1\\ 0\end{bmatrix}u$$

2.23** 设有三阶系统的状态空间表达式为

$$\begin{cases}\dot{x}_1=x_2\\ \dot{x}_2=x_3\\ \dot{x}_3=-6x_1-3x_2-2x_3+u\end{cases}$$

$$y=x_1+x_3$$

试画出系统的状态变量图。

解　由系统状态方程可得状态变量图如图 2.13 所示。

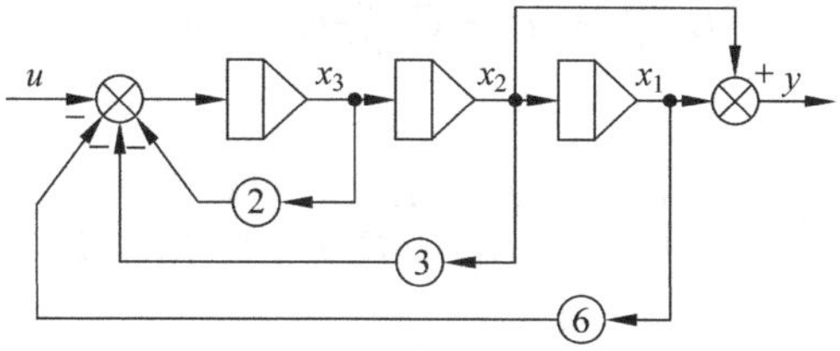

图 2.13　三阶系统的状态变量图

2.24**　双输入双输出系统的状态空间表达式为

$$\begin{cases}\dot{x}_1 = a_{11}x_1 + a_{12}x_2 + b_{11}u_1 + b_{12}u_2 \\ \dot{x}_2 = a_{21}x_1 + a_{22}x_2 + b_{21}u_1 + b_{22}u_2\end{cases}$$

$$\begin{cases}y_1 = c_{11}x_1 + c_{12}x_2 \\ y_2 = c_{21}x_1 + c_{22}x_2\end{cases}$$

试画出系统的状态变量图。

解　由系统状态方程可得状态变量图如图 2.14 所示。

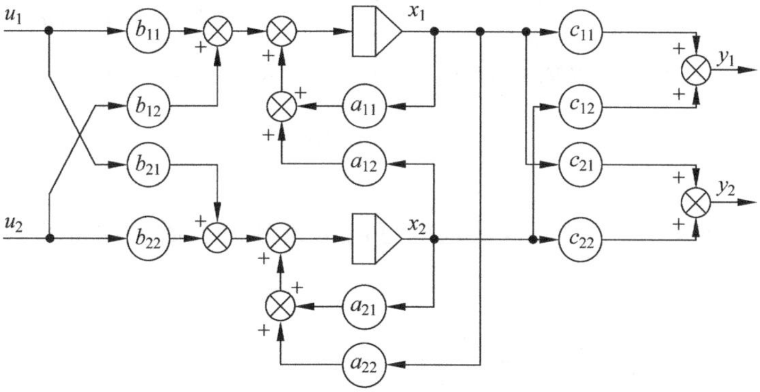

图 2.14　双输入双输出系统的状态变量图

2.25**　有 RLC 网络如图 2.15 所示，图中电源电压 $u(t)$ 为输入，电容电压 u_C 为输出，试写出此网络的状态空间表达式。

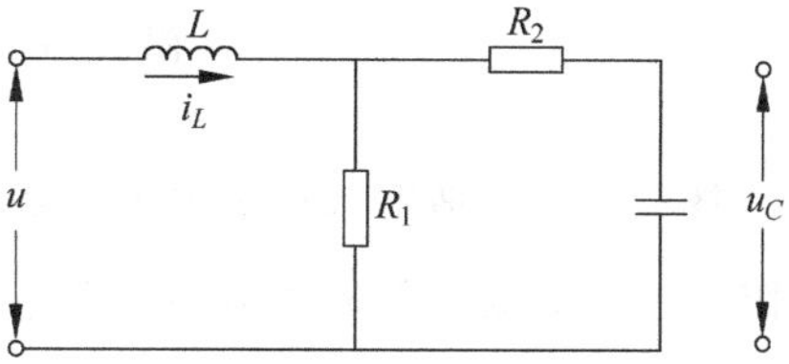

图 2.15　RLC 电路

解　该网络是一个二阶系统，有两个储能元件，按电路理论选择电感 L 中的电流 i_L 和电容 C 上的电压 u_C 作为状态变量，即 $x_1=i_L$，$x_2=u_C$。根据基尔霍夫定律有下列两个方程：

$$i_L = \left(u - L\frac{\mathrm{d}i_L}{\mathrm{d}t}\right)\frac{1}{R_1} + C\frac{\mathrm{d}u_C}{\mathrm{d}t}$$

$$L\frac{\mathrm{d}i_L}{\mathrm{d}t} + u_C + C\frac{\mathrm{d}u_C}{\mathrm{d}t}R_2 = u$$

经整理得

$$\frac{\mathrm{d}i_L}{\mathrm{d}t} = \frac{u}{L} - \frac{i_L}{L}\left(\frac{R_1R_2}{R_1+R_2}\right) - \frac{u_C}{L}\frac{R_1}{R_1+R_2}$$

$$\frac{\mathrm{d}u_C}{\mathrm{d}t} = \frac{R_1}{C(R_1+R_2)}i_L - \frac{1}{C(R_1+R_2)}u_C$$

以状态变量表示的状态方程有

$$\frac{\mathrm{d}x_1}{\mathrm{d}t} = -\frac{1}{L}\left(\frac{R_1R_2}{R_1+R_2}\right)x_1 - \frac{R_1}{R_1+R_2}\frac{x_2}{L} - \frac{u_C}{L}$$

$$\frac{\mathrm{d}x_2}{\mathrm{d}t} = \frac{R_1}{C(R_1+R_2)}x_1 - \frac{1}{C(R_1+R_2)}x_2$$

而输出方程为

$$y = u_C = x_2$$

写成向量方程形式的状态空间表达式为

$$\begin{bmatrix}\dot{x}_1\\ \dot{x}_2\end{bmatrix} = \begin{bmatrix}-\dfrac{1}{L}\dfrac{R_1R_2}{R_1+R_2} & -\dfrac{R_1}{L(R_1+R_2)}\\ \dfrac{R_1}{C(R_1+R_2)} & -\dfrac{1}{C(R_1+R_2)}\end{bmatrix}\begin{bmatrix}x_1\\ x_2\end{bmatrix} + \begin{bmatrix}\dfrac{1}{L}\\ 0\end{bmatrix}u$$

$$y = \begin{bmatrix}0 & 1\end{bmatrix}\begin{bmatrix}x_1\\ x_2\end{bmatrix}$$

2.26** 如图 2.16 所示，试求电枢电压控制的它激电动机的状态空间表达式。

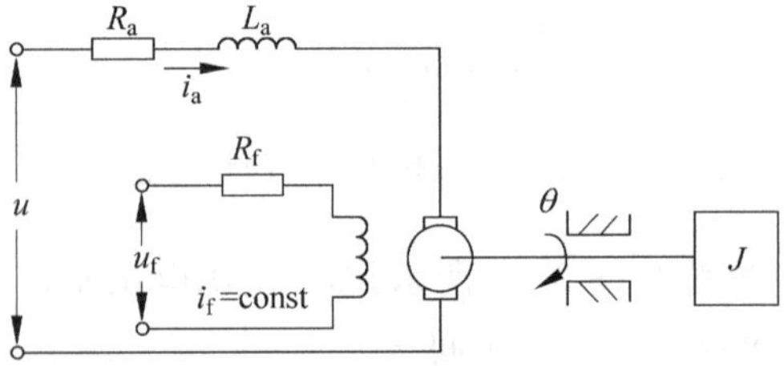

图 2.16 它激电动机原理

解 本例包括电气系统及机械系统。选择电机转轴角 θ 和转速 $\dot{\theta}$ 及电枢电流 i_a 作为状态变量。令 $x_1=\theta, x_2=\dot{\theta}, x_3=i_a$，根据该系统的物理规律列写运动方程：

由电压定律得 $u=R_a i_a + L\dfrac{\mathrm{d}i_a}{\mathrm{d}t} + C_e\dfrac{\mathrm{d}\theta}{\mathrm{d}t}$

由机械转矩平衡定律得 $C_m i_a = J\dfrac{d^2\theta}{dt^2} + f\dfrac{d\theta}{dt}$

此外还有 $\dfrac{d\theta}{dt} = \dot{\theta}$

在以上式子中，C_e 和 C_m 是电动机电势常数和电磁转矩常数；f 为黏渍摩擦因数。把这三个式子加以整理并代入状态变量，即可得

$$\begin{cases}\dot{x}_1 = x_2 \\ \dot{x}_2 = -\dfrac{f}{J}x_2 + \dfrac{C_m}{J}x_3 \\ \dot{x}_3 = -\dfrac{C_e}{L_a}x_2 - \dfrac{R_a}{L_a}x_3 + \dfrac{u}{L_a}\end{cases}$$

系统的输出方程为 $y = \theta = x_1$

写成矩阵形式的状态空间表达式为

$$\begin{bmatrix}\dot{x}_1 \\ \dot{x}_2 \\ \dot{x}_3\end{bmatrix} = \begin{bmatrix}0 & 1 & 0 \\ 0 & -\dfrac{f}{J} & \dfrac{C_m}{J} \\ 0 & -\dfrac{C_e}{L_a} & -\dfrac{R_a}{L_a}\end{bmatrix}\begin{bmatrix}x_1 \\ x_2 \\ x_3\end{bmatrix} + \begin{bmatrix}0 \\ 0 \\ \dfrac{1}{L_a}\end{bmatrix}u$$

$$y = \begin{bmatrix}1 & 0 & 0\end{bmatrix}\begin{bmatrix}x_1 \\ x_2 \\ x_3\end{bmatrix}$$

2.27** 设系统的运动方程为

$$\dddot{y} + 5\ddot{y} + 8\dot{y} + 6y = 3u$$

试列写其状态空间表达式。

解 选择状态变量为 $x_1 = y, x_2 = \dot{y}, x_3 = \ddot{y}$，则有系统状态方程，即

$$\begin{cases}\dot{x}_1 = x_2 \\ \dot{x}_2 = x_3 \\ \dot{x}_3 = -6x_1 - 8x_2 - 5x_3 + 3u\end{cases}$$

系统输出方程为

$$y = x_1$$

将它们写成矩阵形式，则系统的状态空间表达式为

$$\begin{bmatrix}\dot{x}_1 \\ \dot{x}_2 \\ \dot{x}_3\end{bmatrix} = \begin{bmatrix}0 & 1 & 0 \\ 0 & 0 & 1 \\ -6 & -8 & -5\end{bmatrix}\begin{bmatrix}x_1 \\ x_2 \\ x_3\end{bmatrix} + \begin{bmatrix}0 \\ 0 \\ 3\end{bmatrix}u$$

$$y = \begin{bmatrix}1 & 0 & 0\end{bmatrix}\begin{bmatrix}x_1 \\ x_2 \\ x_3\end{bmatrix}$$

2.28** 给定系统的输入-输出描述为

$$y^{(3)}+16y^{(2)}+194y^{(1)}+640y=160u^{(1)}+720u$$

试列写其状态空间表达式。

解 首先对微分方程在零初始条件下取拉氏变换，得系统传递函数为

$$g(s)=\frac{Y(s)}{U(s)}=\frac{160s+720}{s^3+16s^2+194s+640}$$

再由式(2.14)、式(2.15)得能控标准型状态空间描述为

$$\begin{bmatrix}\dot{x}_1\\\dot{x}_2\\\dot{x}_3\end{bmatrix}=\begin{bmatrix}0&1&0\\0&0&1\\-640&-194&-16\end{bmatrix}x+\begin{bmatrix}0\\0\\1\end{bmatrix}u$$

$$y=\begin{bmatrix}720&160&0\end{bmatrix}\begin{bmatrix}x_1\\x_2\\x_3\end{bmatrix}$$

2.29** 给定系统的输入-输出描述为

$$y^{(3)}+16y^{(2)}+194y^{(1)}+640y=4u^{(3)}+160u^{(1)}+720u$$

试列写其状态空间表达式。

解 首先对微分方程在零初始条件下取拉氏变换，得系统传递函数为

$$g(s)=\frac{Y(s)}{U(s)}=\frac{4s^3+160s+720}{s^3+16s^2+194s+640}$$

此题为 $m=n=3$ 的情况。首先，应将其化为严格真有理分式，再求状态空间表达式。将 $g(s)$化为严格真有理分式

$$g(s)=\frac{Y(s)}{U(s)}=4-\frac{64s^2+616s+1840}{s^3+16s^2+194s+640}$$

再用直接分解法由式(2.14)～式(2.17)直接写出能控标准型状态空间表达式为

$$\begin{bmatrix}\dot{x}_1\\\dot{x}_2\\\dot{x}_3\end{bmatrix}=\begin{bmatrix}0&1&0\\0&0&1\\-640&-194&-16\end{bmatrix}x+\begin{bmatrix}0\\0\\1\end{bmatrix}u$$

$$y=\begin{bmatrix}-1840&-616&-64\end{bmatrix}\begin{bmatrix}x_1\\x_2\\x_3\end{bmatrix}+4u$$

2.30** 已知系统输入-输出的微分方程为

$$\dddot{y}+4\ddot{y}+2\dot{y}+y=\ddot{u}+\dot{u}+3u$$

试列写其状态空间表达式。

解 采用2.3.2节中的方法1求状态空间表达式。对照微分方程式(2.7)有 $a_1=4,a_2=2,a_3=1,b_0=0,b_1=1,b_2=1,b_3=3$。代入 $\beta_i(i=0,1,\cdots,n)$的计算公

式(2.10)得

$$\beta_0 = b_0 = 0$$
$$\beta_1 = b_1 - a_1\beta_0 = 1$$
$$\beta_2 = b_2 - a_1\beta_1 - a_2\beta_0 = -3$$
$$\beta_3 = b_3 - a_1\beta_2 - a_2\beta_1 - a_3\beta_0 = 13$$

则按照式(2.11)和式(2.12),可直接写出状态空间描述为

$$\begin{bmatrix}\dot{x}_1\\\dot{x}_2\\\dot{x}_3\end{bmatrix} = \begin{bmatrix}0 & 1 & 0\\0 & 0 & 1\\-1 & -2 & -4\end{bmatrix}\begin{bmatrix}x_1\\x_2\\x_3\end{bmatrix} + \begin{bmatrix}1\\-3\\13\end{bmatrix}u$$

$$y = \begin{bmatrix}1 & 0 & 0\end{bmatrix}\begin{bmatrix}x_1\\x_2\\x_3\end{bmatrix}$$

2.31** 设系统传递函数为 $g(s)=\dfrac{2s^2+5s+1}{s^3-6s^2+12s-8}$,试参与并联分解法求状态空间表达式。

解 首先对传递函数进行部分分式展开。因为分母为三重根 $D(s)=s^3-6s^2+12s-8=(s-2)^3$,于是部分分式展开为

$$G(s) = \frac{c_{11}}{(s-2)^3} + \frac{c_{12}}{(s-2)^2} + \frac{c_{13}}{(s-2)}$$

由式(2.23) 计算得

$$c_{11} = \lim_{t\to 2}(s-p_i)^3 g(s) = \lim_{t\to 2}(2s^2+5s+1) = 19$$

$$c_{12} = \lim_{t\to 2}\frac{\mathrm{d}}{\mathrm{d}s}[(s-p_i)^3 g(s)] = \lim_{t\to 2}(4s+5) = 13$$

$$c_{13} = \frac{1}{2!}\lim_{t\to 2}\frac{\mathrm{d}^2}{\mathrm{d}s^2}[(s-p_i)^3 g(s)] = \lim_{t\to 2}\frac{4}{2!} = 2$$

因此,系统的状态空间描述为

$$\begin{bmatrix}\dot{x}_1\\\dot{x}_2\\\dot{x}_3\end{bmatrix} = \begin{bmatrix}2 & 1 & 0\\0 & 2 & 1\\0 & 0 & 2\end{bmatrix}\begin{bmatrix}x_1\\x_2\\x_3\end{bmatrix} + \begin{bmatrix}0\\0\\1\end{bmatrix}u$$

$$y = \begin{bmatrix}19 & 13 & 2\end{bmatrix}\begin{bmatrix}x_1\\x_2\\x_3\end{bmatrix}$$

2.32** 设有两个子系统串联的方块图如图 2.17 所示,试列写其组合系统的状态空间描述。

解 对于子系统 Σ_1,其状态空间表达式为

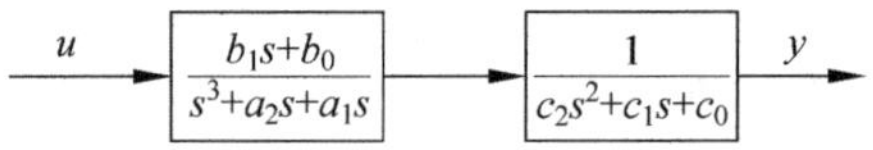

图 2.17 两个子系统串联的方块图

$$\dot{\boldsymbol{x}}_1=\boldsymbol{A}_1\boldsymbol{x}_1+\boldsymbol{B}_1u_1=\begin{bmatrix}0&1&0\\0&0&1\\0&-a_1&-a_2\end{bmatrix}\boldsymbol{x}_1+\begin{bmatrix}0\\0\\1\end{bmatrix}u_1$$

$$y_1=\begin{bmatrix}b_0&b_1&0\end{bmatrix}\boldsymbol{x}_1$$

对于子系统 Σ_2，其状态空间表达式为

$$\dot{\boldsymbol{x}}_2=\boldsymbol{A}_2\boldsymbol{x}_2+\boldsymbol{B}_2u_2=\begin{bmatrix}0&1\\-\dfrac{c_0}{c_2}&-\dfrac{c_1}{c_2}\end{bmatrix}\boldsymbol{x}_2+\begin{bmatrix}0\\\dfrac{1}{c_2}\end{bmatrix}u_2$$

$$y_2=\begin{bmatrix}1&0\end{bmatrix}\boldsymbol{x}_2$$

因为 $u=u_1$，$u_2=y_1$，$y_2=y$，在此基础上可导出串联组合系统的状态空间描述为

$$\begin{aligned}\dot{\boldsymbol{x}}_1&=\boldsymbol{A}_1\boldsymbol{x}_1+\boldsymbol{B}_1u_1=\boldsymbol{A}_1\boldsymbol{x}_1+\boldsymbol{B}_1u\\\dot{\boldsymbol{x}}_2&=\boldsymbol{A}_2\boldsymbol{x}_2+\boldsymbol{B}_2u_2=\boldsymbol{A}_2\boldsymbol{x}_2+\boldsymbol{B}_2y_1\\&=\boldsymbol{A}_2\boldsymbol{x}_2+\boldsymbol{B}_2(\boldsymbol{C}_1\boldsymbol{x}_1+D_1u)\\&=\boldsymbol{B}_2\boldsymbol{C}_1\boldsymbol{x}_1+\boldsymbol{A}_2\boldsymbol{x}_2+\boldsymbol{B}_2D_1u\\y&=y_2=\boldsymbol{C}_2\boldsymbol{x}_2+D_2u_2=\boldsymbol{C}_2\boldsymbol{x}_2+D_2y_1\\&=\boldsymbol{C}_2\boldsymbol{x}_2+D_2(\boldsymbol{C}_1\boldsymbol{x}_1+D_1u)\\&=D_2\boldsymbol{C}_1\boldsymbol{x}_1+\boldsymbol{C}_2\boldsymbol{x}_2+D_2D_1u\end{aligned}$$

写成矩阵形式为

$$\begin{bmatrix}\dot{\boldsymbol{x}}_1\\\dot{\boldsymbol{x}}_2\end{bmatrix}=\begin{bmatrix}\boldsymbol{A}_1&0\\\boldsymbol{B}_2\boldsymbol{C}_1&\boldsymbol{A}_2\end{bmatrix}\begin{bmatrix}\boldsymbol{x}_1\\\boldsymbol{x}_2\end{bmatrix}+\begin{bmatrix}\boldsymbol{B}_1\\\boldsymbol{B}_2D_1\end{bmatrix}u$$

$$=\begin{bmatrix}0&1&0&0&0\\0&0&1&0&0\\0&-a_1&-a_2&0&0\\0&0&0&0&1\\\dfrac{b_0}{c_2}&\dfrac{b_1}{c_2}&0&-\dfrac{c_0}{c_2}&-\dfrac{c_1}{c_2}\end{bmatrix}\begin{bmatrix}\boldsymbol{x}_1\\\boldsymbol{x}_2\end{bmatrix}+\begin{bmatrix}0\\0\\1\\0\\0\end{bmatrix}u$$

$$y=\begin{bmatrix}D_2\boldsymbol{C}_1&\boldsymbol{C}_2\end{bmatrix}\begin{bmatrix}\boldsymbol{x}_1\\\boldsymbol{x}_2\end{bmatrix}+D_2D_1u$$

2.33** 图 2.18 所示为双输入双输出系统方块图，试写出其开环、闭环传递函数矩阵。

解 首先由系统方块图写出各输出量与误差之间的关系，即

$$Y_1(s)=\frac{1}{2s+1}E_1(s);$$

$$Y_2(s)=E_1(s)+\frac{1}{s+1}E_2(s)$$

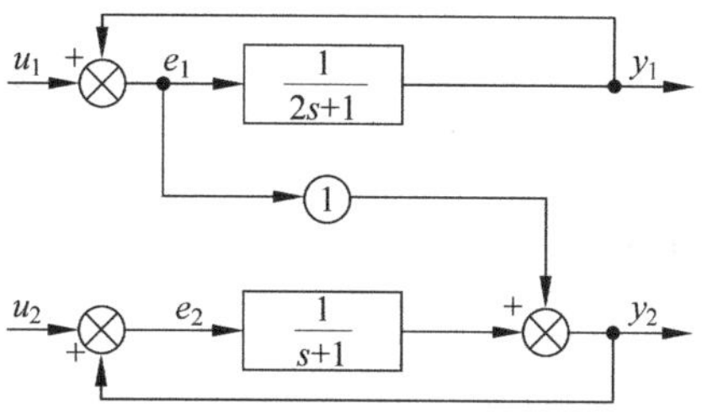

图 2.18　双输入双输出系统方块图

因而开环传递函数矩阵为

$$G_0(s)=\begin{bmatrix}\frac{1}{2s+1} & 0\\ 1 & \frac{1}{s+1}\end{bmatrix}$$

反馈环节的传递函数矩阵为

$$H(s)=\begin{bmatrix}1 & 0\\ 0 & 1\end{bmatrix}$$

计算系统的闭环传递函数矩阵有

$$\begin{aligned}G(s)&=[I+G_0(s)H]^{-1}G_0(s)\\&=\left\{\begin{bmatrix}1 & 0\\ 0 & 1\end{bmatrix}+\begin{bmatrix}\frac{1}{2s+1} & 0\\ 1 & \frac{1}{s+1}\end{bmatrix}\begin{bmatrix}1 & 0\\ 0 & 1\end{bmatrix}\right\}^{-1}\begin{bmatrix}\frac{1}{2s+1} & 0\\ 1 & \frac{1}{s+1}\end{bmatrix}\\&=\begin{bmatrix}\frac{1}{2(s+1)} & 0\\ \frac{2s+1}{2(s+2)} & \frac{1}{s+2}\end{bmatrix}\end{aligned}$$

2.34** 　给定线性定常系统状态方程为

$$\dot{x}=\begin{bmatrix}2 & -1 & -1\\ 0 & -1 & 0\\ 0 & 2 & 1\end{bmatrix}x+\begin{bmatrix}7\\ 2\\ 3\end{bmatrix}u$$

试将其变换为对角线规范型。

解　首先求系统的特征值

$$|\lambda I-A|=\begin{vmatrix}\lambda-2 & 1 & 1\\ 0 & \lambda+1 & 0\\ 0 & -2 & \lambda-1\end{vmatrix}=(\lambda-2)(\lambda+1)(\lambda-1)=0$$

由此得特征值为

$$\lambda_1=2,\quad \lambda_2=1,\quad \lambda_3=-1$$

其次求特征向量。对应于 $\lambda_1=2$ 的特征向量 v_1 为 $Av_1=\lambda_1 v_1$，即

$$\begin{bmatrix}2 & -1 & -1\\ 0 & -1 & 0\\ 0 & 2 & 1\end{bmatrix}\begin{bmatrix}v_{11}\\ v_{12}\\ v_{13}\end{bmatrix}=2\begin{bmatrix}v_{11}\\ v_{12}\\ v_{13}\end{bmatrix}$$

式中 v_{11}、v_{12}、v_{13} 分别是向量 v_1 的各个元素，将上式展开得

$$v_{12} + v_{13} = 0$$
$$3v_{21} = 0$$
$$-2v_{21} + v_{31} = 0$$

取基本解

$$v_1 = \begin{bmatrix} 1 \\ 0 \\ 0 \end{bmatrix}$$

同理，可求得对应于 λ_2 的特征向量 v_2 和对应于 λ_3 的特征向量 v_3 为

$$v_2 = \begin{bmatrix} 1 \\ 0 \\ 1 \end{bmatrix}, \quad v_3 = \begin{bmatrix} 0 \\ 1 \\ -1 \end{bmatrix}$$

于是，可得变换矩阵 $\boldsymbol{P}$ 及其逆矩阵 $\boldsymbol{P}^{-1}$ 为

$$\boldsymbol{P} = [v_1 \ v_2 \ v_3] = \begin{bmatrix} 1 & 1 & 0 \\ 0 & 0 & 1 \\ 0 & 1 & -1 \end{bmatrix}, \quad \boldsymbol{P}^{-1} = \begin{bmatrix} 1 & -1 & -1 \\ 0 & 1 & 1 \\ 0 & 1 & 0 \end{bmatrix}$$

从而，可定出

$$\bar{\boldsymbol{A}} = \boldsymbol{P}^{-1}\boldsymbol{A}\boldsymbol{P} = \begin{bmatrix} 2 & 0 & 0 \\ 0 & 1 & 0 \\ 0 & 0 & -1 \end{bmatrix}, \quad \bar{\boldsymbol{B}} = \boldsymbol{P}^{-1}\boldsymbol{B} = \begin{bmatrix} 2 \\ 5 \\ 2 \end{bmatrix}$$

状态方程的对角线标准型为

$$\dot{\bar{\boldsymbol{x}}} = \bar{\boldsymbol{A}}\bar{\boldsymbol{x}} + \bar{\boldsymbol{B}}u = \begin{bmatrix} 2 & 0 & 0 \\ 0 & 1 & 0 \\ 0 & 0 & -1 \end{bmatrix}\bar{\boldsymbol{x}} + \begin{bmatrix} 2 \\ 5 \\ 2 \end{bmatrix}u$$

2.35** 将下列状态方程

$$\dot{\boldsymbol{x}} = \begin{bmatrix} 0 & 1 & 0 \\ 0 & 0 & 1 \\ -24 & -26 & -9 \end{bmatrix}\boldsymbol{x} + \begin{bmatrix} 0 \\ 0 \\ 1 \end{bmatrix}u$$

化为对角线标准型。

解

(1) 计算矩阵 $\boldsymbol{A}$ 的特征值。

$$|\lambda\boldsymbol{I} - \boldsymbol{A}| = \begin{vmatrix} \lambda & -1 & 0 \\ 0 & \lambda & -1 \\ 24 & 26 & \lambda+9 \end{vmatrix} = \lambda^3 + 9\lambda^2 + 26\lambda + 24$$
$$= (\lambda+2)(\lambda+3)(\lambda+4) = 0$$

所以 3 个特征值分别为 $\lambda_1 = -2, \lambda_2 = -3, \lambda_3 = -4$。

(2) 计算变换矩阵。因 $\boldsymbol{A}$ 为友阵形式，故可用 Vandermonde 矩阵作为变换矩

阵，即

$$\boldsymbol{P}=\begin{bmatrix}1 & 1 & 1\\ \lambda_1 & \lambda_2 & \lambda_3\\ \lambda_1^2 & \lambda_2^2 & \lambda_3^2\end{bmatrix}=\begin{bmatrix}1 & 1 & 1\\ -2 & -3 & -4\\ 4 & 9 & 16\end{bmatrix}$$

(3) 计算 $\boldsymbol{P}^{-1}$。

$$\boldsymbol{P}^{-1}=\begin{bmatrix}6 & \frac{7}{2} & \frac{1}{2}\\ -8 & -6 & -1\\ 3 & \frac{5}{2} & \frac{1}{2}\end{bmatrix}$$

(4) 计算变换后的矩阵 $\bar{\boldsymbol{A}}$ 和 $\bar{\boldsymbol{B}}$。

$$\bar{\boldsymbol{A}}=\boldsymbol{P}^{-1}\boldsymbol{A}\boldsymbol{P}=\begin{bmatrix}6 & \frac{7}{2} & \frac{1}{2}\\ -8 & -6 & -1\\ 3 & \frac{5}{2} & \frac{1}{2}\end{bmatrix}\begin{bmatrix}0 & 1 & 0\\ 0 & 0 & 1\\ -24 & -26 & -9\end{bmatrix}\begin{bmatrix}1 & 1 & 1\\ -2 & -3 & -4\\ 4 & 9 & 16\end{bmatrix}$$

$$=\begin{bmatrix}-2 & 0 & 0\\ 0 & -3 & 0\\ 0 & 0 & -4\end{bmatrix}$$

$$\bar{\boldsymbol{B}}=\boldsymbol{P}^{-1}\boldsymbol{B}=\begin{bmatrix}6 & \frac{7}{2} & \frac{1}{2}\\ -8 & -6 & -1\\ 3 & \frac{5}{2} & \frac{1}{2}\end{bmatrix}\begin{bmatrix}0\\ 0\\ 1\end{bmatrix}=\begin{bmatrix}\frac{1}{2}\\ -1\\ \frac{1}{2}\end{bmatrix}$$

(5) 变换后状态方程的对角线规范型为

$$\dot{\bar{\boldsymbol{x}}}=\begin{bmatrix}-2 & 0 & 0\\ 0 & -3 & 0\\ 0 & 0 & -4\end{bmatrix}\bar{\boldsymbol{x}}+\begin{bmatrix}\frac{1}{2}\\ -1\\ \frac{1}{2}\end{bmatrix}u$$

2.36** 矩阵 $\boldsymbol{A}$ 为

$$\boldsymbol{A}=\begin{bmatrix}1 & 0 & -1\\ 0 & 1 & 0\\ 0 & 0 & 2\end{bmatrix}$$

试将其化为规范型。

解　首先求出矩阵 $\boldsymbol{A}$ 的特征值为 $\lambda_1=1,\lambda_2=1,\lambda_3=2$。可见有两个重特征值，对应于 λ_1 的特征向量可由下列方程求得

$$(\lambda_1 \boldsymbol{I}-\boldsymbol{A})\,v=\begin{bmatrix}0&0&1\\0&0&0\\0&0&-1\end{bmatrix}\begin{bmatrix}v_{11}\\v_{12}\\v_{13}\end{bmatrix}=\boldsymbol{0}$$

易见，$(\lambda_1 \boldsymbol{I}-\boldsymbol{A})$的秩是1，它是3维的，因而，其基础解系数为$3-1=2$，向量$v$有两个线性无关解，故求得

$$v_1=\begin{bmatrix}1\\0\\0\end{bmatrix},\quad v_2=\begin{bmatrix}0\\1\\0\end{bmatrix}$$

对应于特征值$\lambda_3=2$的特征向量v_3，可由下列方程求得

$$(\lambda_3 \boldsymbol{I}-\boldsymbol{A})\,v_3=\begin{bmatrix}1&0&1\\0&1&0\\0&0&0\end{bmatrix}\begin{bmatrix}v_{31}\\v_{32}\\v_{33}\end{bmatrix}=\boldsymbol{0}$$

$$v_3=\begin{bmatrix}-1\\0\\1\end{bmatrix}$$

由于对应于重特征值的线性无关的特征向量数等于重特征值数，所以仍然有3个独立的特征向量可构成变换矩阵

$$\boldsymbol{P}=[v_1\ v_2\ v_3]=\begin{bmatrix}1&0&-1\\0&1&0\\0&0&1\end{bmatrix}$$

变换后的系统矩阵$\bar{\boldsymbol{A}}$为

$$\bar{\boldsymbol{A}}=\boldsymbol{P}^{-1}\boldsymbol{A}\boldsymbol{P}=\begin{bmatrix}1&0&0\\0&1&0\\0&0&2\end{bmatrix}$$

这种情况，$\boldsymbol{A}$虽有重特征值，但仍能变换为对角标准型。不过这只是少数特殊情况，通常并非如此。

2.37** 试将下列状态方程化为约当标准型

$$\dot{\boldsymbol{x}}=\begin{bmatrix}0&1&0\\0&0&1\\2&3&0\end{bmatrix}\boldsymbol{x}+\begin{bmatrix}0\\0\\1\end{bmatrix}\boldsymbol{u}$$

解

(1) 求矩阵$\boldsymbol{A}$的特征值。

$$|\lambda\boldsymbol{I}-\boldsymbol{A}|=\lambda^3-3\lambda+2=(\lambda+1)^2(\lambda-2)=0$$

因此$\boldsymbol{A}$有二重特征值$\lambda_1=-1,\lambda_2=-1$和一个单特征值$\lambda_3=2$。

(2) 求对应于$\lambda_1=-1$的特征向量v_1'，由下列方程求得

$$(\lambda_1 \boldsymbol{I}-\boldsymbol{A})\, v_1' = \begin{bmatrix} -1 & -1 & 0 \\ 0 & -1 & -1 \\ -2 & -3 & -1 \end{bmatrix} \begin{bmatrix} v_{11}' \\ v_{12}' \\ v_{13}' \end{bmatrix} = \boldsymbol{0}$$

此线性方程组的系数矩阵秩为 2,基础解系数为 3－2＝1,解之得

$$v_1' = \begin{bmatrix} 1 \\ -1 \\ 1 \end{bmatrix}$$

对应重特征值的特征向量数少于重特征值数,因此必须寻找广义特征向量。

(3) 对应于 $\lambda_1=-1$ 的广义特征向量v_1'',可由下式求得

$$(\lambda_1 \boldsymbol{I}-\boldsymbol{A})\, v_1'' = -v' \text{ 即 } \begin{bmatrix} -1 & -1 & 0 \\ 0 & -1 & -1 \\ -2 & -3 & -1 \end{bmatrix} v_1'' = \begin{bmatrix} -1 \\ 1 \\ -1 \end{bmatrix}$$

解之得

$$v_1'' = \begin{bmatrix} 1 \\ 0 \\ -1 \end{bmatrix}$$

(4) 确定对应于 $\lambda_3=2$ 的特征向量v_3。

由

$$(\lambda_3 \boldsymbol{I}-\boldsymbol{A})\, v_3 = \begin{bmatrix} 2 & -1 & 0 \\ 0 & 2 & -1 \\ -2 & -3 & 2 \end{bmatrix} v_3 = \boldsymbol{0}$$

可得

$$v_3 = \begin{bmatrix} 1 \\ 2 \\ 4 \end{bmatrix}$$

于是变换矩阵 $\boldsymbol{P}$ 为

$$\boldsymbol{P} = \begin{bmatrix} 1 & 1 & 1 \\ -1 & 0 & 2 \\ 1 & -1 & 4 \end{bmatrix}$$

(5) 求经变换后的系统矩阵 $\bar{\boldsymbol{A}}$ 和控制矩阵 $\bar{\boldsymbol{B}}$。

$$\bar{\boldsymbol{A}} = \boldsymbol{P}^{-1}\boldsymbol{A}\boldsymbol{P} = \begin{bmatrix} -1 & 1 & 0 \\ 0 & -1 & 0 \\ 0 & 0 & 2 \end{bmatrix}, \quad \bar{\boldsymbol{B}} = \boldsymbol{P}^{-1}\boldsymbol{B} = \begin{bmatrix} \frac{2}{9} \\ -\frac{1}{3} \\ \frac{1}{9} \end{bmatrix}$$

2.38** 考虑下面给定的单变量系统传递函数

$$g(s) = \frac{s^3+7s^2+24s+24}{s^4+10s^3+35s^2+50s+24}$$

试用 MATLAB 仿真软件求系统的状态空间表达式。

解 由下面的 MATLAB 语句将直接获得系统的状态空间模型：

```
>>num = [1,7,24,24];den = [1,10,35,50,24];g = tf(num,den);g1 = ss(g)
A =
              x1        x2        x3        x4
     x1      -10      -2.188    -0.7813   -0.1875
     x2      16        0         0         0
     x3      0         4         0         0
     x4      0         0         2         0
B =
       u1
x1     1
x2     0
x3     0
x4     0
C =
          x1          x2        x3          x4
y1         1      0.4375     0.375      0.1875
D =
          u1
y1         0
Continuous-time model.
```

2.39* 对于上例试用 MATLAB 仿真软件求系统的能控标准型状态空间表达式。

解 由下面 MATLAB 语句可得出系统相应的能控标准型状态空间表达式。

```
>>num = [1,7,24,24];den = [1,10,35,50,24];
>>[A,B,C,D] = tf2ss(num,den)
A =   -10        -35        -50        -24
       1          0          0          0
       0          1          0          0
       0          0          1          0
B =    1
       0
       0
       0
C =    1          7          24         24
D =    0
```

2.40** 已知系统状态方程

$$\dot{\boldsymbol{x}} = \begin{bmatrix} 0 & 1 & 0 & 0 \\ 0 & 0 & -1 & 0 \\ 0 & 0 & 0 & 1 \\ 0 & 0 & 5 & 0 \end{bmatrix} \boldsymbol{x} + \begin{bmatrix} 0 \\ 1 \\ 0 \\ -2 \end{bmatrix} u$$

$$y = [1 \quad 0 \quad 0 \quad 0]\boldsymbol{x}$$

试用 MATLAB 仿真软件求系统的传递函数。

解 由下面 MATLAB 语句可得出系统相应的传递函数模型：

```
>>A = [0,1,0,0;0,0, - 1,0;0,0,0,1;0,0,5,0];
>>B = [0;1;0; - 2];C = [1,0,0,0];D = 0;
>>g = ss(A,B,C,D);g1 = tf(g)
Transfer function:
         s^2 - 3
    g = ————————————
         s^4 - 5 s^2
```

也可用 ss2tf()函数方便地由给定状态方程模型求出传递函数模型。这一函数的调用格式为

```
>>[num,den] = ss2tf(A,B,C,D,in)
```

其中 in 为系统输入的代号，对于单输入单输出系统，in=1。

由下面 MATLAB 语句可得出系统相应的传递函数模型：

```
>>A = [0,1,0,0;0,0, - 1,0;0,0,0,1;0,0,5,0];
>>B = [0;1;0; - 2];C = [1,0,0,0];D = 0;
>>[num,den] = ss2tf(A,B,C,D,1)
num =   0   - 0.0000  1.0000   - 0.0000   - 3.0000
den =   1.0000  0   - 5.0000  0  0
```

2.41* 双输入双输出系统状态空间表达式为

$$\dot{\boldsymbol{x}} = \begin{bmatrix} 2.25 & -5 & -1.25 & -0.5 \\ 2.25 & -4.25 & -1.25 & -0.25 \\ 0.25 & -0.5 & -1.25 & -1 \\ 1.25 & -1.75 & -0.25 & -0.75 \end{bmatrix}\boldsymbol{x} + \begin{bmatrix} 4 & 6 \\ 2 & 4 \\ 2 & 2 \\ 0 & 2 \end{bmatrix}\boldsymbol{u}$$

$$\boldsymbol{y} = \begin{bmatrix} 0 & 0 & 0 & 1 \\ 0 & 2 & 0 & 2 \end{bmatrix}\boldsymbol{x}$$

试用 MATLAB 仿真软件求系统的传递函数矩阵。

解 这是一个多输入多输出系统，采用函数[num,den]=ss2tf(A,B,C,D,in)不能一次性地求出对所有输入信号的传递矩阵，而必须对各个输入信号逐个地求取传递函数子矩阵。由下面 MATLAB 语句可分别求对各输入信号的传递函数子矩阵。

```
>>A = [2.25, - 5, - 1.25, - 0.5;2.25, - 4.25, - 1.25, - 0.25;0.25, - 0.5, - 1.25,
     - 1;1.25, - 1.75, - 0.25, - 0.75];
>>B = [4,6;2,4;2,2;0,2];
>>C = [0,0,0,1;0,2,0,2];
```

```
>>D = zeros(2,2);
>>[num1,den1] = ss2tf(A,B,C,D,1)
num1 = 0     -0.0000     1.0000     3.0000     2.2500
       0      4.0000    14.0000    22.0000    15.0000
den1 = 1.0000   4.0000   6.2500   5.2500   2.2500
>>[num2,den2] = ss2tf(A,B,C,D,2)
num2 = 0     2.0000     6.5000     7.7500     3.7500
       0    12.0000    32.0000    37.0000    17.0000
den2 = 1.0000     4.0000     6.2500     5.2500     2.2500
```

由于本例中恰好有 den1＝den2，这样原系统对应的传递函数矩阵可写成

$$
\boldsymbol{G}(s)=\frac{1}{s^4+4s^3+6.25s^2+5.2s+2.25}\cdot\begin{bmatrix} s^2+3s+2.25 & 4s^3+14s^2+22s+15 \\ 2s^3+6.5s^2+7.75s+3.75 & 12s^3+32s^2+37s+17 \end{bmatrix}
$$

第3章 状态方程的解

对系统的定量分析中,主要是对系统的运动规律进行精确地研究,即定量地确定系统由外部激励作用所引起的响应。熟练求解系统的状态转移矩阵是本章的关键。

3.1 线性定常系统状态方程的解

考虑 n 维线性定常系统状态方程

$$\dot{\boldsymbol{x}}(t)=\boldsymbol{A}\boldsymbol{x}(t)+\boldsymbol{B}\boldsymbol{u}(t),\quad \boldsymbol{x}(t_0)=\boldsymbol{x}_0,\quad t\geqslant t_0 \tag{3.1}$$

式中,$\boldsymbol{x}(t)$为 n 维列向量;$\boldsymbol{x}(t_0)$为初始状态;$\boldsymbol{A}$ 为 $n\times n$ 定常矩阵;$\boldsymbol{B}$ 为 $n\times m$ 常数矩阵。系统状态响应为

$$\boldsymbol{x}(t)=\boldsymbol{\Phi}(t-t_0)\boldsymbol{x}(t_0)+\int_{t_0}^{t}\boldsymbol{\Phi}(t-t_0)\boldsymbol{B}\boldsymbol{u}(\tau)\mathrm{d}\tau,\quad t\geqslant t_0 \tag{3.2}$$

其中,$\Phi(t-t_0)$称作**状态转移矩阵**。对于线性时变系统用符号$\Phi(t,t_0)$表示。

3.2 状态转移矩阵

线性定常系统状态转移矩阵$\Phi(t-t_0)=\mathrm{e}^{A(t-t_0)}$,它包含了系统运动的全部信息,可完全表征系统的运动特征。

1. 状态转移矩阵的定义条件

$$\dot{\Phi}(t-t_0)=\boldsymbol{A}\boldsymbol{\Phi}(t-t_0),\quad t\geqslant t_0$$
$$\Phi(0)=\boldsymbol{I}$$

2. 状态转移矩阵的性质

(1) $\Phi(0)=\boldsymbol{I}$

(2) $\Phi^{-1}(t-t_0)=\Phi(t_0-t)$

(3) $\Phi(t_2-t_0)=\Phi(t_2-t_1)\Phi(t_1-t_0)$

(4) $\Phi(t_2+t_1)=\Phi(t_2)\Phi(t_1)$

(5) $\Phi(mt)=[\Phi(t)]^m$

3. 状态转移矩阵的计算

(1) 幂级数法

$$\Phi(t-t_0)=e^{A(t-t_0)}=I+A(t-t_0)+\frac{1}{2!}A^2(t-t_0)^2+\cdots+\frac{1}{n!}A^n(t-t_0)^n+\cdots \tag{3.3}$$

此法计算步骤简单,便于编程,适合于计算机计算。但通常只能得到 e^{At} 的数值结果,一般难以获得其函数表达式。

(2) 拉氏变换法

$$\Phi(t)=e^{At}=L^{-1}[(sI-A)^{-1}] \tag{3.4}$$

(3) 将矩阵 **A** 化为对角标准型或约当标准型法

首先将矩阵 **A** 化为对角矩阵或约当矩阵 $A'=P^{-1}AP$,再由以下公式计算状态转移矩阵 $\Phi(t)=e^{At}$。

$$\Phi(t)=e^{At}=P\begin{bmatrix} e^{\lambda_1 t} & & & 0 \\ & e^{\lambda_2 t} & & \\ & & \ddots & \\ 0 & & & e^{\lambda_n t}\end{bmatrix}P^{-1} \tag{3.5}$$

$$\Phi(t)=e^{At}=Pe^{\lambda t}\begin{bmatrix} 1 & t & \frac{t^2}{2!} & \cdots & \frac{1}{(n-1)!}t^{n-1} \\ & 1 & t & \ddots & \frac{1}{(n-2)!}t^{n-2} \\ & & \ddots & \ddots & \vdots \\ & & & \ddots & t \\ 0 & & & & 1\end{bmatrix}P^{-1} \tag{3.6}$$

(4) 化 e^{At} 为 **A** 的有限项法

$$e^{At}=\alpha_0(t)I+\alpha_1(t)A+\cdots+\alpha_{n-1}(t)A^{n-1} \tag{3.7}$$

① 当矩阵 **A** 的特征值 $\lambda_1,\lambda_2,\cdots,\lambda_n$ 为两两互异时,$\alpha_0(t),\alpha_1(t),\cdots,\alpha_{n-1}(t)$ 可按式(3.8)计算,即

$$\begin{bmatrix}\alpha_0(t)\\ \alpha_1(t)\\ \vdots \\ \alpha_{n-1}(t)\end{bmatrix}=\begin{bmatrix}1 & \lambda_1 & \cdots & \lambda_1^{n-1}\\ 1 & \lambda_2 & \cdots & \lambda_2^{n-1}\\ \vdots & \vdots & \ddots & \vdots\\ 1 & \lambda_n & \cdots & \lambda_n^{n-1}\end{bmatrix}\begin{bmatrix}e^{\lambda_1 t}\\ e^{\lambda_2 t}\\ \vdots \\ e^{\lambda_n t}\end{bmatrix} \tag{3.8}$$

② 当 **A** 包含重特征值时,如其特征值为 λ_1(三重),λ_2(二重),$\lambda_3,\cdots,\lambda_{n-3}$ 时,$\alpha_0(t),\alpha_1(t),\cdots,\alpha_{n-1}(t)$ 可按式(3.9)计算,即

$$\begin{bmatrix}\alpha_0(t)\\ \alpha_1(t)\\ \alpha_2(t)\\ \alpha_3(t)\\ \alpha_4(t)\\ \alpha_5(t)\\ \vdots\\ \alpha_{n-1}(t)\end{bmatrix}=\begin{bmatrix}0 & 0 & 1 & 3\lambda_1 & \cdots & \frac{(n-1)(n-2)}{2!}\lambda_1^{n-3}\\ 0 & 1 & 2\lambda_1 & 3\lambda_1^2 & \cdots & \frac{(n-1)}{1!}\lambda_1^{n-2}\\ 1 & \lambda_1 & \lambda_1^2 & \lambda_1^3 & \cdots & \lambda_1^{n-1}\\ \hdashline 0 & 1 & 2\lambda_2 & 3\lambda_2^2 & \cdots & \frac{(n-1)}{1!}\lambda_2^{n-2}\\ 1 & \lambda_2 & \lambda_2^2 & \lambda_2^3 & \cdots & \lambda_2^{n-1}\\ \hdashline 1 & \lambda_3 & \lambda_3^2 & \lambda_3^3 & \cdots & \lambda_3^{n-1}\\ \vdots & \vdots & \vdots & \vdots & \cdots & \vdots\\ 1 & \lambda_{n-3} & \lambda_{n-3}^2 & \lambda_{n-3}^3 & \cdots & \lambda_{n-3}^{n-1}\end{bmatrix}^{-1}\begin{bmatrix}\frac{1}{2!}t^2\mathrm{e}^{\lambda_1 t}\\ \frac{1}{1!}t\mathrm{e}^{\lambda_1 t}\\ \mathrm{e}^{\lambda_1 t}\\ \hdashline \frac{1}{1!}t\mathrm{e}^{\lambda_2 t}\\ \mathrm{e}^{\lambda_2 t}\\ \hdashline \mathrm{e}^{\lambda_3 t}\\ \vdots\\ \mathrm{e}^{\lambda_{n-3} t}\end{bmatrix} \tag{3.9}$$

3.3　线性时变系统齐次状态方程的解

线性时变系统齐次状态方程为

$$\dot{\boldsymbol{x}}(t)=\boldsymbol{A}(t)\boldsymbol{x}(t),\quad \boldsymbol{x}(t_0)=\boldsymbol{x}_0,\quad t\in[t_0,t_\alpha] \tag{3.10}$$

其中，$\boldsymbol{A}(t)$为 $n\times n$ 的时变实值矩阵。设初始状态 $\boldsymbol{x}(t_0)$为已知，且在 $t_0\leqslant t\leqslant t_\alpha$ 的时间间隔内，$\boldsymbol{A}(t)$各元素是 t 的分段连续函数。

(1) 当 $\boldsymbol{A}(t)$与 $\int_{t_0}^{t}\boldsymbol{A}(\tau)\mathrm{d}\tau$ 满足矩阵乘法可交换条件

$$\boldsymbol{A}(t)\int_{t_0}^{t}\boldsymbol{A}(\tau)\mathrm{d}\tau=\int_{t_0}^{t}\boldsymbol{A}(\tau)\mathrm{d}\tau\boldsymbol{A}(t) \tag{3.11}$$

时，系统状态方程(3.10)的解为

$$\boldsymbol{x}(t)=\mathrm{e}^{\int_{t_0}^{t}\boldsymbol{A}(\tau)\mathrm{d}\tau}\boldsymbol{x}(t_0) \tag{3.12}$$

(2) 当不满足条件(3.11)时，系统状态方程(3.10)的解为

$$\begin{aligned}\boldsymbol{x}(t)=&\left\{\boldsymbol{I}+\int_{t_0}^{t}\boldsymbol{A}(\tau)\mathrm{d}\tau+\int_{t_0}^{t}\boldsymbol{A}(\tau_1)\int_{t_0}^{\tau_1}\boldsymbol{A}(\tau_2)\mathrm{d}\tau_2\mathrm{d}\tau_1\right.\\&\left.+\int_{t_0}^{t}\boldsymbol{A}(\tau_1)\int_{t_0}^{\tau_1}\boldsymbol{A}(\tau_2)\int_{t_0}^{\tau_2}\boldsymbol{A}(\tau_3)\mathrm{d}\tau_3\mathrm{d}\tau_2\mathrm{d}\tau_1+\cdots\right\}\boldsymbol{x}(t_0)\end{aligned} \tag{3.13}$$

3.4　线性时变系统非齐次状态方程的解

对于连续时间线性时变系统状态方程

$$\boldsymbol{x}(t)=\boldsymbol{A}(t)\boldsymbol{x}+\boldsymbol{B}(t)\boldsymbol{u}(t),\quad \boldsymbol{x}(t_0)=\boldsymbol{x}_0,\quad t\in[t_0,t_\alpha] \tag{3.14}$$

线性时变系统状态方程(3.14)的解为

$$\boldsymbol{x}(t)=\boldsymbol{\Phi}(t,t_0)\boldsymbol{x}_0+\int_{t_0}^{t}\boldsymbol{\Phi}(t,\tau)\boldsymbol{B}(\tau)\boldsymbol{u}(\tau)\mathrm{d}\tau,\quad t\in[t_0,t_\alpha] \tag{3.15}$$

其中$\boldsymbol{\Phi}(t,t_0)$为系统的状态转移矩阵。

3.5 线性连续系统的时间离散化

1. 近似离散化

在采样周期 T 较小，且对其精度要求不高时，通过近似离散化，可将线性连续时变系统(3.14)化为线性离散状态方程：

$$\boldsymbol{x}[(k+1)T]=\boldsymbol{G}(kT)\boldsymbol{x}(kT)+\boldsymbol{H}(kT)\boldsymbol{u}(kT) \tag{3.16}$$

式中

$$\boldsymbol{G}(kT)=\boldsymbol{I}+T\boldsymbol{A}(kT),\quad \boldsymbol{H}(kT)=T\boldsymbol{B}(kT) \tag{3.17}$$

2. 线性连续系统状态方程的离散化

采样周期为 T 时：

(1) 定常系统的离散化状态方程为

$$\boldsymbol{x}(k+1)=\boldsymbol{G}\boldsymbol{x}(k)+\boldsymbol{H}\boldsymbol{u}(k),\quad \boldsymbol{x}(0)=\boldsymbol{x}_0,\quad k=0,1,2,\cdots \tag{3.18}$$

其中，

$$\boldsymbol{G}=\mathrm{e}^{\boldsymbol{A}T},\quad \boldsymbol{H}=\left(\int_0^T\mathrm{e}^{\boldsymbol{A}t}\mathrm{d}t\right)\boldsymbol{B} \tag{3.19}$$

(2) 时变系统的离散化状态方程为

$$\boldsymbol{x}(k+1)=\boldsymbol{G}(k)\boldsymbol{x}(k)+\boldsymbol{H}(k)\boldsymbol{u}(k),\quad \boldsymbol{x}(0)=\boldsymbol{x}_0,\quad k=0,1,\cdots,l \tag{3.20}$$

其中，

$$\begin{aligned}\boldsymbol{G}(k)&=\boldsymbol{\Phi}[(k+1)T,kT]\triangleq\boldsymbol{\Phi}(k+1,k)\\ \boldsymbol{H}(k)&=\int_{kT}^{(k+1)T}\boldsymbol{\Phi}[(k+1)T,\tau]\boldsymbol{B}(\tau)\mathrm{d}\tau\end{aligned} \tag{3.21}$$

且，$l=(t_\alpha-t_0)/T$，$\boldsymbol{\Phi}(\cdot,\cdot)$是状态转移矩阵。

3.6 离散时间系统状态方程的解

离散时间系统的差分方程型状态方程有两种解法：递推法(或迭代法)和 z 变换法。递推法对于定常系统和时变系统都是适用的，而 z 变换法则只能用于定常系统。

1. 递推法

(1) 线性定常离散时间系统

对于线性定常离散时间系统(3.18)，由递推法求得状态方程的解为

$$\boldsymbol{x}(k) = \boldsymbol{G}^k \boldsymbol{x}(0) + \sum_{i=0}^{k-1} \boldsymbol{G}^{k-i-1} \boldsymbol{H}\boldsymbol{u}(i) \tag{3.22}$$

(2) 线性时变离散时间系统

对于线性时变离散时间系统(3.20)，依次令 $k=0,1,2,\cdots$，可递推求得

$$\left.\begin{aligned} \boldsymbol{x}(1) &= \boldsymbol{G}(0)\boldsymbol{x}(0) + \boldsymbol{H}(0)\boldsymbol{u}(0) \\ \boldsymbol{x}(2) &= \boldsymbol{G}(1)\boldsymbol{x}(1) + \boldsymbol{H}(1)\boldsymbol{u}(1) \\ \boldsymbol{x}(3) &= \boldsymbol{G}(2)\boldsymbol{x}(2) + \boldsymbol{H}(2)\boldsymbol{u}(2) \\ &\vdots \\ \boldsymbol{x}(k) &= \boldsymbol{G}(k-1)\boldsymbol{x}(k-1) + \boldsymbol{H}(k-1)\boldsymbol{u}(k-1) \end{aligned}\right\} \tag{3.23}$$

给定初始状态 $\boldsymbol{x}(0)$ 和输入信号序列 $\boldsymbol{u}(0),\boldsymbol{u}(1),\cdots$，即可求得 $\boldsymbol{x}(k)$。

2. z 变换法

对于线性定常离散时间系统(3.18)，由 z 变换法得状态方程的解为

$$\boldsymbol{x}(k) = Z^{-1}[(z\boldsymbol{I} - \boldsymbol{G})^{-1} z]\boldsymbol{x}(0) + Z^{-1}[(z\boldsymbol{I} - \boldsymbol{G})^{-1} \boldsymbol{H}\boldsymbol{u}(z)] \tag{3.24}$$

习题与解答

3.1　计算下列矩阵的矩阵指数 $\mathrm{e}^{\boldsymbol{A}t}$。

(1) $\boldsymbol{A}=\begin{bmatrix} -2 & 0 & 0 \\ 0 & -2 & 0 \\ 0 & 0 & -2 \end{bmatrix}$；　(2) $\boldsymbol{A}=\begin{bmatrix} -2 & 0 & 0 \\ 0 & -3 & 1 \\ 0 & 0 & -3 \end{bmatrix}$；

(3) $\boldsymbol{A}=\begin{bmatrix} 0 & 0 \\ 1 & 0 \end{bmatrix}$；　(4) $\boldsymbol{A}=\begin{bmatrix} 0 & -1 \\ 4 & 0 \end{bmatrix}$

解

(1)
$$\mathrm{e}^{\boldsymbol{A}t} = \begin{bmatrix} \mathrm{e}^{-2t} & 0 & 0 \\ 0 & \mathrm{e}^{-2t} & 0 \\ 0 & 0 & \mathrm{e}^{-2t} \end{bmatrix}$$

(2)
$$\mathrm{e}^{\boldsymbol{A}t} = \begin{bmatrix} \mathrm{e}^{-2t} & 0 & 0 \\ 0 & \mathrm{e}^{-3t} & t\mathrm{e}^{-3t} \\ 0 & 0 & \mathrm{e}^{-3t} \end{bmatrix}$$

(3)
$$s\boldsymbol{I} - \boldsymbol{A} = \begin{bmatrix} s & 0 \\ -1 & s \end{bmatrix}$$

$$(s\boldsymbol{I} - \boldsymbol{A})^{-1} = \frac{1}{s^2}\begin{bmatrix} s & 0 \\ 1 & s \end{bmatrix} = \begin{bmatrix} \dfrac{1}{s} & 0 \\ \dfrac{1}{s^2} & \dfrac{1}{s} \end{bmatrix}$$

$$e^{\mathbf{A}t}=L^{-1}[(s\mathbf{I}-\mathbf{A})^{-1}]=\begin{bmatrix}1(t) & 0\\ t & 1(t)\end{bmatrix}$$

(4)
$$s\mathbf{I}-\mathbf{A}=\begin{bmatrix}s & 1\\ -4 & s\end{bmatrix}$$

$$(s\mathbf{I}-\mathbf{A})^{-1}=\frac{1}{s^2+4}\begin{bmatrix}s & -1\\ 4 & s\end{bmatrix}=\begin{bmatrix}\dfrac{s}{s^2+4} & -\dfrac{1}{2}\dfrac{2}{s^2+4}\\ 2\dfrac{2}{s^2+4} & \dfrac{s}{s^2+4}\end{bmatrix}$$

$$e^{\mathbf{A}t}=L^{-1}\begin{bmatrix}\dfrac{s}{s^2+4} & -\dfrac{1}{2}\dfrac{2}{s^2+4}\\ 2\dfrac{2}{s^2+4} & \dfrac{s}{s^2+4}\end{bmatrix}=\begin{bmatrix}\cos 2t & -\dfrac{1}{2}\sin 2t\\ 2\sin 2t & \cos 2t\end{bmatrix}$$

3.2 已知系统状态方程和初始条件为

$$\dot{\boldsymbol{x}}=\begin{bmatrix}1 & 0 & 0\\ 0 & 1 & 0\\ 0 & 1 & 2\end{bmatrix}\boldsymbol{x},\quad \boldsymbol{x}(0)=\begin{bmatrix}1\\ 0\\ 1\end{bmatrix}$$

(1) 试用拉氏变换法求其状态转移矩阵；

(2) 试用化对角标准型法求其状态转移矩阵；

(3) 试用化 $e^{\mathbf{A}t}$ 为有限项法求其状态转移矩阵；

(4) 根据所给初始条件，求齐次状态方程的解。

解

(1)
$$\mathbf{A}=\begin{bmatrix}1 & 0 & 0\\ 0 & 1 & 0\\ 0 & 1 & 2\end{bmatrix}=\begin{bmatrix}\mathbf{A}_1 & \mathbf{O}\\ \mathbf{O} & \mathbf{A}_2\end{bmatrix}$$

其中，

$$\mathbf{A}_1=1,\quad \mathbf{A}_2=\begin{bmatrix}1 & 0\\ 1 & 2\end{bmatrix}$$

则有

$$e^{\mathbf{A}t}=\begin{bmatrix}e^{\mathbf{A}_1 t} & 0\\ 0 & e^{\mathbf{A}_2 t}\end{bmatrix}$$

而

$$e^{\mathbf{A}_1 t}=e^t,\quad e^{\mathbf{A}_2 t}=L^{-1}[(s\mathbf{I}-\mathbf{A}_2)^{-1}]$$

$$(s\mathbf{I}-\mathbf{A}_2)^{-1}=\begin{bmatrix}s-1 & 0\\ -1 & s-2\end{bmatrix}^{-1}=\frac{1}{(s-1)(s-2)}\begin{bmatrix}s-2 & 0\\ 1 & s-1\end{bmatrix}$$

$$=\begin{bmatrix}\dfrac{1}{s-1} & 0\\ \dfrac{1}{s-2}-\dfrac{1}{s-1} & \dfrac{1}{s-2}\end{bmatrix}$$

$$e^{A_2 t} = L^{-1}[(sI - A_2)^{-1}] = \begin{bmatrix} e^t & 0 \\ e^{2t} - e^t & e^{2t} \end{bmatrix}$$

所以状态转移矩阵为

$$e^{At} = L^{-1}[(sI - A)^{-1}] = \begin{bmatrix} e^t & 0 & 0 \\ 0 & e^t & 0 \\ 0 & e^{2t} - e^t & e^{2t} \end{bmatrix}$$

(2)
$$|\lambda I - A_2| = \begin{bmatrix} \lambda - 1 & 0 \\ -1 & \lambda - 2 \end{bmatrix} = (\lambda - 1)(\lambda - 2) = 0$$

$$\lambda_1 = 1, \quad \lambda_2 = 2$$

对于 $\lambda_1 = 1$，有

$$\begin{bmatrix} 0 & 0 \\ -1 & -1 \end{bmatrix} P_1 = \begin{bmatrix} 0 \\ 0 \end{bmatrix} \Rightarrow P_1 = \begin{bmatrix} 1 \\ -1 \end{bmatrix}$$

对于 $\lambda_2 = 2$，有

$$\begin{bmatrix} 1 & 0 \\ -1 & 0 \end{bmatrix} P_2 = \begin{bmatrix} 0 \\ 0 \end{bmatrix} \Rightarrow P_2 = \begin{bmatrix} 0 \\ 1 \end{bmatrix}$$

$$P = \begin{bmatrix} 1 & 0 \\ -1 & 1 \end{bmatrix} \Rightarrow P^{-1} = \begin{bmatrix} 1 & 0 \\ 1 & 1 \end{bmatrix}$$

$$e^{A_2 t} = P \begin{bmatrix} e^t & 0 \\ 0 & e^{2t} \end{bmatrix} P^{-1} = \begin{bmatrix} 1 & 0 \\ -1 & 1 \end{bmatrix} \begin{bmatrix} e^t & 0 \\ 0 & e^{2t} \end{bmatrix} \begin{bmatrix} 1 & 0 \\ 1 & 1 \end{bmatrix} = \begin{bmatrix} e^t & 0 \\ e^{2t} - e^t & e^{2t} \end{bmatrix}$$

$$e^{Pt} = \begin{bmatrix} e^t & 0 & 0 \\ 0 & e^t & 0 \\ 0 & e^{2t} - e^t & e^{2t} \end{bmatrix}$$

(3) 矩阵的特征值为 $\lambda_{1,2} = 1, \lambda_3 = 2$

对于 $\lambda_3 = 2$，有

$$e^{2t} = \alpha_0(t) + 2\alpha_1(t) + 4\alpha_2(t)$$

对于 $\lambda_{1,2} = 1$，有

$$e^t = \alpha_0(t) + \alpha_1(t) + \alpha_2(t)$$

因为是二重特征值，故需补充方程 $te^t = \alpha_1(t) + 2\alpha_2(t)$，从而联立求解，得

$$\alpha_0(t) = e^{2t} - 2te^t$$

$$\alpha_1(t) = 3te^t - 2e^{2t} + 2e^t$$

$$\alpha_2(t) = e^{2t} - e^t - te^t$$

$$e^{At} = \alpha_0(t) I + \alpha_1(t) A + \alpha_2(t) A^2$$

$$= \begin{bmatrix} e^{2t} - 2te^t & 0 & 0 \\ 0 & e^{2t} - 2te^t & 0 \\ 0 & 0 & e^{2t} - 2te^t \end{bmatrix} + (3te^t - 2e^{2t} + 2e^t) \begin{bmatrix} 1 & 0 & 0 \\ 0 & 1 & 0 \\ 0 & 1 & 2 \end{bmatrix}$$

$$+(e^{2t}-e^{t}-te^{t})\begin{bmatrix}1&0&0\\0&1&0\\0&1&2\end{bmatrix}\begin{bmatrix}1&0&0\\0&1&0\\0&1&2\end{bmatrix}$$

$$=\begin{bmatrix}e^{t}&0&0\\0&e^{t}&0\\0&e^{2t}-e^{t}&e^{2t}\end{bmatrix}$$

(4)
$$\boldsymbol{x}(t)=e^{\boldsymbol{A}(t-t_0)}\boldsymbol{x}(t_0)=e^{\boldsymbol{A}t}\boldsymbol{x}(0)$$

$$=\begin{bmatrix}e^{t}&0&0\\0&e^{t}&0\\0&e^{2t}-e^{t}&e^{2t}\end{bmatrix}\begin{bmatrix}1\\0\\1\end{bmatrix}=\begin{bmatrix}e^{t}\\0\\e^{2t}\end{bmatrix}$$

3.3 矩阵 $\boldsymbol{A}$ 是 2×2 的常数矩阵,关于系统的状态方程式$\dot{\boldsymbol{x}}=\boldsymbol{A}\boldsymbol{x}$,有

$$\boldsymbol{x}(0)=\begin{bmatrix}1\\-1\end{bmatrix}\text{时},\quad \boldsymbol{x}=\begin{bmatrix}e^{-2t}\\-e^{-2t}\end{bmatrix}$$

$$\boldsymbol{x}(0)=\begin{bmatrix}2\\-1\end{bmatrix}\text{时},\quad \boldsymbol{x}=\begin{bmatrix}2e^{-t}\\-e^{-t}\end{bmatrix}$$

试确定这个系统的状态转移矩阵$\boldsymbol{\Phi}(t,0)$和矩阵 $\boldsymbol{A}$。

解 因为系统的零输入响应是

$$\boldsymbol{x}(t)=\boldsymbol{\Phi}(t,0)\boldsymbol{x}(0)$$

所以

$$\begin{bmatrix}e^{-2t}\\-e^{-2t}\end{bmatrix}=\boldsymbol{\Phi}(t,0)\begin{bmatrix}1\\-1\end{bmatrix},\quad \begin{bmatrix}2e^{-t}\\-e^{-t}\end{bmatrix}=\boldsymbol{\Phi}(t,0)\begin{bmatrix}2\\-1\end{bmatrix}$$

将它们综合起来,得

$$\begin{bmatrix}e^{-2t}&2e^{-t}\\e^{-2t}&-e^{-t}\end{bmatrix}=\boldsymbol{\Phi}(t,0)\begin{bmatrix}1&2\\-1&-1\end{bmatrix}$$

$$\boldsymbol{\Phi}(t,0)=\begin{bmatrix}e^{-2t}&2e^{-t}\\-e^{-2t}&-e^{-t}\end{bmatrix}\begin{bmatrix}1&2\\-1&-1\end{bmatrix}^{-1}$$

$$=\begin{bmatrix}e^{-2t}&2e^{-t}\\-e^{-2t}&-e^{-t}\end{bmatrix}\begin{bmatrix}-1&-2\\1&1\end{bmatrix}$$

$$=\begin{bmatrix}2e^{-t}-e^{-2t}&2e^{-t}-2e^{-2t}\\e^{-2t}-e^{-t}&2e^{-2t}-e^{-t}\end{bmatrix}$$

由状态转移矩阵的性质可知,状态转移矩阵$\boldsymbol{\Phi}(t,t_0)$满足微分方程

$$\frac{d}{dt}\boldsymbol{\Phi}(t,t_0)=\boldsymbol{A}\boldsymbol{\Phi}(t,t_0)$$

和初始条件

$$\boldsymbol{\Phi}(t_0,t_0)=\boldsymbol{I}$$

因此代入初始时间 $t_0=0$ 可得矩阵 $\boldsymbol{A}$ 为

$$\boldsymbol{A}=\left\{\frac{\mathrm{d}}{\mathrm{d}t}\boldsymbol{\Phi}(t,t_0)\right\}\boldsymbol{\Phi}^{-1}(t,t_0)\bigg|_{t=t_0=0}$$

$$=\begin{bmatrix}-2\mathrm{e}^{-t}+2\mathrm{e}^{-2t} & -2\mathrm{e}^{-t}+4\mathrm{e}^{-2t}\\ -2\mathrm{e}^{-2t}+\mathrm{e}^{-t} & -4\mathrm{e}^{-2t}+\mathrm{e}^{-t}\end{bmatrix}_{t=0}$$

$$=\begin{bmatrix}0 & 2\\ -1 & -3\end{bmatrix}$$

3.4　二阶标量微分方程式

$$\ddot{y}+\omega^2 y=0$$

令 $x_1=y$、$x_2=\dot{y}=\dot{x}_1$，对状态变量 $\boldsymbol{x}$ 进行相应的线性变换后，可得关于 $\boldsymbol{x}'=[x_1'\quad x_2']^{\mathrm{T}}$ 的系统状态方程式为

$$\dot{\boldsymbol{x}}'=\begin{bmatrix}0 & \omega\\ -\omega & 0\end{bmatrix}\boldsymbol{x}'$$

这时，试证明系统的转移矩阵 $\boldsymbol{\Phi}(t,0)$ 是

$$\boldsymbol{\Phi}(t,0)=\begin{bmatrix}\cos\omega t & \sin\omega t\\ -\sin\omega t & \cos\omega t\end{bmatrix}$$

证明

$$\boldsymbol{A}=\begin{bmatrix}s & -\omega\\ \omega & s\end{bmatrix}$$

按照

$$(s\boldsymbol{I}-\boldsymbol{A})^{-1}=\begin{bmatrix}s & -\omega\\ \omega & s\end{bmatrix}^{-1}=\frac{1}{s^2+\omega^2}\begin{bmatrix}s & \omega\\ -\omega & s\end{bmatrix}$$

则状态转移矩阵为

$$\boldsymbol{\Phi}(t,0)=L^{-1}[(s\boldsymbol{I}-\boldsymbol{A})^{-1}]=\begin{bmatrix}\cos\omega t & \sin\omega t\\ -\sin\omega t & \cos\omega t\end{bmatrix}$$

证毕。

3.5　关于矩阵 $\boldsymbol{A}$、$\boldsymbol{B}$，当 $\boldsymbol{AB}=\boldsymbol{BA}$ 时，利用 $\mathrm{e}^{(\boldsymbol{A}+\boldsymbol{B})t}=\mathrm{e}^{\boldsymbol{A}t}\mathrm{e}^{\boldsymbol{B}t}$ 的性质，试确定系统

$$\dot{\boldsymbol{x}}=\begin{bmatrix}\sigma & \omega\\ -\omega & \sigma\end{bmatrix}\boldsymbol{x}$$

的状态转移矩阵 $\boldsymbol{\Phi}(t,0)$。

解

$$\begin{bmatrix}\sigma & \omega\\ -\omega & \sigma\end{bmatrix}=\begin{bmatrix}\sigma & 0\\ 0 & \sigma\end{bmatrix}+\begin{bmatrix}0 & \omega\\ -\omega & 0\end{bmatrix},\quad \begin{bmatrix}\sigma & 0\\ 0 & \sigma\end{bmatrix}\begin{bmatrix}0 & \omega\\ -\omega & 0\end{bmatrix}=\begin{bmatrix}0 & \omega\\ -\omega & 0\end{bmatrix}\begin{bmatrix}\sigma & 0\\ 0 & \sigma\end{bmatrix}$$

再利用 3.4 题的结果可得

$$\boldsymbol{\Phi}(t,0)=\exp\left\{\begin{bmatrix}\sigma & \omega\\ -\omega & \sigma\end{bmatrix}t\right\}$$

$$=\exp\left\{\begin{bmatrix}\sigma & 0\\ 0 & \sigma\end{bmatrix}t\right\}\exp\left\{\begin{bmatrix}0 & \omega\\ -\omega & 0\end{bmatrix}t\right\}$$

$$=\begin{bmatrix} e^{\sigma t} & 0 \\ 0 & e^{\sigma t} \end{bmatrix}\begin{bmatrix} \cos\omega t & \sin\omega t \\ -\sin\omega t & \cos\omega t \end{bmatrix}$$

$$=\begin{bmatrix} e^{\sigma t}\cos\omega t & e^{\sigma t}\sin\omega t \\ -e^{\sigma t}\sin\omega t & e^{\sigma t}\cos\omega t \end{bmatrix}$$

3.6 矩阵 $\boldsymbol{A}$ 是 2×2 常数矩阵，关于系统的状态方程式 $\dot{\boldsymbol{x}}=\boldsymbol{A}\boldsymbol{x}$，有

$$\boldsymbol{x}(0)=\begin{bmatrix} 2 \\ 1 \end{bmatrix}\text{时，}\quad \boldsymbol{x}(t)=\begin{bmatrix} 2e^{-t} \\ e^{-t} \end{bmatrix}$$

$$\boldsymbol{x}(0)=\begin{bmatrix} 1 \\ 1 \end{bmatrix}\text{时，}\quad \boldsymbol{x}(t)=\begin{bmatrix} e^{-t}+2te^{-t} \\ e^{-t}+te^{-t} \end{bmatrix}$$

试确定系统的转移矩阵 $\boldsymbol{\Phi}(t,0)$ 和矩阵 $\boldsymbol{A}$。

解 由已知条件得

$$\begin{bmatrix} 2e^{-t} & e^{-t}+2te^{-t} \\ e^{-t} & e^{-t}+te^{-t} \end{bmatrix}=\boldsymbol{\Phi}(t,0)\begin{bmatrix} 2 & 1 \\ 1 & 1 \end{bmatrix}$$

$$\boldsymbol{\Phi}(t,0)=\begin{bmatrix} 2e^{-t} & e^{-t}+2te^{-t} \\ e^{-t} & e^{-t}+te^{-t} \end{bmatrix}\begin{bmatrix} 2 & 1 \\ 1 & 1 \end{bmatrix}^{-1}=\begin{bmatrix} e^{-t}-2te^{-t} & 4te^{-t} \\ -te^{-t} & e^{-t}+2te^{-t} \end{bmatrix}$$

由此得

$$\boldsymbol{A}=\frac{\mathrm{d}}{\mathrm{d}t}\boldsymbol{\Phi}(t,0)\Big|_{t=0}=\begin{bmatrix} -3 & 4 \\ -1 & 1 \end{bmatrix}$$

3.7 给定一个二维连续时间线性定常自治系统 $\dot{\boldsymbol{x}}=\boldsymbol{A}\boldsymbol{x}$，$t\geqslant0$。现知，对应于两个不同初态的状态响应分别为

$$\text{对 }\boldsymbol{x}(0)=\begin{bmatrix} 1 \\ -4 \end{bmatrix},\quad \boldsymbol{x}(t)=\begin{bmatrix} e^{-3t} \\ -4e^{-3t} \end{bmatrix}$$

$$\text{对 }\boldsymbol{x}(0)=\begin{bmatrix} 2 \\ -1 \end{bmatrix},\quad \boldsymbol{x}(t)=\begin{bmatrix} 2e^{-2t} \\ -e^{-2t} \end{bmatrix}$$

试据此定出系统矩阵 $\boldsymbol{A}$。

解 因为 $\boldsymbol{x}(t)$ 是系统的状态响应，故必满足系统方程 $\dot{\boldsymbol{x}}=\boldsymbol{A}\boldsymbol{x}$，$t\geqslant0$。因此有

$$\begin{bmatrix} -3e^{-3t} \\ 12e^{-3t} \end{bmatrix}=\boldsymbol{A}\begin{bmatrix} e^{-3t} \\ -4e^{-3t} \end{bmatrix},\quad \begin{bmatrix} -4e^{-2t} \\ 2e^{-2t} \end{bmatrix}=\boldsymbol{A}\begin{bmatrix} 2e^{-2t} \\ -e^{-2t} \end{bmatrix}$$

两式综合起来得

$$\dot{\boldsymbol{x}}(t)=\begin{bmatrix} -3e^{-3t} & -4e^{-2t} \\ 12e^{-3t} & 2e^{-2t} \end{bmatrix}=\boldsymbol{A}\begin{bmatrix} e^{-3t} & 2e^{-2t} \\ -4e^{-3t} & -e^{-2t} \end{bmatrix}$$

则有

$$\boldsymbol{A}=\begin{bmatrix} -3e^{-3t} & -4e^{-2t} \\ 12e^{-3t} & 2e^{-2t} \end{bmatrix}\begin{bmatrix} e^{-3t} & 2e^{-2t} \\ -4e^{-3t} & -e^{-2t} \end{bmatrix}^{-1}$$

$$=\frac{1}{7e^{-5t}}\begin{bmatrix}-3e^{-3t} & -4e^{-2t}\\ 12e^{-3t} & 2e^{-2t}\end{bmatrix}\begin{bmatrix}-e^{-2t} & -2e^{-2t}\\ 4e^{-3t} & e^{-3t}\end{bmatrix}$$

$$=\begin{bmatrix}-\frac{13}{7} & \frac{2}{7}\\ -\frac{4}{7} & -\frac{22}{7}\end{bmatrix}$$

3.8 试说明下列矩阵是否满足状态转移矩阵的条件，如果满足，试求与之对应的矩阵 $\boldsymbol{A}$。

(1) $$\begin{bmatrix}1 & 0 & 0\\ 0 & \sin t & \cos t\\ 0 & -\cos t & \sin t\end{bmatrix}$$

(2) $$\begin{bmatrix}2e^{-t}-e^{-2t} & 2e^{-2t}-2e^{-t}\\ e^{-t}-e^{-2t} & 2e^{-2t}-e^{-t}\end{bmatrix}$$

解

(1) 由状态转移矩阵的性质可知，一矩阵若是状态转移矩阵，则必满足$\Phi(t_0, t_0)=\boldsymbol{I}$。

令 $t_0=0$，则有

$$\begin{bmatrix}1 & 0 & 0\\ 0 & \sin t & \cos t\\ 0 & -\cos t & \sin t\end{bmatrix}_{t=t_0}=\begin{bmatrix}1 & 0 & 0\\ 0 & 0 & 1\\ 0 & -1 & 0\end{bmatrix}\neq \boldsymbol{I}$$

因此矩阵$\begin{bmatrix}1 & 0 & 0\\ 0 & \sin t & \cos t\\ 0 & -\cos t & \sin t\end{bmatrix}$不是状态转移矩阵。

(2) 假设$\begin{bmatrix}2e^{-t}-e^{-2t} & 2e^{-2t}-2e^{-t}\\ e^{-t}-e^{-2t} & 2e^{-2t}-e^{-t}\end{bmatrix}=\Phi(t,t_0)$是状态转移矩阵，则状态转移矩阵$\Phi(t,t_0)$应满足矩阵微分方程

$$\frac{d}{dt}\Phi(t,t_0)=\boldsymbol{A\Phi}(t,t_0)$$

且

$$\boldsymbol{A}=\left\{\frac{d}{dt}\Phi(t,t_0)\right\}\Phi^{-1}(t,t_0)$$

而

$$\frac{d\Phi}{dt}=\begin{bmatrix}-2e^{-t}+2e^{-2t} & -4e^{-2t}+2e^{-t}\\ -e^{-t}+2e^{-2t} & -4e^{-2t}+e^{-t}\end{bmatrix}$$

$$\Phi^{-1}=\frac{1}{(2e^{-t}-e^{-2t})(2e^{-2t}-e^{-t})-(e^{-t}-e^{-2t})(2e^{-2t}-2e^{-t})}$$

$$\cdot\begin{bmatrix}2e^{-2t}-e^{-t} & 2e^{-t}-2e^{-2t}\\ e^{-2t}-e^{-t} & 2e^{-t}-e^{-2t}\end{bmatrix}$$

$$=\begin{bmatrix}2e^{t}-e^{2t} & 2e^{2t}-2e^{t}\\ e^{t}-e^{2t} & 2e^{2t}-e^{t}\end{bmatrix}$$

$$\boldsymbol{A}=\begin{bmatrix}-2e^{-t}+2e^{-2t} & -4e^{-2t}+2e^{-t}\\ -e^{-t}+2e^{-2t} & -4e^{-2t}+e^{-t}\end{bmatrix}\begin{bmatrix}2e^{t}-e^{2t} & 2e^{2t}-2e^{t}\\ e^{t}-e^{2t} & 2e^{2t}-e^{t}\end{bmatrix}=\begin{bmatrix}0 & -2\\ 1 & -3\end{bmatrix}$$

所以矩阵$\begin{bmatrix}2e^{-t}-e^{-2t} & 2e^{-2t}-2e^{-t}\\ e^{-t}-e^{-2t} & 2e^{-2t}-e^{-t}\end{bmatrix}$是状态转移矩阵。

3.9　已知系统$\dot{\boldsymbol{x}}=\boldsymbol{A}\boldsymbol{x}$的转移矩阵$\boldsymbol{\Phi}(t,t_0)$是

$$\boldsymbol{\Phi}(t,t_0)=\begin{bmatrix}2e^{-t}-e^{-2t} & 2(e^{-2t}-e^{-t})\\ e^{-t}-e^{-2t} & 2e^{-2t}-e^{-t}\end{bmatrix}$$

时,试确定矩阵$\boldsymbol{A}$。

解　因为$\boldsymbol{\Phi}(t,t_0)$是状态转移矩阵,

所以有

$$\boldsymbol{A}=\left\{\frac{d}{dt}\boldsymbol{\Phi}(t,t_0)\right\}\boldsymbol{\Phi}^{-1}(t,t_0)$$

将$t_0=0,\boldsymbol{\Phi}(t_0,t_0)=\boldsymbol{I}$代入得

$$\boldsymbol{A}=\begin{bmatrix}0 & -2\\ 1 & -3\end{bmatrix}$$

3.10　已知系统状态空间表达式为

$$\dot{\boldsymbol{x}}=\begin{bmatrix}0 & 1\\ -3 & 4\end{bmatrix}\boldsymbol{x}+\begin{bmatrix}1\\ 1\end{bmatrix}u$$

$$y=\begin{bmatrix}1 & 1\end{bmatrix}\boldsymbol{x}$$

(1) 求系统的单位阶跃响应;　(2) 求系统的脉冲响应。

解

(1)　$\boldsymbol{A}=\begin{bmatrix}0 & 1\\ -3 & 4\end{bmatrix}$,　$\boldsymbol{B}=\begin{bmatrix}1\\ 1\end{bmatrix}$,　$\boldsymbol{C}=\begin{bmatrix}1 & 1\end{bmatrix}$

$$|\lambda\boldsymbol{I}-\boldsymbol{A}|=\begin{vmatrix}\lambda & -1\\ 3 & \lambda-4\end{vmatrix}=\lambda(\lambda-4)+3=(\lambda-3)(\lambda-1)=0$$

得

$$\lambda_1=1,\lambda_2=3$$

$\lambda_1=1$时,

$$\begin{bmatrix}1 & -1\\ 3 & -3\end{bmatrix}\boldsymbol{P}_1=\begin{bmatrix}0\\ 0\end{bmatrix}\Rightarrow\boldsymbol{P}_1=\begin{bmatrix}1\\ 1\end{bmatrix}$$

$\lambda_2=3$时,

$$\begin{bmatrix}3 & -1\\ 3 & -1\end{bmatrix}\boldsymbol{P}_2=\begin{bmatrix}0\\ 0\end{bmatrix}\Rightarrow\boldsymbol{P}_2=\begin{bmatrix}1\\ 3\end{bmatrix}$$

$$\boldsymbol{P}=\begin{bmatrix}1 & 1\\ 1 & 3\end{bmatrix}$$

$$\boldsymbol{P}^{-1}=\frac{1}{2}\begin{bmatrix}3 & -1\\ -1 & 1\end{bmatrix}=\begin{bmatrix}\frac{3}{2} & -\frac{1}{2}\\ -\frac{1}{2} & \frac{1}{2}\end{bmatrix}$$

$$\mathrm{e}^{\boldsymbol{A}t}=\boldsymbol{P}\begin{bmatrix}\mathrm{e}^{t} & 0\\ 0 & \mathrm{e}^{3t}\end{bmatrix}\boldsymbol{P}^{-1}=\begin{bmatrix}1 & 1\\ 1 & 3\end{bmatrix}\begin{bmatrix}\mathrm{e}^{t} & 0\\ 0 & \mathrm{e}^{3t}\end{bmatrix}\begin{bmatrix}\frac{3}{2} & -\frac{1}{2}\\ -\frac{1}{2} & \frac{1}{2}\end{bmatrix}$$

$$=\begin{bmatrix}\frac{3}{2}\mathrm{e}^{t}-\frac{1}{2}\mathrm{e}^{3t} & -\frac{1}{2}\mathrm{e}^{t}+\frac{1}{2}\mathrm{e}^{3t}\\ \frac{3}{2}\mathrm{e}^{t}-\frac{3}{2}\mathrm{e}^{3t} & -\frac{1}{2}\mathrm{e}^{t}+\frac{3}{2}\mathrm{e}^{3t}\end{bmatrix}$$

将 $u(t)=1(t)$ 代入求解公式得

$$\boldsymbol{x}(t)=\begin{bmatrix}\frac{3}{2}\mathrm{e}^{t}-\frac{1}{2}\mathrm{e}^{3t} & -\frac{1}{2}\mathrm{e}^{t}+\frac{1}{2}\mathrm{e}^{3t}\\ \frac{3}{2}\mathrm{e}^{t}-\frac{3}{2}\mathrm{e}^{3t} & -\frac{1}{2}\mathrm{e}^{t}+\frac{3}{2}\mathrm{e}^{3t}\end{bmatrix}\begin{bmatrix}x_1(0)\\ x_2(0)\end{bmatrix}$$

$$+\frac{1}{2}\int_0^t\begin{bmatrix}3\mathrm{e}^{t-\tau}-\mathrm{e}^{3(t-\tau)} & -\mathrm{e}^{t-\tau}+\mathrm{e}^{3(t-\tau)}\\ 3\mathrm{e}^{t-\tau}-3\mathrm{e}^{3(t-\tau)} & -\mathrm{e}^{t-\tau}+3\mathrm{e}^{3(t-\tau)}\end{bmatrix}\begin{bmatrix}1\\ 1\end{bmatrix}\mathrm{d}\tau$$

$$=\begin{bmatrix}\frac{3\mathrm{e}^{t}-\mathrm{e}^{3t}}{2}x_1(0)-\frac{\mathrm{e}^{t}-\mathrm{e}^{3t}}{2}x_2(0)+\mathrm{e}^{t}-1\\ \frac{3\mathrm{e}^{t}-3\mathrm{e}^{3t}}{2}x_1(0)-\frac{\mathrm{e}^{t}-3\mathrm{e}^{3t}}{2}x_2(0)+\mathrm{e}^{t}-1\end{bmatrix}$$

若取 $\boldsymbol{x}(0)=\boldsymbol{0}$，则有 $$\boldsymbol{x}(t)=\begin{bmatrix}\mathrm{e}^{t}-1\\ \mathrm{e}^{t}-1\end{bmatrix}$$

$$y=[1\quad 1]\boldsymbol{x}(t)=[1\quad 1]\begin{bmatrix}\mathrm{e}^{t}-1\\ \mathrm{e}^{t}-1\end{bmatrix}=2\mathrm{e}^{t}-2$$

(2) 由(1)知

$$\mathrm{e}^{\boldsymbol{A}t}=\begin{bmatrix}\frac{3}{2}\mathrm{e}^{t}-\frac{1}{2}\mathrm{e}^{3t} & -\frac{1}{2}\mathrm{e}^{t}+\frac{1}{2}\mathrm{e}^{3t}\\ \frac{3}{2}\mathrm{e}^{t}-\frac{3}{2}\mathrm{e}^{3t} & -\frac{1}{2}\mathrm{e}^{t}+\frac{3}{2}\mathrm{e}^{3t}\end{bmatrix}$$

取 $u(t)=\delta(0)$，则有

$$\boldsymbol{x}(t)=\begin{bmatrix}\frac{3}{2}\mathrm{e}^{t}-\frac{1}{2}\mathrm{e}^{3t} & -\frac{1}{2}\mathrm{e}^{t}+\frac{1}{2}\mathrm{e}^{3t}\\ \frac{3}{2}\mathrm{e}^{t}-\frac{3}{2}\mathrm{e}^{3t} & -\frac{1}{2}\mathrm{e}^{t}+\frac{3}{2}\mathrm{e}^{3t}\end{bmatrix}\begin{bmatrix}x_1(0)\\ x_2(0)\end{bmatrix}$$

$$+\frac{1}{2}\int_0^t\begin{bmatrix}3\mathrm{e}^{t-\tau}-\mathrm{e}^{3(t-\tau)} & -\mathrm{e}^{t-\tau}+\mathrm{e}^{3(t-\tau)}\\ 3\mathrm{e}^{t-\tau}-3\mathrm{e}^{3(t-\tau)} & -\mathrm{e}^{t-\tau}+3\mathrm{e}^{3(t-\tau)}\end{bmatrix}\begin{bmatrix}1\\ 1\end{bmatrix}\delta(0)\mathrm{d}\tau$$

$$=\begin{bmatrix}\frac{3e^t-e^{3t}}{2}x_1(0)-\frac{e^t-e^{3t}}{2}x_2(0)+e^t\\ \frac{3e^t-3e^{3t}}{2}x_1(0)-\frac{e^t-3e^{3t}}{2}x_2(0)+e^t\end{bmatrix}$$

若取 $\boldsymbol{x}(0)=\begin{bmatrix}0\\0\end{bmatrix}$,则有 $\boldsymbol{x}(t)=\begin{bmatrix}e^t\\e^t\end{bmatrix}$,$y(t)=[1\quad 1]\begin{bmatrix}e^t\\e^t\end{bmatrix}=2e^t$。

3.11 求下列系统在输入作用为①脉冲函数;②单位阶跃函数;③单位斜坡函数下的状态响应。

(1)
$$\dot{\boldsymbol{x}}=\begin{bmatrix}-a & 0\\ 0 & -b\end{bmatrix}\boldsymbol{x}+\begin{bmatrix}\frac{1}{b-a}\\ \frac{1}{a-b}\end{bmatrix}u$$

(2)
$$\dot{\boldsymbol{x}}=\begin{bmatrix}0 & 1\\ -ab & -(a+b)\end{bmatrix}\boldsymbol{x}+\begin{bmatrix}0\\1\end{bmatrix}u$$

解

(1)
$$\boldsymbol{A}=\begin{bmatrix}-a & 0\\ 0 & -b\end{bmatrix}\Rightarrow e^{\boldsymbol{A}t}=\begin{bmatrix}e^{-at} & 0\\ 0 & e^{-bt}\end{bmatrix}$$

① $u(t)=\delta(t)$时,

$$\boldsymbol{x}(t)=\begin{bmatrix}e^{-at} & 0\\ 0 & e^{-bt}\end{bmatrix}\begin{bmatrix}x_1(0)\\ x_2(0)\end{bmatrix}+\int_0^t\begin{bmatrix}e^{-a(t-\tau)} & 0\\ 0 & e^{-b(t-\tau)}\end{bmatrix}\begin{bmatrix}\frac{1}{b-a}\\ \frac{1}{a-b}\end{bmatrix}\delta(0)d\tau$$

$$=\begin{bmatrix}e^{-at}x_1(0)+\frac{1}{b-a}e^{-at}\\ e^{-bt}x_2(0)-\frac{1}{b-a}e^{-bt}\end{bmatrix}$$

取 $\boldsymbol{x}(0)=\boldsymbol{0}$,则

$$\boldsymbol{x}(t)=\begin{bmatrix}\frac{1}{b-a}e^{-at}\\ -\frac{1}{b-a}e^{-bt}\end{bmatrix}$$

② $u(t)=1(t)$时,

$$\boldsymbol{x}(t)=\begin{bmatrix}e^{-at}x_1(0)\\ e^{-bt}x_2(0)\end{bmatrix}+\frac{1}{b-a}\int_0^t\begin{bmatrix}e^{-a(t-\tau)}\\ -e^{-b(t-\tau)}\end{bmatrix}\cdot 1(\tau)d\tau$$

$$=\begin{bmatrix}e^{-at}x_1(0)+\frac{1}{a(b-a)}-\frac{e^{-at}}{a(b-a)}\\ e^{-bt}x_2(0)+\frac{e^{-bt}}{b(b-a)}-\frac{1}{b(b-a)}\end{bmatrix}$$

若取 $\boldsymbol{x}(0)=\boldsymbol{0}$,则有

$$\boldsymbol{x}(t)=\begin{bmatrix}\dfrac{1}{a(b-a)}-\dfrac{e^{-at}}{a(b-a)}\\ \dfrac{e^{-bt}}{b(b-a)}-\dfrac{1}{b(b-a)}\end{bmatrix}$$

③ $u(t)=t$ 时，

$$x(t)=\begin{bmatrix}e^{-at}x_1(0)\\ e^{-bt}x_2(0)\end{bmatrix}+\frac{1}{b-a}\int_0^t\begin{bmatrix}e^{-a(t-\tau)}\\ -e^{-b(t-\tau)}\end{bmatrix}\cdot t\mathrm{d}\tau$$

$$=\begin{bmatrix}e^{-at}x_1(0)\\ e^{-bt}x_2(0)\end{bmatrix}+\frac{1}{b-a}\begin{bmatrix}\dfrac{t}{a}+\dfrac{e^{-at}}{a^2}-\dfrac{1}{a^2}\\ -\dfrac{t}{b}-\dfrac{e^{-bt}}{b^2}+\dfrac{1}{b^2}\end{bmatrix}$$

$$=\begin{bmatrix}e^{-at}x_1(0)+\dfrac{t}{a(b-a)}+\dfrac{e^{-at}}{a^2(b-a)}-\dfrac{1}{a^2(b-a)}\\ e^{-bt}x_2(0)-\dfrac{t}{b(b-a)}-\dfrac{e^{-bt}}{b^2(b-a)}+\dfrac{1}{b^2(b-a)}\end{bmatrix}$$

若取 $\boldsymbol{x}(0)=\boldsymbol{0}$，则有

$$\boldsymbol{x}(t)=\begin{bmatrix}\dfrac{t}{a(b-a)}+\dfrac{e^{-at}}{a^2(b-a)}-\dfrac{1}{a^2(b-a)}\\ -\dfrac{t}{b(b-a)}-\dfrac{e^{-bt}}{b^2(b-a)}+\dfrac{1}{b^2(b-a)}\end{bmatrix}$$

(2)
$$\boldsymbol{A}=\begin{bmatrix}0&1\\-ab&-(a+b)\end{bmatrix},\quad \boldsymbol{B}=\begin{bmatrix}0\\1\end{bmatrix}$$

$$|\lambda\boldsymbol{I}-\boldsymbol{A}|=\begin{vmatrix}\lambda&-1\\ab&\lambda+(a+b)\end{vmatrix}$$
$$=\lambda[\lambda+(a+b)]+ab=(\lambda+a)(\lambda+b)=0$$

所以 $\lambda_1=-a$，$\lambda_2=-b$。

$\lambda_1=-a$ 时，

$$\begin{bmatrix}-a&-1\\ab&b\end{bmatrix}\boldsymbol{P}_1=\begin{bmatrix}0\\0\end{bmatrix}\Rightarrow\boldsymbol{P}_1=\begin{bmatrix}1\\-a\end{bmatrix}$$

$\lambda_2=-b$ 时，

$$\begin{bmatrix}-b&-1\\ab&a\end{bmatrix}\boldsymbol{P}_2=\begin{bmatrix}0\\0\end{bmatrix}\Rightarrow P_2=\begin{bmatrix}1\\-b\end{bmatrix}$$

$$\boldsymbol{P}=\begin{bmatrix}1&1\\-a&-b\end{bmatrix}$$

$$\boldsymbol{P}^{-1}=\frac{1}{-b+a}\begin{bmatrix}-b&-1\\a&1\end{bmatrix}$$

$$e^{\boldsymbol{A}t}=\boldsymbol{P}\begin{bmatrix}e^{-at} & 0\\ 0 & e^{-bt}\end{bmatrix}\boldsymbol{P}^{-1}=\frac{1}{a-b}\begin{bmatrix}1 & 1\\ -a & -b\end{bmatrix}\begin{bmatrix}e^{-at} & 0\\ 0 & e^{-bt}\end{bmatrix}\begin{bmatrix}-b & -1\\ a & 1\end{bmatrix}$$

$$=\frac{1}{a-b}\begin{bmatrix}-be^{-at}+ae^{-bt} & -e^{-at}+e^{-bt}\\ abe^{-at}-abe^{-bt} & ae^{-at}-be^{-bt}\end{bmatrix}$$

① $u(t)=\delta(t)$时，

$$\boldsymbol{x}(t)=\frac{1}{a-b}\begin{bmatrix}-be^{-at}+ae^{-bt} & -e^{-at}+e^{-bt}\\ abe^{-at}-abe^{-bt} & ae^{-at}-be^{-bt}\end{bmatrix}\begin{bmatrix}x_1(0)\\ x_2(0)\end{bmatrix}$$

$$+\frac{1}{a-b}\int_0^t\begin{bmatrix}-be^{-a(t-\tau)}+ae^{-b(t-\tau)} & -e^{-a(t-\tau)}+e^{-b(t-\tau)}\\ abe^{-a(t-\tau)}-abe^{-b(t-\tau)} & ae^{-a(t-\tau)}-be^{-b(t-\tau)}\end{bmatrix}\begin{bmatrix}0\\ 1\end{bmatrix}\delta(0)\mathrm{d}\tau$$

$$=\frac{1}{a-b}\begin{bmatrix}(ae^{-bt}-be^{-at})x_1(0)+(-e^{-at}+e^{-bt})x_2(0)-e^{-at}+e^{-bt}\\ (abe^{-at}-abe^{-bt})x_1(0)+(ae^{-at}-be^{-bt})x_2(0)+ae^{-at}-be^{-bt}\end{bmatrix}$$

取 $\boldsymbol{x}(0)=\boldsymbol{0}$，则有

$$\boldsymbol{x}(t)=\frac{1}{a-b}\begin{bmatrix}-e^{-at}+e^{-bt}\\ ae^{-at}-be^{-bt}\end{bmatrix}$$

② $u(t)=1(t)$时，

$$\boldsymbol{x}(t)=\frac{1}{a-b}\begin{bmatrix}-be^{-at}+ae^{-bt} & -e^{-at}+e^{-bt}\\ abe^{-at}-abe^{-bt} & ae^{-at}-be^{-bt}\end{bmatrix}\begin{bmatrix}x_1(0)\\ x_2(0)\end{bmatrix}$$

$$+\frac{1}{a-b}\int_0^t\begin{bmatrix}-be^{-a(t-\tau)}+ae^{-b(t-\tau)} & -e^{-a(t-\tau)}+e^{-b(t-\tau)}\\ abe^{-a(t-\tau)}-abe^{-b(t-\tau)} & ae^{-a(t-\tau)}-be^{-b(t-\tau)}\end{bmatrix}\begin{bmatrix}0\\ 1\end{bmatrix}1(\tau)\mathrm{d}\tau$$

$$=\frac{1}{a-b}\begin{bmatrix}(ae^{-bt}-be^{-at})x_1(0)+(-e^{-at}+e^{-bt})x_2(0)+\dfrac{1}{b}-\dfrac{1}{a}+\dfrac{1}{a}e^{-at}-\dfrac{1}{b}e^{-bt}\\ (abe^{-at}-abe^{-bt})x_1(0)+(ae^{-at}-be^{-bt})x_2(0)-e^{-at}+e^{-bt}\end{bmatrix}$$

取 $\boldsymbol{x}(0)=\boldsymbol{0}$，则有

$$\boldsymbol{x}(t)=\frac{1}{a-b}\begin{bmatrix}\dfrac{1}{b}-\dfrac{1}{a}+\dfrac{1}{a}e^{-at}-\dfrac{1}{b}e^{-bt}\\ -e^{-at}+e^{-bt}\end{bmatrix}$$

③ $u(t)=t$ 时，

$$\boldsymbol{x}(t)=\frac{1}{a-b}\begin{bmatrix}-be^{-at}+ae^{-bt} & -e^{-at}+e^{-bt}\\ abe^{-at}-abe^{-bt} & ae^{-at}-be^{-bt}\end{bmatrix}\begin{bmatrix}x_1(0)\\ x_2(0)\end{bmatrix}$$

$$+\frac{1}{a-b}\int_0^t\begin{bmatrix}-be^{-a(t-\tau)}+ae^{-b(t-\tau)} & -e^{-a(t-\tau)}+e^{-b(t-\tau)}\\ abe^{-a(t-\tau)}-abe^{-b(t-\tau)} & ae^{-a(t-\tau)}-be^{-b(t-\tau)}\end{bmatrix}\begin{bmatrix}0\\ 1\end{bmatrix}\tau\mathrm{d}\tau$$

$$=\frac{1}{a-b}\begin{bmatrix}(-be^{-at}+ae^{-bt})x_1(0)+(-e^{-at}+e^{-bt})x_2(0)\\ -\dfrac{at-1+e^{-at}}{a^2}+\dfrac{bt-1+e^{-bt}}{b^2}\\ (abe^{-at}-abe^{-bt})x_1(0)+(ae^{-at}-be^{-bt})x_2(0)\\ -\dfrac{at-1+e^{-at}}{a}+\dfrac{bt-1+e^{-bt}}{b}\end{bmatrix}$$

取 $\boldsymbol{x}(0)=\mathbf{0}$,则有

$$\boldsymbol{x}(t)=\frac{1}{a-b}\begin{bmatrix}-\dfrac{at-1+\mathrm{e}^{-at}}{a^2}+\dfrac{bt-1+\mathrm{e}^{-bt}}{b^2}\\ \dfrac{at-1+\mathrm{e}^{-at}}{a}-\dfrac{bt-1+\mathrm{e}^{-bt}}{b}\end{bmatrix}$$

3.12　线性时变系统 $\dot{\boldsymbol{x}}(t)=\boldsymbol{A}(t)\boldsymbol{x}(t)$ 的系数矩阵如下,试求与之对应的状态转移矩阵。

(1) $\boldsymbol{A}(t)=\begin{bmatrix}0 & 1\\ 0 & t\end{bmatrix}$;　　(2) $\boldsymbol{A}(t)=\begin{bmatrix}0 & 0\\ t & 0\end{bmatrix}$

解

(1)
$$\boldsymbol{A}(t)=\begin{bmatrix}0 & 1\\ 0 & t\end{bmatrix}$$

因为
$$\boldsymbol{A}(t_1)\boldsymbol{A}(t_2)=\begin{bmatrix}0 & 1\\ 0 & t_1\end{bmatrix}\begin{bmatrix}0 & 1\\ 0 & t_2\end{bmatrix}=\begin{bmatrix}0 & t_2\\ 0 & t_1t_2\end{bmatrix}$$

$$\boldsymbol{A}(t_2)\boldsymbol{A}(t_1)=\begin{bmatrix}0 & 1\\ 0 & t_2\end{bmatrix}\begin{bmatrix}0 & 1\\ 0 & t_1\end{bmatrix}=\begin{bmatrix}0 & t_1\\ 0 & t_1t_2\end{bmatrix}$$

所以

$$\boldsymbol{A}(t_1)\boldsymbol{A}(t_2)\neq\boldsymbol{A}(t_2)\boldsymbol{A}(t_1)$$

说明 $\boldsymbol{A}(t_1)$ 和 $\boldsymbol{A}(t_2)$ 是不可交换的,亦即 $\boldsymbol{A}(t)$ 和 $\int_{t_0}^{t}\boldsymbol{A}(\tau)\mathrm{d}\tau$ 是不可交换的。

则按下式计算状态转移矩阵:

$$\begin{aligned}\boldsymbol{\Phi}(t,t_0)=&\boldsymbol{I}+\int_{t_0}^{t}\boldsymbol{A}(\tau)\mathrm{d}\tau+\int_{t_0}^{t}\boldsymbol{A}(\tau_1)\int_{t_0}^{\tau_1}\boldsymbol{A}(\tau_2)\mathrm{d}\tau_2\mathrm{d}\tau_1\\&+\int_{t_0}^{t}\boldsymbol{A}(\tau_1)\int_{t_0}^{\tau_1}\boldsymbol{A}(\tau_2)\int_{t_0}^{\tau_2}\boldsymbol{A}(\tau_3)\mathrm{d}\tau_3\mathrm{d}\tau_2\mathrm{d}\tau_1+\cdots\end{aligned}$$

为此计算

$$\int_{t_0}^{t}\boldsymbol{A}(\tau)\mathrm{d}\tau=\int_{t_0}^{t}\begin{bmatrix}0 & 1\\ 0 & \tau\end{bmatrix}\mathrm{d}\tau=\begin{bmatrix}0 & t-t_0\\ 0 & \dfrac{1}{2}(t^2-t_0^2)\end{bmatrix}$$

$$\begin{aligned}\int_{t_0}^{t}\boldsymbol{A}(\tau_1)\int_{t_0}^{\tau_1}\boldsymbol{A}(\tau_2)\mathrm{d}\tau_2\mathrm{d}\tau_1&=\int_{t_0}^{t}\begin{bmatrix}0 & 1\\ 0 & \tau_1\end{bmatrix}\begin{bmatrix}0 & \tau_1-\tau_0\\ 0 & \dfrac{1}{2}(\tau_1^2-t_0^2)\end{bmatrix}\mathrm{d}\tau_1\\&=\int_{t_0}^{t}\begin{bmatrix}0 & \dfrac{1}{2}(\tau_1^2-t_0^2)\\ 0 & \dfrac{1}{2}(\tau_1^3-\tau_1t_0^2)\end{bmatrix}\mathrm{d}\tau_1\\&=\begin{bmatrix}0 & \dfrac{1}{6}(t-t_0)^2(t+t_0)\\ 0 & \dfrac{1}{8}(t^2-t_0^2)^2\end{bmatrix}\\&\vdots\end{aligned}$$

所以状态转移矩阵为

$$\boldsymbol{\Phi}(t,t_0)=\begin{bmatrix}1&0\\0&1\end{bmatrix}+\begin{bmatrix}0&t-t_0\\0&\frac{1}{2}(t^2-t_0^2)\end{bmatrix}+\begin{bmatrix}0&\frac{1}{6}(t-t_0)^2(t+t_0)\\0&\frac{1}{8}(t^2-t_0^2)^2\end{bmatrix}+\cdots$$

$$=\begin{bmatrix}1&(t-t_0)+\frac{1}{6}(t-t_0)^2(t+t_0)+\cdots\\0&1+\frac{1}{2}(t^2-t_0^2)+\frac{1}{8}(t^2-t_0^2)^2+\cdots\end{bmatrix}$$

(2) $$\boldsymbol{A}(t)=\begin{bmatrix}0&0\\t&0\end{bmatrix}$$

对应系统自治状态方程为

$$\begin{cases}\dot{x}_1=0\\ \dot{x}_2=tx_1\end{cases}$$

求解得到

$$x_1(t)=x_1(t_0)$$
$$x_2(t)=0.5x_1(t_0)t^2-0.5x_1(t_0)t_0^2+x_2(t_0)$$

再任取两组线性无关初始状态变量：

$$x_1(t_0)=0,\quad x_2(t_0)=1$$
$$x_1(t_0)=2,\quad x_2(t_0)=0$$

可导出两个线性无关解：

$$\boldsymbol{x}_{(1)}(t)=\begin{bmatrix}0\\1\end{bmatrix},\quad \boldsymbol{x}_{(2)}(t)=\begin{bmatrix}2\\t^2-t_0^2\end{bmatrix}$$

由此，得到系统的一个基本解阵：

$$\boldsymbol{\Psi}(t)=[\boldsymbol{x}_{(1)}\quad \boldsymbol{x}_{(2)}]=\begin{bmatrix}0&2\\1&t^2-t_0^2\end{bmatrix}$$

于是，利用状态转移矩阵关系式，即可定出状态转移矩阵$\boldsymbol{\Phi}(t,t_0)$为

$$\boldsymbol{\Phi}(t,t_0)=\boldsymbol{\Psi}(t)\boldsymbol{\Psi}^{-1}(t_0)=\begin{bmatrix}0&2\\1&t^2-t_0^2\end{bmatrix}\begin{bmatrix}0&2\\1&0\end{bmatrix}^{-1}$$

$$=\begin{bmatrix}1&0\\0.5t^2-0.5t_0^2&1\end{bmatrix}=\begin{bmatrix}1-t^2+t_0^2&t-t_0\\t-t_0&1+t^2-t_0^2\end{bmatrix}$$

3.13 对连续时间线性定常系统$\dot{\boldsymbol{x}}=\boldsymbol{A}\boldsymbol{x}+\boldsymbol{B}\boldsymbol{u}$，$\boldsymbol{x}(0)=\boldsymbol{x}_0$，试利用拉普拉斯变换证明系统状态运动的表达式为

$$\dot{\boldsymbol{x}}=\mathrm{e}^{\boldsymbol{A}t}\boldsymbol{x}_0+\int_0^t\mathrm{e}^{\boldsymbol{A}(t-\tau)}\boldsymbol{B}\boldsymbol{u}(\tau)\mathrm{d}\tau$$

证明 对状态方程取拉普拉斯变换得

$$s\boldsymbol{X}(s)-\boldsymbol{X}(0)=\boldsymbol{A}\boldsymbol{X}(s)+\boldsymbol{B}\boldsymbol{U}(s)$$
$$(s\boldsymbol{I}-\boldsymbol{A})\boldsymbol{X}(s)=\boldsymbol{X}(0)+\boldsymbol{B}\boldsymbol{U}(s)$$

$$\boldsymbol{X}(s)=(s\boldsymbol{I}-\boldsymbol{A})^{-1}\boldsymbol{X}(0)+(s\boldsymbol{I}-\boldsymbol{A})^{-1}\boldsymbol{B}\boldsymbol{U}(s)$$

上式取拉氏反变换并考虑到矩阵指数的卷积积分，即得

$$\boldsymbol{x}(t)=\mathrm{e}^{\boldsymbol{A}t}\boldsymbol{x}(0)+\int_{t_0}^{t}\mathrm{e}^{\boldsymbol{A}(t-\tau)}\boldsymbol{B}\boldsymbol{u}(\tau)\mathrm{d}\tau$$

证毕。

3.14　已知线性定常离散系统的差分方程如下：

$$y(k+2)+0.5y(k+1)+0.1y(k)=u(k)$$

若设 $u(k)=1, y(0)=1, y(1)=0$，试用递推法求出 $y(k), k=2,3,\cdots,10$。

解　$y(2)=-0.1y(0)-0.5y(1)+u(0)=-0.1\times1-0.5\times0+1=0.9$

同理，递推得

$$y(3)=0.55,\quad y(4)=0.635,\quad y(5)=0.6275,$$
$$y(6)=0.6228,\quad y(7)=0.6259,\quad y(8)=0.6248,$$
$$y(9)=0.6250,\quad y(10)=0.6250$$

3.15　设线性定常连续时间系统的状态方程为

$$\begin{bmatrix}\dot{x}_1\\ \dot{x}_2\end{bmatrix}=\begin{bmatrix}0 & 1\\ 0 & -2\end{bmatrix}\begin{bmatrix}x_1\\ x_2\end{bmatrix}+\begin{bmatrix}0\\ 1\end{bmatrix}u,\quad t\geqslant 0$$

取采样周期 $T=0.1\mathrm{s}$，试将该连续系统的状态方程离散化。

解

(1) 首先计算矩阵指数 $\mathrm{e}^{\boldsymbol{A}t}$。采用拉氏变换法。

$$\mathrm{e}^{\boldsymbol{A}t}=L^{-1}[(s\boldsymbol{I}-\boldsymbol{A})^{-1}]=L^{-1}\left\{\begin{bmatrix}s & -1\\ 0 & s+2\end{bmatrix}^{-1}\right\}$$

$$=L^{-1}\begin{bmatrix}\dfrac{1}{s} & \dfrac{1}{s(s+2)}\\ 0 & \dfrac{1}{(s+2)}\end{bmatrix}=\begin{bmatrix}1 & 0.5(1-\mathrm{e}^{-2t})\\ 0 & \mathrm{e}^{-2t}\end{bmatrix}$$

(2) 进而由式(3.19)计算离散时间系统的系数矩阵。

$$\boldsymbol{G}=\mathrm{e}^{\boldsymbol{A}T}=\begin{bmatrix}1 & 0.5(1-\mathrm{e}^{-2T})\\ 0 & \mathrm{e}^{-2T}\end{bmatrix}$$

将 $T=0.1\mathrm{s}$ 代入得

$$\boldsymbol{G}=\mathrm{e}^{\boldsymbol{A}T}=\begin{bmatrix}1 & 0.091\\ 0 & 0.819\end{bmatrix}$$

$$\boldsymbol{H}=\left(\int_0^T\mathrm{e}^{\boldsymbol{A}t}\mathrm{d}t\right)B=\left\{\int_0^T\begin{bmatrix}1 & 0.5(1-\mathrm{e}^{-2t})\\ 0 & \mathrm{e}^{-2t}\end{bmatrix}\mathrm{d}t\right\}\begin{bmatrix}0\\ 1\end{bmatrix}$$

$$=\begin{bmatrix}T & 0.5T+0.25\mathrm{e}^{-2T}-0.25\\ 0 & -0.5\mathrm{e}^{-2T}+0.5\end{bmatrix}\begin{bmatrix}0\\ 1\end{bmatrix}$$

$$=\begin{bmatrix}0.5T+0.25\mathrm{e}^{-2T}-0.25\\ -0.5\mathrm{e}^{-2T}+0.5\end{bmatrix}=\begin{bmatrix}0.005\\ 0.091\end{bmatrix}$$

(3) 故系统离散化状态方程为

$$\begin{bmatrix}x_1(k+1)\\x_2(k+1)\end{bmatrix}=\begin{bmatrix}1 & 0.091\\0 & 0.819\end{bmatrix}\begin{bmatrix}x_1(k)\\x_2(k)\end{bmatrix}+\begin{bmatrix}0.005\\0.091\end{bmatrix}u(k)$$

3.16 已知线性定常离散时间系统状态方程为

$$\begin{bmatrix}x_1(k+1)\\x_2(k+1)\end{bmatrix}=\begin{bmatrix}\frac{1}{2} & \frac{1}{8}\\ \frac{1}{8} & \frac{1}{2}\end{bmatrix}\begin{bmatrix}x_1(k)\\x_2(k)\end{bmatrix}+\begin{bmatrix}1 & 0\\0 & 1\end{bmatrix}\begin{bmatrix}u_1(k)\\u_2(k)\end{bmatrix};$$

$$\begin{bmatrix}x_1(0)\\x_2(0)\end{bmatrix}=\begin{bmatrix}-1\\3\end{bmatrix}$$

设 $u_1(k)$ 与 $u_2(k)$ 是同步采样，$u_1(k)$ 是来自斜坡函数 t 的采样，而 $u_2(k)$ 是由指数函数 e^{-t} 采样而来。试求该状态方程的解。

解

(1) 首先用 z 变换法求状态转移矩阵：

$$(z\boldsymbol{I}-\boldsymbol{G})^{-1}=\begin{bmatrix}z-\frac{1}{2} & -\frac{1}{8}\\ -\frac{1}{8} & z-\frac{1}{2}\end{bmatrix}^{-1}=\frac{1}{\left(z-\frac{3}{8}\right)\left(z-\frac{5}{8}\right)}\begin{bmatrix}z-\frac{1}{2} & \frac{1}{8}\\ \frac{1}{8} & z-\frac{1}{2}\end{bmatrix}$$

$$=\begin{bmatrix}\dfrac{\frac{1}{2}}{z-\frac{3}{8}}+\dfrac{\frac{1}{2}}{z-\frac{5}{8}} & \dfrac{\frac{1}{4}}{z-\frac{5}{8}}-\dfrac{\frac{1}{4}}{z-\frac{3}{8}}\\ \dfrac{\frac{1}{4}}{z-\frac{5}{8}}-\dfrac{\frac{1}{4}}{z-\frac{3}{8}} & \dfrac{\frac{1}{2}}{z-\frac{3}{8}}+\dfrac{\frac{1}{2}}{z-\frac{5}{8}}\end{bmatrix}$$

$$\boldsymbol{\Phi}(k)=Z^{-1}[(z\boldsymbol{I}-\boldsymbol{G})^{-1}z]=\begin{bmatrix}\frac{1}{2}\left(\frac{5}{8}\right)^k+\frac{1}{2}\left(\frac{3}{8}\right)^k & \frac{1}{4}\left(\frac{5}{8}\right)^k-\frac{1}{4}\left(\frac{3}{8}\right)^k\\ \frac{1}{2}\left(\frac{5}{8}\right)^k-\frac{1}{2}\left(\frac{3}{8}\right)^k & \frac{1}{2}\left(\frac{3}{8}\right)^k+\frac{1}{2}\left(\frac{5}{8}\right)^k\end{bmatrix}$$

(2) 利用 $\boldsymbol{x}(k)=\boldsymbol{\Phi}(k)\boldsymbol{x}(0)+\sum\limits_{i=1}^{k-1}\boldsymbol{\Phi}(k-i-1)\boldsymbol{Hu}(i)$ 即可求得。或用 z 变换法，由 $\boldsymbol{x}(k)=Z^{-1}[(z\boldsymbol{I}-\boldsymbol{G})^{-1}z]\boldsymbol{x}(0)+Z^{-1}[(z\boldsymbol{I}-\boldsymbol{G})^{-1}\boldsymbol{Hu}(z)]$求得。

3.17 试证明：如 $\boldsymbol{A}$ 是二阶方阵，其特征值为 λ_1 和 λ_2，特征向量为 $\boldsymbol{p}_1$ 和 $\boldsymbol{p}_2$，则方程 $\dot{\boldsymbol{x}}=\boldsymbol{Ax}$ 的解一定能够表示成

$$\boldsymbol{x}(t)=c_1e^{\lambda_1 t}\boldsymbol{p}_1+c_2e^{\lambda_2 t}\boldsymbol{p}_2$$

其中，常数 c_1 和 c_2 由下式确定：

$$\boldsymbol{x}(0)=c_1\boldsymbol{p}_1+c_2\boldsymbol{p}_2$$

并利用此结论求解方程 $\dot{\boldsymbol{x}}=\begin{bmatrix}0 & 1\\-5 & -6\end{bmatrix}\boldsymbol{x}$，$\boldsymbol{x}(0)=\begin{bmatrix}1\\1\end{bmatrix}$。

证明　设 $\boldsymbol{p}=(\boldsymbol{p}_1\quad \boldsymbol{p}_2)$，$\boldsymbol{p}_1=\begin{bmatrix}p_{11}\\p_{21}\end{bmatrix}$，$\boldsymbol{p}_2=\begin{bmatrix}p_{12}\\p_{22}\end{bmatrix}$，$\mathrm{e}^{\boldsymbol{A}t}=\boldsymbol{p}\begin{bmatrix}\mathrm{e}^{\lambda_1 t} & 0\\0 & \mathrm{e}^{\lambda_2 t}\end{bmatrix}\boldsymbol{p}^{-1}$

则有

$$\begin{aligned}
\boldsymbol{x}(t)&=\mathrm{e}^{\boldsymbol{A}t}\boldsymbol{x}(0)=[\boldsymbol{p}_1\quad \boldsymbol{p}_2]\begin{bmatrix}\mathrm{e}^{\lambda_1 t} & 0\\0 & \mathrm{e}^{\lambda_2 t}\end{bmatrix}\boldsymbol{p}^{-1}\begin{bmatrix}x_1(0)\\x_2(0)\end{bmatrix}\\
&=\frac{1}{p_{11}p_{22}-p_{12}p_{21}}\begin{bmatrix}p_{11}\mathrm{e}^{\lambda_1 t} & p_{12}\mathrm{e}^{\lambda_2 t}\\p_{21}\mathrm{e}^{\lambda_1 t} & p_{22}\mathrm{e}^{\lambda_2 t}\end{bmatrix}\begin{bmatrix}p_{22} & -p_{12}\\-p_{21} & p_{11}\end{bmatrix}\begin{bmatrix}x_1(0)\\x_2(0)\end{bmatrix}\\
&=\frac{1}{p_{11}p_{22}-p_{12}p_{21}}\begin{bmatrix}(p_{11}p_{22}\mathrm{e}^{\lambda_1 t}-p_{12}p_{21}\mathrm{e}^{\lambda_2 t})x_1(0)+(-p_{11}p_{12}\mathrm{e}^{\lambda_1 t}\\+p_{11}p_{12}\mathrm{e}^{\lambda_2 t})x_2(0)\\(p_{21}p_{22}\mathrm{e}^{\lambda_1 t}-p_{21}p_{22}\mathrm{e}^{\lambda_2 t})x_1(0)+(-p_{12}p_{21}\mathrm{e}^{\lambda_1 t}\\+p_{11}p_{22}\mathrm{e}^{\lambda_2 t})x_2(0)\end{bmatrix}\\
&=\frac{1}{p_{11}p_{22}-p_{12}p_{21}}\begin{bmatrix}(p_{11}p_{22}x_1(0)-p_{11}p_{12}x_2(0))\mathrm{e}^{\lambda_1 t}+(-p_{12}p_{21}x_1(0)\\+p_{11}p_{12}x_2(0))\mathrm{e}^{\lambda_2 t}\\(p_{21}p_{22}x_1(0)-p_{12}p_{21}x_2(0))\mathrm{e}^{\lambda_1 t}+(-p_{21}p_{22}x_1(0)\\+p_{11}p_{22}x_2(0))\mathrm{e}^{\lambda_2 t}\end{bmatrix}\\
&=\begin{bmatrix}p_{11}\dfrac{p_{22}x_1(0)-p_{12}x_2(0)}{p_{11}p_{22}-p_{12}p_{21}}\cdot\mathrm{e}^{\lambda_1 t}\\p_{21}\dfrac{p_{22}x_1(0)-p_{12}x_2(0)}{p_{11}p_{22}-p_{12}p_{21}}\cdot\mathrm{e}^{\lambda_1 t}\end{bmatrix}+\begin{bmatrix}p_{12}\dfrac{-p_{21}x_1(0)+p_{11}x_2(0)}{p_{11}p_{22}-p_{12}p_{21}}\cdot\mathrm{e}^{\lambda_2 t}\\p_{22}\dfrac{-p_{21}x_1(0)+p_{11}x_2(0)}{p_{11}p_{22}-p_{12}p_{21}}\cdot\mathrm{e}^{\lambda_2 t}\end{bmatrix}\\
&=\frac{p_{22}x_1(0)-p_{12}x_2(0)}{p_{11}p_{22}-p_{12}p_{21}}\mathrm{e}^{\lambda_1 t}\begin{bmatrix}p_{11}\\p_{21}\end{bmatrix}+\frac{-p_{21}x_1(0)+p_{11}x_2(0)}{p_{11}p_{22}-p_{12}p_{21}}\mathrm{e}^{\lambda_2 t}\begin{bmatrix}p_{12}\\p_{22}\end{bmatrix}
\end{aligned}$$

令

$$\frac{p_{22}x_1(0)-p_{12}x_2(0)}{p_{11}p_{22}-p_{12}p_{21}}=c_1$$

$$\frac{-p_{21}x_1(0)+p_{11}x_2(0)}{p_{11}p_{22}-p_{12}p_{21}}=c_2$$

则有

$$\boldsymbol{x}(t)=c_1\mathrm{e}^{\lambda_1 t}\boldsymbol{p}_1+c_2\mathrm{e}^{\lambda_2 t}\boldsymbol{p}_2$$

注意到

$$p_{22}x_1(0)-p_{12}x_2(0)=c_1(p_{11}p_{22}-p_{12}p_{21})$$

$$p_{21}p_{22}x_1(0)-p_{12}p_{21}x_2(0)=c_1p_{21}(p_{11}p_{22}-p_{12}p_{21})$$

可得

$$-p_{21}x_1(0)+p_{11}x_2(0)=c_2(p_{11}p_{22}-p_{12}p_{21})$$

$$-p_{21}p_{22}x_1(0)+p_{11}p_{22}x_2(0)=c_2p_{22}(p_{11}p_{22}-p_{12}p_{21})$$

进而知

$$(p_{11}p_{22}-p_{12}p_{21})x_2(0)=(c_1p_{21}+c_2p_{22})(p_{11}p_{22}-p_{12}p_{21})$$
$$\Rightarrow x_2(0)=(c_1p_{21}+c_2p_{22})$$

同理,可知

$$(p_{11}p_{22}-p_{12}p_{21})x_1(0)=(c_1p_{11}+c_2p_{12})(p_{11}p_{22}-p_{12}p_{21})$$
$$\Rightarrow x_1(0)=(c_1p_{11}+c_2p_{12})$$

所以有

$$\boldsymbol{x}(0)=\begin{bmatrix}x_1(0)\\x_2(0)\end{bmatrix}=\begin{bmatrix}c_1p_{11}+c_2p_{12}\\c_1p_{21}+c_2p_{22}\end{bmatrix}=\begin{bmatrix}c_1p_{11}\\c_1p_{21}\end{bmatrix}+\begin{bmatrix}c_2p_{12}\\c_2p_{22}\end{bmatrix}=c_1p_1+c_2p_2$$

证毕。

利用上述结论求解方程$\dot{\boldsymbol{x}}=\begin{bmatrix}0&1\\-5&-6\end{bmatrix}\boldsymbol{x},\boldsymbol{x}(0)=\begin{bmatrix}1\\1\end{bmatrix}$。

$$|\lambda\boldsymbol{I}-\boldsymbol{A}|=\begin{vmatrix}\lambda&-1\\5&\lambda+6\end{vmatrix}=\lambda(\lambda+6)+5=(\lambda+1)(\lambda+5)=0$$

得到

$$\lambda_1=-1,\lambda_2=-5$$

对于$\lambda_1=-1$,有$\begin{bmatrix}-1&-1\\5&5\end{bmatrix}\boldsymbol{p}_1=\begin{bmatrix}0\\0\end{bmatrix}$

$$\Rightarrow\boldsymbol{p}_1=\begin{bmatrix}1\\-1\end{bmatrix}$$

对于$\lambda_2=-5$,有$\begin{bmatrix}-5&-1\\5&1\end{bmatrix}\boldsymbol{p}_2=\begin{bmatrix}0\\0\end{bmatrix}$

$$\Rightarrow\boldsymbol{p}_2=\begin{bmatrix}1\\-5\end{bmatrix}$$

$$\boldsymbol{x}=c_1e^{-t}\begin{bmatrix}1\\-1\end{bmatrix}+c_2e^{-5t}\begin{bmatrix}1\\-5\end{bmatrix}$$

其中

$$\boldsymbol{x}(0)=\begin{bmatrix}1\\1\end{bmatrix}=c_1\begin{bmatrix}1\\-1\end{bmatrix}+c_2\begin{bmatrix}1\\-5\end{bmatrix}=\begin{bmatrix}c_1+c_2\\-c_1-5c_2\end{bmatrix}$$

$$\Rightarrow\begin{cases}c_1+c_2=1\\-c_1-5c_2=1\end{cases}\Rightarrow\begin{cases}c_1=\dfrac{5}{4}\\c_2=-\dfrac{1}{4}\end{cases}$$

$$\boldsymbol{x}(t)=\frac{5}{4}e^{-t}\begin{bmatrix}1\\-1\end{bmatrix}-\frac{1}{4}e^{-5t}\begin{bmatrix}1\\-5\end{bmatrix}=\begin{bmatrix}\frac{5}{4}e^{-t}-\frac{1}{4}e^{-5t}\\-\frac{5}{4}e^{-t}+\frac{5}{4}e^{-5t}\end{bmatrix}$$

3.18* (1) 试用状态转移矩阵求解下列二阶微分方程

$$\ddot{y}+2\xi\dot{y}+y=0$$

(2) 上述二阶系统初始条件已知,受控制 $u(t)$ 作用后,求所作运动的解。

解

(1) ① 将微分方程转化为状态方程,令

$$x_1=y,\quad x_2=\dot{y}=\dot{x}_1$$

则有

$$\dot{x}_1=x_2$$

$$\dot{x}_2=-x_1-2\xi x_2$$

即

$$\begin{bmatrix}\dot{x}_1\\ \dot{x}_2\end{bmatrix}=\begin{bmatrix}0 & 1\\ -1 & -2\xi\end{bmatrix}\begin{bmatrix}x_1\\ x_2\end{bmatrix}$$

② 根据 $\boldsymbol{x}(t)=\boldsymbol{\Phi}(t-t_0)\boldsymbol{x}_0$ 求解上述微分方程。因为

$$\boldsymbol{\Phi}(t-t_0)=\mathrm{e}^{\boldsymbol{A}(t-t_0)}$$

而由式(3.4)得

$$\mathrm{e}^{\boldsymbol{A}t}=L^{-1}[(s\boldsymbol{I}-\boldsymbol{A})^{-1}]=L^{-1}\left\{\frac{1}{s^2+2\xi s+1}\begin{bmatrix}s+2\xi & 1\\ -1 & s\end{bmatrix}\right\}$$

$$=\begin{bmatrix}\mathrm{e}^{-\xi t}\left(\cos(\sqrt{1-\xi^2}\,t)-\dfrac{\xi}{\sqrt{1-\xi^2}}\sin(\sqrt{1-\xi^2}\,t)\right)\\ -\dfrac{\mathrm{e}^{-\xi t}}{\sqrt{1-\xi^2}}\sin(\sqrt{1-\xi^2}\,t)\\ -\dfrac{\mathrm{e}^{-\xi t}}{\sqrt{1-\xi^2}}\sin(\sqrt{1-\xi^2}\,t)\\ -\mathrm{e}^{-\xi t}\left(\cos(\sqrt{1-\xi^2}\,t)-\dfrac{\xi}{\sqrt{1-\xi^2}}\sin(\sqrt{1-\xi^2}\,t)\right)\end{bmatrix}$$

因此,

$$\begin{bmatrix}x_1(t)\\ x_2(t)\end{bmatrix}=\boldsymbol{\Phi}(t-t_0)\begin{bmatrix}x_1(t_0)\\ x_2(t_0)\end{bmatrix}$$

$$=\begin{bmatrix}\mathrm{e}^{-\xi(t-t_0)}\left(\cos(\sqrt{1-\xi^2}(t-t_0))-\dfrac{\xi}{\sqrt{1-\xi^2}}\sin(\sqrt{1-\xi^2}(t-t_0))\right)x_1(t_0)\\ -\dfrac{\mathrm{e}^{-\xi(t-t_0)}}{\sqrt{1-\xi^2}}\sin(\sqrt{1-\xi^2}(t-t_0))x_2(t_0)\\ -\dfrac{\mathrm{e}^{-\xi(t-t_0)}}{\sqrt{1-\xi^2}}\sin(\sqrt{1-\xi^2}(t-t_0))x_1(t_0)\\ -\mathrm{e}^{-\xi(t-t_0)}\left(\cos(\sqrt{1-\xi^2}(t-t_0))-\dfrac{\xi}{\sqrt{1-\xi^2}}\sin(\sqrt{1-\xi^2}(t-t_0))\right)x_2(t_0)\end{bmatrix}$$

故微分方程的解为

$$y=x_1=e^{-\xi(t-t_0)}\left(\cos(\sqrt{1-\xi^2}(t-t_0))-\frac{\xi}{\sqrt{1-\xi^2}}\sin(\sqrt{1-\xi^2}(t-t_0))\right)x_1(t_0)$$
$$-\frac{e^{-\xi(t-t_0)}}{\sqrt{1-\xi^2}}\sin(\sqrt{1-\xi^2}(t-t_0))x_2(t_0)$$

(2) 此时系统的微分方程为

$$\ddot{y}+2\xi\dot{y}+y=u(t)$$

取状态变量 $x_1=y, x_2=\dot{y}=\dot{x}_1$，则得系统状态方程

$$\dot{x}_1=x_2$$
$$\dot{x}_2=-x_1-2\xi x_2+u(t)$$
$$y=x_1$$

即

$$\begin{bmatrix}\dot{x}_1\\ \dot{x}_2\end{bmatrix}=\begin{bmatrix}0 & 1\\ -1 & -2\xi\end{bmatrix}\begin{bmatrix}x_1\\ x_2\end{bmatrix}+\begin{bmatrix}0\\ 1\end{bmatrix}u(t)$$

$$y=\begin{bmatrix}1 & 0\end{bmatrix}\begin{bmatrix}x_1\\ x_2\end{bmatrix}$$

因状态转移矩阵已在(1)中求得，由式(3.2)可直接写出

$$\boldsymbol{x}(t)=e^{\boldsymbol{A}(t-t_0)}\boldsymbol{x}(t_0)+\int_{t_0}^{t}e^{\boldsymbol{A}(t-\tau)}\boldsymbol{Bu}(\tau)d\tau=e^{\boldsymbol{A}(t-t_0)}\boldsymbol{x}(t_0)$$
$$+\begin{bmatrix}\displaystyle\int_{t_0}^{t}\frac{e^{-\xi(t-\tau)}}{\sqrt{1-\xi^2}}\sin(\sqrt{1-\xi^2}(t-d\tau))u(\tau)d\tau\\ \displaystyle\int_{t_0}^{t}e^{-\xi(t-\tau)}\left(\cos(\sqrt{1-\xi^2}(t-\tau))-\frac{\xi}{\sqrt{1-\xi^2}}\sin(\sqrt{1-\xi^2}(t-\tau))\right)u(\tau)d\tau\end{bmatrix}$$

3.19* 已知线性时变系统状态方程为

$$\boldsymbol{x}(t)=\boldsymbol{A}(t)\boldsymbol{x}+\boldsymbol{B}(t)\boldsymbol{u}$$

其中，

$$\boldsymbol{A}(t)=\begin{bmatrix}0 & 5(1-e^{-5t})\\ 0 & 5e^{-5t}\end{bmatrix},\quad \boldsymbol{B}(t)=\begin{bmatrix}5 & 5e^{-5t}\\ 0 & 5(1-e^{-5t})\end{bmatrix}$$

试求其近似离散化状态方程。

解 由式(3.17)得

$$\boldsymbol{G}(kT)=\boldsymbol{I}+T\boldsymbol{A}(kT)$$
$$=\begin{bmatrix}1 & 0\\ 0 & 1\end{bmatrix}+T\begin{bmatrix}0 & 5(1-e^{-5t})\\ 0 & 5e^{-5t}\end{bmatrix}$$
$$=\begin{bmatrix}1 & 5T(1-e^{-5t})\\ 0 & 1+5Te^{-5t}\end{bmatrix}$$

$$\boldsymbol{H}(kT)=T\boldsymbol{B}(kT)=\boldsymbol{B}(t)=\begin{bmatrix}5T & 5T\mathrm{e}^{-5t}\\ 0 & 5T(1-\mathrm{e}^{-5t})\end{bmatrix}$$

3.20* 求线性定常系统

$$\begin{bmatrix}x_1(k+1)\\ x_2(k+1)\end{bmatrix}=\begin{bmatrix}0 & 1\\ -0.16 & -1\end{bmatrix}\begin{bmatrix}x_1(k)\\ x_2(k)\end{bmatrix}+\begin{bmatrix}1\\ 1\end{bmatrix}u(k)$$

$$\boldsymbol{x}(0)=\begin{bmatrix}1\\ -1\end{bmatrix},\quad u(k)=1,k=0,1,2,\cdots=1$$

的解。

解 (1) 用迭代法求解

$$\boldsymbol{x}(1)=\begin{bmatrix}0 & 1\\ -0.16 & -1\end{bmatrix}\begin{bmatrix}1\\ -1\end{bmatrix}+\begin{bmatrix}1\\ 1\end{bmatrix}=\begin{bmatrix}0\\ 1.84\end{bmatrix}$$

$$\boldsymbol{x}(2)=\begin{bmatrix}0 & 1\\ -0.16 & -1\end{bmatrix}\begin{bmatrix}0\\ 1.84\end{bmatrix}+\begin{bmatrix}1\\ 1\end{bmatrix}=\begin{bmatrix}2.84\\ -0.84\end{bmatrix}$$

$$\boldsymbol{x}(3)=\begin{bmatrix}0 & 1\\ -0.16 & -1\end{bmatrix}\begin{bmatrix}2.84\\ -0.84\end{bmatrix}+\begin{bmatrix}1\\ 1\end{bmatrix}=\begin{bmatrix}0.16\\ 1.386\end{bmatrix}$$

继续迭代下去,直到所需要的时刻为止。

(2) 用 z 变换法求解,由式(3.24)知

$$\begin{aligned}\boldsymbol{x}(k)&=Z^{-1}[(z\boldsymbol{I}-\boldsymbol{G})^{-1}z]\boldsymbol{x}(0)+Z^{-1}[(z\boldsymbol{I}-\boldsymbol{G})^{-1}\boldsymbol{H}\boldsymbol{u}(z)]\\ &=Z^{-1}[(z\boldsymbol{I}-\boldsymbol{G})^{-1}(z\boldsymbol{x}(0)+\boldsymbol{H}\boldsymbol{u}(z))]\end{aligned}$$

$$|z\boldsymbol{I}-\boldsymbol{G}|=\begin{vmatrix}z & -1\\ 0.16 & z+1\end{vmatrix}=(z+0.2)(z+0.8)$$

$$\begin{aligned}(z\boldsymbol{I}-\boldsymbol{G})^{-1}&=\frac{1}{(z+0.2)(z+0.8)}\begin{bmatrix}z+1 & 1\\ -0.16 & z\end{bmatrix}\\ &=\begin{bmatrix}\dfrac{4/3}{(z+0.2)}-\dfrac{1/3}{(z+0.8)} & \dfrac{5/3}{(z+0.2)}-\dfrac{5/3}{(z+0.8)}\\ \dfrac{-0.8/3}{(z+0.2)}+\dfrac{0.8/3}{(z+0.8)} & \dfrac{-1/3}{(z+0.2)}-\dfrac{4/3}{(z+0.8)}\end{bmatrix}\end{aligned}$$

又

$$u(k)=1,\quad U(z)=\frac{z}{z-1}$$

于是

$$\begin{aligned}z\boldsymbol{x}(0)+\boldsymbol{H}\boldsymbol{u}(z)&=\begin{bmatrix}z\\ -z\end{bmatrix}+\begin{bmatrix}1\\ 1\end{bmatrix}\frac{z}{z-1}\\ &=\begin{bmatrix}\dfrac{z^2}{z-1}\\ \dfrac{-z^2+2z}{z-1}\end{bmatrix}\end{aligned}$$

$$\boldsymbol{x}(k)=Z^{-1}[(z\boldsymbol{I}-\boldsymbol{G})^{-1}(z\boldsymbol{x}(0)+\boldsymbol{Hu}(z))]$$

$$=Z^{-1}\begin{bmatrix}\dfrac{(z^2+2)z}{(z+0.2)(z+0.8)(z-1)}\\ \dfrac{(-z^2+1.84)z}{(z+0.2)(z+0.8)(z-1)}\end{bmatrix}=Z^{-1}\begin{bmatrix}\dfrac{-\frac{17}{6}z}{(z+0.2)}+\dfrac{\frac{22}{9}z}{(z+0.8)}+\dfrac{\frac{25}{18}z}{(z-1)}\\ \dfrac{\frac{3.4}{6}z}{(z+0.2)}+\dfrac{-\frac{17.6}{9}z}{(z+0.8)}+\dfrac{\frac{7}{18}z}{(z-1)}\end{bmatrix}$$

$$=\begin{bmatrix}-\dfrac{17}{6}(-0.2k)+\dfrac{22}{9}(-0.8k)+\dfrac{25}{18}\\ \dfrac{3.4}{6}(-0.2k)-\dfrac{17.6}{9}(-0.8k)+\dfrac{25}{18}\end{bmatrix}$$

令 $k=0,1,2,3$,代入上式,可得

$$\begin{bmatrix}x_1(k)\\ x_2(k)\end{bmatrix}=\begin{bmatrix}1\\ -1\end{bmatrix},\begin{bmatrix}0\\ 1.84\end{bmatrix},\begin{bmatrix}2.84\\ -0.84\end{bmatrix},\begin{bmatrix}0.16\\ 1.386\end{bmatrix}。$$

可见,z 变换法和迭代法所得结果完全一致,只不过迭代法得到的是一个数值解,而 z 变换法得到的是一个解析解。

3.21* 已知系统状态转移矩阵为

$$\boldsymbol{\Phi}(t)=\begin{bmatrix}e^{-t} & 0 & 0\\ 0 & (1-2t)e^{-2t} & 4te^{-2t}\\ 0 & -te^{-2t} & (1+2t)e^{-2t}\end{bmatrix}$$

试确定系统矩阵 $\boldsymbol{A}$。

解 根据状态转移矩阵定义

$$\dot{\boldsymbol{\Phi}}(t)=\boldsymbol{A\Phi}(t)$$
$$\boldsymbol{\Phi}(0)=\boldsymbol{I}$$

得

$$\boldsymbol{A}=\dot{\boldsymbol{\Phi}}(0)$$
$$=\begin{bmatrix}-e^{-t} & 0 & 0\\ 0 & -2te^{-2t}-2(1-2t)e^{-2t} & 4e^{-2t}-8te^{-2t}\\ 0 & -e^{-2t}+2te^{-2t} & 2e^{-2t}-2(1+2t)e^{-2t}\end{bmatrix}$$
$$=\begin{bmatrix}-1 & 0 & 0\\ 0 & -4 & 4\\ 0 & -1 & 0\end{bmatrix}$$

3.22* 已知系统矩阵

$$\boldsymbol{A}=\begin{bmatrix}0 & 1 & 0\\ 0 & 0 & 1\\ -6 & -11 & -6\end{bmatrix}$$

试用拉氏变换法求矩阵指数 $e^{\boldsymbol{A}t}$。

解

$$(s\boldsymbol{I}-\boldsymbol{A})=\begin{bmatrix} s & -1 & 0 \\ 0 & s & -1 \\ 6 & 11 & s+6 \end{bmatrix}$$

$$(s\boldsymbol{I}-\boldsymbol{A})^{-1}=\frac{\operatorname{adj}(s\boldsymbol{I}-\boldsymbol{A})}{|s\boldsymbol{I}-\boldsymbol{A}|}$$

$$=\frac{1}{(s+1)(s+2)(s+3)}\begin{bmatrix} s^2+6s+11 & s+6 & 1 \\ -6 & s(s+6) & s \\ -6s & -(11s+6) & s^2 \end{bmatrix}$$

$$=\begin{bmatrix} \frac{3}{(s+1)}-\frac{3}{(s+2)}+\frac{1}{(s+3)} & \frac{5/2}{(s+1)}-\frac{4}{(s+2)}+\frac{3/2}{(s+3)} & \frac{1/2}{(s+1)}-\frac{1}{(s+2)}+\frac{1/2}{(s+3)} \\ -\frac{3}{(s+1)}+\frac{6}{(s+2)}-\frac{3}{(s+3)} & -\frac{5/2}{(s+1)}+\frac{8}{(s+2)}-\frac{9/2}{(s+3)} & \frac{-1/2}{(s+1)}+\frac{2}{(s+2)}-\frac{3/2}{(s+3)} \\ \frac{3}{(s+1)}-\frac{12}{(s+2)}+\frac{9}{(s+3)} & \frac{5/2}{(s+1)}-\frac{16}{(s+2)}+\frac{27/2}{(s+3)} & \frac{1/2}{(s+1)}-\frac{4}{(s+2)}+\frac{9/2}{(s+3)} \end{bmatrix}$$

$$\mathrm{e}^{-\boldsymbol{A}t}=L^{-1}[(s\boldsymbol{I}-\boldsymbol{A})^{-1}]$$

$$=\begin{bmatrix} 3\mathrm{e}^{-t}-3\mathrm{e}^{-2t}+\mathrm{e}^{-3t} & 2.5\mathrm{e}^{-t}-4\mathrm{e}^{-2t}+1.5\mathrm{e}^{-3t} & 0.5\mathrm{e}^{-t}-\mathrm{e}^{-2t}+0.5\mathrm{e}^{-3t} \\ -3\mathrm{e}^{-t}+6\mathrm{e}^{-2t}-3\mathrm{e}^{-3t} & -2.5\mathrm{e}^{-t}+8\mathrm{e}^{-2t}-4.5\mathrm{e}^{-3t} & -0.5\mathrm{e}^{-t}+2\mathrm{e}^{-2t}-1.5\mathrm{e}^{-3t} \\ 3\mathrm{e}^{-t}-12\mathrm{e}^{-2t}+9\mathrm{e}^{-3t} & 2.5\mathrm{e}^{-t}-16\mathrm{e}^{-2t}+13.5\mathrm{e}^{-3t} & 0.5\mathrm{e}^{-t}-4\mathrm{e}^{-2t}+4.5\mathrm{e}^{-3t} \end{bmatrix}$$

3.23* 已知系统矩阵 $\boldsymbol{A}=\begin{bmatrix} 1 & 2 \\ 0 & 1 \end{bmatrix}$，试求 $\boldsymbol{A}^{100}$。

试用化有限项法求矩阵指数 $\mathrm{e}^{\boldsymbol{A}t}$。

解　首先写出矩阵 **A** 的特征多项式

$$f(s)=|\lambda\boldsymbol{I}-\boldsymbol{A}|=\begin{vmatrix} s-1 & 2 \\ 0 & s-1 \end{vmatrix}=s^2-2s+1$$

根据凯莱-哈密顿定理

$$f(\boldsymbol{A})=\boldsymbol{A}^2-2\boldsymbol{A}+\boldsymbol{I}=\boldsymbol{0}$$

得

$$\boldsymbol{A}^2=2\boldsymbol{A}-\boldsymbol{I}$$

故

$$\boldsymbol{A}^3=\boldsymbol{A}\cdot\boldsymbol{A}^2=\boldsymbol{A}\cdot(2\boldsymbol{A}-\boldsymbol{I})=2\boldsymbol{A}^2-\boldsymbol{A}=2(2\boldsymbol{A}-\boldsymbol{I})-\boldsymbol{A}=3\boldsymbol{A}-2\boldsymbol{I}$$

$$\boldsymbol{A}^4=\boldsymbol{A}\cdot\boldsymbol{A}^3=\boldsymbol{A}\cdot(3\boldsymbol{A}-2\boldsymbol{I})=3\boldsymbol{A}^2-2\boldsymbol{A}=3(2\boldsymbol{A}-\boldsymbol{I})-2\boldsymbol{A}=4\boldsymbol{A}-3\boldsymbol{I}$$

根据数学归纳法得

$$\boldsymbol{A}^k=k\boldsymbol{A}-(k-1)\boldsymbol{I}$$

故

$$\boldsymbol{A}^{100}=100\boldsymbol{A}-99\boldsymbol{I}=\begin{bmatrix} 1 & 200 \\ 0 & 1 \end{bmatrix}$$

3.24* 已知齐次系统状态方程为

$$\dot{\boldsymbol{x}}(t)=\begin{bmatrix}0&1&0\\0&0&1\\0&0&0\end{bmatrix}\boldsymbol{x}(t)$$

求系统始于初始状态 $\boldsymbol{x}(0)=[1\quad 1\quad 2]^{\mathrm{T}}$ 的状态轨线。

解 首先求出系统的状态转移矩阵。由于

$$\boldsymbol{A}=\begin{bmatrix}0&1&0\\0&0&1\\0&0&0\end{bmatrix},\quad \boldsymbol{A}^2=\begin{bmatrix}0&0&1\\0&0&0\\0&0&0\end{bmatrix},\quad \boldsymbol{A}^k=\boldsymbol{0}\quad (k\geqslant 3)$$

所以

$$\mathrm{e}^{\boldsymbol{A}t}=\sum_{k=1}^{\infty}\frac{t^k}{k\,!}\boldsymbol{A}^k=\boldsymbol{I}+\boldsymbol{A}t+\frac{1}{2}\boldsymbol{A}^2t^2=\begin{bmatrix}1&t&\frac{1}{2}t^2\\0&1&t\\0&0&1\end{bmatrix}$$

也可把 $\boldsymbol{A}$ 看作是特征值 $\lambda=0$ 的约当标准型,直接写出状态转移矩阵

$$\mathrm{e}^{\boldsymbol{A}t}=\begin{bmatrix}\mathrm{e}^{\lambda t}&t\mathrm{e}^{\lambda t}&\frac{1}{2}t^2\mathrm{e}^{\lambda t}\\0&\mathrm{e}^{\lambda t}&t\mathrm{e}^{\lambda t}\\0&0&t\mathrm{e}^{\lambda t}\end{bmatrix}=\begin{bmatrix}1&t&\frac{1}{2}t^2\\0&1&t\\0&0&1\end{bmatrix}$$

$$\boldsymbol{x}(t)=\mathrm{e}^{\boldsymbol{A}t}\boldsymbol{x}(0)=\begin{bmatrix}1&t&\frac{1}{2}t^2\\0&1&t\\0&0&1\end{bmatrix}\begin{bmatrix}1\\1\\2\end{bmatrix}=\begin{bmatrix}1+t+t^2\\1+2t\\2\end{bmatrix}$$

3.25* 已知齐次系统状态方程和初始条件如下

$$\dot{\boldsymbol{x}}(t)=\begin{bmatrix}2&1&0\\0&2&1\\0&0&2\end{bmatrix}\boldsymbol{x}(t),\quad \boldsymbol{x}(0)=\begin{bmatrix}0\\0\\x_3(0)\end{bmatrix}$$

求系统的状态响应 $\boldsymbol{x}(t)$ 的表达式。

解 因为系统矩阵 $\boldsymbol{A}$ 为约当标准型矩阵,特征根为 $\lambda=2$,则状态转移矩阵为

$$\boldsymbol{\Phi}(t)=\begin{bmatrix}\mathrm{e}^{2t}&t\mathrm{e}^{2t}&\frac{t^2}{2}\mathrm{e}^{2t}\\0&\mathrm{e}^{2t}&t\mathrm{e}^{2t}\\0&0&\mathrm{e}^{2t}\end{bmatrix}$$

$$\boldsymbol{x}(t)=\boldsymbol{\Phi}(t)\boldsymbol{x}(0)=\begin{bmatrix}\mathrm{e}^{2t}&t\mathrm{e}^{2t}&\frac{t^2}{2}\mathrm{e}^{2t}\\0&\mathrm{e}^{2t}&t\mathrm{e}^{2t}\\0&0&\mathrm{e}^{2t}\end{bmatrix}\begin{bmatrix}0\\0\\x_3(0)\end{bmatrix}=\mathrm{e}^{2t}\begin{bmatrix}\frac{t^2}{2}\\t\\1\end{bmatrix}x_3(0)$$

3.26* 设系统运动方程为

$$\ddot{y}(t)+(a+b)\dot{y}(t)+aby(t)=\dot{u}(t)+cu(t)$$

式中，a,b,c 均为实数，$u(t)$为系统输入，$y(t)$为系统输出。

(1) 求系统状态空间表达式；

(2) 当输入函数为 $u(t)=1(t)$时，求系统状态方程的解。

解 (1) 由系统运动方程可写出系统传递函数为

$$g(s)=\frac{Y(s)}{U(s)}=\frac{s+c}{s^2+(a+b)s+ab}=\frac{s+c}{(s+a)(s+b)}$$
$$=\frac{c-a}{b-a}\cdot\frac{1}{s+a}+\frac{c-b}{a-b}\cdot\frac{1}{s+b}$$

故有

$$\dot{\boldsymbol{x}}(t)=\begin{bmatrix}-a & 0\\ 0 & -b\end{bmatrix}\boldsymbol{x}(t)+\begin{bmatrix}1\\1\end{bmatrix}u(t)$$

$$y(t)=\begin{bmatrix}\dfrac{c-a}{b-a} & \dfrac{c-b}{a-b}\end{bmatrix}\boldsymbol{x}(t)$$

(2) 由于系统矩阵为一对角标准型，系统状态转移矩阵为

$$\boldsymbol{\Phi}(t)=\begin{bmatrix}e^{-at} & 0\\ 0 & e^{-bt}\end{bmatrix}$$

$$\boldsymbol{x}(t)=\boldsymbol{\Phi}(t)\boldsymbol{x}(0)+\int_0^t\boldsymbol{\Phi}(t)\boldsymbol{B}u(\tau)d\tau$$
$$=\begin{bmatrix}e^{-at} & 0\\ 0 & e^{-bt}\end{bmatrix}\begin{bmatrix}x_1(0)\\ x_2(0)\end{bmatrix}+\int_0^t\begin{bmatrix}e^{-a(t-\tau)} & 0\\ 0 & e^{-b(t-\tau)}\end{bmatrix}\begin{bmatrix}1\\1\end{bmatrix}\cdot 1d\tau$$
$$=\begin{bmatrix}x_1(0)e^{-at}+\dfrac{1}{a}(1-e^{-at})\\ x_2(0)e^{-bt}+\dfrac{1}{b}(1-e^{-bt})\end{bmatrix}$$

取不同的状态变量时，相应的状态方程也不同。本题采用对角标准型实现，旨在求解状态方程比较方便。

3.27* 设离散时间系统状态空间描述为

$$\boldsymbol{x}(k+1)=\begin{bmatrix}-1 & 1 & 0\\ 0 & -1 & 1\\ -6 & -11 & -7\end{bmatrix}\boldsymbol{x}(k)+\begin{bmatrix}1\\3\\0\end{bmatrix}u(k)$$

$$y(k)=[2\quad 1\quad 1]\boldsymbol{x}(k)$$

已知 $\boldsymbol{x}(0)=[1\quad 1\quad -2]^T$，$u(0)=-2$，$u(1)=1$。求 $\boldsymbol{x}(2)$。

解 用迭代法求解

$$\boldsymbol{x}(1)=\begin{bmatrix}-1 & 1 & 0\\ 0 & -1 & 1\\ -6 & -11 & -7\end{bmatrix}\boldsymbol{x}(0)+\begin{bmatrix}1\\3\\0\end{bmatrix}u(0)$$

$$= \begin{bmatrix} -1 & 1 & 0 \\ 0 & -1 & 1 \\ -6 & -11 & -7 \end{bmatrix} \begin{bmatrix} 1 \\ 1 \\ -2 \end{bmatrix} + \begin{bmatrix} 1 \\ 3 \\ 0 \end{bmatrix} \cdot (-2) = \begin{bmatrix} -2 \\ -9 \\ -3 \end{bmatrix}$$

$$\boldsymbol{x}(2) = \begin{bmatrix} -1 & 1 & 0 \\ 0 & -1 & 1 \\ -6 & -11 & -7 \end{bmatrix} \boldsymbol{x}(1) + \begin{bmatrix} 1 \\ 3 \\ 0 \end{bmatrix} u(1)$$

$$= \begin{bmatrix} -1 & 1 & 0 \\ 0 & -1 & 1 \\ -6 & -11 & -7 \end{bmatrix} \begin{bmatrix} -2 \\ -9 \\ -3 \end{bmatrix} + \begin{bmatrix} 1 \\ 3 \\ 0 \end{bmatrix} \cdot 1 = \begin{bmatrix} -6 \\ 9 \\ 132 \end{bmatrix}$$

3.28* 线性定常系统状态空间表达式为

$$\dot{\boldsymbol{x}}(t) = \begin{bmatrix} 0 & 1 \\ 0 & 2 \end{bmatrix} \boldsymbol{x}(t) + \begin{bmatrix} 0 \\ 1 \end{bmatrix} u(t)$$

$$y(t) = [1 \quad 0] \boldsymbol{x}(t)$$

设采样周期 $T=1$s,求离散化后系统的离散时间状态空间表达式。

解 首先求连续系统状态转移矩阵

$$(s\boldsymbol{I} - \boldsymbol{A}) = \begin{bmatrix} s & -1 \\ 0 & s-2 \end{bmatrix}$$

$$(s\boldsymbol{I} - \boldsymbol{A})^{-1} = \frac{\mathrm{adj}(s\boldsymbol{I} - \boldsymbol{A})}{|s\boldsymbol{I} - \boldsymbol{A}|} = \frac{1}{s(s-2)} \begin{bmatrix} (s-2) & 1 \\ 0 & s \end{bmatrix}$$

$$= \begin{bmatrix} \dfrac{1}{s} & \dfrac{1}{2}\left(\dfrac{1}{s-2} - \dfrac{1}{s}\right) \\ 0 & \dfrac{1}{s-2} \end{bmatrix}$$

$$\mathrm{e}^{-\boldsymbol{A}t} = L^{-1}[(s\boldsymbol{I} - \boldsymbol{A})^{-1}] = \begin{bmatrix} 1 & \dfrac{1}{2}(\mathrm{e}^{2t} - 1) \\ 0 & \mathrm{e}^{2t} \end{bmatrix}$$

$$\boldsymbol{G} = \mathrm{e}^{\boldsymbol{A}T} = \begin{bmatrix} 1 & \dfrac{1}{2}(\mathrm{e}^{2T} - 1) \\ 0 & \mathrm{e}^{2T} \end{bmatrix}_{T=1} = \begin{bmatrix} 1 & 3.195 \\ 0 & 7.389 \end{bmatrix}$$

$$\boldsymbol{H} = \int_0^T \mathrm{e}^{\boldsymbol{A}t} \boldsymbol{B} \, \mathrm{d}t \Big|_{T=1} = \int_0^T \begin{bmatrix} 1 & \dfrac{1}{2}(\mathrm{e}^{2t} - 1) \\ 0 & \mathrm{e}^{2t} \end{bmatrix} \begin{bmatrix} 0 \\ 1 \end{bmatrix} \mathrm{d}t \Big|_{T=1} = \begin{bmatrix} 1.097 \\ 3.195 \end{bmatrix}$$

$$\boldsymbol{x}(k+1) = \begin{bmatrix} 1 & 3.195 \\ 0 & 7.389 \end{bmatrix} \boldsymbol{x}(k) + \begin{bmatrix} 1.097 \\ 3.195 \end{bmatrix} u(k)$$

$$y(k) = [1 \quad 0] \boldsymbol{x}(k)$$

3.29* 已知线性连续时变系统状态方程为

$$\dot{\boldsymbol{x}}(t) = \boldsymbol{A}(t)\boldsymbol{x}(t) + \boldsymbol{B}(t)\boldsymbol{u}(t)$$

式中

$$\boldsymbol{A}(t)=\begin{bmatrix}0 & 5(1-\mathrm{e}^{-5t})\\0 & 5\mathrm{e}^{-5t}\end{bmatrix},\quad \boldsymbol{B}(t)=\begin{bmatrix}5 & 5\mathrm{e}^{-5t}\\0 & 5(1-\mathrm{e}^{-5t})\end{bmatrix}$$

试求其近似离散化方程。

解　由式(3.17)得

$$\boldsymbol{G}(kT)=\boldsymbol{I}+T\boldsymbol{A}(kT)=\begin{bmatrix}1 & 0\\0 & 1\end{bmatrix}+T\begin{bmatrix}0 & 5(1-\mathrm{e}^{-5T})\\0 & 5\mathrm{e}^{-5T}\end{bmatrix}$$

$$=\begin{bmatrix}1 & 5T(1-\mathrm{e}^{-5T})\\0 & 1+5T\mathrm{e}^{-5T}\end{bmatrix}$$

$$\boldsymbol{H}(kT)=T\boldsymbol{B}(kT)=\begin{bmatrix}5T & 5T\mathrm{e}^{-5T}\\0 & 5T(1-\mathrm{e}^{-5T})\end{bmatrix}$$

代入式(3.16)，得近似离散化状态方程

$$\boldsymbol{x}[(k+1)T]=\boldsymbol{G}(kT)\boldsymbol{x}(kT)+\boldsymbol{H}(kT)\boldsymbol{u}(kT)$$

3.30** 　已知系统矩阵 $\boldsymbol{A}=\begin{bmatrix}0 & 1\\-1 & 0\end{bmatrix}$，求矩阵指数 $\mathrm{e}^{\boldsymbol{A}t}$。

解　根据定义

$$\mathrm{e}^{\boldsymbol{A}t}=\boldsymbol{I}+\boldsymbol{A}t+\frac{1}{2!}\boldsymbol{A}^2t^2+\frac{1}{3!}\boldsymbol{A}^3t^3+\cdots$$

$$=\begin{bmatrix}1 & 0\\0 & 1\end{bmatrix}+\begin{bmatrix}0 & t\\-t & 0\end{bmatrix}+\frac{1}{2!}\begin{bmatrix}-t^2 & 0\\0 & -t^2\end{bmatrix}+\frac{1}{3!}\begin{bmatrix}0 & -t^3\\t^3 & 0\end{bmatrix}+\cdots$$

$$=\begin{bmatrix}1-\frac{t^2}{2!}+\frac{t^4}{4!}-\cdots & t-\frac{t^3}{3!}+\frac{t^5}{5!}-\cdots\\-t+\frac{t^3}{3!}-\frac{t^5}{5!}+\cdots & 1-\frac{t^2}{2!}+\frac{t^4}{4!}-\cdots\end{bmatrix}$$

$$=\begin{bmatrix}\cos t & \sin t\\-\sin t & \cos t\end{bmatrix}$$

3.31** 　已知系统矩阵 $\boldsymbol{A}=\begin{bmatrix}0 & 1\\-2 & -3\end{bmatrix}$，试用拉氏变换法计算矩阵指数 $\mathrm{e}^{\boldsymbol{A}t}$。

解

$$(s\boldsymbol{I}-\boldsymbol{A})=\begin{bmatrix}s & -1\\2 & s+3\end{bmatrix}$$

$$(s\boldsymbol{I}-\boldsymbol{A})^{-1}=\frac{1}{s(s+3)+2}\begin{bmatrix}s+3 & 1\\-2 & s\end{bmatrix}$$

$$=\begin{bmatrix}\frac{s+3}{(s+1)(s+2)} & \frac{1}{(s+1)(s+2)}\\\frac{-2}{(s+1)(s+2)} & \frac{s}{(s+1)(s+2)}\end{bmatrix}$$

由此便得

$$e^{\boldsymbol{A}t}=L^{-1}\begin{bmatrix}\dfrac{2}{s+1}-\dfrac{1}{s+2} & \dfrac{1}{s+1}-\dfrac{1}{s+2}\\ -\dfrac{2}{s+1}+\dfrac{2}{s+2} & -\dfrac{1}{s+1}+\dfrac{2}{s+2}\end{bmatrix}$$

$$=\begin{bmatrix}2e^{-t}-e^{-2t} & e^{-t}-e^{-2t}\\ -2e^{-t}+2e^{-2t} & -e^{-t}+2e^{-2t}\end{bmatrix}$$

3.32** 已知矩阵

$$\boldsymbol{A}=\begin{bmatrix}0 & 1 & -1\\ -6 & -11 & 6\\ -6 & -11 & 5\end{bmatrix}$$

试用化为对角标准型法求矩阵指数 $e^{\boldsymbol{A}t}$。

解 首先求 $\boldsymbol{A}$ 的特征值

$$|\lambda\boldsymbol{I}-\boldsymbol{A}|=\begin{vmatrix}\lambda & -1 & 1\\ 6 & \lambda+11 & -6\\ 6 & 11 & \lambda-5\end{vmatrix}=(\lambda+1)(\lambda+2)(\lambda+3)=0$$

所以 $\boldsymbol{A}$ 的特征值为 $\lambda_1=-1,\lambda_2=-2,\lambda_3=-3$。然后求对应的特征向量可得

$$\boldsymbol{p}_1=\begin{bmatrix}1\\0\\1\end{bmatrix},\boldsymbol{p}_2=\begin{bmatrix}1\\2\\4\end{bmatrix},\boldsymbol{p}_3=\begin{bmatrix}1\\6\\9\end{bmatrix}$$

由此求得变换矩阵 $\boldsymbol{P}$

$$\boldsymbol{P}=\begin{bmatrix}1 & 1 & 1\\ 0 & 2 & 6\\ 1 & 4 & 9\end{bmatrix},\quad \boldsymbol{P}^{-1}=\begin{bmatrix}3 & \dfrac{5}{2} & -2\\ -3 & -4 & 3\\ 1 & \dfrac{3}{2} & -1\end{bmatrix}$$

所以矩阵指数

$$e^{\boldsymbol{A}t}=\boldsymbol{P}\begin{bmatrix}e^{-t} & 0 & 0\\ 0 & e^{-2t} & 0\\ 0 & 0 & e^{-3t}\end{bmatrix}\boldsymbol{P}^{-1}$$

$$=\begin{bmatrix}3e^{-t}-3e^{-2t}+e^{-3t} & \dfrac{5}{2}e^{-t}-4e^{-2t}+\dfrac{3}{2}e^{-3t} & -2e^{-t}+3e^{-2t}-e^{-3t}\\ -6e^{-t}+6e^{-3t} & -8e^{-2t}+9e^{-3t} & 6e^{-2t}-6e^{-3t}\\ 3e^{-t}-12e^{-2t}+9e^{-3t} & \dfrac{5}{2}e^{-t}-16e^{-2t}+\dfrac{27}{2}e^{-3t} & -2e^{-t}+12e^{-2t}-9e^{-3t}\end{bmatrix}$$

3.33** 试求下列矩阵 $\boldsymbol{A}$ 的矩阵指数：

$$\boldsymbol{A}=\begin{bmatrix}0 & 6 & -5\\ 1 & 0 & 2\\ 3 & 2 & 4\end{bmatrix}$$

解　首先求 $\boldsymbol{A}$ 的特征值。因为

$$|\lambda \boldsymbol{I}-\boldsymbol{A}|=\begin{vmatrix}\lambda & -6 & 5\\ -1 & \lambda & -2\\ -3 & -2 & \lambda-4\end{vmatrix}=(\lambda-1)^2(\lambda-2)$$

所以矩阵 $\boldsymbol{A}$ 有二重特征值 $\lambda_1=\lambda_2=1$，一重特征值 $\lambda_3=2$。求与之相应的特征向量和广义特征向量，可得

$$\boldsymbol{p}_1=\begin{bmatrix}1\\ -\dfrac{3}{7}\\ -\dfrac{5}{7}\end{bmatrix},\quad \boldsymbol{p}_2=\begin{bmatrix}1\\ -\dfrac{22}{49}\\ -\dfrac{46}{49}\end{bmatrix},\quad \boldsymbol{p}_3=\begin{bmatrix}2\\ -1\\ -2\end{bmatrix}$$

所以可得变换矩阵

$$\boldsymbol{P}=\begin{bmatrix}1 & 1 & 2\\ -\dfrac{3}{7} & -\dfrac{22}{49} & -1\\ -\dfrac{5}{7} & -\dfrac{46}{49} & -2\end{bmatrix}$$

且得

$$\boldsymbol{P}^{-1}=\begin{bmatrix}2 & -6 & 2\\ 7 & 28 & -1\\ -4 & -11 & -2\end{bmatrix}$$

由此可得

$$\mathrm{e}^{\boldsymbol{A}t}=\boldsymbol{P}\mathrm{e}^{\boldsymbol{P}^{-1}\boldsymbol{A}\boldsymbol{P}t}\boldsymbol{P}^{-1}=\begin{bmatrix}1 & 1 & 2\\ -\dfrac{3}{7} & -\dfrac{22}{49} & -1\\ -\dfrac{5}{7} & -\dfrac{46}{49} & -2\end{bmatrix}\begin{bmatrix}\mathrm{e}^t & t\mathrm{e}^t & 0\\ 0 & \mathrm{e}^t & 0\\ 0 & 0 & \mathrm{e}^{2t}\end{bmatrix}\begin{bmatrix}2 & -6 & 5\\ 7 & 28 & -7\\ -4 & -11 & 1\end{bmatrix}$$

$$=\begin{bmatrix}9\mathrm{e}^t+7t\mathrm{e}^t-8\mathrm{e}^{2t} & 22\mathrm{e}^t+28t\mathrm{e}^t-22\mathrm{e}^{2t} & -2\mathrm{e}^t-7t\mathrm{e}^t+2\mathrm{e}^{2t}\\ -4\mathrm{e}^t-3t\mathrm{e}^t+4\mathrm{e}^{2t} & -10\mathrm{e}^t-12t\mathrm{e}^t+11\mathrm{e}^{2t} & \mathrm{e}^t+3t\mathrm{e}^t-\mathrm{e}^{2t}\\ -8\mathrm{e}^t-5t\mathrm{e}^t+8\mathrm{e}^{2t} & -22\mathrm{e}^t-20t\mathrm{e}^t+22\mathrm{e}^{2t} & 3\mathrm{e}^t+5t\mathrm{e}^t-2\mathrm{e}^{2t}\end{bmatrix}$$

3.34** **用化为有限项法求矩阵 $\boldsymbol{A}$ 的矩阵指数**

$$\boldsymbol{A}=\begin{bmatrix}0 & 1\\ -2 & -3\end{bmatrix}$$

解　首先求出矩阵 $\boldsymbol{A}$ 的特征值为 $\lambda_1=-1$，$\lambda_2=-2$，则由式(3.8)有

$$\begin{bmatrix}\alpha_0(t)\\ \alpha_1(t)\end{bmatrix}=\begin{bmatrix}1 & \lambda_1\\ 1 & \lambda_2\end{bmatrix}^{-1}\begin{bmatrix}\mathrm{e}^{\lambda_1 t}\\ \mathrm{e}^{\lambda_2 t}\end{bmatrix}=\begin{bmatrix}1 & -1\\ 1 & -2\end{bmatrix}^{-1}\begin{bmatrix}\mathrm{e}^{-t}\\ \mathrm{e}^{-2t}\end{bmatrix}$$

$$=\begin{bmatrix}2 & -1\\ 1 & -1\end{bmatrix}\begin{bmatrix}\mathrm{e}^{-t}\\ \mathrm{e}^{-2t}\end{bmatrix}=\begin{bmatrix}2\mathrm{e}^{-t} & -\mathrm{e}^{-2t}\\ \mathrm{e}^{-t} & -\mathrm{e}^{-2t}\end{bmatrix}$$

代入式(3.7)即可得出

$$e^{\boldsymbol{A}t}=\alpha_0(t)\boldsymbol{I}+\alpha_1(t)\boldsymbol{A}=(2e^{-t}-e^{-2t})\begin{bmatrix}1&0\\0&1\end{bmatrix}+(e^{-t}-e^{-2t})\begin{bmatrix}0&1\\-2&-3\end{bmatrix}$$

$$=\begin{bmatrix}2e^{-t}-e^{-2t}&e^{-t}-e^{-2t}\\-2e^{-t}+2e^{-2t}&-e^{-t}+2e^{-2t}\end{bmatrix}$$

3.35[**] 用化为有限项法求矩阵 **A** 的矩阵指数

$$\boldsymbol{A}=\begin{bmatrix}0&1&0\\0&0&1\\-6&-11&-6\end{bmatrix}$$

解 首先求出矩阵 **A** 的特征值为 $\lambda_1=-1$, $\lambda_2=-2$, $\lambda_3=-3$,则由式(3.8)有

$$\begin{bmatrix}\alpha_0(t)\\\alpha_1(t)\\\alpha_2(t)\end{bmatrix}=\begin{bmatrix}1&-1&1\\1&-2&4\\1&-3&9\end{bmatrix}^{-1}\begin{bmatrix}e^{-t}\\e^{-2t}\\e^{-3t}\end{bmatrix}=\begin{bmatrix}3e^{-t}-3e^{-2t}+e^{-3t}\\\frac{5}{2}e^{-t}-4e^{-2t}+\frac{3}{2}e^{-3t}\\\frac{1}{2}e^{-t}-e^{-2t}+\frac{1}{2}e^{-3t}\end{bmatrix}$$

代入式(3.7)即可得出

$$e^{\boldsymbol{A}t}=\alpha_0(t)\boldsymbol{I}+\alpha_1(t)\boldsymbol{A}+\alpha_2(t)\boldsymbol{A}^2$$

$$=\begin{bmatrix}3e^{-t}-3e^{-2t}+e^{-3t}&\frac{5}{2}e^{-t}-4e^{-2t}+\frac{3}{2}e^{-3t}&\frac{1}{2}e^{-t}-e^{-2t}+\frac{1}{2}e^{-3t}\\-3e^{-t}+6e^{-2t}-3e^{-3t}&-\frac{5}{2}e^{-t}+8e^{-2t}-\frac{9}{2}e^{-3t}&\frac{1}{2}e^{-t}+2e^{-2t}-\frac{3}{2}e^{-3t}\\3e^{-t}-12e^{-2t}+9e^{-3t}&\frac{5}{2}e^{-t}-16e^{-2t}+\frac{27}{2}e^{-3t}&\frac{1}{2}e^{-t}-4e^{-2t}+\frac{9}{2}e^{-3t}\end{bmatrix}$$

3.36[**] 已知矩阵

$$\boldsymbol{A}=\begin{bmatrix}0&1&0\\0&0&1\\2&3&0\end{bmatrix}$$

用化为有限项法求矩阵 **A** 的矩阵指数 $e^{\boldsymbol{A}t}$。

解 矩阵 **A** 的特征方程为$(\lambda+1)^2(\lambda-2)=0$,特征值为$-1$、$-1$、$+2$。对于$\lambda_3=2$,有

$$e^{2t}=\alpha_0(t)+2\alpha_1(t)+4\alpha_2(t)$$

对于$\lambda_{1,2}=-1$,有

$$e^{-t}=\alpha_0(t)-\alpha_1(t)+\alpha_2(t)$$

因为-1是二重特征根,故还需补充方程

$$te^{-t}=\alpha_1(t)-2\alpha_2(t)$$

从而可联立求解得

$$\alpha_0(t)=\frac{1}{9}(e^{2t}+8e^{-t}+6te^{-t})$$

$$\alpha_1(t)=\frac{1}{9}(2e^{2t}-2e^{-t}+3te^{-t})$$

$$\alpha_2(t)=\frac{1}{9}(e^{2t}-e^{-t}-3te^{-t})$$

代入式(3.7)即可得出

$$\begin{aligned}e^{\boldsymbol{A}t}&=\alpha_0(t)\boldsymbol{I}+\alpha_1(t)\boldsymbol{A}+\alpha_2(t)\boldsymbol{A}^2\\&=\frac{1}{9}\begin{bmatrix}e^{2t}+(8+6t)e^{-t} & e^{2t}-(2-3t)e^{-t} & e^{2t}-(1+3t)e^{-t}\\ 2e^{2t}-(2+6t)e^{-t} & 4e^{2t}+(5-3t)e^{-t} & 2e^{2t}-(2-3t)e^{-t}\\ 4e^{2t}+(6t-4)e^{-t} & 8e^{2t}+(3t-8)e^{-t} & 4e^{2t}+(5-3t)e^{-t}\end{bmatrix}\end{aligned}$$

3.37** 设线性时变系统的齐次状态方程是

$$\dot{\boldsymbol{x}}(t)=\begin{bmatrix}0 & \dfrac{1}{(t+1)^2}\\ 0 & 0\end{bmatrix}\boldsymbol{x}(t)$$

其初始条件为 $\boldsymbol{x}(t_0)$，试求它的解。

解 首先校验 $\boldsymbol{A}(t)$和 $\int_{t_0}^{t}\boldsymbol{A}(\tau)d\tau$ 是否为可交换的，也就是说，对任意时刻 t 是否有

$$\boldsymbol{A}(t)\int_{t_0}^{t}\boldsymbol{A}(\tau)d\tau=\int_{t_0}^{t}\boldsymbol{A}(\tau)d\tau\boldsymbol{A}(t)$$

上式即为

$$\int_{t_0}^{t}[\boldsymbol{A}(t)\boldsymbol{A}(\tau)-\boldsymbol{A}(\tau)\boldsymbol{A}(t)]d\tau=0$$

此式即表示对于任意的 t_1 和 t_2，要求校验 $\boldsymbol{A}(t_1)$和 $\boldsymbol{A}(t_2)$是否为可交换的。对于本题，有

$$\boldsymbol{A}(t_1)\boldsymbol{A}(t_2)=\begin{bmatrix}0 & \dfrac{1}{(t_1+1)^2}\\ 0 & 0\end{bmatrix}\begin{bmatrix}0 & \dfrac{1}{(t_2+1)^2}\\ 0 & 0\end{bmatrix}=\boldsymbol{0}$$

$$\boldsymbol{A}(t_2)\boldsymbol{A}(t_1)=\begin{bmatrix}0 & \dfrac{1}{(t_2+1)^2}\\ 0 & 0\end{bmatrix}\begin{bmatrix}0 & \dfrac{1}{(t_1+1)^2}\\ 0 & 0\end{bmatrix}=\boldsymbol{0}$$

满足可交换条件，所以可用式(3.12)计算时变系统齐次状态方程的解为

$$\begin{aligned}\boldsymbol{x}(t)&=e^{\int_{t_0}^{t}\boldsymbol{A}(\tau)d\tau}\boldsymbol{x}(t_0)=e^{\begin{bmatrix}0 & \frac{(t-t_0)}{(t+1)(t_0+1)}\\ 0 & 0\end{bmatrix}}\boldsymbol{x}(t_0)\\&=\begin{bmatrix}1 & \dfrac{(t-t_0)}{(t+1)(t_0+1)}\\ 0 & 1\end{bmatrix}\boldsymbol{x}(t_0)\end{aligned}$$

3.38** 设线性时变系统的齐次状态方程是

$$\dot{\boldsymbol{x}}(t)=\begin{bmatrix}0 & 1\\ 0 & t\end{bmatrix}\boldsymbol{x}(t)$$

其初始条件为 $\boldsymbol{x}(t_0)$，试求它的解。

解 因为

$$\boldsymbol{A}(t_1)\boldsymbol{A}(t_2)=\begin{bmatrix}0 & 1\\0 & t_1\end{bmatrix}\begin{bmatrix}0 & 1\\0 & t_2\end{bmatrix}=\begin{bmatrix}0 & t_2\\0 & t_1t_2\end{bmatrix}$$

$$\boldsymbol{A}(t_2)\boldsymbol{A}(t_1)=\begin{bmatrix}0 & 1\\0 & t_2\end{bmatrix}\begin{bmatrix}0 & 1\\0 & t_1\end{bmatrix}=\begin{bmatrix}0 & t_1\\0 & t_2t_1\end{bmatrix}$$

两者不等，说明 $\boldsymbol{A}(t_1)$ 和 $\boldsymbol{A}(t_2)$，亦即 $\boldsymbol{A}(t)$ 和 $\int_{t_0}^{t}\boldsymbol{A}(\tau)\mathrm{d}\tau$ 是不可交换的，此时必须按式(3.13)计算 $x(t)$。为此计算

$$\int_{t_0}^{t}\boldsymbol{A}(\tau)\mathrm{d}\tau=\int_{t_0}^{t}\begin{bmatrix}0 & 1\\0 & \tau\end{bmatrix}\mathrm{d}\tau=\begin{bmatrix}0 & (t-t_0)\\0 & \frac{1}{2}(t^2-t_0^2)\end{bmatrix}$$

$$\int_{t_0}^{t}\boldsymbol{A}(\tau_1)\int_{t_0}^{\tau_1}\boldsymbol{A}(\tau_2)\mathrm{d}\tau_2\mathrm{d}\tau_1=\int_{t_0}^{t}\begin{bmatrix}0 & 1\\0 & \tau_1\end{bmatrix}\begin{bmatrix}0 & (\tau_1-t_0)\\0 & \frac{1}{2}(\tau_1^2-t_0^2)\end{bmatrix}\mathrm{d}\tau_1$$

$$=\begin{bmatrix}0 & \frac{1}{6}(t-t_0)^2(t+2t_0)\\0 & \frac{1}{8}(t^2-t_0^2)^2\end{bmatrix}$$

等，最后得

$$\boldsymbol{x}(t)=\left\{\boldsymbol{I}+\begin{bmatrix}0 & (t-t_0)\\0 & \frac{1}{2}(t^2-t_0^2)\end{bmatrix}+\begin{bmatrix}0 & \frac{1}{6}(t-t_0)^2(t+2t)\\0 & \frac{1}{8}(t^2-t_0^2)^2\end{bmatrix}+\cdots\right\}\boldsymbol{x}(t_0)$$

$$=\begin{bmatrix}0 & (t-t_0)+\frac{1}{6}(t-t_0)^2(t+2t_0)+\cdots\\0 & 1+\frac{1}{2}(t^2-t_0^2)+\frac{1}{8}(t^2-t_0^2)^2+\cdots\end{bmatrix}\boldsymbol{x}(t_0)$$

3.39** 给定线性时变系统为

$$\dot{\boldsymbol{x}}=\begin{bmatrix}0 & 0\\t & 0\end{bmatrix}\boldsymbol{x}+\begin{bmatrix}1\\1\end{bmatrix}u,\quad t\in[1,10]$$

其中，u 为单位阶跃函数 $1(t-1)$，初始状态为 $x_1(1)=1$ 和 $x_2(1)=2$，试求状态转移矩阵 $\Phi(t,t_0)$ 和状态响应 $\boldsymbol{x}(t)$。

解 首先求状态转移矩阵 $\Phi(t,t_0)$；为此，将 $u=0$ 时的系统状态方程改写为

$$\begin{cases}\dot{x}_1=0\\\dot{x}_2=tx_1\end{cases}$$

对其求解可得到

$$\begin{cases}x_1(t)=x_1(t_0)\\ x_2(t)=0.5t^2x_1(t_0)-0.5t_0^2x_1(t_0)+x_2(t_0)\end{cases}$$

再取 $x_1(t_0)=0, x_2(t_0)=1$ 和 $x_1(t_0)=2, x_2(t_0)=0$，可得到两个线性无关解：

$$\boldsymbol{\Psi}_1=[0\quad 1]^{\mathrm T},\quad \boldsymbol{\Psi}_2=[2\quad t^2-t_0^2]^{\mathrm T}$$

于是，系统的一个基本解阵为

$$\boldsymbol{\Psi}(t)=\begin{bmatrix}0 & 2\\ 1 & t^2-t_0^2\end{bmatrix}$$

可定出系统的状态转移矩阵$\boldsymbol{\Phi}(t,t_0)$为

$$\begin{aligned}\boldsymbol{\Phi}(t,t_0)=\boldsymbol{\Psi}(t)\boldsymbol{\Psi}(t_0)^{-1}&=\begin{bmatrix}0 & 2\\ 1 & t^2-t_0^2\end{bmatrix}\begin{bmatrix}0 & 2\\ 1 & 0\end{bmatrix}^{-1}\\ &=\begin{bmatrix}1 & 0\\ 0.5t^2-0.5t_0^2 & 1\end{bmatrix}\end{aligned}$$

进而确定系统的状态响应：利用上述得到的状态转移矩阵$\boldsymbol{\Phi}(t,t_0)$，即可定出

$$\begin{aligned}\boldsymbol{x}(t)&=\boldsymbol{\Phi}(t,t_0)\boldsymbol{x}_0+\int_{t_0}^{t}\boldsymbol{\Phi}(t,\tau)\boldsymbol{B}(\tau)u(\tau)\mathrm d\tau\\ &=\begin{bmatrix}1 & 0\\ 0.5t^2-0.5 & 1\end{bmatrix}\begin{bmatrix}1\\ 2\end{bmatrix}+\int_1^t\begin{bmatrix}1 & 0\\ 0.5t^2-0.5\tau^2 & 1\end{bmatrix}\begin{bmatrix}1\\ 1\end{bmatrix}\mathrm d\tau\\ &=\begin{bmatrix}1\\ 0.5t^2+1.5\end{bmatrix}+\begin{bmatrix}t-1\\ \frac{1}{3}t^3-0.5t^2+t-\frac{5}{6}\end{bmatrix}\\ &=\begin{bmatrix}t\\ \frac{1}{3}t^3+t+\frac{2}{3}\end{bmatrix}\end{aligned}$$

3.40**　一 RC 网络状态方程为

$$\dot{\boldsymbol{x}}=\begin{bmatrix}0 & -2\\ 1 & -3\end{bmatrix}\boldsymbol{x}+\begin{bmatrix}2\\ 0\end{bmatrix}u,\quad \boldsymbol{x}(0)=\begin{bmatrix}1\\ 1\end{bmatrix},\quad u=0$$

试求当 $t=0.2$ 时系统的状态响应。

解　用 MATLAB 函数来求解状态响应

(1) 计算 $t=0.2$ 时的状态转移矩阵(即矩阵指数 $\mathrm e^{\boldsymbol{A}t}\big|_{t=0.2}$)。

```
>>A = [0 - 2;1 - 3];B = [2;0];
>>expm(A * 0.2)
ans =   0.9671   - 0.2968
        0.1484     0.5219
```

(2) 计算 $t=0.2$ 时系统的状态响应。因为 $u=0$，由式(3.2)得

$$\begin{bmatrix}x_1\\ x_2\end{bmatrix}_{t=0.2}=\begin{bmatrix}0.9671 & -0.2968\\ 0.1484 & 0.5219\end{bmatrix}\begin{bmatrix}x_1\\ x_2\end{bmatrix}_{t=0}=\begin{bmatrix}0.6703\\ 0.6703\end{bmatrix}$$

3.41** 系统状态方程为

$$\dot{\boldsymbol{x}}(t)=\begin{bmatrix}-21 & 19 & -20\\ 19 & -21 & 20\\ 40 & -40 & -40\end{bmatrix}\boldsymbol{x}(t)+\begin{bmatrix}0\\1\\2\end{bmatrix}u(t),\quad y(t)=\begin{bmatrix}1 & 0 & 2\end{bmatrix}\boldsymbol{x}(t)$$

试求系统在单位阶跃输入作用下的状态响应。

解 该系统在单位阶跃输入作用下的状态响应可由下面的MATLAB语句求得：

```
>>A = [ - 21,19, - 20;19, - 21,20;40, - 40, - 40];B = [0;1;2];C = [1,0,2];D = [0];
>>g = ss(A,B,C,D);[y,t,x] = step(g);plot(t,x)
```

系统状态响应曲线如图3.1所示。

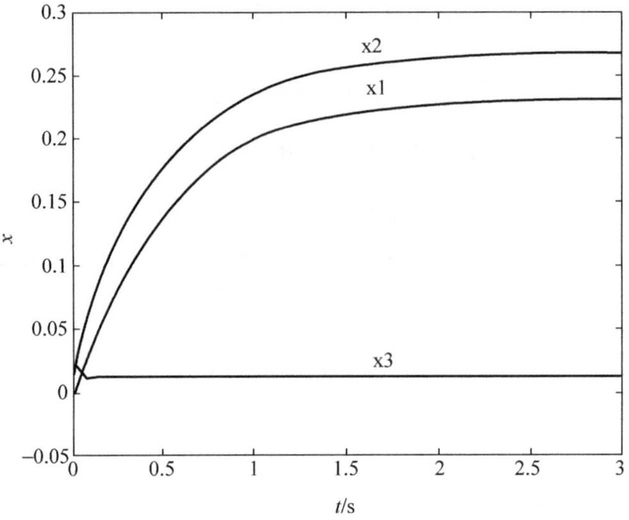

图3.1 状态响应曲线

3.42** 上例系统当状态初值为零，控制输入 $u=1+e^{-t}\cos(5t)$ 时，求系统的零状态响应。

解 系统的零状态响应可用下面的MATLAB语句直接求得。

```
>>A = [ - 21,19, - 20;19, - 21,20;40, - 40, - 40];B = [0;1;2];C = [1,0,2];D = [0];
>>t = [0: .04: 4];u = 1 + exp( - t) * cos(5 * t);G = ss(A,B,C,D);[y,t,x] = lsim(G,u,t);
>>plot(t,x)
```

系统状态响应曲线如图3.2所示。

3.43** 上例系统当控制输入为零，状态初值 $\boldsymbol{x}_0=[0.2,0.2,0.2]$ 时，求系统的零状态响应。

解 零输入响应可用控制系统工具箱中提供的initial()函数求取。该函数的调用格式为

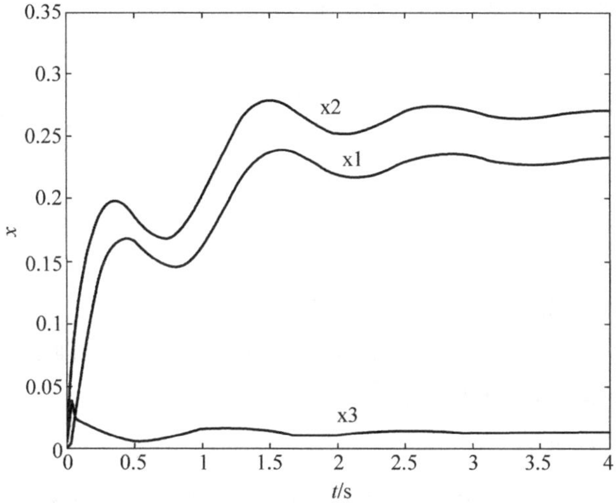

图 3.2　状态响应曲线

```
>>[y,t,x] = initial(G,x0)
```

式中，$\boldsymbol{x}_0$ 为状态初值；G 代表给定系统的 LTI 对象模型。该函数被调用后，将同时返回自动生成的时间变量 t、系统输出 y、系统状态相应向量 $\boldsymbol{x}$。

由下面的 MATLAB 语句直接求得系统的零输入响应：

```
>>t = [0: 0.01: 2];u = 0;G = ss(A,B,C,D);x0 = [0.1,0.2,0.2];
>>[y,t,x] = initial(G,x0,t);
>>plot(t,x)
```

系统状态响应曲线如图 3.3 所示。

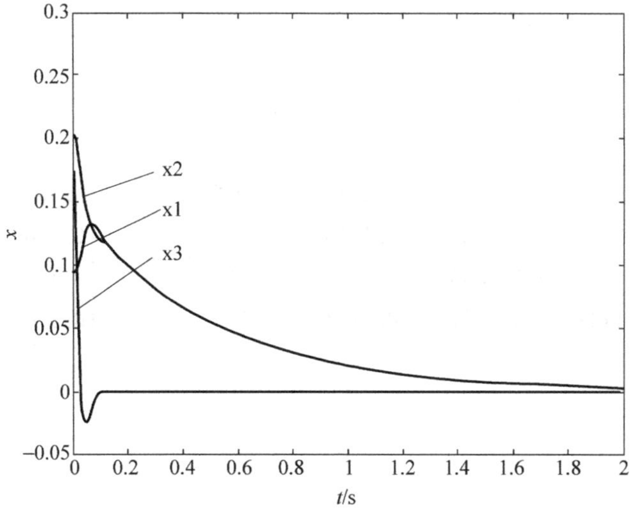

图 3.3　状态响应曲线

3.44* 已知线性连续系统状态方程为

$$\dot{\boldsymbol{x}}=\begin{bmatrix}2.25 & -5 & -1.25 & -0.5\\ 2.25 & -4.25 & -1.25 & -0.25\\ 0.25 & -0.5 & -1.25 & -1\\ 1.25 & -1.75 & -0.25 & -0.75\end{bmatrix}\boldsymbol{x}+\begin{bmatrix}4 & 6\\ 2 & 4\\ 2 & 2\\ 0 & 2\end{bmatrix}\boldsymbol{u}$$

$$\boldsymbol{y}=\begin{bmatrix}0 & 0 & 0 & 1\\ 0 & 2 & 0 & 2\end{bmatrix}\boldsymbol{x}$$

试求 $T=0.1$ 时的离散时间状态空间表达式。

解　由 MATLAB 控制工具箱提供的函数 c2t()可以立即求得系统的离散状态空间模型。函数 c2t()的调用格式为

```
>>[G,H] = c2t(A,B,T)
```

其中 T 为采样周期。由下面的 MATLAB 语句直接求得系统的离散状态空间模型。

```
>>A = [2.25, - 5, - 1.25, - 0.5;2.25, - 4.25, - 1.25, - 0.25;0.25, - 0.5, - 1.25, - 1;
    1.25, - 1.75, - 0.25, - 0.75];
>>B = [4,6;2,4;2,2;0,2];
>>C = [0,0,0,1;0,2,0,2];
>>D = zeros(2,2);
>>[G,H] = c2d(A,B,0.1)
G = 1.1915   - 0.4455   - 0.1013   - 0.0421
    0.2008     0.6124   - 0.1058   - 0.0188
    0.0153   - 0.0350     0.8849   - 0.0905
    0.1147   - 0.1622   - 0.0197     0.9279
H = 0.3833     0.5527
    0.1906     0.3694
    0.1879     0.1764
    0.0048     0.1927
```

则离散时间系统状态空间表达式为

$$\boldsymbol{x}(k+1)=\begin{bmatrix}1.1915 & -0.4455 & -0.1013 & -0.0421\\ 0.2008 & 0.6124 & -0.1058 & -0.0188\\ 0.0153 & -0.0350 & 0.8849 & -0.0905\\ 0.1147 & -0.1622 & -0.0197 & 0.9279\end{bmatrix}\boldsymbol{x}(k)+\begin{bmatrix}0.3833 & 0.5527\\ 0.1906 & 0.3694\\ 0.1879 & 0.1764\\ 0.0048 & 0.1927\end{bmatrix}\boldsymbol{u}(k)$$

第4章 线性系统的能控性与能观性

能观性与能控性是现代控制理论中的两个重要问题。对于不具有状态完全能控性的系统无法实现最优控制，而对于不具有状态完全能观性的系统无法实现状态反馈控制。

4.1 定常离散系统

线性定常离散系统的状态方程为

$$\left.\begin{aligned} \boldsymbol{x}(k+1) &= \boldsymbol{A}\boldsymbol{x}(k)+\boldsymbol{B}\boldsymbol{u}(k) \\ \boldsymbol{y}(k) &= \boldsymbol{C}\boldsymbol{x}(k) \end{aligned}\right\} \tag{4.1}$$

式中，$\boldsymbol{x}(k)$为 n 维状态向量；$\boldsymbol{y}(k)$为 q 维输出向量；$\boldsymbol{u}(k)$为 p 维输入控制向量；$\boldsymbol{A}$ 为 $n\times n$ 阶系统矩阵(非奇异)；$\boldsymbol{B}$ 为 $n\times p$ 阶控制矩阵；$\boldsymbol{C}$ 为 $q\times n$ 阶观测矩阵。

定义 4.1 对于系统(4.1)，如果存在控制向量序列 $\boldsymbol{u}(k),\boldsymbol{u}(k+1),\cdots,\boldsymbol{u}(N-1)$，使系统从第 k 步的状态向量 $\boldsymbol{x}(k)$开始，在第 N 步到达零状态，即 $\boldsymbol{x}(N)=\boldsymbol{0}$，其中 N 是大于 k 的有限数，那么就称此系统在第 k 步上是能控的。如果对每一个 k，系统的所有状态都是能控的，则称系统是状态完全能控的，简称能控。

定理 4.1 线性定常离散多输入系统(4.1)完全能控性的充要条件是

$$\operatorname{rank}[\boldsymbol{B}\quad \boldsymbol{A}\boldsymbol{B}\quad \cdots\quad \boldsymbol{A}^{n-1}\boldsymbol{B}] = n \tag{4.2}$$

该矩阵称为系统的能控性矩阵，其维数为 $n\times np$，以 $\boldsymbol{U}_c$ 表示。

定义 4.2 对于系统(4.1)，在已知输入 $\boldsymbol{u}(k)$的情况下，若能依据第 i 步及以后 $n-1$ 步的输出观测值 $y(i),y(i+1),\cdots,y(i+n-1)$，唯一地确定出第 i 步上的状态 $\boldsymbol{x}(i)$，则称系统在第 i 步是能观测的。如果系统在任何 i 步上都是能观测的，则称系统是状态完全能观测的，简称能观测。

定理 4.2 线性定常离散系统(4.1)状态完全能观测的充要条件是

矩阵

$$\begin{bmatrix} C \\ CA \\ \vdots \\ CA^{n-1} \end{bmatrix} \tag{4.3}$$

的秩为 n。该矩阵称为系统的能观性矩阵,其维数为 $nq\times n$,以 U_o 表示。

4.2 定常连续系统的能控性

设系统的状态空间表达式为

$$\left.\begin{aligned} \dot{x} &= Ax + Bu \\ y &= Cx \end{aligned}\right\} \tag{4.4}$$

式中,x 为 n 维状态向量; u 为 p 维输入向量; y 为 q 维输出向量; A 为 $n\times n$ 阶系统矩阵; B 为 $n\times p$ 阶控制矩阵; C 为 $q\times n$ 阶输出矩阵。

定义 4.3 对于系统(4.4),若存在一分段连续控制向量 $u(t)$,能在有限时间区间$[t_0,t_1]$内,将系统从初始状态 $x(t_0)$转移到任意终端状态 $x(t_1)$,那么就称此状态是能控的。若系统任意 t_0 时刻的所有状态 $x(t_0)$都是能控的,就称此系统是状态完全能控的,简称能控。

定理 4.3 系统(4.4)状态完全能控的充要条件是能控性矩阵

$$U_c = [B \quad AB \quad \cdots \quad A^{n-1}B] \tag{4.5}$$

的秩为 n,即

$$\mathrm{rank}[B \quad AB \quad \cdots \quad A^{n-1}B] = n \tag{4.6}$$

如果系统是单输入系统,即控制变量维数 $p=1$,则系统的状态完全能控性的判据为 $\mathrm{rank}U_c=\mathrm{rank}[b \quad Ab \quad \cdots \quad A^{n-1}b]=n$。此时,能控性矩阵 U_c 为 $n\times n$ 维,即要求 U_c 阵是非奇异的。

定理 4.4 如果线性定常系统(4.4)的系统矩阵 A 具有互不相同的特征值,则系统状态能控的充要条件是,系统经线性非奇异变换后,A 阵变换成对角标准型,它的状态方程为

$$\dot{\hat{x}} = \begin{bmatrix} \lambda_1 & \cdots & 0 \\ \vdots & \ddots & \vdots \\ 0 & \cdots & \lambda_n \end{bmatrix}\hat{x} + \hat{B}u \tag{4.7}$$

式中$\hat{B}$不包含元素全为 0 的行。

当系统矩阵有重特征值时,常可以化为约当标准型,这种系统的能控性判据有如下定理。

定理 4.5 若线性定常系统(4.4)的系统矩阵 A 具有重特征值 λ_1(m_1 重),λ_2(m_2 重),…,λ_k(m_k 重),且对应于每一个重特征值只有一个约当块,则系统状态

完全能控的充要条件是，经线性非奇异变换后，系统化为约当标准型

$$\dot{\hat{\boldsymbol{x}}} = \begin{bmatrix} \boldsymbol{J}_1 & \boldsymbol{0} & \cdots & \boldsymbol{0} \\ \boldsymbol{0} & \boldsymbol{J}_2 & \cdots & \boldsymbol{0} \\ \vdots & \vdots & \ddots & \vdots \\ \boldsymbol{0} & \boldsymbol{0} & \cdots & \boldsymbol{J}_k \end{bmatrix} \hat{\boldsymbol{x}} + \hat{\boldsymbol{B}}\boldsymbol{u} \tag{4.8}$$

式中，$\hat{\boldsymbol{B}}$矩阵中与每个约当块$\boldsymbol{J}_i(i=1,2,\cdots,k)$最后一行相对应的那些行，其各行的元素不全为零。

定义 4.4 如果在一个有限的区间$[t_0,t_1]$内，存在适当的控制向量$\boldsymbol{u}(t)$，使系统能从任意的初始输出$\boldsymbol{y}(t_0)$转移到任意指定最终输出$\boldsymbol{y}(t_1)$，则称系统是输出完全能控的。

系统输出完全能控的充要条件是矩阵$[\boldsymbol{CB}\quad \boldsymbol{CAB}\quad \boldsymbol{CA}^2\boldsymbol{B}\quad \cdots\quad \boldsymbol{CA}^{n-1}\boldsymbol{B}]$的秩为$q$。

实际中，可以利用 MATLAB 来进行系统能控性的判断。MATLAB 提供了各种矩阵运算和矩阵各种指标(如矩阵的秩等)的求解，而能控性的判断实际上就是一些矩阵的运算。MATLAB 中的求矩阵$\boldsymbol{M}$的秩是通过一个函数得到的，这个函数是 rank($\boldsymbol{M}$)。

4.3 定常连续系统的能观性

定义 4.5 对于线性定常系统(4.4)，在任意给定的输入$\boldsymbol{u}(t)$下，能够根据输出量$\boldsymbol{y}(t)$在有限时间区间$[t_0,t_1]$内的测量值，唯一地确定系统在t_0时刻的初始状态$\boldsymbol{x}(t_0)$，就称系统在t_0时刻是能观测的。若在任意初始时刻系统都能观测，则称系统是状态完全能观测的，简称能观测的。

定理 4.6 线性定常连续系统(4.4)状态完全能观测的充要条件是$nq\times n$能观性矩阵

$$\boldsymbol{U}_o = \begin{bmatrix} \boldsymbol{C} \\ \boldsymbol{CA} \\ \vdots \\ \boldsymbol{CA}^{n-1} \end{bmatrix} \tag{4.9}$$

的秩为n。

定理 4.7 若线性定常系统(4.4)的系统矩阵$\boldsymbol{A}$有互不相同的特征值，则系统状态能观测的充要条件是，经线性等价变换把矩阵化成对角标准型后，系统的状态空间表达式

$$\dot{\hat{\boldsymbol{x}}} = \begin{bmatrix} \lambda_1 & 0 & \cdots & 0 \\ 0 & \lambda_2 & \cdots & 0 \\ \vdots & \vdots & \ddots & \vdots \\ 0 & 0 & \cdots & \lambda_n \end{bmatrix} \hat{\boldsymbol{x}} \tag{4.10}$$

$$\boldsymbol{y}=\hat{\boldsymbol{C}}\hat{\boldsymbol{x}}$$

中，矩阵$\hat{\boldsymbol{C}}$不包含元素全为零的列。

定理 4.8 设线性定常系统(4.4)的系统矩阵 $\boldsymbol{A}$ 有不同的重特征值，即 λ_1 为 m_1 重，…，λ_k 为 m_k 重，且对应于每一重特征值只有一个约当块。则系统状态完全能观测的充要条件是，经线性等价变换将矩阵 $\boldsymbol{A}$ 化成约当标准型后，系统的状态空间表达式

$$\dot{\hat{\boldsymbol{x}}}=\begin{bmatrix}\boldsymbol{J}_1 & \boldsymbol{0} & \cdots & \boldsymbol{0}\\ \boldsymbol{0} & \boldsymbol{J}_2 & \cdots & \boldsymbol{0}\\ \vdots & \vdots & \ddots & \vdots\\ \boldsymbol{0} & \boldsymbol{0} & \cdots & \boldsymbol{J}_k\end{bmatrix}\hat{\boldsymbol{x}} \tag{4.11}$$

$$\boldsymbol{y}=\hat{\boldsymbol{C}}\hat{\boldsymbol{x}}$$

中，与每个约当块 $\boldsymbol{J}_i(i=1,2,\cdots,k)$ 第一列相对应的$\hat{\boldsymbol{C}}$矩阵的所有各列，其元素不全为零。

4.4 线性时变系统的能控性及能观性

考虑如下线性时变系统

$$\left.\begin{aligned}\dot{\boldsymbol{x}}(t)&=\boldsymbol{A}(t)\boldsymbol{x}(t)+\boldsymbol{B}(t)\boldsymbol{u}(t)\\ \boldsymbol{y}(t)&=\boldsymbol{C}(t)\boldsymbol{x}(t)\end{aligned}\right\} \tag{4.12}$$

式中，$\boldsymbol{x}$ 为 n 维状态向量；$\boldsymbol{u}$ 为 p 维输入向量；$\boldsymbol{y}$ 为 q 维输出向量；$\boldsymbol{A}(t)$为 $n\times n$ 阶系统矩阵；$\boldsymbol{B}(t)$为 $n\times p$ 阶控制矩阵；$\boldsymbol{C}(t)$为 $q\times n$ 阶输出矩阵。

定理 4.9 系统(4.12)在定义时间区间$[t_0,t_1]$内，状态完全能控的充要条件是 Gram 矩阵

$$\boldsymbol{W}_{\mathrm{c}}(t_0,t_1)=\int_{t_0}^{t_1}\boldsymbol{\Phi}(t_0,\tau)\boldsymbol{B}(\tau)\boldsymbol{B}^{\mathrm{T}}(\tau)\boldsymbol{\Phi}^{\mathrm{T}}(t_0,\tau)\mathrm{d}\tau \tag{4.13}$$

为非奇异。式中$\boldsymbol{\Phi}(t,t_0)$为时变系统状态转移矩阵。

定理 4.10 系统(4.12)在定义时间区间$[t_0,t_1]$内，状态完全能观的充要条件是 Gram 矩阵

$$\boldsymbol{W}_{\mathrm{o}}(t_0,t_1)=\int_{t_0}^{t_1}\boldsymbol{\Phi}^{\mathrm{T}}(\tau,t_0)\boldsymbol{C}^{\mathrm{T}}(\tau)\boldsymbol{C}(\tau)\boldsymbol{\Phi}(\tau,t_0)\mathrm{d}\tau \tag{4.14}$$

为非奇异。

4.5 能控性与能观性的对偶关系

设系统的状态空间方程为

$$\left.\begin{aligned}\dot{\boldsymbol{x}} &= \boldsymbol{A}\boldsymbol{x} + \boldsymbol{B}\boldsymbol{u} \\ \boldsymbol{y} &= \boldsymbol{C}\boldsymbol{x}\end{aligned}\right\} \tag{4.15}$$

另有一个系统的状态空间表达式为

$$\left.\begin{aligned}\dot{\boldsymbol{z}} &= \boldsymbol{A}^{\mathrm{T}}\boldsymbol{z} + \boldsymbol{C}^{\mathrm{T}} v \\ \boldsymbol{w} &= \boldsymbol{B}^{\mathrm{T}}\boldsymbol{z}\end{aligned}\right\} \tag{4.16}$$

这两个系统中的状态向量 $\boldsymbol{x}$ 与 $\boldsymbol{z}$ 都是 n 维，控制向量 $\boldsymbol{u}$ 与 v 分别是 p 维与 q 维，输出向量 $\boldsymbol{y}$ 与 $\boldsymbol{w}$ 分别是 q 维与 p 维。各个系数矩阵 $\boldsymbol{A}$、$\boldsymbol{B}$ 和 $\boldsymbol{C}$ 的上标 T 表示矩阵的转置。这两个系统称之为对偶系统。

定理 4.11（对偶原理）　系统(4.15)状态完全能控性的充要条件是对偶系统(4.16)状态完全能观测；系统(4.15)状态完全能观测的充要条件是对偶系统(4.16)状态完全能控。

此对偶原理同样适用于线性离散系统。根据对偶原理，一个系统的状态完全能控性(能观性)可以借助于其对偶系统的状态完全能观性(能控性)来研究，反之亦然。

4.6　线性定常系统的结构分解

4.6.1　系统能控性分解

假设系统(4.4)不完全能控，则关于系统的能控性分解，有如下结论。

定理 4.12　存在非奇异矩阵 $\boldsymbol{T}_{\mathrm{c}}$，对系统(4.4)进行状态变换 $\boldsymbol{x}=\boldsymbol{T}_{\mathrm{c}}\tilde{\boldsymbol{x}}$，可使系统的状态空间表达式变换成

$$\left.\begin{aligned}\dot{\tilde{\boldsymbol{x}}} &= \tilde{\boldsymbol{A}}\tilde{\boldsymbol{x}} + \tilde{\boldsymbol{B}}\boldsymbol{u} \\ \boldsymbol{y} &= \tilde{\boldsymbol{C}}\boldsymbol{x}\end{aligned}\right\} \tag{4.17}$$

其中

$$\tilde{\boldsymbol{A}} = \boldsymbol{T}_{\mathrm{c}}^{-1}\boldsymbol{A}\boldsymbol{T}_{\mathrm{c}} = \begin{bmatrix}\tilde{\boldsymbol{A}}_{11} & \tilde{\boldsymbol{A}}_{12} \\ \boldsymbol{0} & \tilde{\boldsymbol{A}}_{22}\end{bmatrix},\quad \tilde{\boldsymbol{B}} = \boldsymbol{T}_{\mathrm{c}}^{-1}\boldsymbol{B} = \begin{bmatrix}\tilde{\boldsymbol{B}}_{1} \\ \boldsymbol{0}\end{bmatrix},\quad \tilde{\boldsymbol{C}} = \boldsymbol{C}\boldsymbol{T}_{\mathrm{c}} = \begin{bmatrix}\tilde{\boldsymbol{C}}_{1} & \tilde{\boldsymbol{C}}_{2}\end{bmatrix}$$

$\tilde{\boldsymbol{A}}_{11}$、$\tilde{\boldsymbol{A}}_{12}$和$\tilde{\boldsymbol{A}}_{22}$都是分块矩阵，各自的维数分别为 $n_1\times n_1$、$n_1\times(n-n_1)$和$(n-n_1)\times(n-n_1)$，$\tilde{\boldsymbol{B}}_1$ 是 $n_1\times p$ 分块矩阵，$\tilde{\boldsymbol{C}}_1$ 和$\tilde{\boldsymbol{C}}_2$ 分别是 $q\times n_1$ 和 $q\times(n-n_1)$分块矩阵。

变换矩阵 $\boldsymbol{T}_{\mathrm{c}}$ 的构造方法如下：

(1) 在能控性矩阵 $\boldsymbol{U}_{\mathrm{c}}=[\boldsymbol{B}\quad \boldsymbol{A}\boldsymbol{B}\quad \cdots\quad \boldsymbol{A}^{n-1}\boldsymbol{B}]$中选择 n_1 个线性无关的列向量；

(2) 将所得列向量作为矩阵 $\boldsymbol{T}_{\mathrm{c}}$ 的前 n_1 个列，其余列可以在保证 $\boldsymbol{T}_{\mathrm{c}}$ 为非奇异矩阵的条件下任意选择。

4.6.2 系统的能观性分解

假设系统(4.4)不完全能观，则关于系统的能观性分解，有如下结论。

定理 4.13 存在非奇异矩阵 $\boldsymbol{T}_o$，对系统(4.4)进行状态变换 $\boldsymbol{x}=\boldsymbol{T}_o\tilde{\boldsymbol{x}}$，可使系统状态空间表达式变成

$$\left.\begin{aligned}\dot{\tilde{\boldsymbol{x}}} &= \tilde{\boldsymbol{A}}\tilde{\boldsymbol{x}}+\tilde{\boldsymbol{B}}\boldsymbol{u}\\ \boldsymbol{y} &= \tilde{\boldsymbol{C}}\tilde{\boldsymbol{x}}\end{aligned}\right\} \tag{4.18}$$

其中

$$\tilde{\boldsymbol{A}}=\boldsymbol{T}_o^{-1}\boldsymbol{A}\boldsymbol{T}_o=\begin{bmatrix}\tilde{\boldsymbol{A}}_{11} & \boldsymbol{0}\\ \tilde{\boldsymbol{A}}_{21} & \tilde{\boldsymbol{A}}_{22}\end{bmatrix},\quad \tilde{\boldsymbol{B}}=\boldsymbol{T}_o^{-1}\boldsymbol{B}=\begin{bmatrix}\tilde{\boldsymbol{B}}_1\\ \tilde{\boldsymbol{B}}_2\end{bmatrix},\quad \tilde{\boldsymbol{C}}=\boldsymbol{C}\boldsymbol{T}_o=\begin{bmatrix}\tilde{\boldsymbol{C}}_1 & \boldsymbol{0}\end{bmatrix}$$

$\tilde{\boldsymbol{A}}_{11}$、$\tilde{\boldsymbol{A}}_{21}$和$\tilde{\boldsymbol{A}}_{22}$都是分块矩阵，其维数分别为 $n_2\times n_2$、$(n-n_2)\times n_2$ 和 $(n-n_2)\times(n-n_2)$，$\tilde{\boldsymbol{B}}_1$ 和$\tilde{\boldsymbol{B}}_2$ 分别为 $n_2\times p$ 和$(n-n_2)\times p$ 维矩阵，$\tilde{\boldsymbol{C}}_1$ 为 $q\times n_2$ 维矩阵。

变换矩阵的逆 $\boldsymbol{T}_o^{-1}$构造方法如下：

(1) 从能观性矩阵 $\boldsymbol{U}_o=\begin{bmatrix}\boldsymbol{C}\\ \boldsymbol{C}\boldsymbol{A}\\ \vdots\\ \boldsymbol{C}\boldsymbol{A}^{n-1}\end{bmatrix}$中选择 n_2 个线性无关的行向量。

(2) 将所求行向量作为 $\boldsymbol{T}_o^{-1}$的前 n_2 个行，其余的行可以在保证 $\boldsymbol{T}_o^{-1}$为非奇异矩阵的条件下任意选择。

4.6.3 系统按能控性与能观性进行标准分解

综合以上两项内容，假设系统(4.4)既不完全能控又不完全能观，则关于系统的标准分解，有如下的 Kalman 标准分解定理。

定理 4.14 设线性系统(4.4)既不完全能控又不完全能观，则经过线性状态变换，可以化为下列形式

$$\begin{bmatrix}\dot{\tilde{\boldsymbol{x}}}_1\\ \dot{\tilde{\boldsymbol{x}}}_2\\ \dot{\tilde{\boldsymbol{x}}}_3\\ \dot{\tilde{\boldsymbol{x}}}_4\end{bmatrix}=\begin{bmatrix}\tilde{\boldsymbol{A}}_{11} & \boldsymbol{0} & \tilde{\boldsymbol{A}}_{13} & \boldsymbol{0}\\ \tilde{\boldsymbol{A}}_{12} & \tilde{\boldsymbol{A}}_{22} & \tilde{\boldsymbol{A}}_{23} & \tilde{\boldsymbol{A}}_{24}\\ \boldsymbol{0} & \boldsymbol{0} & \tilde{\boldsymbol{A}}_{33} & \boldsymbol{0}\\ \boldsymbol{0} & \boldsymbol{0} & \tilde{\boldsymbol{A}}_{43} & \tilde{\boldsymbol{A}}_{44}\end{bmatrix}\begin{bmatrix}\tilde{\boldsymbol{x}}_1\\ \tilde{\boldsymbol{x}}_2\\ \tilde{\boldsymbol{x}}_3\\ \tilde{\boldsymbol{x}}_4\end{bmatrix}+\begin{bmatrix}\tilde{\boldsymbol{B}}_1\\ \tilde{\boldsymbol{B}}_2\\ \boldsymbol{0}\\ \boldsymbol{0}\end{bmatrix}\boldsymbol{u} \tag{4.19}$$

$$y = [\widetilde{C}_1 \quad 0 \quad \widetilde{C}_3 \quad 0]\begin{bmatrix}\widetilde{x}_1\\ \widetilde{x}_2\\ \widetilde{x}_3\\ \widetilde{x}_4\end{bmatrix} \tag{4.19}$$

4.7 能控性、能观性与传递函数矩阵的关系

4.7.1 单输入单输出系统

考虑系统(4.4)，设 $p=q=1$，其传递函数为

$$g(s) = \boldsymbol{c}(s\boldsymbol{I}-\boldsymbol{A})^{-1}\boldsymbol{b} = \boldsymbol{c}\frac{\operatorname{adj}(s\boldsymbol{I}-\boldsymbol{A})}{\Delta(s)}\boldsymbol{b} = \frac{N(s)}{D(s)} \tag{4.20}$$

式中，$N(s)$为传递函数的分子多项式；$D(s)$为传递函数的分母多项式；$\Delta(s)$为系统矩阵 $\boldsymbol{A}$ 的特征多项式，它等于 $D(s)$。如果令 $N(s)=0$ 或 $\Delta(s)=0$，则求出的 s 值分别是传递函数 $g(s)$的零点和极点。对此，有如下定理。

定理 4.15　系统(4.4)能控、能观的充要条件是传递函数 $g(s)$中没有零、极点对消现象。

4.7.2 多输入多输出系统

考虑系统(4.4)，其传递函数矩阵为

$$\boldsymbol{G}(s) = \frac{\boldsymbol{C}\operatorname{adj}(s\boldsymbol{I}-\boldsymbol{A})\boldsymbol{B}}{\Delta(s)} \tag{4.21}$$

其中 $\Delta(s)=\det(s\boldsymbol{I}-\boldsymbol{A})$，即矩阵 $\boldsymbol{A}$ 的特征多项式，$\boldsymbol{G}(s)$是 $q\times p$ 矩阵。对此，有如下结论：

定理 4.16　对于(4.4)描述的系统，如果在传递矩阵 $\boldsymbol{G}(s)$中，$\Delta(s)$与 $\boldsymbol{C}\operatorname{adj}(s\boldsymbol{I}-\boldsymbol{A})\boldsymbol{B}$ 之间没有非常数公因式，则该系统是能控且能观测的。

4.8 能控标准型和能观标准型

标准型也称规范型，是指系统在状态空间某种基底下所具有的标准形式，它揭示出系统代数结构的特点。所谓能控标准型和能观标准型，就是适当选择状态空间的基底，对系统进行状态线性变换，把状态空间表达式的一般形式化为标准形式。能控标准型是指在一组基底下将能控性矩阵中的 $\boldsymbol{A}$ 和 $\boldsymbol{B}$ 表现为能控的标准形式；能观标准型是指在一组基底下，将能观性矩阵中的 $\boldsymbol{A}$ 和 $\boldsymbol{C}$ 表现为能观的标准形式。

4.8.1 系统的能控标准型

设 $p=q=1$，则系统(4.4)为单输入单输出系统，其中 $\boldsymbol{c}$ 为任意矩阵，若系统矩阵 $\boldsymbol{A}$ 和控制矩阵 $\boldsymbol{b}$ 分别为

$$\boldsymbol{A}=\begin{bmatrix}0 & 1 & 0 & \cdots & 0 & 0\\ 0 & 0 & 1 & \cdots & 0 & 0\\ 0 & 0 & 0 & \cdots & 0 & 0\\ \vdots & \vdots & \vdots & \ddots & \vdots & \vdots\\ 0 & 0 & 0 & \cdots & 0 & 1\\ -a_n & -a_{n-1} & -a_{n-2} & \cdots & -a_2 & -a_1\end{bmatrix},\quad \boldsymbol{b}=\begin{bmatrix}0\\0\\0\\ \vdots\\0\\1\end{bmatrix} \tag{4.22}$$

则称其为系统状态空间表达式的能控标准型。

定理 4.17 如果一个系统是能控的，那么必存在一非奇异变换

$$\tilde{\boldsymbol{x}}=\boldsymbol{P}\boldsymbol{x}\quad 或 \quad \boldsymbol{x}=\boldsymbol{P}^{-1}\tilde{\boldsymbol{x}} \tag{4.23}$$

可将其变换成能控标准型

$$\dot{\tilde{\boldsymbol{x}}}=\boldsymbol{A}_c\tilde{\boldsymbol{x}}+\boldsymbol{b}_c\boldsymbol{u} \tag{4.24}$$

而线性变换矩阵 $\boldsymbol{P}$ 由式(4.25)确定，即

$$\boldsymbol{P}=\begin{bmatrix}\boldsymbol{p}_1\\ \boldsymbol{p}_1\boldsymbol{A}\\ \vdots\\ \boldsymbol{p}_1\boldsymbol{A}^{n-1}\end{bmatrix} \tag{4.25}$$

其中

$$\boldsymbol{p}_1=[0\ \ 0\ \ 0\ \ \cdots\ \ 0\ \ 1][\boldsymbol{b}\ \ \boldsymbol{A}\boldsymbol{b}\ \ \boldsymbol{A}^2\boldsymbol{b}\ \ \cdots\ \ \boldsymbol{A}^{n-1}\boldsymbol{b}]^{-1} \tag{4.26}$$

4.8.2 系统的能观标准型

设 $p=q=1$，则系统(4.4)为单输入单输出系统，其中 $\boldsymbol{b}$ 为任意 $n\times 1$ 矩阵，若系统矩阵 $\boldsymbol{A}$ 和输出矩阵 $\boldsymbol{c}$ 分别为

$$\boldsymbol{A}=\begin{bmatrix}0 & 0 & 0 & \cdots & 0 & -a_n\\ 1 & 0 & 0 & \cdots & 0 & -a_{n-1}\\ 0 & 1 & 0 & \cdots & 0 & -a_{n-2}\\ \vdots & \vdots & \vdots & \ddots & \vdots & \vdots\\ 0 & 0 & 0 & \cdots & 0 & -a_2\\ 0 & 0 & 0 & \cdots & 1 & -a_1\end{bmatrix},\quad \boldsymbol{c}=[0\ \ 0\ \ 0\ \ \cdots\ \ 0\ \ 1] \tag{4.27}$$

则称其为系统状态空间表达式的能观标准型。

定理 4.18　如果一个系统是能观测的，那么必存在一非奇异变换

$$\boldsymbol{x} = \boldsymbol{T}\tilde{\boldsymbol{x}} \tag{4.28}$$

将系统变换为能观标准型

$$\left.\begin{aligned}\dot{\tilde{\boldsymbol{x}}} &= \boldsymbol{A}_o\tilde{\boldsymbol{x}} + \boldsymbol{b}_o u \\ y &= \boldsymbol{c}_o\tilde{\boldsymbol{x}}\end{aligned}\right\} \tag{4.29}$$

变换矩阵 $\boldsymbol{T}$ 由式(4.30)给出，即

$$\boldsymbol{T} = [T_1 \quad AT_1 \quad \cdots \quad A^{n-1}T_1] \tag{4.30}$$

式中

$$\boldsymbol{T}_1 = \begin{bmatrix} \boldsymbol{c} \\ \boldsymbol{cA} \\ \vdots \\ \boldsymbol{cA}^{n-1} \end{bmatrix}^{-1} \begin{bmatrix} 0 \\ 0 \\ \vdots \\ 1 \end{bmatrix} \tag{4.31}$$

4.9　系统的实现

对于线性定常系统，给定 4 个系数矩阵 $\boldsymbol{A}$、$\boldsymbol{B}$、$\boldsymbol{C}$ 和 $\boldsymbol{D}$ 后，可由状态空间表达式利用式(4.21)求出系统的传递函数矩阵。系统的实现问题是，给定传递函数矩阵求出系统的状态空间表达式。在所有可能的实现中，维数最小的实现称为最小实现。

4.9.1　单输入单输出系统的实现问题

在此只给出

$$g(s) = \frac{\beta_1 s^{n-1} + \beta_2 s^{n-2} + \cdots + \beta_{n-1}s + \beta_n}{s^n + a_1 s^{n-1} + \cdots + a_{n-1}s + a_n} \tag{4.32}$$

的实现问题。

(1) $g(s)$的能控标准型实现

$$\boldsymbol{A} = \begin{bmatrix} 0 & 1 & 0 & \cdots & 0 & 0 \\ 0 & 0 & 1 & \cdots & 0 & 0 \\ 0 & 0 & 0 & \cdots & 0 & 0 \\ \vdots & \vdots & \vdots & \ddots & \vdots & \vdots \\ 0 & 0 & 0 & \cdots & 0 & 1 \\ -a_n & -a_{n-1} & -a_{n-2} & \cdots & -a_2 & -a_1 \end{bmatrix}, \quad \boldsymbol{b} = \begin{bmatrix} 0 \\ 0 \\ 0 \\ \vdots \\ 0 \\ 1 \end{bmatrix} \tag{4.33}$$

$$\boldsymbol{c} = [\beta_n \quad \beta_{n-1} \quad \cdots \quad \beta_1]$$

(2) $g(s)$的能观标准型实现

$$A=\begin{bmatrix}0&0&0&\cdots&0&-a_n\\1&0&0&\cdots&0&-a_{n-1}\\0&1&0&\cdots&0&-a_{n-2}\\\vdots&\vdots&\vdots&\ddots&\vdots&\vdots\\0&0&0&\cdots&0&-a_2\\0&0&0&\cdots&1&-a_1\end{bmatrix},\quad b=\begin{bmatrix}\beta_n\\\beta_{n-1}\\\beta_{n-2}\\\vdots\\\beta_2\\\beta_1\end{bmatrix}\tag{4.34}$$

$$c=\begin{bmatrix}0&0&0&\cdots&0&1\end{bmatrix}$$

4.9.2 多输入多输出系统的实现问题

当$\boldsymbol{G}(s)$阵的$q>p$时，可采用能控性实现为

$$\boldsymbol{A}=\begin{bmatrix}\boldsymbol{0}&\boldsymbol{I}_p&\cdots&\boldsymbol{0}\\\vdots&\vdots&\ddots&\vdots\\\boldsymbol{0}&\boldsymbol{0}&\cdots&\boldsymbol{I}_p\\-a_l\boldsymbol{I}_p&-a_{l-2}\boldsymbol{I}_p&\cdots&-a_1\boldsymbol{I}_p\end{bmatrix}_{pl\times pl},\quad \boldsymbol{B}=\begin{bmatrix}\boldsymbol{0}\\\boldsymbol{0}\\\vdots\\\boldsymbol{I}_p\end{bmatrix}_{pl\times p}\tag{4.35}$$

$$\boldsymbol{C}=\begin{bmatrix}\boldsymbol{b}_l&\boldsymbol{b}_{l-1}&\cdots&\boldsymbol{b}_1\end{bmatrix}_{q\times pl}$$

式中，$a_1,a_2,\cdots,a_l$为$\boldsymbol{G}(s)$各元素分母的首一最小公分母$\Phi(s)=s^l+a_1s^{l-1}+\cdots+a_l$的各项系数，$\boldsymbol{b}_1,\boldsymbol{b}_2,\cdots,\boldsymbol{b}_l$为多项式矩阵$\boldsymbol{P}(s)$的系数矩阵，而

$$\boldsymbol{P}(s)=\Phi(s)\boldsymbol{G}(s)=\boldsymbol{b}_1s^{l-1}+\boldsymbol{b}_2s^{l-2}+\cdots+\boldsymbol{b}_l$$

由以上$\boldsymbol{A}$、$\boldsymbol{B}$、$\boldsymbol{C}$构成的状态空间表达式，必有$\boldsymbol{C}(s\boldsymbol{I}-\boldsymbol{A})^{-1}\boldsymbol{B}=\boldsymbol{G}(s)$，此为能控性实现。

当$\boldsymbol{G}(s)$阵中$p>q$时，为使实现的维数较低，可取能观性实现。它的矩阵$\boldsymbol{A}$、$\boldsymbol{B}$、$\boldsymbol{C}$的形式为

$$\boldsymbol{A}=\begin{bmatrix}\boldsymbol{0}&\cdots&\boldsymbol{0}&-a_l\boldsymbol{I}_q\\\boldsymbol{I}_q&\cdots&\boldsymbol{0}&-a_{l-1}\boldsymbol{I}_q\\\vdots&\ddots&\vdots&\vdots\\\boldsymbol{0}&\cdots&\boldsymbol{I}_q&-a_1\boldsymbol{I}_q\end{bmatrix}_{ql\times ql},\quad \boldsymbol{B}=\begin{bmatrix}\boldsymbol{b}_l\\\boldsymbol{b}_{l-1}\\\vdots\\\boldsymbol{b}_1\end{bmatrix}_{ql\times p}\tag{4.36}$$

$$\boldsymbol{C}=\begin{bmatrix}\boldsymbol{0}&\cdots&\boldsymbol{0}&\boldsymbol{I}_q\end{bmatrix}_{q\times ql}$$

4.9.3 传递函数矩阵的最小实现

同一个传递函数(或矩阵)可以有多种实现，且维数也可以各不相同。在诸多可能的实现中，有一种维数最小的实现，称之为传递函数矩阵$\boldsymbol{G}(s)$的最小实现或不可约实现。

定理 4.19　传递函数矩阵$\boldsymbol{G}(s)$的最小实现$\boldsymbol{A}$、$\boldsymbol{B}$、$\boldsymbol{C}$和$\boldsymbol{D}$的充要条件是系统

状态完全能控且完全能观测。

构造最小实现的途径为：

(1) 求传递函数矩阵的任何一种能控性或能观性实现，再检查实现的能观性或能控性，若已是能控能观，则必是最小实现。

(2) 否则的话，采用结构分解定理，对系统进行能观性或能控性的分解，找出既能控又能观的子空间，从而得到最小实现。

设 $q\times p$ 传递函数矩阵(真分式有理函数)为 $\boldsymbol{G}(s)$，可以写成式(4.37)，即

$$\boldsymbol{G}(s)=\boldsymbol{H}_0+\boldsymbol{H}_1 s^{-1}+\boldsymbol{H}_2 s^{-2}+\cdots \tag{4.37}$$

式中 $\boldsymbol{H}_0$、$\boldsymbol{H}_1$、$\boldsymbol{H}_2$ 均为 $q\times p$ 的常数矩阵，且 $\boldsymbol{H}_0=\boldsymbol{G}(\infty)=\boldsymbol{0}$。另一方面

$$\boldsymbol{G}(s)=\boldsymbol{C}(s\boldsymbol{I}-\boldsymbol{A})^{-1}\boldsymbol{B}+\boldsymbol{D}=\boldsymbol{D}+\boldsymbol{CB}s^{-1}+\boldsymbol{CAB}s^{-2}+\boldsymbol{CA}^2\boldsymbol{B}s^{-3}+\cdots \tag{4.38}$$

令式(4.37)和式(4.38)中同类项系数相等，便可得到实现的系数矩阵 $\boldsymbol{A}$、$\boldsymbol{B}$、$\boldsymbol{C}$ 和 $\boldsymbol{D}$。算法如下：

(1) 将 $\boldsymbol{G}(s)$按照式(4.37)展开，找出 $\boldsymbol{H}_0,\boldsymbol{H}_1,\boldsymbol{H}_2,\cdots$，其中 $\boldsymbol{H}_0=\boldsymbol{D}$。

(2) 如果 $\boldsymbol{G}(s)$中各元素的最小公分母的次数为 l，构造 $ql\times pl$ 矩阵如下：

$$\boldsymbol{T}=\begin{bmatrix}\boldsymbol{H}_1 & \boldsymbol{H}_2 & \boldsymbol{H}_3 & \cdots & \boldsymbol{H}_l\\ \boldsymbol{H}_2 & \boldsymbol{H}_3 & \boldsymbol{H}_4 & \cdots & \boldsymbol{H}_{l+1}\\ \boldsymbol{H}_3 & \boldsymbol{H}_4 & \boldsymbol{H}_5 & \cdots & \boldsymbol{H}_{l+2}\\ \vdots & \vdots & \vdots & \ddots & \vdots\\ \boldsymbol{H}_l & \boldsymbol{H}_{l+1} & \boldsymbol{H}_{l+2} & \cdots & \boldsymbol{H}_{2l-1}\end{bmatrix} \tag{4.39}$$

$$\boldsymbol{T}'=\begin{bmatrix}\boldsymbol{H}_2 & \boldsymbol{H}_3 & \boldsymbol{H}_4 & \cdots & \boldsymbol{H}_{l+1}\\ \boldsymbol{H}_3 & \boldsymbol{H}_4 & \boldsymbol{H}_5 & \cdots & \boldsymbol{H}_{l+2}\\ \boldsymbol{H}_4 & \boldsymbol{H}_5 & \boldsymbol{H}_6 & \cdots & \boldsymbol{H}_{l+3}\\ \vdots & \vdots & \vdots & \ddots & \vdots\\ \boldsymbol{H}_{l+1} & \boldsymbol{H}_{l+2} & \boldsymbol{H}_{l+3} & \cdots & \boldsymbol{H}_{2l}\end{bmatrix} \tag{4.40}$$

(3) 如果矩阵 $\boldsymbol{T}$ 的秩为 n，则构造 $ql\times ql$ 矩阵 $\boldsymbol{K}$ 和 $pl\times pl$ 矩阵 $\boldsymbol{L}$，使得如下 $ql\times pl$ 矩阵等式成立

$$\boldsymbol{KTL}=\begin{bmatrix}\boldsymbol{I}_n & \boldsymbol{0}\\ \boldsymbol{0} & \boldsymbol{0}\end{bmatrix}=\boldsymbol{I}_{n,ql}^{\mathrm{T}}\boldsymbol{I}_{n,pl} \tag{4.41}$$

式中 $\boldsymbol{I}_{n,ql}$和 $\boldsymbol{I}_{n,pl}$分别是 $n\times ql$ 和 $n\times pl$ 的单位矩阵，即它们的主对角线元素为 1，其余为零。$\boldsymbol{KTL}$ 是用行和列的基本运算(可由计算机辅助设计程序来求)顺序而得到的。于是

$$\boldsymbol{A}=\boldsymbol{I}_{n,ql}\boldsymbol{KT}'\boldsymbol{LI}_{n,pl}^{\mathrm{T}} \tag{4.42}$$

$$\boldsymbol{B}=\boldsymbol{I}_{n,ql}\boldsymbol{KTI}_{p,pl}^{\mathrm{T}} \tag{4.43}$$

$$\boldsymbol{C}=\boldsymbol{I}_{q,ql}\boldsymbol{TLI}_{n,pl}^{\mathrm{T}} \tag{4.44}$$

$$\boldsymbol{D}=\boldsymbol{H}_0 \tag{4.45}$$

习题与解答

4.1 判断下列系统的能控性。

(1) $\begin{bmatrix}\dot{x}_1\\ \dot{x}_2\end{bmatrix}=\begin{bmatrix}1 & 1\\ 1 & 0\end{bmatrix}\begin{bmatrix}x_1\\ x_2\end{bmatrix}+\begin{bmatrix}0\\ 1\end{bmatrix}u$

(2) $$\begin{bmatrix}\dot{x}_1\\ \dot{x}_2\\ \dot{x}_3\end{bmatrix}=\begin{bmatrix}0 & 1 & 0\\ 0 & 0 & 1\\ -2 & -4 & -3\end{bmatrix}\begin{bmatrix}x_1\\ x_2\\ x_3\end{bmatrix}+\begin{bmatrix}1 & 0\\ 0 & 1\\ -1 & 1\end{bmatrix}\begin{bmatrix}u_1\\ u_2\end{bmatrix}$$

(3) $$\begin{bmatrix}\dot{x}_1\\ \dot{x}_2\\ \dot{x}_3\end{bmatrix}=\begin{bmatrix}-3 & 1 & 0\\ 0 & -3 & 0\\ 0 & 0 & -1\end{bmatrix}\begin{bmatrix}x_1\\ x_2\\ x_3\end{bmatrix}+\begin{bmatrix}1 & -1\\ 0 & 0\\ 2 & 0\end{bmatrix}\begin{bmatrix}u_1\\ u_2\end{bmatrix}$$

(4) $$\begin{bmatrix}\dot{x}_1\\ \dot{x}_2\\ \dot{x}_3\\ \dot{x}_4\end{bmatrix}=\begin{bmatrix}\lambda_1 & 1 & 0 & 0\\ 0 & \lambda_1 & 0 & 0\\ 0 & 0 & \lambda_1 & 0\\ 0 & 0 & 0 & \lambda_1\end{bmatrix}\begin{bmatrix}x_1\\ x_2\\ x_3\\ x_4\end{bmatrix}+\begin{bmatrix}0\\ 1\\ 1\\ 1\end{bmatrix}u$$

(5) $$\begin{bmatrix}\dot{x}_1\\ \dot{x}_2\\ \dot{x}_3\end{bmatrix}=\begin{bmatrix}0 & 4 & 3\\ 0 & 20 & 16\\ 0 & -25 & -20\end{bmatrix}\begin{bmatrix}x_1\\ x_2\\ x_3\end{bmatrix}+\begin{bmatrix}-1\\ 3\\ 0\end{bmatrix}u$$

解 (1) 由于该系统控制矩阵 $\boldsymbol{b}=\begin{bmatrix}1\\ 0\end{bmatrix}$,系统矩阵 $\boldsymbol{A}=\begin{bmatrix}1 & 1\\ 1 & 0\end{bmatrix}$,所以

$$\boldsymbol{A}\boldsymbol{b}=\begin{bmatrix}1 & 1\\ 1 & 0\end{bmatrix}\begin{bmatrix}1\\ 0\end{bmatrix}=\begin{bmatrix}1\\ 1\end{bmatrix}$$

从而系统的能控性矩阵为

$$\boldsymbol{U}_{\mathrm{c}}=[\boldsymbol{b}\quad \boldsymbol{A}\boldsymbol{b}]=\begin{bmatrix}1 & 1\\ 0 & 1\end{bmatrix}$$

显然有 $\mathrm{rank}\boldsymbol{U}_{\mathrm{c}}=\mathrm{rank}[\boldsymbol{b}\quad \boldsymbol{A}\boldsymbol{b}]=2=n$,满足能控性的充要条件,所以该系统能控。

(2) 由于该系统控制矩阵为

$$\boldsymbol{b}=\begin{bmatrix}1 & 0\\ 0 & 1\\ -1 & 1\end{bmatrix}$$

系统矩阵为

$$\boldsymbol{A}=\begin{bmatrix}0&1&0\\0&0&1\\-2&-4&-3\end{bmatrix}$$

则有

$$\boldsymbol{Ab}=\begin{bmatrix}0&1&0\\0&0&1\\-2&-4&-3\end{bmatrix}\begin{bmatrix}1&0\\0&1\\-1&1\end{bmatrix}=\begin{bmatrix}0&1\\-1&1\\1&-7\end{bmatrix}$$

$$\boldsymbol{A}^2\boldsymbol{b}=\begin{bmatrix}0&1&0\\0&0&1\\-2&-4&-3\end{bmatrix}\begin{bmatrix}0&1\\-1&1\\1&-7\end{bmatrix}=\begin{bmatrix}-1&1\\1&-7\\1&15\end{bmatrix}$$

从而系统的能控性矩阵为

$$\boldsymbol{U}_\mathrm{c}=[\boldsymbol{b}\quad \boldsymbol{Ab}\quad \boldsymbol{A}^2\boldsymbol{b}]=\begin{bmatrix}1&0&0&1&-1&1\\0&1&-1&1&1&-7\\-1&1&1&-7&1&15\end{bmatrix}$$

有 $\mathrm{rank}\boldsymbol{U}_\mathrm{c}=3=n$，满足能控性的充要条件，所以该系统能控。

(3) 由于该系统控制矩阵为

$$\boldsymbol{b}=\begin{bmatrix}1&-1\\0&0\\2&0\end{bmatrix}$$

系统矩阵为

$$\boldsymbol{A}=\begin{bmatrix}-3&1&0\\0&-3&0\\0&0&-1\end{bmatrix}$$

则有

$$\boldsymbol{Ab}=\begin{bmatrix}-3&1&0\\0&-3&0\\0&0&-1\end{bmatrix}\begin{bmatrix}1&-1\\0&0\\2&0\end{bmatrix}=\begin{bmatrix}-3&3\\0&0\\-2&0\end{bmatrix}$$

$$\boldsymbol{A}^2\boldsymbol{b}=\begin{bmatrix}-3&1&0\\0&-3&0\\0&0&-1\end{bmatrix}\begin{bmatrix}-3&3\\0&0\\-2&0\end{bmatrix}=\begin{bmatrix}9&-9\\0&0\\2&0\end{bmatrix}$$

于是，系统的能控性矩阵为

$$\boldsymbol{U}_\mathrm{c}=[\boldsymbol{b}\quad \boldsymbol{Ab}\quad \boldsymbol{A}^2\boldsymbol{b}]=\begin{bmatrix}1&-1&-3&3&9&-9\\0&0&0&0&0&0\\2&0&-2&0&2&0\end{bmatrix}$$

可知 $\mathrm{rank}\boldsymbol{U}_\mathrm{c}=2<n$，不满足能控性的充要条件，所以该系统不完全能控。

(4) 由于该系统控制矩阵为

$$\boldsymbol{b}=\begin{bmatrix}0\\1\\1\\1\end{bmatrix}$$

系统矩阵为

$$\boldsymbol{A}=\begin{bmatrix}\lambda_1 & 1 & 0 & 0\\0 & \lambda_1 & 0 & 0\\0 & 0 & \lambda_1 & 0\\0 & 0 & 0 & \lambda_1\end{bmatrix}$$

则有

$$\boldsymbol{Ab}=\begin{bmatrix}\lambda_1 & 1 & 0 & 0\\0 & \lambda_1 & 0 & 0\\0 & 0 & \lambda_1 & 0\\0 & 0 & 0 & \lambda_1\end{bmatrix}\begin{bmatrix}0\\1\\1\\1\end{bmatrix}=\begin{bmatrix}1\\\lambda_1\\\lambda_1\\\lambda_1\end{bmatrix}$$

$$\boldsymbol{A}^2\boldsymbol{b}=\begin{bmatrix}\lambda_1 & 1 & 0 & 0\\0 & \lambda_1 & 0 & 0\\0 & 0 & \lambda_1 & 0\\0 & 0 & 0 & \lambda_1\end{bmatrix}\begin{bmatrix}1\\\lambda_1\\\lambda_1\\\lambda_1\end{bmatrix}=\begin{bmatrix}2\lambda_1\\\lambda_1^2\\\lambda_1^2\\\lambda_1^2\end{bmatrix}$$

$$\boldsymbol{A}^3\boldsymbol{b}=\begin{bmatrix}\lambda_1 & 1 & 0 & 0\\0 & \lambda_1 & 0 & 0\\0 & 0 & \lambda_1 & 0\\0 & 0 & 0 & \lambda_1\end{bmatrix}\begin{bmatrix}2\lambda_1\\\lambda_1^2\\\lambda_1^2\\\lambda_1^2\end{bmatrix}=\begin{bmatrix}3\lambda_1^2\\\lambda_1^3\\\lambda_1^3\\\lambda_1^3\end{bmatrix}$$

从而系统的能控性矩阵为

$$\boldsymbol{U}_{\mathrm{c}}=[\boldsymbol{b}\quad \boldsymbol{Ab}\quad \boldsymbol{A}^2\boldsymbol{b}\quad \boldsymbol{A}^3\boldsymbol{b}]=\begin{bmatrix}0 & 1 & 2\lambda_1 & 3\lambda_1^2\\1 & \lambda_1 & \lambda_1^2 & \lambda_1^3\\1 & \lambda_1 & \lambda_1^2 & \lambda_1^3\\1 & \lambda_1 & \lambda_1^2 & \lambda_1^3\end{bmatrix}$$

易知 $\mathrm{rank}\boldsymbol{U}_{\mathrm{c}}=2<n$,不满足能控性的充要条件,所以该系统不能控。

(5) 由于该系统控制矩阵为

$$\boldsymbol{b}=\begin{bmatrix}-1\\3\\0\end{bmatrix}$$

系统矩阵为

$$A=\begin{bmatrix}0 & 4 & 3\\ 0 & 20 & 16\\ 0 & -25 & -20\end{bmatrix}$$

则有

$$Ab=\begin{bmatrix}0 & 4 & 3\\ 0 & 20 & 16\\ 0 & -25 & -20\end{bmatrix}\begin{bmatrix}-1\\ 3\\ 0\end{bmatrix}=\begin{bmatrix}12\\ 60\\ -75\end{bmatrix}$$

$$A^2b=\begin{bmatrix}0 & 4 & 3\\ 0 & 20 & 16\\ 0 & -25 & -20\end{bmatrix}\begin{bmatrix}12\\ 60\\ -75\end{bmatrix}=\begin{bmatrix}15\\ 0\\ 0\end{bmatrix}$$

从而系统的能控性矩阵为

$$U_c=[b\quad Ab\quad A^2b]=\begin{bmatrix}-1 & 12 & 15\\ 3 & 60 & 0\\ 0 & -75 & 0\end{bmatrix}$$

易知 $\mathrm{rank}U_c=3=n$，满足能控性的充要条件，所以该系统能控。

4.2　判断下列系统的输出能控性。

(1) $$\begin{bmatrix}\dot{x}_1\\ \dot{x}_2\\ \dot{x}_3\end{bmatrix}=\begin{bmatrix}-3 & 1 & 0\\ 0 & -3 & 0\\ 0 & 0 & -1\end{bmatrix}\begin{bmatrix}x_1\\ x_2\\ x_3\end{bmatrix}+\begin{bmatrix}1 & -1\\ 0 & 0\\ 2 & 0\end{bmatrix}\begin{bmatrix}u_1\\ u_2\end{bmatrix},\begin{bmatrix}y_1\\ y_2\end{bmatrix}=\begin{bmatrix}1 & 0 & 1\\ -1 & 1 & 0\end{bmatrix}\begin{bmatrix}x_1\\ x_2\\ x_3\end{bmatrix}$$

(2) $$\begin{bmatrix}\dot{x}_1\\ \dot{x}_2\\ \dot{x}_3\end{bmatrix}=\begin{bmatrix}0 & 1 & 0\\ 0 & 0 & 1\\ -6 & -11 & -6\end{bmatrix}\begin{bmatrix}x_1\\ x_2\\ x_3\end{bmatrix}+\begin{bmatrix}0\\ 0\\ 1\end{bmatrix}u,y=[1\quad 0\quad 0]\begin{bmatrix}x_1\\ x_2\\ x_3\end{bmatrix}$$

解　(1) 系统输出完全能控的充分必要条件是，矩阵

$$[CB\quad CAB\quad CA^2B\quad CA^{n-1}B\quad \cdots\quad D]$$

的秩为 q。由于

$$CB=\begin{bmatrix}1 & 0 & 1\\ -1 & 1 & 0\end{bmatrix}\begin{bmatrix}1 & -1\\ 0 & 0\\ 2 & 0\end{bmatrix}=\begin{bmatrix}3 & -1\\ -1 & 1\end{bmatrix}$$

$$CAB=\begin{bmatrix}1 & 0 & 1\\ -1 & 1 & 0\end{bmatrix}\begin{bmatrix}-3 & 1 & 0\\ 0 & -3 & 0\\ 0 & 0 & -1\end{bmatrix}\begin{bmatrix}1 & -1\\ 0 & 0\\ 2 & 0\end{bmatrix}=\begin{bmatrix}-5 & 3\\ 3 & -3\end{bmatrix}$$

$$CA^2B=\begin{bmatrix}1 & 0 & 1\\ -1 & 1 & 0\end{bmatrix}\begin{bmatrix}-3 & 1 & 0\\ 0 & -3 & 0\\ 0 & 0 & -1\end{bmatrix}^2\begin{bmatrix}1 & -1\\ 0 & 0\\ 2 & 0\end{bmatrix}=\begin{bmatrix}11 & -9\\ -9 & 9\end{bmatrix}$$

所以

$$[CB \quad CAB \quad CA^2B \quad D] = \begin{bmatrix} 3 & -1 & -5 & 3 & 11 & -9 \\ -1 & 1 & 3 & -3 & -9 & 9 \end{bmatrix}$$

而 $\text{rank}[CB \quad CAB \quad CA^2B \quad D]=2=q$，等于输出变量的数目，因此系统是输出能控的。

(2) 系统输出完全能控的充要条件是，矩阵

$$[CB \quad CAB \quad CA^2B \quad CA^{n-1}B \quad \cdots \quad D]$$

的秩为 q。由于

$$CB = 0, CAB = 0, CA^2B = 0$$

所以

$$[CB \quad CAB \quad CA^2B \quad D] = [0 \quad 0 \quad 1 \quad 0]$$

而 $\text{rank}[CB \quad CAB \quad CA^2B \quad D]=1=q$，等于输出变量个数，故系统输出能控。

4.3 判断下列系统的能观性。

(1) $\begin{bmatrix} \dot{x}_1 \\ \dot{x}_2 \end{bmatrix}=\begin{bmatrix} 1 & 1 \\ 1 & 0 \end{bmatrix}\begin{bmatrix} x_1 \\ x_2 \end{bmatrix}, y=[1 \quad 1]\begin{bmatrix} x_1 \\ x_2 \end{bmatrix}$

(2) $\begin{bmatrix} \dot{x}_1 \\ \dot{x}_2 \\ \dot{x}_3 \end{bmatrix}=\begin{bmatrix} 0 & 1 & 0 \\ 0 & 0 & 1 \\ -2 & -4 & -3 \end{bmatrix}\begin{bmatrix} x_1 \\ x_2 \\ x_3 \end{bmatrix}, \begin{bmatrix} y_1 \\ y_2 \end{bmatrix}=\begin{bmatrix} 0 & 1 & -1 \\ 1 & 2 & 1 \end{bmatrix}\begin{bmatrix} x_1 \\ x_2 \\ x_3 \end{bmatrix}$

(3) $\begin{bmatrix} \dot{x}_1 \\ \dot{x}_2 \\ \dot{x}_3 \end{bmatrix}=\begin{bmatrix} 0 & 4 & 3 \\ 0 & 20 & 16 \\ 0 & -25 & -20 \end{bmatrix}\begin{bmatrix} x_1 \\ x_2 \\ x_3 \end{bmatrix}, y=[-1 \quad 3 \quad 0]\begin{bmatrix} x_1 \\ x_2 \\ x_3 \end{bmatrix}$

(4) $\begin{bmatrix} \dot{x}_1 \\ \dot{x}_2 \\ \dot{x}_3 \end{bmatrix}=\begin{bmatrix} 2 & 1 & 0 \\ 0 & 2 & 0 \\ 0 & 0 & -3 \end{bmatrix}\begin{bmatrix} x_1 \\ x_2 \\ x_3 \end{bmatrix}, y=[0 \quad 1 \quad 1]\begin{bmatrix} x_1 \\ x_2 \\ x_3 \end{bmatrix}$

(5) $\begin{bmatrix} \dot{x}_1 \\ \dot{x}_2 \\ \dot{x}_3 \end{bmatrix}=\begin{bmatrix} -4 & 0 & 0 \\ 0 & -4 & 0 \\ 0 & 0 & 1 \end{bmatrix}\begin{bmatrix} x_1 \\ x_2 \\ x_3 \end{bmatrix}, y=[1 \quad 1 \quad 4]\begin{bmatrix} x_1 \\ x_2 \\ x_3 \end{bmatrix}$

解 (1) 系统的观测矩阵 $C=[1 \quad 1]$，系统矩阵 $A=\begin{bmatrix} 1 & 1 \\ 1 & 0 \end{bmatrix}$，得

$$CA = [1 \quad 1]\begin{bmatrix} 1 & 1 \\ 1 & 0 \end{bmatrix} = [2 \quad 1]$$

系统能观性矩阵为

$$U_o = \begin{bmatrix} C \\ CA \end{bmatrix} = \begin{bmatrix} 1 & 1 \\ 2 & 1 \end{bmatrix}$$

可知

$$\mathrm{rank}\boldsymbol{U}_{\mathrm{o}} = \mathrm{rank}\begin{bmatrix}\boldsymbol{C}\\ \boldsymbol{CA}\end{bmatrix} = 2 = n$$

满足能观性的充要条件，所以该系统是能观测的。

（2）系统的观测矩阵 $\boldsymbol{C}=\begin{bmatrix}0 & 1 & -1\\ 1 & 2 & 1\end{bmatrix}$，系统矩阵 $\boldsymbol{A}=\begin{bmatrix}0 & 1 & 0\\ 0 & 0 & 1\\ -2 & -4 & -3\end{bmatrix}$，于是

$$\boldsymbol{CA} = \begin{bmatrix}0 & 1 & -1\\ 1 & 2 & 1\end{bmatrix}\begin{bmatrix}0 & 1 & 0\\ 0 & 0 & 1\\ -2 & -4 & -3\end{bmatrix} = \begin{bmatrix}2 & 4 & 4\\ -2 & -3 & -1\end{bmatrix}$$

$$\boldsymbol{CA}^2 = \begin{bmatrix}2 & 4 & 4\\ -2 & -3 & -1\end{bmatrix}\begin{bmatrix}0 & 1 & 0\\ 0 & 0 & 1\\ -2 & -4 & -3\end{bmatrix} = \begin{bmatrix}-8 & -14 & -8\\ 2 & 2 & 0\end{bmatrix}$$

系统能观性矩阵为

$$\boldsymbol{U}_{\mathrm{o}} = \begin{bmatrix}\boldsymbol{C}\\ \boldsymbol{CA}\\ \boldsymbol{CA}^2\end{bmatrix} = \begin{bmatrix}0 & 1 & -1\\ 1 & 2 & 1\\ 2 & 4 & 4\\ -2 & -3 & -1\\ -8 & -14 & -8\\ 2 & 2 & 0\end{bmatrix}$$

易知

$$\mathrm{rank}\boldsymbol{U}_{\mathrm{o}} = \mathrm{rank}\begin{bmatrix}\boldsymbol{C}\\ \boldsymbol{CA}\\ \boldsymbol{CA}^2\end{bmatrix} = 3 = n$$

满足能观性的充要条件，所以该系统是能观测的。

（3）系统的观测矩阵 $\boldsymbol{C}=\begin{bmatrix}-1 & 3 & 0\end{bmatrix}$，系统矩阵 $\boldsymbol{A}=\begin{bmatrix}0 & 4 & 3\\ 0 & 20 & 16\\ 0 & -25 & -20\end{bmatrix}$，于是

$$\boldsymbol{CA} = \begin{bmatrix}-1 & 3 & 0\end{bmatrix}\begin{bmatrix}0 & 4 & 3\\ 0 & 20 & 16\\ 0 & -25 & -20\end{bmatrix} = \begin{bmatrix}0 & 56 & 45\end{bmatrix}$$

$$\boldsymbol{CA}^2 = \begin{bmatrix}0 & 56 & 45\end{bmatrix}\begin{bmatrix}0 & 4 & 3\\ 0 & 20 & 16\\ 0 & -25 & -20\end{bmatrix} = \begin{bmatrix}0 & -5 & -4\end{bmatrix}$$

系统能观性矩阵为

$$\boldsymbol{U}_{\mathrm{o}} = \begin{bmatrix}\boldsymbol{C}\\ \boldsymbol{CA}\\ \boldsymbol{CA}^2\end{bmatrix} = \begin{bmatrix}-1 & 3 & 0\\ 0 & 56 & 45\\ 0 & -5 & -4\end{bmatrix}$$

易知

$$\mathrm{rank}\boldsymbol{U}_{\mathrm{o}} = \mathrm{rank}\begin{bmatrix}\boldsymbol{C}\\ \boldsymbol{CA}\\ \boldsymbol{CA}^2\end{bmatrix} = 3 = n$$

满足能观性的充要条件，所以该系统是能观测的。

(4) 系统的观测矩阵 $\boldsymbol{C}=[0\quad 1\quad 1]$，系统矩阵 $\boldsymbol{A}=\begin{bmatrix}2 & 1 & 0\\ 0 & 2 & 0\\ 0 & 0 & -3\end{bmatrix}$，于是

$$\boldsymbol{CA} = [0\quad 1\quad 1]\begin{bmatrix}2 & 1 & 0\\ 0 & 2 & 0\\ 0 & 0 & -3\end{bmatrix} = [0\quad 2\quad -3]$$

$$\boldsymbol{CA}^2 = [0\quad 2\quad -3]\begin{bmatrix}2 & 1 & 0\\ 0 & 2 & 0\\ 0 & 0 & -3\end{bmatrix} = [0\quad 4\quad 9]$$

系统能观性矩阵为

$$\boldsymbol{U}_{\mathrm{o}} = \begin{bmatrix}\boldsymbol{C}\\ \boldsymbol{CA}\\ \boldsymbol{CA}^2\end{bmatrix} = \begin{bmatrix}0 & 1 & 1\\ 0 & 2 & -3\\ 0 & 4 & 9\end{bmatrix}$$

可知

$$\mathrm{rank}\boldsymbol{U}_{\mathrm{o}} = \mathrm{rank}\begin{bmatrix}\boldsymbol{C}\\ \boldsymbol{CA}\\ \boldsymbol{CA}^2\end{bmatrix} = 2 < n$$

不满足能观性的充要条件，所以该系统是不能观测的。

(5) 系统的观测矩阵 $\boldsymbol{C}=[1\quad 1\quad 4]$，系统矩阵 $\boldsymbol{A}=\begin{bmatrix}-4 & 0 & 0\\ 0 & -4 & 0\\ 0 & 0 & 1\end{bmatrix}$，于是

$$\boldsymbol{CA} = [1\quad 1\quad 4]\begin{bmatrix}-4 & 0 & 0\\ 0 & -4 & 0\\ 0 & 0 & 1\end{bmatrix} = [-4\quad -4\quad 4]$$

$$\boldsymbol{CA}^2 = [-4\quad -4\quad 4]\begin{bmatrix}-4 & 0 & 0\\ 0 & -4 & 0\\ 0 & 0 & 1\end{bmatrix} = [16\quad 16\quad 4]$$

系统能观性矩阵为

$$\boldsymbol{U}_{\mathrm{o}} = \begin{bmatrix}\boldsymbol{C}\\ \boldsymbol{CA}\\ \boldsymbol{CA}^2\end{bmatrix} = \begin{bmatrix}1 & 1 & 4\\ -4 & -4 & 4\\ 16 & 16 & 4\end{bmatrix}$$

可知

$$\mathrm{rank}\boldsymbol{U}_{\mathrm{o}} = \mathrm{rank}\begin{bmatrix} \boldsymbol{C} \\ \boldsymbol{CA} \\ \boldsymbol{CA}^2 \end{bmatrix} = 2 < n$$

不满足能观性的充要条件，所以该系统是不能观测的。

4.4　试确定当 p 与 q 为何值时下列系统不能控，为何值时不能观测。

$$\begin{bmatrix} \dot{x}_1 \\ \dot{x}_2 \end{bmatrix} = \begin{bmatrix} 1 & 12 \\ 1 & 0 \end{bmatrix}\begin{bmatrix} x_1 \\ x_2 \end{bmatrix} + \begin{bmatrix} p \\ -1 \end{bmatrix} u$$

$$y = [q \quad 1]\begin{bmatrix} x_1 \\ x_2 \end{bmatrix}$$

解　系统的能控性矩阵为

$$\boldsymbol{U}_{\mathrm{c}} = [\boldsymbol{b} \quad \boldsymbol{Ab}] = \begin{bmatrix} p & p-12 \\ -1 & p \end{bmatrix}$$

其行列式为 $\det[\boldsymbol{b} \quad \boldsymbol{Ab}] = p^2 + p - 12$。根据判定能控性的定理，若系统能控，则系统能控性矩阵的秩为 2，亦即 $\det[\boldsymbol{b} \quad \boldsymbol{Ab}] \neq 0$，可知 $p \neq -4$ 或 $p \neq 3$。

系统的能观性矩阵为

$$\boldsymbol{U}_{\mathrm{o}} = \begin{bmatrix} \boldsymbol{C} \\ \boldsymbol{CA} \end{bmatrix} = \begin{bmatrix} q & 1 \\ q+1 & 12q \end{bmatrix}$$

其行列式为 $\det\begin{bmatrix} \boldsymbol{C} \\ \boldsymbol{CA} \end{bmatrix} = 12q^2 - q - 1$。根据判定能观性的定理，若系统能观，则系统能观性矩阵的秩为 2，亦即 $\det\begin{bmatrix} \boldsymbol{C} \\ \boldsymbol{CA} \end{bmatrix} \neq 0$，可知 $q \neq \frac{1}{3}$ 或 $q \neq -\frac{1}{4}$。

4.5　试证明如下系统

$$\begin{bmatrix} \dot{x}_1 \\ \dot{x}_2 \\ \dot{x}_3 \end{bmatrix} = \begin{bmatrix} 20 & -1 & 0 \\ 4 & 16 & 0 \\ 12 & -0 & 18 \end{bmatrix}\begin{bmatrix} x_1 \\ x_2 \\ x_3 \end{bmatrix} + \begin{bmatrix} a \\ b \\ c \end{bmatrix} u$$

不论 a、b、c 取何值都不能控。

证明　系统的特征方程为

$$|\lambda \boldsymbol{I} - \boldsymbol{A}| = \begin{vmatrix} \lambda - 20 & 1 & 0 \\ -4 & \lambda - 16 & 0 \\ -12 & 0 & \lambda - 18 \end{vmatrix} = 0$$

解得特征值 $\lambda_1 = \lambda_2 = \lambda_3 = 18$，将其代入特征方程得

$$|\lambda \boldsymbol{I} - \boldsymbol{A}| = \begin{vmatrix} -2 & 1 & 0 \\ -4 & 2 & 0 \\ -12 & 6 & 0 \end{vmatrix} = 0$$

可知

$$\operatorname{rank}\begin{bmatrix}-2 & 1 & 0\\ -4 & 2 & 0\\ -12 & 6 & 0\end{bmatrix}=1$$

基础解的个数=3−1=2，所以存在着两个线性无关的向量 $\boldsymbol{p}_1$、$\boldsymbol{p}_2$，可将 $\boldsymbol{A}$ 化为

$$\boldsymbol{A}'=\boldsymbol{P}^{-1}\boldsymbol{A}\boldsymbol{P}=\begin{bmatrix}18 & 0 & 0\\ 0 & 18 & 1\\ 0 & 0 & 18\end{bmatrix}$$

因为在约当块中有相同的根，由能控判据 2 可知无论 a、b、c 为何值，系统均不能控。

4.6 已知有两个单输入和单输出系统 Σ_A 和 Σ_B 的状态方程与输出方程分别为

$$\Sigma_A:\quad \dot{\boldsymbol{x}}_A=\begin{bmatrix}0 & 1\\ -3 & -4\end{bmatrix}\boldsymbol{x}_A+\begin{bmatrix}0\\ 1\end{bmatrix}\boldsymbol{u}$$

$$y_A=\begin{bmatrix}2 & 1\end{bmatrix}\boldsymbol{x}_A$$

$$\Sigma_B:\quad \dot{x}_B=-x_B+u$$

$$y_B=x_B$$

分别将两个系统并联接成如图 4.1 所示的系统。针对图 4.1 讨论下列问题：

(1) 写出各图示系统的状态方程及输出方程；

(2) 判别该系统的能控性与能观性；

(3) 求出该系统的传递函数。

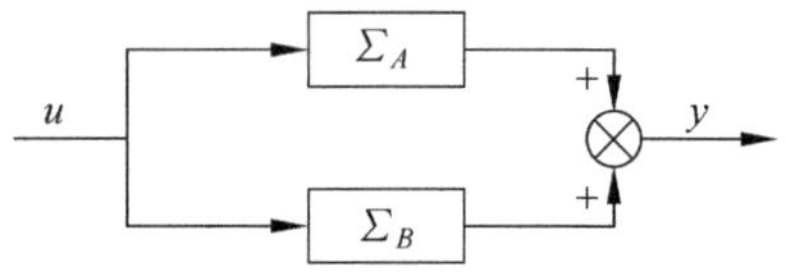

图 4.1 并联系统结构

解 (1) 图 4.1 所示系统为并联结构。已知 $\boldsymbol{A}_1=\begin{bmatrix}0 & 1\\ -3 & -4\end{bmatrix}$，$\boldsymbol{A}_2=-1$；$\boldsymbol{B}_1=\begin{bmatrix}0\\ 1\end{bmatrix}$，$\boldsymbol{B}_2=1$。则组合系统的状态空间表达式为

$$\dot{\boldsymbol{x}}=\begin{bmatrix}\boldsymbol{A}_1 & 0\\ 0 & \boldsymbol{A}_2\end{bmatrix}\boldsymbol{x}+\begin{bmatrix}\boldsymbol{B}_1\\ \boldsymbol{B}_2\end{bmatrix}u=\begin{bmatrix}0 & 1 & 0\\ -3 & -4 & 0\\ 0 & 0 & -1\end{bmatrix}\boldsymbol{x}+\begin{bmatrix}0\\ 1\\ 1\end{bmatrix}u$$

$$y=\begin{bmatrix}2 & 1 & 1\end{bmatrix}\boldsymbol{x}$$

(2) 该系统的能控性矩阵为

$$\boldsymbol{U}_c=\begin{bmatrix}\boldsymbol{b} & \boldsymbol{A}\boldsymbol{b} & \boldsymbol{A}^2\boldsymbol{b}\end{bmatrix}=\begin{bmatrix}0 & 1 & -4\\ 1 & -4 & 13\\ 1 & -1 & 1\end{bmatrix}$$

该系统的能控性矩阵的秩为 3，所以该系统能控。

该系统的能观性矩阵为

$$U_o = \begin{bmatrix} c \\ cA \\ cA^2 \end{bmatrix} = \begin{bmatrix} 2 & 1 & 1 \\ -3 & -2 & 1 \\ 6 & 5 & 1 \end{bmatrix}$$

该系统的能观性矩阵的秩为 3，所以该系统能观。

(3) 图 4.1 所示系统的传递函数由图可得

$$g(s) = c(sI - A)^{-1} b$$

$$= [2 \quad 1 \quad 1] \begin{bmatrix} \dfrac{s+4}{(s+1)(s+3)} & \dfrac{1}{(s+1)(s+3)} & 0 \\ \dfrac{-3}{(s+1)(s+3)} & \dfrac{s}{(s+1)(s+3)} & 0 \\ 0 & 0 & \dfrac{1}{s+1} \end{bmatrix} \begin{bmatrix} 0 \\ 1 \\ 1 \end{bmatrix}$$

$$= \frac{2s+5}{s^2+4s+3}$$

4.7　已知两个单输入和单输出系统 S_1 和 S_2 的状态方程和输出方程分别为

$$S_1: \quad \dot{x}_1 = \begin{bmatrix} 0 & 1 \\ -3 & -4 \end{bmatrix} x_1 + \begin{bmatrix} 0 \\ 1 \end{bmatrix} u_1$$

$$y_1 = [2 \quad 1] x_1$$

$$S_2: \quad \dot{x}_2 = -2x_2 + u_2$$

$$y_2 = x_2$$

若两个系统按如图 4.2 所示的方法串联，设串联后的系统为 S。

(1) 求图示串联系统 S 的状态方程和输出方程。

(2) 分析系统 S_1、S_2 和串联后系统 S 的能控性、能观性。

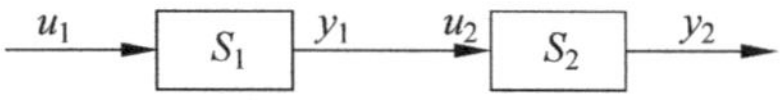

图 4.2　串联系统结构

解　(1) 因为 $u = u_1, u_2 = y_1, y = y_2$，所以

$$\begin{bmatrix} \dot{x}_{11} \\ \dot{x}_{12} \end{bmatrix} = \begin{bmatrix} 0 & 1 \\ -3 & -4 \end{bmatrix} \begin{bmatrix} x_{11} \\ x_{12} \end{bmatrix} + \begin{bmatrix} 0 \\ 1 \end{bmatrix} u$$

$$y_1 = [2 \quad 1] \begin{bmatrix} x_{11} \\ x_{12} \end{bmatrix}$$

$$\dot{x}_2 = -2x_2 + y_1 = [2 \quad 1] \begin{bmatrix} x_{11} \\ x_{12} \end{bmatrix} - 2x_2$$

$$y_2 = x_2$$

串联组合系统的状态方程为

$$\begin{bmatrix}\dot{x}_{11}\\ \dot{x}_{12}\\ \dot{x}_2\end{bmatrix}=\begin{bmatrix}0 & 1 & 0\\ -3 & -4 & 0\\ 2 & 1 & -2\end{bmatrix}\begin{bmatrix}x_{11}\\ x_{12}\\ x_2\end{bmatrix}+\begin{bmatrix}0\\ 1\\ 0\end{bmatrix}\boldsymbol{u}$$

输出方程为

$$y=\begin{bmatrix}0 & 0 & 1\end{bmatrix}\begin{bmatrix}x_{11}\\ x_{12}\\ x_2\end{bmatrix}$$

(2) 串联后系统的能控性矩阵

$$\boldsymbol{U}_{\mathrm{c}}=\begin{bmatrix}\boldsymbol{b} & \boldsymbol{A}\boldsymbol{b} & \boldsymbol{A}^2\boldsymbol{b}\end{bmatrix}=\begin{bmatrix}0 & 1 & -4\\ 1 & -4 & 13\\ 0 & 1 & -4\end{bmatrix}$$

可见,$\det\boldsymbol{U}_{\mathrm{c}}=0$,$\mathrm{rank}\boldsymbol{U}_{\mathrm{c}}=2<3$。因此,系统不能控。

串联后系统的能观性矩阵

$$\boldsymbol{U}_{\mathrm{o}}=\begin{bmatrix}\boldsymbol{c}\\ \boldsymbol{c}\boldsymbol{A}\\ \boldsymbol{c}\boldsymbol{A}^2\end{bmatrix}=\begin{bmatrix}0 & 0 & 1\\ 2 & 1 & -2\\ -7 & -4 & 4\end{bmatrix}$$

可见,$\det\boldsymbol{U}_{\mathrm{o}}=-1\neq 0$,$\mathrm{rank}\boldsymbol{U}_{\mathrm{o}}=3$,因此,系统能观测。

4.8 针对图 4.3 所示系统结构讨论下列问题:

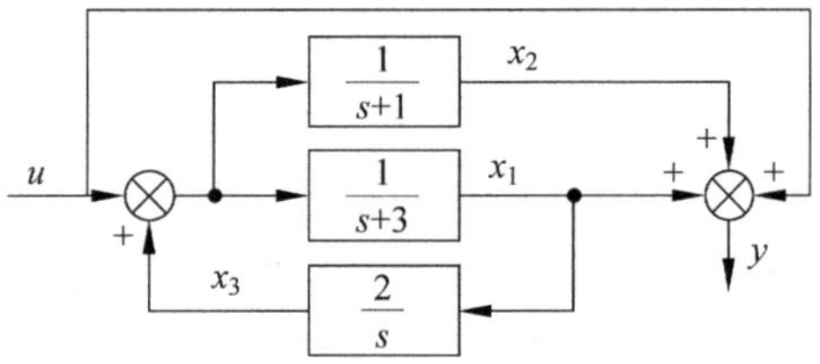

图 4.3 系统结构

(1) 写出图示系统的状态方程及输出方程;

(2) 判别该系统的能控性与能观性;

(3) 求出该系统的传递函数。

解 (1) 由图 4.3 所示的系统列写方程得

$$\begin{cases}(u+x_3)\cdot\dfrac{1}{s+1}=x_2\\ (u+x_3)\cdot\dfrac{1}{s+3}=x_1\\ \dfrac{2}{s}\cdot x_1=x_3\\ u+x_1+x_2=y\end{cases}$$

整理得

$$\begin{cases}\dot{x}_1 = u + x_3 - 3x_1 \\ \dot{x}_2 = u + x_3 - x_2 \\ \dot{x}_3 = 2x_1 \\ y = u + x_1 + x_2\end{cases}$$

写成矩阵形式为

$$\dot{\boldsymbol{x}} = \begin{bmatrix} -3 & 0 & 1 \\ 0 & -1 & 1 \\ 2 & 0 & 0 \end{bmatrix}\boldsymbol{x} + \begin{bmatrix} 1 \\ 1 \\ 0 \end{bmatrix}\boldsymbol{u}$$

$$y = [1 \quad 1 \quad 0]\boldsymbol{x} + \boldsymbol{u}$$

(2) 该系统的能控性矩阵为

$$\boldsymbol{U}_c = [\boldsymbol{b} \quad \boldsymbol{Ab} \quad \boldsymbol{A}^2\boldsymbol{b}] = \begin{bmatrix} 1 & -3 & 10 \\ 1 & -1 & 2 \\ 0 & 1 & -3 \end{bmatrix}$$

该系统的能控性矩阵的秩为 3，所以该系统能控。

该系统的能观性矩阵为

$$\boldsymbol{U}_o = \begin{bmatrix} \boldsymbol{c} \\ \boldsymbol{cA} \\ \boldsymbol{cA}^2 \end{bmatrix} = \begin{bmatrix} 1 & 1 & 0 \\ -3 & -1 & 2 \\ 11 & 1 & -4 \end{bmatrix}$$

该系统的能观性矩阵的秩为 3，所以该系统能观。

(3) 图 4.3 所示系统的传递函数由图可得

$$g(s) = \boldsymbol{c}(s\boldsymbol{I} - \boldsymbol{A})^{-1}\boldsymbol{b}$$

$$= [1 \quad 1 \quad 0]\begin{bmatrix} \dfrac{s}{s^2+3s-2} & 0 & \dfrac{1}{s^2+3s-2} \\ \dfrac{2}{(s+1)(s^2+3s-2)} & \dfrac{1}{s+1} & \dfrac{s+3}{(s+1)(s^2+3s-2)} \\ \dfrac{2}{s^2+3s-2} & 0 & \dfrac{s+3}{s^2+3s-2} \end{bmatrix}\begin{bmatrix} 1 \\ 1 \\ 0 \end{bmatrix} + 1$$

$$= \frac{s^3 + 6s^2 + 5s - 2}{s^3 + 4s^2 + s - 2}$$

4.9 设系统状态方程为 $\dot{\boldsymbol{x}} = \boldsymbol{Ax} + \boldsymbol{Bu}$。若 $\boldsymbol{x}_a$ 及 $\boldsymbol{x}_b$ 是系统的能控状态。试证状态 $\alpha\boldsymbol{x}_a + \beta\boldsymbol{x}_b$ 也是能控的。其中 α,β 为任意常数。

证明 由能控性定义可知，$\boldsymbol{x}_a$ 为系统的能控状态，是指在有限时间区域 $[t_0, t_f]$ 内，存在控制向量 $\boldsymbol{u}_a(t)$，使得系统从初始状态 $\boldsymbol{x}(t_0)$ 转移到任意终端状态 $\boldsymbol{x}(t_f)$。即

$$\boldsymbol{x}(t_f) = \mathrm{e}^{\boldsymbol{A}(t-t_0)}\boldsymbol{x}(t_0) + \int_{t_0}^{t_f}\mathrm{e}^{\boldsymbol{A}(t-\tau)}\boldsymbol{Bu}(\tau)\mathrm{d}\tau$$

不失一般性，假设 $\boldsymbol{x}(t_f)=\boldsymbol{0}$，$\boldsymbol{x}(t_0)=\boldsymbol{x}_a$，$\boldsymbol{u}(t)=\boldsymbol{u}_a(t)$，则有

$$\mathrm{e}^{\boldsymbol{A}(t-t_0)}\boldsymbol{x}_a+\int_{t_0}^{t_f}\mathrm{e}^{\boldsymbol{A}(t-\tau)}\boldsymbol{B}\boldsymbol{u}_a(\tau)\mathrm{d}\tau=\boldsymbol{0}$$

解得

$$\boldsymbol{x}_a=-\int_{t_0}^{t_f}\mathrm{e}^{\boldsymbol{A}(t_0-\tau)}\boldsymbol{B}\boldsymbol{u}_a(\tau)\mathrm{d}\tau$$

同理，分析 $\boldsymbol{x}_b$，可得

$$\boldsymbol{x}_b=-\int_{t_0}^{t_f}\mathrm{e}^{\boldsymbol{A}(t_0-\tau)}\boldsymbol{B}\boldsymbol{u}_b(\tau)\mathrm{d}\tau$$

由此，将上式代入系统状态 $\boldsymbol{x}_{ab}=\alpha\boldsymbol{x}_a+\beta\boldsymbol{x}_b$，可得

$$\begin{aligned}\boldsymbol{x}_{ab}&=\alpha\boldsymbol{x}_a+\beta\boldsymbol{x}_b\\&=\alpha\left(-\int_{t_0}^{t_f}\mathrm{e}^{\boldsymbol{A}(t_0-\tau)}\boldsymbol{B}\boldsymbol{u}_a(\tau)\mathrm{d}\tau\right)+\beta\left(-\int_{t_0}^{t_f}\mathrm{e}^{\boldsymbol{A}(t_0-\tau)}\boldsymbol{B}\boldsymbol{u}_b(\tau)\mathrm{d}\tau\right)\\&=-\int_{t_0}^{t_f}[(\alpha\mathrm{e}^{\boldsymbol{A}(t_0-\tau)}\boldsymbol{B}\boldsymbol{u}_a(\tau))+(\beta\mathrm{e}^{\boldsymbol{A}(t_0-\tau)}\boldsymbol{B}\boldsymbol{u}_b(\tau))]\mathrm{d}\tau\\&=-\int_{t_0}^{t_f}\mathrm{e}^{\boldsymbol{A}(t_0-\tau)}\boldsymbol{B}(\alpha\boldsymbol{u}_a(\tau)+\beta\boldsymbol{u}_b(\tau))\mathrm{d}\tau\\&=-\int_{t_0}^{t_f}\mathrm{e}^{\boldsymbol{A}(t_0-\tau)}\boldsymbol{B}\boldsymbol{u}_{ab}(\tau)\mathrm{d}\tau\end{aligned}$$

式中 $\boldsymbol{u}_{ab}(t)=\alpha\boldsymbol{u}_a(t)+\beta\boldsymbol{u}_b(t)$。

由于 $\boldsymbol{u}_a(t)$ 及 $\boldsymbol{u}_b(t)$ 都是控制向量，则其线性组合 $\boldsymbol{u}_{ab}(t)=\alpha\boldsymbol{u}_a(t)+\beta\boldsymbol{u}_b(t)$ 也是系统的控制向量。由能控性定义可知，在有限时间区域 $[t_0,t_f]$ 内，存在控制向量 $\boldsymbol{u}_{ab}(t)$，使得系统从初始状态 $\boldsymbol{x}(t_0)$ 转移到任意终端状态 $\boldsymbol{x}(t_f)$，因此，该系统状态 $\boldsymbol{x}_{ab}=\alpha\boldsymbol{x}_a+\beta\boldsymbol{x}_b$ 是能控的。

4.10 将下列状态方程化为能控标准型：

$$\dot{\boldsymbol{x}}=\begin{bmatrix}1&-2\\3&4\end{bmatrix}\boldsymbol{x}+\begin{bmatrix}1\\1\end{bmatrix}u$$

解 该状态方程的能控性矩阵为

$$\boldsymbol{U}_c=[\boldsymbol{b}\quad\boldsymbol{A}\boldsymbol{b}]=\begin{bmatrix}1&-1\\1&7\end{bmatrix}$$

可知它是非奇异的。求得逆矩阵有

$$(\boldsymbol{U}_c)^{-1}=\begin{bmatrix}\frac{7}{8}&\frac{1}{8}\\-\frac{1}{8}&\frac{1}{8}\end{bmatrix}$$

由 $\boldsymbol{P}_1=[0\quad\cdots\quad0\quad1][\boldsymbol{b}\quad\boldsymbol{A}\boldsymbol{b}\quad\cdots\quad\boldsymbol{A}^{n-1}\boldsymbol{b}]^{-1}$ 得

$$\boldsymbol{P}_1=[0\quad1](\boldsymbol{U}_c)^{-1}=[0\quad1]\begin{bmatrix}\frac{7}{8}&\frac{1}{8}\\-\frac{1}{8}&\frac{1}{8}\end{bmatrix}=\begin{bmatrix}-\frac{1}{8}&\frac{1}{8}\end{bmatrix}$$

同理，由 $\boldsymbol{P}_2=\boldsymbol{P}_1\boldsymbol{A}$ 得

$$\boldsymbol{P}_2=\begin{bmatrix}\frac{1}{4} & \frac{3}{4}\end{bmatrix}$$

从而得到 $\boldsymbol{P}$

$$\boldsymbol{P}=\begin{bmatrix}\boldsymbol{P}_1\\ \boldsymbol{P}_2\end{bmatrix}=\begin{bmatrix}-\frac{1}{8} & \frac{1}{8}\\ \frac{1}{4} & \frac{3}{4}\end{bmatrix}$$

$$\boldsymbol{P}^{-1}=-8\begin{bmatrix}\frac{3}{4} & -\frac{1}{8}\\ -\frac{1}{4} & -\frac{1}{8}\end{bmatrix}=\begin{bmatrix}-6 & 1\\ 2 & 1\end{bmatrix}$$

由此可得

$$\boldsymbol{A}_c=\boldsymbol{PAP}^{-1}=\begin{bmatrix}-\frac{1}{8} & \frac{1}{8}\\ \frac{1}{4} & \frac{3}{4}\end{bmatrix}\begin{bmatrix}1 & -2\\ 3 & 4\end{bmatrix}\begin{bmatrix}-6 & 1\\ 2 & 1\end{bmatrix}=\begin{bmatrix}0 & 1\\ -10 & 5\end{bmatrix}$$

$$\boldsymbol{b}_c=\boldsymbol{Pb}=\begin{bmatrix}-\frac{1}{8} & \frac{1}{8}\\ \frac{1}{4} & \frac{3}{4}\end{bmatrix}\begin{bmatrix}1\\ 1\end{bmatrix}=\begin{bmatrix}0\\ 1\end{bmatrix}$$

所以

$$\dot{\bar{\boldsymbol{x}}}=\begin{bmatrix}0 & 1\\ -10 & 5\end{bmatrix}\bar{\boldsymbol{x}}+\begin{bmatrix}0\\ 1\end{bmatrix}u$$

此即为该状态方程的能控标准型。

4.11　将下列状态方程和输出方程化为能观标准型。

$$\dot{\boldsymbol{x}}=\begin{bmatrix}1 & -1\\ 1 & 1\end{bmatrix}\boldsymbol{x}+\begin{bmatrix}2\\ 1\end{bmatrix}u$$

$$y=\begin{bmatrix}-1 & 1\end{bmatrix}\boldsymbol{x}$$

解　给定系统的能观性矩阵为

$$\boldsymbol{U}_o=\begin{bmatrix}\boldsymbol{C}\\ \boldsymbol{CA}\end{bmatrix}=\begin{bmatrix}-1 & 1\\ 0 & 2\end{bmatrix}$$

可知它是非奇异的。求得逆矩阵有

$$(\boldsymbol{U}_o)^{-1}=\begin{bmatrix}-1 & \frac{1}{2}\\ 0 & \frac{1}{2}\end{bmatrix}$$

由此可得

$$\boldsymbol{T}_1=\begin{bmatrix}-1 & \frac{1}{2}\\ 0 & \frac{1}{2}\end{bmatrix}\begin{bmatrix}0\\1\end{bmatrix}=\begin{bmatrix}\frac{1}{2}\\ \frac{1}{2}\end{bmatrix}$$

根据求变换矩阵 $\boldsymbol{T}$ 公式有

$$\boldsymbol{T}=[\boldsymbol{T}_1\quad \boldsymbol{A}\boldsymbol{T}_1]=\begin{bmatrix}\frac{1}{2} & 0\\ \frac{1}{2} & 1\end{bmatrix}$$

$$\boldsymbol{T}^{-1}=\begin{bmatrix}2 & 0\\ -1 & 1\end{bmatrix}$$

代入系统的状态表达式，分别得

$$\boldsymbol{A}_o=\boldsymbol{T}^{-1}\boldsymbol{A}\boldsymbol{T}=\begin{bmatrix}2 & 0\\ -1 & 1\end{bmatrix}\begin{bmatrix}1 & -1\\ -1 & 1\end{bmatrix}\begin{bmatrix}\frac{1}{2} & 0\\ \frac{1}{2} & 1\end{bmatrix}=\begin{bmatrix}0 & -2\\ 1 & 2\end{bmatrix}$$

$$\boldsymbol{b}_o=\boldsymbol{T}^{-1}\boldsymbol{b}=\begin{bmatrix}2 & 0\\ -1 & 1\end{bmatrix}\begin{bmatrix}2\\1\end{bmatrix}=\begin{bmatrix}4\\ -1\end{bmatrix}$$

$$\boldsymbol{C}_o=\boldsymbol{C}\boldsymbol{T}=[-1\quad 1]\begin{bmatrix}\frac{1}{2} & 0\\ \frac{1}{2} & 1\end{bmatrix}=[0\quad 1]$$

所以该状态方程的能观标准型为

$$\dot{\bar{\boldsymbol{x}}}=\begin{bmatrix}0 & -2\\ 1 & 2\end{bmatrix}\bar{\boldsymbol{x}}+\begin{bmatrix}4\\ -1\end{bmatrix}u$$

$$y=[0\quad 1]\,\bar{\boldsymbol{x}}$$

4.12　系统 $\dot{\boldsymbol{x}}=\boldsymbol{A}\boldsymbol{x}+\boldsymbol{b}u$，$y=\boldsymbol{c}\boldsymbol{x}$，式中，

$$\boldsymbol{A}=\begin{bmatrix}-2 & 2 & -1\\ 0 & -2 & 0\\ 1 & -4 & 0\end{bmatrix},\quad \boldsymbol{b}=\begin{bmatrix}0\\0\\1\end{bmatrix},\quad \boldsymbol{c}=[1\quad -1\quad 1]$$

(1) 试判断系统能控性和能观性；

(2) 若不能控或不能观，试考察能控制的状态变量数、能观测的状态变量数有多少?

(3) 写出能控子空间系统及能观子空间系统。

解　(1) 系统能控性矩阵为

$$\boldsymbol{U}_c=[\boldsymbol{b}\quad \boldsymbol{A}\boldsymbol{b}\quad \boldsymbol{A}^2\boldsymbol{b}]=\begin{bmatrix}0 & -1 & 2\\ 0 & 0 & 0\\ 1 & 0 & -1\end{bmatrix}$$

可见，$\det\boldsymbol{U}_c=0$，$\text{rank}\boldsymbol{U}_c=2<3$。因此，系统不能控。

系统能观性矩阵为

$$\boldsymbol{U}_o=\begin{bmatrix}\boldsymbol{c}\\ \boldsymbol{cA}\\ \boldsymbol{cA}^2\end{bmatrix}=\begin{bmatrix}1 & -1 & 1\\ -1 & 0 & -1\\ 1 & 2 & 1\end{bmatrix}$$

可见，$\det\boldsymbol{U}_o=0$，$\text{rank}\boldsymbol{U}_o=2<3$。因此，系统不能观测。

(2) 首先，由 $\det(s\boldsymbol{I}-\boldsymbol{A})=0$ 求特征根。因为

$$\det(s\boldsymbol{I}-\boldsymbol{A})=\begin{bmatrix}s+2 & -2 & 1\\ 0 & s+2 & 0\\ -1 & 4 & s\end{bmatrix}=s(s+2)^2+(s+2)=(s+1)^2(s+2)$$

特征根 -1、-2 分别是重根和单根。因此，必须利用阶数 k 的广义特征向量的方法决定变换矩阵。由此得到变换矩阵 $\boldsymbol{P}$ 为

$$\boldsymbol{P}=\begin{bmatrix}-1 & 0 & 0\\ 0 & 0 & 1\\ 1 & 1 & 2\end{bmatrix}$$

求其逆矩阵有

$$\boldsymbol{P}^{-1}=\begin{bmatrix}-1 & 0 & 0\\ 1 & -2 & 1\\ 0 & 1 & 0\end{bmatrix}$$

因此

$$\begin{aligned}\bar{\boldsymbol{A}}&=\boldsymbol{P}^{-1}\boldsymbol{AP}\\ &=\begin{bmatrix}-1 & 0 & 0\\ 1 & -2 & 1\\ 0 & 1 & 0\end{bmatrix}\begin{bmatrix}-2 & 2 & -1\\ 0 & -2 & 0\\ 1 & -4 & 0\end{bmatrix}\begin{bmatrix}-1 & 0 & 0\\ 0 & 0 & 1\\ 1 & 1 & 2\end{bmatrix}\\ &=\begin{bmatrix}-1 & 1 & \vdots & 0\\ 0 & -1 & \vdots & 0\\ \cdots & \cdots & \cdots & \cdots\\ 0 & 0 & \vdots & -2\end{bmatrix}\end{aligned}$$

$$\bar{\boldsymbol{b}}=\boldsymbol{P}^{-1}\boldsymbol{b}=\begin{bmatrix}-1 & 0 & 0\\ 1 & -2 & 1\\ 0 & 1 & 0\end{bmatrix}\begin{bmatrix}0\\ 0\\ 1\end{bmatrix}=\begin{bmatrix}0\\ 1\\ 0\end{bmatrix}$$

$$\bar{\boldsymbol{c}}=\boldsymbol{cP}=[1\quad -1\quad 1]\begin{bmatrix}-1 & 0 & 0\\ 0 & 0 & 1\\ 1 & 1 & 2\end{bmatrix}=[0\quad\vdots\quad 1\quad 1]$$

变换后的状态方程和输出方程为

$$\dot{\bar{x}} = \begin{bmatrix} -1 & 1 & 0 \\ 0 & -1 & 0 \\ 0 & 0 & -2 \end{bmatrix} \bar{x} + \begin{bmatrix} 0 \\ 1 \\ 0 \end{bmatrix} u$$

$$\bar{y} = [0 \quad 1 \quad 1] \, \bar{x}$$

显然，系统有两个能控制的变量，分别是状态变量$\bar{x}_1$、$\bar{x}_2$；而能观测的状态变量也有两个，分别是$\bar{x}_2$、$\bar{x}_3$。

(3) 由$\bar{x}_1$、$\bar{x}_2$ 构成的能控子空间系统为

$$\dot{\bar{x}} = \begin{bmatrix} \dot{\bar{x}}_1 \\ \dot{\bar{x}}_2 \end{bmatrix} = \begin{bmatrix} -1 & 1 \\ 0 & -1 \end{bmatrix} \begin{bmatrix} \bar{x}_1 \\ \bar{x}_2 \end{bmatrix} + \begin{bmatrix} 0 \\ 1 \end{bmatrix} u$$

$$\bar{y} = [0 \quad 1] \, \bar{x}$$

由$\bar{x}_2$、$\bar{x}_3$ 构成的能观测子空间系统为

$$\dot{\bar{x}} = \begin{bmatrix} \dot{\bar{x}}_2 \\ \dot{\bar{x}}_3 \end{bmatrix} = \begin{bmatrix} -1 & 0 \\ 0 & -2 \end{bmatrix} \begin{bmatrix} \bar{x}_2 \\ \bar{x}_3 \end{bmatrix} + \begin{bmatrix} 1 \\ 0 \end{bmatrix} u$$

$$\bar{y} = [1 \quad 1] \, \bar{x}$$

4.13 在如下系统中

$$\dot{\boldsymbol{x}} = \boldsymbol{A}\boldsymbol{x} + \boldsymbol{b}u$$
$$y = \boldsymbol{c}\boldsymbol{x}$$

若满足如下条件

$$\boldsymbol{cb} = \boldsymbol{cAb} = \boldsymbol{cA}^2\boldsymbol{b} = \cdots = \boldsymbol{cA}^{n-2}\boldsymbol{b} = 0, \quad \boldsymbol{cA}^{n-1}\boldsymbol{b} = k \neq 0$$

试证明系统总是既能控制又能观测的。

证明 系统能控性矩阵为

$$\boldsymbol{U}_c = [\boldsymbol{b} \quad \boldsymbol{Ab} \quad \boldsymbol{A}^2\boldsymbol{b} \quad \cdots \quad \boldsymbol{A}^{n-1}\boldsymbol{b}]$$

能观性矩阵为

$$\boldsymbol{U}_o = \begin{bmatrix} \boldsymbol{c} \\ \boldsymbol{cA} \\ \boldsymbol{cA}^2 \\ \vdots \\ \boldsymbol{cA}^{n-1} \end{bmatrix}$$

将两矩阵相乘

$$\boldsymbol{U}_o\boldsymbol{U}_c = \begin{bmatrix} \boldsymbol{c} \\ \boldsymbol{cA} \\ \boldsymbol{cA}^2 \\ \vdots \\ \boldsymbol{cA}^{n-1} \end{bmatrix} [\boldsymbol{b} \quad \boldsymbol{Ab} \quad \boldsymbol{A}^2\boldsymbol{b} \quad \cdots \quad \boldsymbol{A}^{n-1}\boldsymbol{b}]$$

$$
=\begin{bmatrix} cb & cAb & cA^2b & \cdots & cA^{n-1}b \\ cAb & cA^2b & cA^3b & \cdots & cA^nb \\ \vdots & \vdots & \vdots & \vdots & \vdots \\ cA^{n-1}b & cA^nb & cA^{n+1}b & \cdots & cA^{2(n-1)}b \end{bmatrix}
$$

$$
=\begin{bmatrix} 0 & \cdots & 0 & k \\ \vdots & \iddots & \iddots & \iddots \\ 0 & \iddots & \iddots & \iddots \\ k & \iddots & \iddots & cA^{2(n-1)}b \end{bmatrix}
$$

可见，$\det(\boldsymbol{U}_o\boldsymbol{U}_c)=k^n$ 或 $-k^n\neq0$，即 $\boldsymbol{U}_o\boldsymbol{U}_c$ 满秩。根据矩阵理论有，$\det\boldsymbol{U}_c\neq0$，$\det\boldsymbol{U}_o\neq0$，即能控性矩阵和能观性矩阵都满秩，则系统总是既能控又能观测。

4.14　已知系统状态空间表达式为

$$
\dot{\boldsymbol{x}}=\begin{bmatrix} 0 & 2 \\ -3 & -5 \end{bmatrix}\boldsymbol{x}+\begin{bmatrix} b_1 \\ b_2 \end{bmatrix}u
$$

$$
y=[c_1 \quad c_2]\boldsymbol{x}
$$

欲使系统中的 x_1 既能控又能观，x_2 既不能控也不能观，试确定 b_1、b_2 和 c_1、c_2 应满足的条件。

解　系统的特征方程为

$$
\det(s\boldsymbol{I}-\boldsymbol{A})=\begin{bmatrix} s & -2 \\ 3 & s+5 \end{bmatrix}=s^2+5s+6=(s+2)(s+3)
$$

系统具有两个相异特征根，由 $\lambda_i\boldsymbol{P}_i=\boldsymbol{A}\boldsymbol{P}_i$，得非奇异矩阵为

$$
\boldsymbol{P}=\begin{bmatrix} 1 & -2 \\ -1 & 3 \end{bmatrix},\quad \boldsymbol{P}^{-1}=\begin{bmatrix} 3 & 2 \\ 1 & 1 \end{bmatrix}
$$

则其对角线标准型为

$$
\begin{bmatrix} \dot{\bar{x}}_1 \\ \dot{\bar{x}}_2 \end{bmatrix}=\begin{bmatrix} -2 & 0 \\ 0 & -3 \end{bmatrix}\begin{bmatrix} \bar{x}_1 \\ \bar{x}_2 \end{bmatrix}+\begin{bmatrix} 3b_1+2b_2 \\ b_1+b_2 \end{bmatrix}
$$

$$
\bar{y}=[c_1-c_2 \quad -2c_1+3c_2]\begin{bmatrix} \bar{x}_1 \\ \bar{x}_2 \end{bmatrix}
$$

根据对角线标准型能控能观性判据可知，使 $\bar{x}_1$ 既能控又能观测、$\bar{x}_2$ 既不能控也不能观测必须满足的条件为

$$
\begin{cases} 3b_1+2b_2\neq0 \\ c_1-c_2\neq0 \end{cases},\quad \begin{cases} b_1+b_2=0 \\ -2c_1+3c_2=0 \end{cases}
$$

即

$$
\begin{cases} b_1=-b_2\neq0 \\ c_1=\dfrac{3}{2}c_2\neq0 \end{cases}
$$

4.15 系统的状态方程

$$\begin{bmatrix}\dot{x}_1\\\dot{x}_2\\\dot{x}_3\end{bmatrix}=\begin{bmatrix}\lambda & 1 & 0\\0 & \lambda & 0\\0 & 0 & \lambda\end{bmatrix}\begin{bmatrix}x_1\\x_2\\x_3\end{bmatrix}+\begin{bmatrix}a\\b\\c\end{bmatrix}u$$

$$y=\begin{bmatrix}d & e & f\end{bmatrix}\begin{bmatrix}x_1\\x_2\\x_3\end{bmatrix}$$

试讨论下列问题：

(1) 能否通过选择 a,b,c 使系统状态完全能控？

(2) 能否通过选择 d,e,f 使系统状态完全能观？

解 (1) 能控性矩阵

$$\boldsymbol{U}_c=[\boldsymbol{b}\quad \boldsymbol{Ab}\quad \boldsymbol{A}^2\boldsymbol{b}]=\begin{bmatrix}a & \lambda a+b & \lambda^2 a+2\lambda b\\ b & \lambda b & \lambda^2 b\\ c & \lambda c & \lambda^2 c\end{bmatrix}$$

显然，第三行乘以 $\dfrac{b}{c}$ 即为第二行，故第二行与第三行成比例，因而不论怎样选择 a、b、c，系统状态均不完全能控。

(2) 能观性矩阵

$$\boldsymbol{U}_o=\begin{bmatrix}\boldsymbol{c}\\ \boldsymbol{cA}\\ \boldsymbol{cA}^2\end{bmatrix}=\begin{bmatrix}d & e & f\\ \lambda d & d+\lambda e & \lambda f\\ \lambda^2 d & 2\lambda d+\lambda^2 e & \lambda^2 f\end{bmatrix}$$

第一列等于第三列乘以 $\dfrac{d}{f}$，故不论怎样选择 d、e、f，系统均不完全能观。

4.16 鱼池中的鱼群生长过程是一个生物动态系统。鱼群个体的生长过程可分为四个阶段，即鱼卵、鱼苗、小鱼、大鱼。设系统的输入是每年放入池内的鱼卵数，输出是每年从鱼池中取出的小鱼数。第 k 年放入池内的鱼卵数记为 $u(k)$；第 k 年的鱼苗数记为 $x_1(k)$；第 k 年的小鱼数记为 $x_2(k)$；第 k 年的大鱼数记为 $x_3(k)$。已知第 $k+1$ 年的鱼苗数等于第 k 年内大鱼产卵所孵生的鱼苗数，加上外部供给的鱼卵数减去第 k 年中被鱼苗及小鱼吃掉的鱼卵数。试讨论该鱼群系统的能控性问题。

解 由题意，可将系统的动态过程表示为

$$x_1(k+1)=a_1x_3(k)-a_2x_2(k)-a_3x_1(k)+u(k)$$

其中，a_1 为大鱼产卵率，a_2 为小鱼食卵率，a_3 为鱼苗食卵率。

第 $k+1$ 年中长成的小鱼数等于第 k 年的鱼苗成长的小鱼数，即

$$x_2(k+1)=a_4x_1(k)$$

其中，a_4 为鱼苗成活率。

第 $k+1$ 年中长成的大鱼数等于第 k 年剩余的小鱼数，再加上第 k 年留在池内的小鱼长成的大鱼数，即

$$x_3(k+1) = a_5 x_2(k) + a_6 x_3(k)$$

其中，$1-a_5$ 为第 $k+1$ 年的小鱼长成率，a_6 为第 k 年的小鱼长成率。

每年按确定比例从鱼池内取走的小鱼数为

$$y(k) = a_7 x_2(k)$$

其中，a_7 为小鱼捕捞率。

$\boldsymbol{x}(0)$为鱼池的初始储备。把以上的关系式写成矩阵的形式为

$$\boldsymbol{x}(k+1) = \begin{bmatrix} -a_3 & -a_2 & a_1 \\ a_4 & 0 & 0 \\ 0 & a_5 & a_6 \end{bmatrix} \boldsymbol{x}(k) + \begin{bmatrix} 1 \\ 0 \\ 0 \end{bmatrix} \boldsymbol{u}(k)$$

$$y(k) = \begin{bmatrix} 0 & a_7 & 0 \end{bmatrix} \boldsymbol{x}(k)$$

式中，$\boldsymbol{x}(k) = [x_1(k) \quad x_2(k) \quad x_3(k)]^{\mathrm{T}}$。

由能控性判据得到

$$\boldsymbol{U}_{\mathrm{c}} = [\boldsymbol{b} \quad \boldsymbol{Ab} \quad \boldsymbol{A}^2\boldsymbol{b}] = \begin{bmatrix} 1 & -a_3 & a_3^2 - a_2 a_4 \\ 0 & a_4 & -a_3 a_4 \\ 0 & 0 & a_4 a_5 \end{bmatrix}$$

不难看出，只要 $a_4 \neq 0, a_5 \neq 0$，必有 $\det \boldsymbol{U}_{\mathrm{c}} \neq 0$，即 $\boldsymbol{U}_{\mathrm{c}}$ 为满秩矩阵，从而可知系统能控。

4.17　能控标准型状态方程是

$$\dot{\boldsymbol{x}} = \boldsymbol{Ax} + \boldsymbol{bu}$$

式中，

$$\boldsymbol{A} = \begin{bmatrix} 0 & 1 & 0 & \cdots & 0 & 0 \\ 0 & 0 & 1 & \cdots & 0 & 0 \\ 0 & 0 & 0 & \cdots & 0 & 0 \\ \vdots & \vdots & \vdots & \ddots & \vdots & \vdots \\ 0 & 0 & 0 & \cdots & 0 & 1 \\ -a_n & -a_{n-1} & -a_{n-2} & \cdots & -a_2 & -a_1 \end{bmatrix}, \quad \boldsymbol{b} = \begin{bmatrix} 0 \\ 0 \\ 0 \\ \vdots \\ 0 \\ 1 \end{bmatrix}$$

试证系统总是完全能控的。

证明　要表示系统完全能控，只要说明能控性矩阵

$$\boldsymbol{U}_{\mathrm{c}} = [\boldsymbol{b} \quad \boldsymbol{Ab} \quad \boldsymbol{A}^2\boldsymbol{b} \quad \cdots \quad \boldsymbol{A}^{n-1}\boldsymbol{b}]$$

的秩数是 n 就可以了。因此，计算 $\boldsymbol{U}_{\mathrm{c}}$ 的各列为

$$\boldsymbol{A}\boldsymbol{b}=\begin{bmatrix}0&1&0&\cdots&0&0\\0&0&1&\cdots&0&0\\0&0&0&\cdots&0&0\\\vdots&\vdots&\vdots&\ddots&\vdots&\vdots\\0&0&0&\cdots&0&1\\-a_n&-a_{n-1}&-a_{n-2}&\cdots&-a_2&-a_1\end{bmatrix}\begin{bmatrix}0\\0\\0\\\vdots\\0\\1\end{bmatrix}=\begin{bmatrix}0\\0\\0\\\vdots\\1\\-a_1\end{bmatrix}$$

$$\boldsymbol{A}^2\boldsymbol{b}=\begin{bmatrix}0&1&0&\cdots&0&0\\0&0&1&\cdots&0&0\\0&0&0&\cdots&0&0\\\vdots&\vdots&\vdots&\ddots&\vdots&\vdots\\0&0&0&\cdots&0&1\\-a_n&-a_{n-1}&-a_{n-2}&\cdots&-a_2&-a_1\end{bmatrix}\begin{bmatrix}0\\0\\0\\\vdots\\1\\-a_1\end{bmatrix}=\begin{bmatrix}0\\\vdots\\0\\1\\-a_1\\-a_2+a_1^2\end{bmatrix}$$

$$\boldsymbol{A}^3\boldsymbol{b}=\begin{bmatrix}0&1&0&\cdots&0&0\\0&0&1&\cdots&0&0\\0&0&0&\cdots&0&0\\\vdots&\vdots&\vdots&\ddots&\vdots&\vdots\\0&0&0&\cdots&0&1\\-a_n&-a_{n-1}&-a_{n-2}&\cdots&-a_2&-a_1\end{bmatrix}\begin{bmatrix}0\\\vdots\\0\\1\\-a_1\\-a_2+a_1^2\end{bmatrix}$$

$$=\begin{bmatrix}0\\\vdots\\1\\-a_1\\-a_2+a_1^2\\-a_3+2a_1a_2-a_1^3\end{bmatrix}$$

从而得到

$$\boldsymbol{U}_c=\begin{bmatrix}0&0&0&\cdots&\cdots&0&1\\0&0&0&\iddots&\iddots&1&-a_1\\\vdots&\vdots&\iddots&\iddots&\iddots&\iddots&\iddots\\\vdots&\iddots&1&\iddots&\iddots&\iddots&\iddots\\0&1&-a_1&-a_2+a_1^2&\cdots&\cdots&*\\1&-a_1&-a_2+a_1^2&-a_3+2a_1a_2-a_1^3&\cdots&\cdots&*\end{bmatrix}$$

矩阵 $\boldsymbol{U}_c$ 是下三角形矩阵，显然 $\det\boldsymbol{U}_c=-1$ 或者是 1，故说明系统是完全能控的。这就是能控标准型状态方程名称的由来。

4.18 能观标准型状态方程是

$$\dot{\boldsymbol{x}}=\boldsymbol{A}\boldsymbol{x}+\boldsymbol{b}u$$

$$y=\boldsymbol{c}\boldsymbol{x}$$

式中，

$$\boldsymbol{A}=\begin{bmatrix}0 & 0 & 0 & \cdots & 0 & -a_n\\ 1 & 0 & 0 & \cdots & 0 & -a_{n-1}\\ 0 & 1 & 0 & \cdots & 0 & -a_{n-2}\\ \vdots & \vdots & \vdots & \ddots & \vdots & \vdots\\ 0 & 0 & 0 & \cdots & 0 & -a_2\\ 0 & 0 & 0 & \cdots & 1 & -a_1\end{bmatrix},\quad \boldsymbol{c}=[0\quad 0\quad 0\quad \cdots\quad 0\quad 1]$$

试证明系统总是完全能观测的。

证明　要表示系统完全能观测，只要说明能观性矩阵

$$\boldsymbol{U}_{\text{o}}=\begin{bmatrix}\boldsymbol{C}\\ \boldsymbol{CA}\\ \boldsymbol{CA}^2\\ \vdots\\ \boldsymbol{CA}^{n-1}\end{bmatrix}$$

的秩是 n 就可以了。因此，计算 $\boldsymbol{U}_{\text{o}}$ 的各行为

$$\boldsymbol{cA}=[0\quad 0\quad 0\quad \cdots\quad 0\quad 1]\begin{bmatrix}0 & 0 & 0 & \cdots & 0 & -a_n\\ 1 & 0 & 0 & \cdots & 0 & -a_{n-1}\\ 0 & 1 & 0 & \cdots & 0 & -a_{n-2}\\ \vdots & \vdots & \vdots & \ddots & \vdots & \vdots\\ 0 & 0 & 0 & \cdots & 0 & -a_2\\ 0 & 0 & 0 & \cdots & 1 & -a_1\end{bmatrix}$$

$$=[0\quad 0\quad 0\quad \cdots\quad 1\quad -a_1]$$

$$\boldsymbol{cA}^2=[0\quad 0\quad 0\quad \cdots\quad 1\quad -a_1]\begin{bmatrix}0 & 0 & 0 & \cdots & 0 & -a_n\\ 1 & 0 & 0 & \cdots & 0 & -a_{n-1}\\ 0 & 1 & 0 & \cdots & 0 & -a_{n-2}\\ \vdots & \vdots & \vdots & \ddots & \vdots & \vdots\\ 0 & 0 & 0 & \cdots & 0 & -a_2\\ 0 & 0 & 0 & \cdots & 1 & -a_1\end{bmatrix}$$

$$=[0\quad \cdots\quad 0\quad 1\quad -a_1\quad -a_2+a_1^2]$$

$$\boldsymbol{cA}^3=[0\quad \cdots\quad 0\quad 1\quad -a_1\quad -a_2+a_1^2]\begin{bmatrix}0 & 0 & 0 & \cdots & 0 & -a_n\\ 1 & 0 & 0 & \cdots & 0 & -a_{n-1}\\ 0 & 1 & 0 & \cdots & 0 & -a_{n-2}\\ \vdots & \vdots & \vdots & \ddots & \vdots & \vdots\\ 0 & 0 & 0 & \cdots & 0 & -a_2\\ 0 & 0 & 0 & \cdots & 1 & -a_1\end{bmatrix}$$

$$=[0\quad \cdots\quad 0\quad 1\quad -a_1\quad -a_2+a_1^2\quad -a_3+2a_1a_2-a_1^3]$$

从而得到

$$U_o = \begin{bmatrix} 0 & 0 & \cdots & \cdots & 0 & 1 \\ 0 & 0 & \cdots & \cdots & 1 & -a_1 \\ 0 & 0 & \cdots & \cdots & -a_1 & -a_2+a_1^2 \\ \vdots & \iddots & \iddots & \iddots & \iddots & \vdots \\ 0 & 1 & -a_1 & \iddots & * & * \\ 1 & -a_1 & -a_2+a_1^2 & \iddots & * & * \end{bmatrix}$$

矩阵 U_o 是下三角形矩阵，显然 $\det U_o = -1$ 或者是 1，故说明系统是完全能观测的。

4.19 已知控制系统如图 4.4 所示。

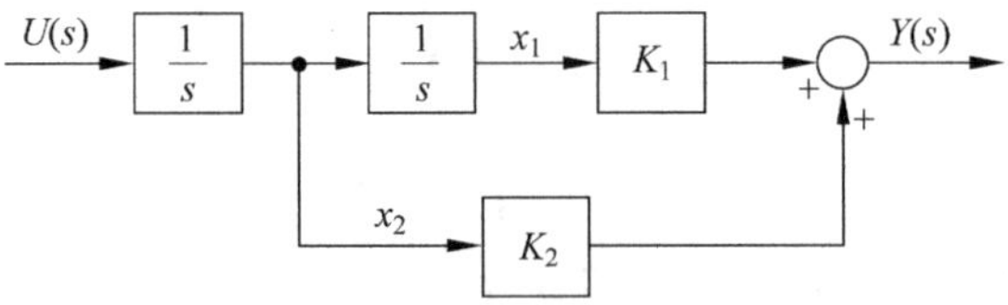

图 4.4 系统结构

(1) 写出以 x_1、x_2 为状态变量的系统状态方程与输出方程；

(2) 试判断系统的能控性和能观性。若不满足系统的能控性和能观性条件，问当 K_1 与 K_2 取何值时，系统能控或能观？

(3) 求系统的极点。

解 (1) 由图 4.4 可知，$sX_1(s)=X_2(s)$，$sX_2(s)=U(s)$，则有

$$\dot{x}_1 = x_2$$

$$\dot{x}_2 = u$$

$$y = K_1x_1 + K_2x_2$$

将状态方程和输出方程写成矩阵形式，有

$$\begin{bmatrix} \dot{x}_1 \\ \dot{x}_2 \end{bmatrix} = \begin{bmatrix} 0 & 1 \\ 0 & 0 \end{bmatrix}\begin{bmatrix} x_2 \\ x_3 \end{bmatrix} + \begin{bmatrix} 0 \\ 1 \end{bmatrix}u$$

$$y = [K_1 \quad K_2][x_1 \quad x_2]$$

(2) 系统能控性、能观性判断。

能控性矩阵

$$U_c = [\boldsymbol{b} \quad \boldsymbol{Ab}] = \begin{bmatrix} 0 & 1 \\ 1 & 0 \end{bmatrix}, \quad \operatorname{rank} U_c = 2$$

无论 K_1 与 K_2 取何值，系统均能控。

能观性矩阵

$$U_o = \begin{bmatrix} \boldsymbol{c} \\ \boldsymbol{cA} \end{bmatrix} = \begin{bmatrix} K_1 & K_2 \\ 0 & K_1 \end{bmatrix}$$

此时无法判断系统的能观性。要使系统能观，$\boldsymbol{U}_o$ 应满秩，即 $\det\boldsymbol{U}_o = K_1^2 \neq 0, K_1 \neq 0$。

(3) 系统的特征方程为

$$\det(s\boldsymbol{I} - \boldsymbol{A}) = \begin{vmatrix} s & -1 \\ 0 & s \end{vmatrix} = s^2 = 0$$

则系统的极点为 $s_1 = s_2 = 0$。

4.20 已知连续系统状态方程和输出方程为

$$\dot{\boldsymbol{x}}(t) = \begin{bmatrix} 0 & 2 \\ -2 & 0 \end{bmatrix}\boldsymbol{x}(t) + \begin{bmatrix} 0 \\ 2 \end{bmatrix}\boldsymbol{u}(t)$$

$$y(t) = \begin{bmatrix} 1 & 0 \end{bmatrix}\boldsymbol{x}(t)$$

(1) 求状态转移矩阵 $e^{\boldsymbol{A}t}$；

(2) 判断该系统的能控性和能观性；

(3) 若在控制 u 前加入采样器-零阶保持器，设取样周期为 T，根据 $e^{\boldsymbol{A}t}$ 求其离散化后状态变量表达式；

(4) 分析系统在各采样时刻，周期 T 对能控性和能观性的影响；

(5) 比较(2)、(3)和(4)，简要说明采样过程对能控性和能观性的影响。

解 (1) 状态转移矩阵为

$$e^{\boldsymbol{A}t} = L^{-1}(s\boldsymbol{I} - \boldsymbol{A})^{-1} = L^{-1}\begin{bmatrix} s & -2 \\ 2 & s \end{bmatrix}^{-1}$$

$$= L^{-1}\begin{bmatrix} \dfrac{s}{s^2+4} & \dfrac{2}{s^2+4} \\ \dfrac{-2}{s^2+4} & \dfrac{s}{s^2+4} \end{bmatrix} = \begin{bmatrix} \cos 2t & \sin 2t \\ -\sin 2t & \cos 2t \end{bmatrix}$$

(2) 该系统的能控性矩阵为

$$\boldsymbol{U}_c = [\boldsymbol{b} \quad \boldsymbol{A}\boldsymbol{b}] = \begin{bmatrix} 0 & 4 \\ 2 & 0 \end{bmatrix}, \quad \mathrm{rank}\boldsymbol{U}_c = 2 = n$$

故系统状态完全能控。

该系统的能观性矩阵为

$$\boldsymbol{U}_o = \begin{bmatrix} \boldsymbol{c} \\ \boldsymbol{c}\boldsymbol{A} \end{bmatrix} = \begin{bmatrix} 1 & 0 \\ 0 & 2 \end{bmatrix}, \quad \mathrm{rank}\boldsymbol{U}_o = 2 = n$$

故系统状态完全能观。

(3) 对系统离散化，有

$$\boldsymbol{\Phi}(T) = e^{\boldsymbol{A}t} = \begin{bmatrix} \cos 2T & \sin 2T \\ -\sin 2T & \cos 2T \end{bmatrix}$$

$$\boldsymbol{G}(T) = \int_0^T \boldsymbol{G}(\tau)\boldsymbol{b}\mathrm{d}\tau = \int_0^T \begin{bmatrix} \cos 2\tau & \sin 2\tau \\ -\sin 2\tau & \cos 2\tau \end{bmatrix}\begin{bmatrix} 0 \\ 2 \end{bmatrix}\mathrm{d}\tau$$

$$= \int_0^T \begin{bmatrix} 2\sin 2\tau \\ 2\cos 2\tau \end{bmatrix}\mathrm{d}\tau = \begin{bmatrix} 1 - \cos 2T \\ \sin 2T \end{bmatrix}$$

$$\boldsymbol{c}=\begin{bmatrix}1 & 0\end{bmatrix}$$

离散化状态空间表达式为

$$\boldsymbol{x}(k+1)=\boldsymbol{\Phi}(T)\boldsymbol{x}(k)+\boldsymbol{G}(T)u(k)$$
$$=\begin{bmatrix}\cos 2T & \sin 2T\\ -\sin 2T & \cos 2T\end{bmatrix}\boldsymbol{x}(k)+\begin{bmatrix}1-\cos 2T\\ \sin 2T\end{bmatrix}u(k)$$
$$y(k)=\boldsymbol{c}\boldsymbol{x}(k)=\begin{bmatrix}1 & 0\end{bmatrix}\boldsymbol{x}(k)$$

(4) 对离散化系统，有能控性矩阵和能观性矩阵分别为

$$\boldsymbol{U}_{\mathrm{c}}=\begin{bmatrix}\boldsymbol{G} & \boldsymbol{\Phi G}\end{bmatrix}=\begin{bmatrix}\cos 2T-1 & \cos 2T+\sin^2 2T-\cos^2 2T\\ \sin 2T & 2\sin 2T\cos 2T-\sin 2T\end{bmatrix}$$

$$\boldsymbol{U}_{\mathrm{o}}=\begin{bmatrix}\boldsymbol{c}\\ \boldsymbol{c\Phi}\end{bmatrix}=\begin{bmatrix}1 & 0\\ \cos 2T & \sin 2T\end{bmatrix}$$

显然，$\boldsymbol{U}_{\mathrm{c}}$、$\boldsymbol{U}_{\mathrm{o}}$ 是否满秩，取决于采样周期 T 的选择，下面分两种情况予以讨论。

① 取 $T=\frac{k\pi}{2}$，$k=1,2,\cdots$，则有

$$\mathrm{rank}\boldsymbol{U}_{\mathrm{c}}=\mathrm{rank}\begin{bmatrix}\cos 2T-1 & \cos 2T+\sin^2 2T-\cos^2 2T\\ \sin 2T & 2\sin 2T\cos 2T-\sin 2T\end{bmatrix}$$
$$=\mathrm{rank}\begin{bmatrix}* & *\\ 0 & 0\end{bmatrix}=1<n$$

$$\mathrm{rank}\boldsymbol{U}_{\mathrm{o}}=\mathrm{rank}\begin{bmatrix}1 & 0\\ \cos 2T & \sin 2T\end{bmatrix}=\mathrm{rank}\begin{bmatrix}1 & 0\\ * & 0\end{bmatrix}=1<n$$

由此可见，此时离散后的系统为状态不完全能控和不完全能观的系统（* 处表示不为 0）。

② 取 $T\neq\frac{k\pi}{2}$，$k=1,2,\cdots$，则有

$$\det\boldsymbol{U}_{\mathrm{c}}=\begin{vmatrix}\cos 2T-1 & \cos 2T+\sin^2 2T-\cos^2 2T\\ \sin 2T & 2\sin 2T\cos 2T-\sin 2T\end{vmatrix}$$
$$=\sin 2T(4\cos^2 2T-4\cos 2T-2)\Big|_{T\neq\frac{k\pi}{2}}\neq 0$$

$$\det\boldsymbol{U}_{\mathrm{o}}=\begin{vmatrix}1 & 0\\ \cos 2T & \sin 2T\end{vmatrix}=\sin 2T\Big|_{T\neq\frac{k\pi}{2}}\neq 0$$

由此可见，当 $T\neq\frac{k\pi}{2}$ 时，$\boldsymbol{U}_{\mathrm{c}}$ 和 $\boldsymbol{U}_{\mathrm{o}}$ 均满秩，即有

$$\mathrm{rank}\boldsymbol{U}_{\mathrm{c}}=2=n,\quad \mathrm{rank}\boldsymbol{U}_{\mathrm{o}}=2=n$$

故离散化后的系统为状态完全能控和完全能观的。

(5) 从上述计算可知，状态完全能控和完全能观的连续系统经离散化处理后，不一定保持原系统的状态完全能控性和完全能观性，其结果与采样周期 T 的选择有关。另外，当连续系统不完全能控和不完全能观时，对应的离散化系统则是一

定不能观测的。

4.21　系统传递函数为

$$G(s)=\frac{2s+8}{2s^3+12s^2+22s+12}$$

(1) 建立系统能控标准型实现；

(2) 建立系统能观标准型实现。

解　(1) 将 $G(s)$分子分母同时除以 2,可得 $G(s)$的首项为一的最小公分母为

$$\Psi(s)=s^3+a_1s^2+a_2s+a_3=s^3+6s^2+11s+6$$

则

$$P(s)=\Psi(s)G(s)=b_1s^2+b_2s+b_3=s+4$$

由于 $G(s)$阵的 $q>p$,可采用能控性实现为

$$\boldsymbol{A}=\begin{bmatrix}\boldsymbol{0} & \boldsymbol{I}_p & \cdots & \boldsymbol{0}\\ \vdots & \vdots & \ddots & \vdots\\ \boldsymbol{0} & \boldsymbol{0} & \ddots & \boldsymbol{I}_p\\ -a_i\boldsymbol{I}_p & -a_{i-1}\boldsymbol{I}_p & \cdots & -a_1\boldsymbol{I}_p\end{bmatrix}_{pl\times pl}=\begin{bmatrix}0 & 1 & 0\\ 0 & 0 & 1\\ -6 & -11 & -6\end{bmatrix}$$

$$\boldsymbol{B}=\begin{bmatrix}\boldsymbol{0}\\ \vdots\\ \boldsymbol{0}\\ \boldsymbol{I}_p\end{bmatrix}_{pl\times p}=\begin{bmatrix}0\\ 0\\ 1\end{bmatrix}$$

$$\boldsymbol{C}=\begin{bmatrix}\boldsymbol{b}_l & \boldsymbol{b}_{l-1} & \cdots & \boldsymbol{b}_1\end{bmatrix}_{q\times pl}=\begin{bmatrix}4 & 1 & 0\end{bmatrix}$$

验证由以上 $\boldsymbol{A}$、$\boldsymbol{B}$、$\boldsymbol{C}$ 构成的状态空间表达式,必有 $\boldsymbol{C}(s\boldsymbol{I}-\boldsymbol{A})^{-1}\boldsymbol{B}=G(s)$,从而此为该系统的能控性实现。

(2) 将 $G(s)$分子分母同时除以 2,可得 $G(s)$的首项为一的最小公分母为

$$\Psi(s)=s^3+a_1s^2+a_2s+a_3=s^3+6s^2+11s+6$$

则

$$P(s)=\Psi(s)G(s)=b_1s^2+b_2s+b_3=s+4$$

由于 $G(s)$阵的 $q>p$,可采用能观性实现为

$$\boldsymbol{A}=\begin{bmatrix}\boldsymbol{0} & \cdots & \boldsymbol{0} & -a_i\boldsymbol{I}_q\\ \boldsymbol{I}_m & \cdots & \boldsymbol{0} & -a_{i-1}\boldsymbol{I}_q\\ \vdots & \ddots & \vdots & \vdots\\ \boldsymbol{0} & \cdots & \boldsymbol{I}_m & -a_1\boldsymbol{I}_q\end{bmatrix}_{ql\times ql}=\begin{bmatrix}0 & 0 & -6\\ 1 & 0 & -11\\ 0 & 1 & -6\end{bmatrix}$$

$$\boldsymbol{B}=\begin{bmatrix}\boldsymbol{b}_l\\ \boldsymbol{b}_{l-1}\\ \vdots\\ \boldsymbol{b}_1\end{bmatrix}_{ql\times p}=\begin{bmatrix}4\\ 1\\ 0\end{bmatrix}$$

$$\boldsymbol{C}=\begin{bmatrix}\boldsymbol{0} & \boldsymbol{0} & \cdots & \boldsymbol{I}_q\end{bmatrix}_{q\times ql}=\begin{bmatrix}0 & 0 & 1\end{bmatrix}$$

验证由以上 $\boldsymbol{A}$、$\boldsymbol{B}$、$\boldsymbol{C}$ 构成的状态空间表达式，必有 $\boldsymbol{C}(s\boldsymbol{I}-\boldsymbol{A})^{-1}\boldsymbol{B}=G(s)$，从而此为该系统的能观性实现。

4.22　已知传递矩阵为

$$\boldsymbol{G}(s)=\begin{bmatrix}\dfrac{2(s+3)}{(s+1)(s+2)} & \dfrac{4(s+4)}{s+5}\end{bmatrix}$$

试求该系统的最小实现。

解　$\boldsymbol{G}(s)$的最小公分母是

$$h(s)=(s+1)(s+2)(s+5)$$

则有

$$\boldsymbol{G}(s)=\frac{[2(s+3)(s+5)\quad -4(s+1)(s+2)]}{(s+1)(s+2)(s+5)}+[0\quad 4]$$

$$=\frac{[2s^2+16s+30\quad -4s^2-12s-8]}{s^3+8s^2+17s+10}+[0\quad 4]$$

为方便计，先求其转置实现：

$$\boldsymbol{G}^{\mathrm{T}}(s)=\frac{[2(s+3)(s+5)\quad -4(s+1)(s+2)]}{(s+1)(s+2)(s+5)}+[0\quad 4]$$

$$=\frac{[2s^2+16s+30\quad -4s^2-12s-8]}{s^3+8s^2+17s+10}+[0\quad 4]$$

利用传递函数直接分解法可得

$$\dot{\bar{\boldsymbol{x}}}=\begin{bmatrix}0 & 1 & 0\\ 0 & 0 & 1\\ -10 & -17 & -8\end{bmatrix}\bar{\boldsymbol{x}}+\begin{bmatrix}0\\0\\1\end{bmatrix}u$$

$$\boldsymbol{y}=\begin{bmatrix}30 & 16 & 2\\ -8 & -12 & -4\end{bmatrix}\bar{\boldsymbol{x}}+\begin{bmatrix}0\\4\end{bmatrix}u$$

再对其进行转置，得出系统实现为

$$\dot{\boldsymbol{x}}=\begin{bmatrix}0 & 1 & -10\\ 1 & 0 & -17\\ 0 & 1 & -8\end{bmatrix}\boldsymbol{x}+\begin{bmatrix}30 & -8\\ 16 & -12\\ 2 & -4\end{bmatrix}\boldsymbol{u}$$

$$y=[0\quad 0\quad 1]\boldsymbol{x}+[0\quad 4]\boldsymbol{u}$$

即为该系统的最小实现。

4.23* 若系统的状态空间表达式为

$$\dot{\boldsymbol{x}}(t)=\begin{bmatrix}-a & c\\ -d & -b\end{bmatrix}\boldsymbol{x}(t)+\begin{bmatrix}1\\1\end{bmatrix}u(t)$$

$$y(t)=[1\quad 0]\boldsymbol{x}(t)$$

分别确定当系统状态能控及系统能观测时，a、b、c、d 应满足的条件。

解

$$|\boldsymbol{U}_c|=|\boldsymbol{B}\quad \boldsymbol{AB}|=\begin{vmatrix}1 & c-a\\ 1 & -b-d\end{vmatrix}=-b-d-c+a$$

$$|U_o| = \begin{vmatrix} C \\ CA \end{vmatrix} = \begin{vmatrix} 1 & 0 \\ -a & c \end{vmatrix} = c$$

可见，当 $a-b-c-d\neq 0$ 时系统能控；当 $c\neq 0$ 时系统能观测。

4.24* 若系统的状态空间表达式为

$$\dot{x}(t) = \begin{bmatrix} 0 & 1 \\ -2 & -3 \end{bmatrix} x(t) + \begin{bmatrix} b_1 \\ b_2 \end{bmatrix} u(t)$$

$$y(t) = \begin{bmatrix} c_1 & c_2 \end{bmatrix} x(t)$$

欲使系统中有一个状态既能控又能观测，另一个状态既不能控又不能观测，试确定 b_1、b_2 和 c_1、c_2 应满足的关系。

解　系统的特征方程为

$$|sI - A| = \begin{vmatrix} s & -1 \\ 2 & s+3 \end{vmatrix} = s^2 + 3s + 2 = (s+1)(s+2)$$

可见系统特征值为互异单根，且矩阵 A 为友矩阵，可用范德蒙矩阵实现对角化，即

$$P = \begin{bmatrix} 1 & 1 \\ -1 & -2 \end{bmatrix}$$

$$\hat{A} = P^{-1}AP = \begin{bmatrix} 1 & 1 \\ -1 & -2 \end{bmatrix}^{-1} \begin{bmatrix} 0 & 1 \\ -2 & -3 \end{bmatrix} \begin{bmatrix} 1 & 1 \\ -1 & -2 \end{bmatrix} = \begin{bmatrix} -1 & 0 \\ 0 & -2 \end{bmatrix}$$

$$\hat{B} = P^{-1}B = \begin{bmatrix} 1 & 1 \\ -1 & -2 \end{bmatrix}^{-1} \begin{bmatrix} b_1 \\ b_2 \end{bmatrix} = \begin{bmatrix} 2b_1 + b_2 \\ -b_1 - b_2 \end{bmatrix}$$

$$\hat{C} = CP = \begin{bmatrix} c_1 & c_2 \end{bmatrix} \begin{bmatrix} 1 & 1 \\ -1 & -2 \end{bmatrix} = \begin{bmatrix} c_1 - c_2 & c_1 - 2c_2 \end{bmatrix}$$

对角化系统状态空间表达式为

$$\dot{\hat{x}}(t) = \begin{bmatrix} -1 & 0 \\ 0 & -2 \end{bmatrix} \hat{x}(t) + \begin{bmatrix} 2b_1 + b_2 \\ -b_1 - b_2 \end{bmatrix} u(t)$$

$$y(t) = \begin{bmatrix} c_1 - c_2 & c_1 - 2c_2 \end{bmatrix} \hat{x}(t)$$

令 $\hat{x}_1$ 能控能观测，$\hat{x}_2$ 不能控不能观测，则应有

$$\begin{cases} 2b_1 + b_2 \neq 0 \\ c_1 - c_2 \neq 0 \end{cases}, \quad \begin{cases} b_1 + b_2 = 0 \\ c_1 - 2c_2 = 0 \end{cases}$$

即

$$\begin{cases} b_1 = -b_2 \\ c_1 = 2c_2 \end{cases}$$

当令 $\hat{x}_2$ 不能控不能观测，$\hat{x}_1$ 能控能观测时，可同理讨论。

4.25* 设 n 阶系统的状态空间表达式为

$$\dot{x}(t) = Ax(t) + Bu(t)$$

$$y(t) = Cx(t)$$

若 $\boldsymbol{CB}=\mathbf{0},\boldsymbol{CAB}=\mathbf{0},\cdots,\boldsymbol{CA}^{n-1}\boldsymbol{B}=\mathbf{0}$。试证：系统不能同时满足能控性、能观性的条件。

证明 由系统能控性矩阵

$$\boldsymbol{U}_c=[\boldsymbol{B}\quad \boldsymbol{AB}\quad \boldsymbol{A}^2\boldsymbol{B}\quad \cdots\quad \boldsymbol{A}^{n-1}\boldsymbol{B}]$$

和能观性矩阵

$$\boldsymbol{U}_o=\begin{bmatrix}\boldsymbol{C}\\ \boldsymbol{CA}\\ \vdots\\ \boldsymbol{CA}^{n-1}\end{bmatrix}$$

可得

$$\begin{aligned}\boldsymbol{U}_o\boldsymbol{U}_c&=\begin{bmatrix}\boldsymbol{C}\\ \boldsymbol{CA}\\ \boldsymbol{CA}^2\\ \vdots\\ \boldsymbol{CA}^{n-1}\end{bmatrix}[\boldsymbol{B}\quad \boldsymbol{AB}\quad \boldsymbol{A}^2\boldsymbol{B}\quad \cdots\quad \boldsymbol{A}^{n-1}\boldsymbol{B}]\\&=\begin{bmatrix}\boldsymbol{CB} & \boldsymbol{CAB} & \boldsymbol{CA}^2\boldsymbol{B} & \cdots & \boldsymbol{CA}^{n-1}\boldsymbol{B}\\ \boldsymbol{CAB} & \boldsymbol{CA}^2\boldsymbol{B} & \boldsymbol{CA}^3\boldsymbol{B} & \cdots & \boldsymbol{CA}^n\boldsymbol{B}\\ \vdots & \vdots & \vdots & \vdots & \vdots\\ \boldsymbol{CA}^{n-1}\boldsymbol{B} & \boldsymbol{CA}^n\boldsymbol{B} & \boldsymbol{CA}^{n+1}\boldsymbol{B} & \cdots & \boldsymbol{CA}^{2(n-1)}\boldsymbol{B}\end{bmatrix}\\&=\begin{bmatrix}\mathbf{0} & \mathbf{0} & \mathbf{0} & \cdots & \mathbf{0}\\ \mathbf{0} & \mathbf{0} & \mathbf{0} & \cdots & \boldsymbol{CA}^n\boldsymbol{B}\\ \vdots & \vdots & \vdots & \vdots & \vdots\\ \mathbf{0} & \boldsymbol{CA}^n\boldsymbol{B} & \boldsymbol{CA}^{n+1}\boldsymbol{B} & \cdots & \boldsymbol{CA}^{2(n-1)}\boldsymbol{B}\end{bmatrix}\end{aligned}$$

可见，$\boldsymbol{U}_o\boldsymbol{U}_c$ 不满秩。根据矩阵理论，$\boldsymbol{U}_o$、$\boldsymbol{U}_c$ 中至少有一个矩阵不满秩，即系统不能同时能控能观测。

4.26* 若系统的状态方程为

$$\dot{\boldsymbol{x}}(t)=\begin{bmatrix}0 & 2 & -2\\ 1 & 1 & -2\\ 2 & -2 & 1\end{bmatrix}\boldsymbol{x}(t)+\begin{bmatrix}2\\ 1\\ 1\end{bmatrix}u(t)$$

将它变化为能控标准型。

解 (1)

$$\mathrm{rank}\boldsymbol{U}_c=\mathrm{rank}[\boldsymbol{B}\quad \boldsymbol{AB}\quad \boldsymbol{A}^2\boldsymbol{B}]=\mathrm{rank}\begin{bmatrix}2 & 0 & -4\\ 1 & 1 & -5\\ 1 & 3 & 1\end{bmatrix}=3$$

系统是能控的，所以可以变换为能控标准型。

(2) 根据

$$P_1=[0\quad 0\quad 1][B\quad AB\quad A^2B]^{-1}=\begin{bmatrix}\frac{1}{12} & -\frac{1}{4} & -\frac{1}{12}\end{bmatrix}$$

$$P^{-1}=\begin{bmatrix}P_1\\ P_1A\\ P_1A^2\end{bmatrix}=\begin{bmatrix}\frac{1}{12} & -\frac{1}{4} & \frac{1}{12}\\ -\frac{1}{12} & -\frac{1}{4} & \frac{5}{12}\\ -\frac{7}{12} & -\frac{15}{12} & \frac{13}{12}\end{bmatrix},\quad P=\begin{bmatrix}-6 & -4 & -2\\ -8 & -1 & 1\\ -6 & 1 & 1\end{bmatrix}$$

$$\dot{\bar{x}}(t)=P^{-1}AP\,\bar{x}(t)+P^{-1}Bu(t)=\begin{bmatrix}0 & 1 & 0\\ 0 & 0 & 1\\ -2 & 1 & 2\end{bmatrix}\bar{x}(t)+\begin{bmatrix}0\\0\\1\end{bmatrix}u(t)$$

(3) 本题由于无输出方程,因为特征多项式

$$|sI-A|=\begin{vmatrix}s & -2 & 2\\ -1 & s-1 & 2\\ -2 & 2 & s-1\end{vmatrix}=s^3-2s^2-s+2$$

所以可直接写出能控标准型为

$$\dot{\bar{x}}(t)=\begin{bmatrix}0 & 1 & 0\\ 0 & 0 & 1\\ -2 & 1 & 2\end{bmatrix}\bar{x}(t)+\begin{bmatrix}0\\0\\1\end{bmatrix}u(t)$$

4.27* 试将系统

$$\dot{x}(t)=\begin{bmatrix}-1 & 0 & 0\\ 0 & -2 & 0\\ 0 & 0 & -3\end{bmatrix}x(t)+\begin{bmatrix}2\\3\\4\end{bmatrix}u(t)$$

$$y(t)=[1\quad -1\quad 2]x(t)$$

化为能观标准型。

解法 1 因为 A 为对角线标准型,且 c 所有列的元素不全为零,所以系统是状态完全能观测的,可以变换为能观标准型。

$$U_o=\begin{bmatrix}c\\ cA\\ cA^2\end{bmatrix}=\begin{bmatrix}1 & -1 & 2\\ -1 & 2 & -6\\ 1 & -4 & 18\end{bmatrix}$$

$$T_1=U_o^{-1}\begin{bmatrix}0\\0\\1\end{bmatrix}=\begin{bmatrix}\frac{1}{2}\\ 1\\ \frac{1}{4}\end{bmatrix}$$

$$T=[T_1\quad AT_1\quad A^2T_1]\begin{bmatrix}\frac{1}{2} & -\frac{1}{2} & \frac{1}{2}\\ 1 & -2 & 4\\ \frac{1}{4} & -\frac{3}{4} & \frac{9}{4}\end{bmatrix},\quad T^{-1}=\begin{bmatrix}6 & -3 & 4\\ 5 & -4 & 6\\ 1 & -1 & 2\end{bmatrix}$$

$$\widetilde{A}=T^{-1}AT=\begin{bmatrix}0 & 0 & -6\\ 1 & 0 & -11\\ 0 & 1 & -6\end{bmatrix},\quad \tilde{b}=T^{-1}b=\begin{bmatrix}19\\ 22\\ 7\end{bmatrix}$$

$$\tilde{c}=cT=[0\quad 0\quad 1]$$

解法 2

$$G(s)=c(sI-A)^{-1}B=[1\quad -1\quad 2]\begin{bmatrix}s+1 & 0 & 0\\ 0 & s+2 & 0\\ 0 & 0 & s+3\end{bmatrix}^{-1}\begin{bmatrix}2\\ 3\\ 4\end{bmatrix}$$

$$=\frac{2}{s+1}-\frac{3}{s+2}+\frac{8}{s+3}=\frac{7s^2+22s+19}{s^3+6s^2+11s+6}$$

能观标准型为

$$\dot{x}(t)=\begin{bmatrix}0 & 0 & -6\\ 1 & 0 & -11\\ 0 & 1 & -6\end{bmatrix}x(t)+\begin{bmatrix}19\\ 22\\ 7\end{bmatrix}u(t)$$

$$y(t)=[0\quad 0\quad 1]x(t)$$

4.28* 线性定常系统的状态空间表达式为

$$\dot{x}(t)=\begin{bmatrix}1 & 2 & -1\\ 0 & 1 & 0\\ 1 & -4 & 3\end{bmatrix}x(t)+\begin{bmatrix}0\\ 0\\ 1\end{bmatrix}u(t)$$

$$y(t)=[1\quad -1\quad 1]x(t)$$

试求系统的能控子系统。

解 因为系统能控性矩阵为

$$U_c=[B\quad AB\quad A^2B]=\begin{bmatrix}0 & 1 & -4\\ 0 & 0 & 0\\ 1 & 3 & 8\end{bmatrix}$$

$$\mathrm{rank}U_c=2$$

所以原系统是状态不完全能控的。能控部分状态变量数目为 $k=2$。

$$T_c=\begin{bmatrix}0 & -1 & 0\\ 0 & 0 & 1\\ 1 & 3 & 0\end{bmatrix}$$

$$\widetilde{A}=T_c^{-1}AT_c=\begin{bmatrix}0 & -4 & 2\\1 & 4 & -2\\0 & 0 & 1\end{bmatrix},\quad \widetilde{B}=T_c^{-1}B=\begin{bmatrix}1\\0\\0\end{bmatrix}$$

$$\tilde{c}=cT_c=[1\quad 2\quad -1]$$

能控子系统

$$\begin{cases}\dot{\tilde{x}}_c(t)=\begin{bmatrix}0 & -4\\1 & 4\end{bmatrix}\tilde{x}_c(t)+\begin{bmatrix}2\\-2\end{bmatrix}\tilde{x}_{\bar{c}}(t)+\begin{bmatrix}1\\0\end{bmatrix}u(t)\\ y_1(t)=[1\quad 2]\,\tilde{x}_c(t)\end{cases}$$

4.29* 线性定常系统的状态空间表达式为

$$\begin{cases}\dot{x}(t)=\begin{bmatrix}1 & 2 & -1\\0 & 1 & 0\\1 & -4 & 3\end{bmatrix}x(t)+\begin{bmatrix}0\\0\\1\end{bmatrix}u(t)\\ y(t)=[1\quad -1\quad 1]x(t)\end{cases}$$

试求系统的能观测子系统。

解

$$U_o=\begin{bmatrix}c\\cA\\cA^2\end{bmatrix}=\begin{bmatrix}1 & -1 & 1\\2 & -3 & 2\\4 & -7 & 4\end{bmatrix}$$

$$\text{rank}U_o=2$$

所以原系统是状态不完全能观测的。

取

$$T_o^{-1}=\begin{bmatrix}1 & 1 & 1\\2 & 3 & 2\\0 & 0 & 1\end{bmatrix},\quad T_o=\begin{bmatrix}3 & -1 & -1\\2 & -1 & 0\\0 & 0 & 1\end{bmatrix}$$

$$\widetilde{A}=T_o^{-1}AT_o=\begin{bmatrix}0 & 1 & 0\\-2 & 3 & 0\\-5 & 3 & 2\end{bmatrix},\quad \tilde{b}=T_o^{-1}b=\begin{bmatrix}1\\2\\1\end{bmatrix}$$

$$\tilde{c}=cT_o=[1\quad 0\quad 0]$$

能观测子系统为

$$\begin{cases}\dot{\tilde{x}}_o(t)=\begin{bmatrix}0 & 1\\-2 & 3\end{bmatrix}\tilde{x}_o(t)+\begin{bmatrix}1\\2\end{bmatrix}u(t)\\ y(t)=[1\quad 0]\,\tilde{x}_o(t)\end{cases}$$

4.30* 有两个既能控又能观测的单输入单输出(SISO)系统

$$\Sigma_1:\begin{cases}\dot{x}_1(t)=\begin{bmatrix}0 & 1\\-3 & -4\end{bmatrix}x_1(t)+\begin{bmatrix}0\\1\end{bmatrix}u_1(t)\\ y(t)=[-2\quad 1]x_1(t)\end{cases}$$

$$\Sigma_2:\begin{cases}\dot{x}_2(t)=2x_2(t)+u_2(t)\\ y_2(t)=x_2(t)\end{cases}$$

(1) 以 $y_1=u_2$ 的形式把 Σ_1 和 Σ_2 串联起来，求增广系统 Σ 的状态空间表达式，其中状态变量选为 $\boldsymbol{x}=[\boldsymbol{x}_1^{\mathrm{T}}\quad x_2]^{\mathrm{T}}$；

(2) 判断系统 Σ 的能控性和能观性；

(3) 求系统 Σ_1、Σ_2 及 Σ 的传递函数。

解　(1) 以 $y_1=u_2$ 的形式把 Σ_1 和 Σ_2 串联起来。

$$\begin{cases}\dot{\boldsymbol{x}}(t)=\begin{bmatrix}0&1&0\\-3&-4&0\\-2&1&2\end{bmatrix}\boldsymbol{x}(t)+\begin{bmatrix}0\\1\\0\end{bmatrix}u(t)\\ y(t)=[0\quad 0\quad 1]\boldsymbol{x}(t)\end{cases}$$

(2) 系统能控性矩阵为

$$\boldsymbol{U}_{\mathrm{c}}=[\boldsymbol{b}\quad \boldsymbol{Ab}\quad \boldsymbol{A}^2\boldsymbol{b}]=\begin{bmatrix}0&1&-4\\1&-4&13\\0&1&-4\end{bmatrix}$$

$$\mathrm{rank}\boldsymbol{U}_{\mathrm{c}}=2$$

所以 Σ 不完全能控。

$$\boldsymbol{U}_{\mathrm{o}}=\begin{bmatrix}\boldsymbol{c}\\ \boldsymbol{cA}\\ \boldsymbol{cA}^2\end{bmatrix}=\begin{bmatrix}0&0&1\\-2&1&2\\-7&-4&4\end{bmatrix}$$

$$\mathrm{rank}\boldsymbol{U}_{\mathrm{o}}=3$$

所以系统 Σ 是状态完全能观测的。

(3) 对应系统的传递函数分别为

$$\Sigma_1:\quad G_1(s)=\boldsymbol{c}_1(s\boldsymbol{I}-\boldsymbol{A}_1)^{-1}\boldsymbol{b}_1=[-2\quad 1]\begin{bmatrix}s&-1\\3&s+4\end{bmatrix}^{-1}\begin{bmatrix}0\\1\end{bmatrix}=\frac{s-2}{s^2+4s+3}$$

$$\Sigma_2:\quad G_2(s)=\boldsymbol{c}_2(s\boldsymbol{I}-\boldsymbol{A}_2)^{-1}\boldsymbol{b}_2=\frac{1}{s-2}$$

$$\Sigma:\quad G(s)=G_1(s)G_2(s)=\frac{1}{s^2+4s+3}$$

从传递函数也可以看出，存在零、极点对消。

4.31* 线性定常离散系统的状态空间表达式为

$$\boldsymbol{x}(k+1)=\begin{bmatrix}0&0&-1\\1&0&-3\\0&1&-3\end{bmatrix}\boldsymbol{x}(k)+\begin{bmatrix}1\\1\\0\end{bmatrix}u(k)$$

$$y(k)=[0\quad 1\quad -2]\boldsymbol{x}(k)$$

试判断系统的能控性和能观性。

解

$$\boldsymbol{U}_c=[\boldsymbol{h}\quad \boldsymbol{Gh}\quad \boldsymbol{G}^2\boldsymbol{h}]=\begin{bmatrix}1&0&-1\\1&1&-3\\0&1&-2\end{bmatrix}$$

$$\text{rank}\boldsymbol{U}_c=2<3$$

所以离散系统状态不完全能控。

$$\begin{bmatrix}\boldsymbol{c}\\\boldsymbol{cG}\\\boldsymbol{cG}^2\end{bmatrix}=\begin{bmatrix}0&1&-2\\1&-2&3\\-2&3&-2\end{bmatrix}$$

$$\text{rank}\boldsymbol{U}_o=2<3$$

所以离散系统状态不完全能观测。

4.32* 线性定常连续系统状态方程为

$$\dot{\boldsymbol{x}}(t)=\begin{bmatrix}0&1\\-4&0\end{bmatrix}\boldsymbol{x}(t)+\begin{bmatrix}0\\2\end{bmatrix}u(t)$$

(1) 设采样周期为 T,建立系统离散状态方程;

(2) 为维持离散化前系统原有的能控性,试确定采样周期 $\boldsymbol{T}$ 的取值。

解 (1) 系统状态转移矩阵为

$$\boldsymbol{\Phi}(t)=L^{-1}[(s\boldsymbol{I}-\boldsymbol{A})^{-1}]=L^{-1}\left\{\begin{bmatrix}s&-1\\4&s\end{bmatrix}^{-1}\right\}$$

$$=L^{-1}\left\{\frac{1}{s^2+4}\begin{bmatrix}s&1\\-4&s\end{bmatrix}^{-1}\right\}=\begin{bmatrix}\cos2t&0.5\sin2t\\-2\sin2t&\cos2t\end{bmatrix}$$

$$\boldsymbol{G}=\begin{bmatrix}\cos2T&0.5\sin2T\\-2\sin2T&\cos2T\end{bmatrix}$$

$$\boldsymbol{H}=\int_0^T\begin{bmatrix}\cos2t&0.5\sin2t\\-2\sin2t&\cos2t\end{bmatrix}\begin{bmatrix}0\\2\end{bmatrix}\mathrm{d}t=\int_0^T\begin{bmatrix}\sin2t\\2\cos2t\end{bmatrix}\mathrm{d}t=\begin{bmatrix}0.5(1-\cos2T)\\\sin2T\end{bmatrix}$$

离散化状态方程为

$$\boldsymbol{x}(k+1)=\begin{bmatrix}\cos2T&0.5\sin2T\\-2\sin2T&\cos2T\end{bmatrix}\boldsymbol{x}(k)+\begin{bmatrix}0.5(1-\cos2T)\\\sin2T\end{bmatrix}u(k)$$

(2) 系统能控性矩阵为

$$\boldsymbol{U}_c=[\boldsymbol{h}\quad\boldsymbol{Gh}]=\begin{bmatrix}0.5(1-\cos2T)&0.5[\cos2T(1-\cos2T)+\sin^22T]\\\sin2T&\sin2T(2\cos2T-1)\end{bmatrix}$$

$$|\boldsymbol{U}_c|=\sin2T(\cos2T-1)$$

可见,只要有 $T\neq k\pi/2(k=\pm1,\pm2,\cdots)$,离散系统便能控。

4.33* 设单输入单输出系统传递函数为

$$G(s)=\frac{5}{s^3+4s^2+5s+2}$$

试写出它的一个约当标准型实现。

解

$$G(s)=\frac{5}{(s+1)^2(s+2)}=\frac{5}{(s+1)^2}-\frac{5}{s+1}+\frac{5}{s+2}$$

$$\begin{cases}\dot{\boldsymbol{x}}(t)=\begin{bmatrix}-1 & 1 & 0\\ 0 & -1 & 0\\ 0 & 0 & -2\end{bmatrix}\boldsymbol{x}(t)+\begin{bmatrix}0\\1\\1\end{bmatrix}u(t)\\ y(t)=[5\quad -5\quad 5]\boldsymbol{x}(t)\end{cases}$$

4.34* 已知系统的传递函数为

$$G(s)=\frac{s+a}{s^3+10s^2+27s+18}$$

(1) 试确定 a 的取值,使系统成为不能控,或为不能观测;

(2) 在上述 a 的取值下,求使系统为状态能控的状态空间表达式;

(3) 在上述 a 的取值下,求使系统为状态能观测的状态空间表达式;

(4) 求 $a=1$ 时,系统的一个最小实现。

解

$$G(s)=\frac{s+a}{(s+1)(s+3)(s+6)}$$

(1) 当 $a=+1$、$+3$、$+6$ 时,传递函数有零、极点对消,这时系统或是不完全能控,或不完全能观测。

(2) 取能控标准型的实现。

$$\begin{cases}\dot{\boldsymbol{x}}(t)=\begin{bmatrix}0 & 1 & 0\\ 0 & 0 & 1\\ -18 & -27 & -10\end{bmatrix}\boldsymbol{x}(t)+\begin{bmatrix}0\\0\\1\end{bmatrix}u(t)\\ y(t)=[a\quad 1\quad 0]\boldsymbol{x}(t)\end{cases}$$

(3) 取能观标准型的实现。

$$\begin{cases}\dot{\boldsymbol{x}}(t)=\begin{bmatrix}0 & 0 & -18\\ 1 & 0 & -27\\ 0 & 1 & -10\end{bmatrix}\boldsymbol{x}(t)+\begin{bmatrix}a\\1\\0\end{bmatrix}u(t)\\ y(t)=[0\quad 0\quad 1]\boldsymbol{x}(t)\end{cases}$$

(4) 方法有很多。比如把(2)中的能控标准型系统进行能观性结构分解,求出能控、能观测子系统,即为一个最小实现;把(3)中的能观标准型系统进行能控性结构分解,求出能控、能观测子系统,也可找出一个最小实现;现在把传递函数中的零、极点消去,然后找出一个实现即为最小实现。

$$G(s)=\frac{s+1}{(s+1)(s+3)(s+6)}=\frac{1}{s^2+9s+18}$$

$$\dot{\boldsymbol{x}}(t)=\begin{bmatrix}0 & 1\\ -18 & -9\end{bmatrix}\boldsymbol{x}(t)+\begin{bmatrix}0\\1\end{bmatrix}u(t)$$

$$y(t) = [1 \quad 0]\boldsymbol{x}(t)$$

4.35** 线性定常离散系统的状态方程为

$$\boldsymbol{x}(k+1) = \begin{bmatrix} 1 & 0 & 0 \\ 0 & 2 & -2 \\ -1 & 1 & 0 \end{bmatrix}\boldsymbol{x}(k) + \begin{bmatrix} 1 \\ 0 \\ 1 \end{bmatrix}\boldsymbol{u}(k)$$

试判断该系统是否能控。

解

由于该系统控制矩阵 $\boldsymbol{b}=\begin{bmatrix} 1 \\ 0 \\ 1 \end{bmatrix}$，系统矩阵 $\boldsymbol{A}=\begin{bmatrix} 1 & 0 & 0 \\ 0 & 2 & -2 \\ -1 & 1 & 0 \end{bmatrix}$，所以

$$\boldsymbol{Ab} = \begin{bmatrix} 1 \\ -2 \\ -1 \end{bmatrix}, \quad \boldsymbol{A}^2\boldsymbol{b} = \begin{bmatrix} 1 \\ -2 \\ -3 \end{bmatrix}$$

从而 $\operatorname{rank}[\boldsymbol{b} \quad \boldsymbol{Ab} \quad \boldsymbol{A}^2\boldsymbol{b}]=\operatorname{rank}\begin{bmatrix} 1 & 1 & 1 \\ 0 & -2 & -2 \\ 1 & -1 & -3 \end{bmatrix}=3$，满足能控性的充分必要条件，故该系统能控。实际上，这个系统在第 3 步上的状态转移方程为

$$\begin{aligned} \boldsymbol{x}(3) &= \boldsymbol{A}^3\boldsymbol{x}(0) + \boldsymbol{A}^2\boldsymbol{bu}(0) + \boldsymbol{Abu}(1) + \boldsymbol{bu}(2) \\ &= \begin{bmatrix} 1 & 0 & 0 \\ 0 & 2 & -2 \\ -1 & 1 & 0 \end{bmatrix}^3 \boldsymbol{x}(0) + \begin{bmatrix} 1 \\ -2 \\ -3 \end{bmatrix}\boldsymbol{u}(0) + \begin{bmatrix} 1 \\ -2 \\ -1 \end{bmatrix}\boldsymbol{u}(1) + \begin{bmatrix} 1 \\ 0 \\ 1 \end{bmatrix}\boldsymbol{u}(2) \end{aligned}$$

如果假设 $\boldsymbol{x}(3)=\boldsymbol{0}$，则有

$$\begin{bmatrix} 1 & 1 & 1 \\ -2 & 2 & 0 \\ -3 & -2 & 1 \end{bmatrix}\begin{bmatrix} \boldsymbol{u}(0) \\ \boldsymbol{u}(1) \\ \boldsymbol{u}(2) \end{bmatrix} = \begin{bmatrix} 1 & 1 & 1 \\ 0 & -2 & -2 \\ 1 & -1 & -3 \end{bmatrix}^3 \boldsymbol{x}(0)$$

因为矩阵 $\begin{bmatrix} 1 & 1 & 1 \\ -2 & 2 & 0 \\ -3 & -1 & 1 \end{bmatrix}$ 的秩为 3，当 $\boldsymbol{x}(0)=\begin{bmatrix} 2 \\ 1 \\ 0 \end{bmatrix}$ 时，其解为 $\begin{bmatrix} \boldsymbol{u}(0) \\ \boldsymbol{u}(1) \\ \boldsymbol{u}(2) \end{bmatrix} = \begin{bmatrix} -5 \\ 11 \\ -8 \end{bmatrix}$。

这表明：这个系统不论 $\boldsymbol{x}(0)$ 为何值，都能选择适当的 $\boldsymbol{u}(0)$、$\boldsymbol{u}(1)$、$\boldsymbol{u}(2)$，使系统转移到零状态，所以系统是能控的。

4.36** 分析下列离散系统的能控性。

$$\begin{bmatrix} x_1(k+1) \\ x_2(k+1) \\ x_3(k+1) \end{bmatrix} = \begin{bmatrix} 1 & 2 & 1 \\ 1 & 0 & 2 \\ 0 & 1 & 1 \end{bmatrix}\begin{bmatrix} x_1(k) \\ x_2(k) \\ x_3(k) \end{bmatrix} + \begin{bmatrix} 1 & 0 \\ 0 & 0 \\ 0 & 1 \end{bmatrix}\begin{bmatrix} u_1(k) \\ u_2(k) \end{bmatrix}$$

解 首先来看第 1 个特点。因为能控性矩阵

$$[\boldsymbol{B}\quad \boldsymbol{AB}\quad \cdots\quad \boldsymbol{A}^{n-1}\boldsymbol{B}]=\begin{bmatrix}1&0&1&1&3&5\\0&0&1&2&1&1\\0&1&0&0&1&2\end{bmatrix}$$

的秩为 3,满足状态完全能控性的充要条件,所以该离散系统能控。其实,在本例中,只要计算出矩阵$[\boldsymbol{B}\quad \boldsymbol{AB}]$的秩,即

$$\text{rank}[\boldsymbol{B}\quad \boldsymbol{AB}]=\text{rank}\begin{bmatrix}1&0&1&1\\0&0&1&2\\0&1&0&0\end{bmatrix}=3$$

就可以判断该系统能控,而无须再计算下去。

再来看第 2 个特点。根据迭代法计算,在第 3 步时,$x(3)$的解为

$$\begin{bmatrix}x_1(3)\\x_2(3)\\x_3(3)\end{bmatrix}=\begin{bmatrix}1&2&1\\1&0&2\\0&1&0\end{bmatrix}^3\begin{bmatrix}x_1(0)\\x_2(0)\\x_3(0)\end{bmatrix}+\begin{bmatrix}3&5\\1&1\\1&2\end{bmatrix}\begin{bmatrix}u_1(0)\\u_2(0)\end{bmatrix}$$
$$+\begin{bmatrix}1&1\\1&2\\0&0\end{bmatrix}\begin{bmatrix}u_1(1)\\u_2(1)\end{bmatrix}+\begin{bmatrix}1&0\\0&0\\0&1\end{bmatrix}\begin{bmatrix}u_1(2)\\u_2(2)\end{bmatrix}$$

在已知$[x_1(0)\quad x_2(0)\quad x_3(0)]^{\mathrm{T}}$ 的条件下,要求出转移到零状态的控制信号序列$\begin{bmatrix}u_1(0)\\u_2(0)\end{bmatrix}$,$\begin{bmatrix}u_1(1)\\u_2(1)\end{bmatrix}$,$\begin{bmatrix}u_1(2)\\u_2(2)\end{bmatrix}$,不妨假设$[x_1(0)\quad x_2(0)\quad x_3(0)]^{\mathrm{T}}=[1\quad 2\quad 0]$,上面的矩阵向量方程可以写成如下的代数方程组

$$\begin{cases}-28=3u_1(0)+5u_2(0)+u_1(1)+u_2(1)+u_1(2)\\-11=u_1(0)+u_2(0)+u_1(1)+2u_2(1)\\-9=u_1(0)+2u_2(0)+u_2(2)\end{cases}$$

上面 3 个方程中,有 6 个待求变量 $u_1(0)$、$u_2(0)$、$u_1(1)$、$u_2(1)$、$u_1(2)$、$u_2(2)$。此方程组有解的充要条件是系数矩阵的秩为 3,但它有无穷多个解。选择范数最小的解,为

$$\boldsymbol{u}^*=-\boldsymbol{s}^{\mathrm{T}}(\boldsymbol{ss}^{\mathrm{T}})^{-1}\boldsymbol{A}^n\boldsymbol{x}(0)$$

值得指出,在讨论能控性问题时,人们所关心的是,是否“存在”一个有限的控制向量序列 $u(0),u(1),\cdots,u(N-1)$,能在第 N 步将系统的初始状态 $\boldsymbol{x}(0)$转移到零状态。而对于这个序列取何种形式并不计较。

4.37** 考察如下系统的能控性:

$$\begin{bmatrix}\dot{x}_1\\\dot{x}_2\\\dot{x}_3\end{bmatrix}=\begin{bmatrix}1&2&1\\0&1&0\\1&0&3\end{bmatrix}\begin{bmatrix}x_1\\x_2\\x_3\end{bmatrix}+\begin{bmatrix}1&0\\0&1\\0&0\end{bmatrix}\begin{bmatrix}u_1\\u_2\end{bmatrix}$$

解

$$\boldsymbol{B}=\begin{bmatrix}1&0\\0&1\\0&0\end{bmatrix},\boldsymbol{AB}=\begin{bmatrix}1&2&1\\0&1&0\\1&0&3\end{bmatrix}\begin{bmatrix}1&0\\0&1\\0&0\end{bmatrix}=\begin{bmatrix}1&2\\0&1\\1&0\end{bmatrix}$$

$$\boldsymbol{A}^2\boldsymbol{B}=\begin{bmatrix}1&2&1\\0&1&0\\1&0&3\end{bmatrix}\begin{bmatrix}1&2\\0&1\\1&0\end{bmatrix}=\begin{bmatrix}2&4\\0&1\\4&2\end{bmatrix}$$

所以

$$\boldsymbol{U}_{\mathrm{c}}=\begin{bmatrix}1&0&1&2&2&4\\0&1&0&1&0&1\\0&0&1&0&4&2\end{bmatrix}$$

其秩为 3，即 $\mathrm{rank}\boldsymbol{U}_{\mathrm{c}}=3=n$，该系统能控。

4.38[**] 判断线性定常系统

$$\begin{bmatrix}\dot{x}_1\\\dot{x}_2\\\dot{x}_3\end{bmatrix}=\begin{bmatrix}1&3&2\\0&2&0\\0&1&3\end{bmatrix}\begin{bmatrix}x_1\\x_2\\x_3\end{bmatrix}+\begin{bmatrix}2&1\\1&1\\-1&-1\end{bmatrix}\begin{bmatrix}u_1\\u_2\end{bmatrix}$$

的能控性。

解 系统的能控性矩阵为

$$\boldsymbol{U}_{\mathrm{c}}=[\boldsymbol{B}\quad\boldsymbol{AB}\quad\boldsymbol{A}^2\boldsymbol{B}]=\begin{bmatrix}2&1&3&2&5&4\\1&1&2&2&4&4\\-1&-1&-2&-2&-4&-4\end{bmatrix}$$

其秩为

$$\mathrm{rank}\begin{bmatrix}2&1&3&2&5&4\\1&1&2&2&4&4\\-1&-1&-2&-2&-4&-4\end{bmatrix}=2$$

所以系统不能控。

4.39[**] 判断系统

$$\begin{bmatrix}\dot{x}_1\\\dot{x}_2\end{bmatrix}=\begin{bmatrix}-4&1\\2&-3\end{bmatrix}\begin{bmatrix}x_1\\x_2\end{bmatrix}+\begin{bmatrix}1\\2\end{bmatrix}u$$

$$y=[1\quad 0]\begin{bmatrix}x_1\\x_2\end{bmatrix}$$

是否具有状态能控性和输出能控性。

解 系统的状态能控性矩阵$[\boldsymbol{b}\quad\boldsymbol{Ab}]=\begin{bmatrix}1&-2\\2&-4\end{bmatrix}$的秩为 1，所以系统是状态不能控的。而矩阵$[\boldsymbol{cb}\quad\boldsymbol{cAb}]=[1\quad -2\quad 0]$的秩为 1，等于输出变量的个数，因此

系统是输出能控的。

4.40** 考虑如下系统的能控性

$$\dot{\boldsymbol{x}}=\begin{bmatrix}0&1&0&0\\0&0&-1&0\\0&0&0&1\\0&0&5&0\end{bmatrix}\boldsymbol{x}+\begin{bmatrix}0\\1\\0\\-2\end{bmatrix}u$$

$$y=\begin{bmatrix}1&0&0&0\end{bmatrix}\boldsymbol{x}$$

解 可以用如下的 MATLAB 命令来判断此系统的能控性。

```
>>A = [0,1,0,0;0,0,-1,0;0,0,0,1;0,0,5,0];
>>B = [0;1;0;-2];
>>C = [1,0,0,0];
>>D = 0;
>>Uc = [B,A*B,A^2*B,A^3*B];
>>rank(Uc)
ans =
      4
```

由此可以得到，系统能控性矩阵 $\boldsymbol{U}_c$ 的秩是 4，等于系统的维数，故系统是能控的。

4.41** 考虑如下系统的能控性

$$\dot{\boldsymbol{x}}=\begin{bmatrix}0&1&0&0\\3&0&0&2\\0&0&0&1\\0&-2&0&0\end{bmatrix}\boldsymbol{x}+\begin{bmatrix}0\\1\\0\\0\end{bmatrix}u$$

$$y=\begin{bmatrix}1&0&0&0\end{bmatrix}\boldsymbol{x}$$

解 可以用如下的 MATLAB 命令来判断此系统的能控性。

```
>>A = [0,1,0,0;3,0,0,2;0,0,0,1;0,-2,0,0];
>>B = [0;1;0;0];
>>C = [1,0,0,0];
>>D = 0;
>>Uc = [B,A*B,A^2*B,A^3*B];
>>rank(Uc)
ans =
      3
```

由此可以得到，系统能控性矩阵 $\boldsymbol{U}_c$ 的秩是 3，小于系统的维数，故系统是不能控的。

4.42** 判断下列系统的能观性

$$\boldsymbol{x}(k+1)=\begin{bmatrix}1&0&-1\\0&-2&1\\3&0&2\end{bmatrix}\boldsymbol{x}(k)+\begin{bmatrix}2\\-1\\1\end{bmatrix}u(k)$$

$$y=[0\quad 1\quad 0]\boldsymbol{x}(k)$$

解 由于系统的能观性矩阵为

$$\boldsymbol{U}_{\mathrm{o}}=\begin{bmatrix}\boldsymbol{C}\\ \boldsymbol{CA}\\ \boldsymbol{CA}^{n-1}\end{bmatrix}=\begin{bmatrix}0 & 1 & 0\\ 0 & -2 & 1\\ 3 & 4 & 0\end{bmatrix}$$

它的秩为 3,所以系统能观测。

4.43** 假设系统状态方程仍如上例所述,而观测方程为

$$\boldsymbol{y}(k)=\begin{bmatrix}0 & 0 & 1\\ 1 & 0 & 0\end{bmatrix}\boldsymbol{x}(k)$$

试问,系统是否仍是能观测的。

解 系统的能观性矩阵为

$$\boldsymbol{U}_{\mathrm{o}}=\begin{bmatrix}\boldsymbol{C}\\ \boldsymbol{CA}\\ \boldsymbol{CA}^{2}\end{bmatrix}=\begin{bmatrix}0 & 0 & 1\\ 1 & 0 & 0\\ 3 & 0 & 2\\ 1 & 0 & -1\\ 9 & 0 & 1\\ -2 & 0 & -3\end{bmatrix}$$

它的秩小于 3,所以系统不能观测。

4.44** 判断下列系统的能观性:

$$\begin{bmatrix}\dot{x}_1\\ \dot{x}_2\end{bmatrix}=\begin{bmatrix}2 & -1\\ 1 & -3\end{bmatrix}\begin{bmatrix}x_1\\ x_2\end{bmatrix}+\begin{bmatrix}-1\\ 1\end{bmatrix}u$$

$$\begin{bmatrix}y_1\\ y_2\end{bmatrix}=\begin{bmatrix}1 & 0\\ -1 & 0\end{bmatrix}\begin{bmatrix}x_1\\ x_2\end{bmatrix}$$

解 系统能观性矩阵为

$$\begin{bmatrix}\boldsymbol{C}\\ \boldsymbol{CA}\end{bmatrix}=\begin{bmatrix}1 & 0\\ -1 & 0\\ 2 & -1\\ -2 & 1\end{bmatrix}$$

它的秩等于 2,所以系统是能观测的。

4.45** 考虑如下系统的能观性

$$\dot{\boldsymbol{x}}=\begin{bmatrix}0 & 1 & 0 & 0\\ 3 & 0 & 0 & 2\\ 0 & 0 & 0 & 1\\ 0 & -2 & 0 & 0\end{bmatrix}\boldsymbol{x}+\begin{bmatrix}0\\ 1\\ 0\\ 0\end{bmatrix}u$$

$$y=[1\quad 0\quad 0\quad 0]\boldsymbol{x}$$

解 可以用如下的 MATLAB 命令来判断此系统的能观性。

```
>>A = [0,1,0,0;3,0,0,2;0,0,0,1;0,-2,0,0];
>>B = [0;1;0;0];
>>C = [1,0,0,0];
>>D = 0;
>>Uo = [C;C * A;C * A^2;C * A^3];
>>rank(Uo)
ans =
     3
```

由此可以得到，系统能观性矩阵 $\boldsymbol{U}_o$ 的秩是 3，小于系统的维数，故系统是不能观测的。

4.46** 设系统的状态方程如下：

$$\begin{bmatrix}\dot{x}_1\\ \dot{x}_2\\ \dot{x}_3\end{bmatrix}=\begin{bmatrix}t & 1 & 0\\ 0 & t & 0\\ 0 & 0 & t^2\end{bmatrix}\begin{bmatrix}x_1\\ x_2\\ x_3\end{bmatrix}+\begin{bmatrix}0\\ 1\\ 1\end{bmatrix}u$$

试判断其能控性。

解 可以求得

$$\boldsymbol{M}_0(t)=\boldsymbol{B}(t)=\begin{bmatrix}0\\ 1\\ 1\end{bmatrix}$$

$$\boldsymbol{M}_1(t)=-\boldsymbol{A}(t)\boldsymbol{M}_0(t)+\frac{\mathrm{d}}{\mathrm{d}t}\boldsymbol{M}_0(t)=\begin{bmatrix}-1\\ -t\\ -t^2\end{bmatrix}$$

$$\boldsymbol{M}_2(t)=-\boldsymbol{A}(t)\boldsymbol{M}_1(t)+\frac{\mathrm{d}}{\mathrm{d}t}\boldsymbol{M}_1(t)=\begin{bmatrix}2t\\ t^2\\ t^4\end{bmatrix}+\begin{bmatrix}0\\ -1\\ -2t\end{bmatrix}=\begin{bmatrix}2t\\ t^2-1\\ t^4-2t\end{bmatrix}$$

可知矩阵

$$[\boldsymbol{M}_0(t)\quad \boldsymbol{M}_1(t)\quad \boldsymbol{M}_2(t)]=\begin{bmatrix}0 & -1 & 2t\\ 1 & -t & t^2-1\\ 1 & -t^2 & t^4-2t\end{bmatrix}$$

的秩为 3，所以系统是完全能控的。

4.47** 设系统的状态方程及输出方程为

$$\begin{bmatrix}\dot{x}_1\\ \dot{x}_2\\ \dot{x}_3\end{bmatrix}=\begin{bmatrix}t & 1 & 0\\ 0 & t & 0\\ 0 & 0 & t^2\end{bmatrix}\begin{bmatrix}x_1\\ x_2\\ x_3\end{bmatrix}+\begin{bmatrix}0\\ 1\\ 1\end{bmatrix}u$$

$$y=\begin{bmatrix}1 & 0 & 1\end{bmatrix}\begin{bmatrix}x_1\\x_2\\x_3\end{bmatrix}$$

试判断其能观性。

解　经计算可得

$$\boldsymbol{N}_0(t)=\begin{bmatrix}1 & 0 & 1\end{bmatrix}$$

$$\boldsymbol{N}_1(t)=\boldsymbol{N}_0(t)\boldsymbol{A}(t)+\frac{\mathrm{d}}{\mathrm{d}t}\boldsymbol{N}_0(t)=\begin{bmatrix}t & 1 & t^2\end{bmatrix}$$

$$\boldsymbol{N}_2(t)=\boldsymbol{N}_1(t)\boldsymbol{A}(t)+\frac{\mathrm{d}}{\mathrm{d}t}\boldsymbol{N}_1(t)=\begin{bmatrix}t^2+1 & 2t & t^4+2t\end{bmatrix}$$

因而有矩阵

$$\begin{bmatrix}\boldsymbol{N}_0(t)\\\boldsymbol{N}_1(t)\\\boldsymbol{N}_2(t)\end{bmatrix}=\begin{bmatrix}1 & 0 & 1\\t & 1 & t^2\\t^2+1 & 2t & t^4+2t\end{bmatrix}$$

其秩等于 3,所以系统是状态完全能观测的。

4.48** 　对下列系统

$$\dot{\boldsymbol{x}}=\begin{bmatrix}0 & 0 & -1\\1 & 0 & -1\\0 & 1 & -3\end{bmatrix}\boldsymbol{x}+\begin{bmatrix}1\\1\\0\end{bmatrix}\boldsymbol{u}$$

$$y=\begin{bmatrix}0 & 1 & -2\end{bmatrix}\boldsymbol{x}$$

进行能控性分解。

解　首先,计算系统能控性矩阵的秩

$$\operatorname{rank}\begin{bmatrix}\boldsymbol{b} & \boldsymbol{A}\boldsymbol{b} & \boldsymbol{A}^2\boldsymbol{b}\end{bmatrix}=\operatorname{rank}\begin{bmatrix}1 & 0 & -1\\1 & 1 & -3\\0 & 1 & -2\end{bmatrix}=2<3$$

可知系统不完全能控。然后,在能控性矩阵中任选两列线性无关的列向量。为计算简单,选取其中的第一列 $\begin{bmatrix}1\\1\\0\end{bmatrix}$ 和第二列 $\begin{bmatrix}0\\1\\1\end{bmatrix}$ 。易知它们是线性无关的。再选任一列向量,如 $\begin{bmatrix}2\\0\\1\end{bmatrix}$,它与前两个列向量线性无关。由此得变换矩阵 $\boldsymbol{T}_c$ 为

$$\boldsymbol{T}_c=\begin{bmatrix}1 & 0 & 2\\1 & 1 & 0\\0 & 1 & 1\end{bmatrix}$$

接下来求其逆,得

$$\boldsymbol{T}_c^{-1}=\frac{1}{3}\begin{bmatrix}1 & 2 & -2\\ -1 & 1 & 2\\ 1 & -1 & 1\end{bmatrix}$$

最后，利用 $\boldsymbol{x}=\boldsymbol{T}_c\tilde{\boldsymbol{x}}$进行状态变换，得系统状态空间表达式为

$$\dot{\tilde{\boldsymbol{x}}}=\left[\begin{array}{cc:c}0 & 1 & 1\\ 1 & -2 & -2\\ \hdashline 0 & 0 & 1\end{array}\right]\tilde{\boldsymbol{x}}+\begin{bmatrix}1\\0\\0\end{bmatrix}u$$

$$y=[1\quad -1\quad -2]\tilde{\boldsymbol{x}}$$

其中二维子系统

$$\dot{\tilde{\boldsymbol{x}}}_1=\begin{bmatrix}0 & -1\\ 1 & -2\end{bmatrix}\tilde{\boldsymbol{x}}_1+\begin{bmatrix}1\\0\end{bmatrix}u$$

$$y=[1\quad -1]\tilde{\boldsymbol{x}}_1$$

是能控的。

4.49** 对下列系统

$$\dot{\boldsymbol{x}}=\begin{bmatrix}0 & 0 & -1\\ 1 & 0 & -1\\ 0 & 1 & -3\end{bmatrix}\boldsymbol{x}+\begin{bmatrix}1\\1\\0\end{bmatrix}u$$

$$y=[0\quad 1\quad -2]\boldsymbol{x}$$

进行能观性分解。

解 计算能观性矩阵的秩为

$$\text{rank}\begin{bmatrix}\boldsymbol{C}\\ \boldsymbol{CA}\\ \boldsymbol{CA}^2\end{bmatrix}=\text{rank}\begin{bmatrix}0 & 1 & -2\\ 1 & -2 & 3\\ -2 & 3 & -4\end{bmatrix}=2<3$$

所以系统不完全能观测。任选其中两行线性无关的行向量$[0\quad 1\quad -2]$和$[1\quad -2\quad 3]$，再选任一个与前两个行向量线性无关的行向量，如$[0\quad 0\quad 1]$，得

$$\boldsymbol{T}_o^{-1}=\begin{bmatrix}0 & 1 & -2\\ 1 & -2 & 3\\ 0 & 0 & 1\end{bmatrix}$$

由此

$$\boldsymbol{T}_o=\begin{bmatrix}2 & 1 & 1\\ 1 & 0 & 2\\ 0 & 0 & 1\end{bmatrix}$$

可利用 $\boldsymbol{x}=\boldsymbol{T}_o\tilde{\boldsymbol{x}}$进行状态变换，得系统的状态空间表达式为

$$\dot{\tilde{\boldsymbol{x}}}=\left[\begin{array}{cc:c}0 & 1 & 0\\ -1 & -2 & 0\\ \hdashline 1 & 0 & -1\end{array}\right]\tilde{\boldsymbol{x}}+\left[\begin{array}{c}1\\ -1\\ \hdashline 0\end{array}\right]u$$

$$y=[1\quad 0\quad 0]\,\tilde{\boldsymbol{x}}$$

其中二维子系统

$$\dot{\tilde{\boldsymbol{x}}}_1=\begin{bmatrix}0 & 1\\-1 & 2\end{bmatrix}\tilde{\boldsymbol{x}}_1+\begin{bmatrix}1\\-1\end{bmatrix}u$$

$$y=[0\quad 1]\,\tilde{\boldsymbol{x}}_1$$

是能观测子系统。

4.50** 设线性定常系统为

$$\dot{\boldsymbol{x}}=\begin{bmatrix}1 & -1\\1 & 0\end{bmatrix}\boldsymbol{x}+\begin{bmatrix}1\\1\end{bmatrix}u$$

试将它化为能控标准型。

解 此系统的能控性矩阵为

$$\boldsymbol{U}_c=[\boldsymbol{b}\quad \boldsymbol{Ab}]=\begin{bmatrix}1 & 0\\1 & 1\end{bmatrix}$$

是非奇异的，其逆矩阵为

$$\boldsymbol{U}_c^{-1}\begin{bmatrix}1 & 0\\-1 & 1\end{bmatrix}$$

由此求得 $\boldsymbol{p}_1=[-1\quad 1]$，从而可得变换矩阵为

$$\boldsymbol{P}=\begin{bmatrix}\boldsymbol{p}_1\\\boldsymbol{p}_1\boldsymbol{A}\end{bmatrix}=\begin{bmatrix}-1 & 1\\0 & 1\end{bmatrix}$$

其逆为

$$\boldsymbol{P}^{-1}=\begin{bmatrix}0 & 1\\-1 & 0\end{bmatrix}$$

因此，有

$$\boldsymbol{A}_c=\boldsymbol{PAP}^{-1}=\begin{bmatrix}-1 & 1\\0 & 1\end{bmatrix}\begin{bmatrix}1 & -1\\1 & 0\end{bmatrix}\begin{bmatrix}0 & 1\\-1 & 0\end{bmatrix}=\begin{bmatrix}-1 & 0\\0 & 1\end{bmatrix}$$

$$\boldsymbol{b}_c=\boldsymbol{Pb}=\begin{bmatrix}1 & -1\\1 & 0\end{bmatrix}\begin{bmatrix}1\\1\end{bmatrix}=\begin{bmatrix}0\\1\end{bmatrix}$$

所以

$$\dot{\tilde{\boldsymbol{x}}}=\begin{bmatrix}-1 & 0\\0 & 1\end{bmatrix}\tilde{\boldsymbol{x}}+\begin{bmatrix}0\\1\end{bmatrix}u$$

4.51** 设系统的状态空间表达式为

$$\dot{\boldsymbol{x}}=\begin{bmatrix}1 & -1\\0 & 2\end{bmatrix}\boldsymbol{x}$$

$$y=\begin{bmatrix}-1 & -\frac{1}{2}\end{bmatrix}\boldsymbol{x}$$

将它化为能观标准型。

解 系统的能观性矩阵为

$$U_o=\begin{bmatrix}c\\cA\end{bmatrix}=\begin{bmatrix}-1&-\frac{1}{2}\\-1&0\end{bmatrix}$$

由此可得

$$T_1=\begin{bmatrix}c\\cA\end{bmatrix}^{-1}\begin{bmatrix}0\\1\end{bmatrix}=\begin{bmatrix}-1&-\frac{1}{2}\\-1&0\end{bmatrix}\begin{bmatrix}0\\1\end{bmatrix}=\begin{bmatrix}-1\\2\end{bmatrix}$$

根据式 $T=[T_1\quad AT_1\quad\cdots\quad A^{n-1}T_1]$可求得变换矩阵

$$T=[T_1\quad AT_1]=\begin{bmatrix}-1&-3\\2&4\end{bmatrix}$$

令

$$x=T\tilde{x}=\begin{bmatrix}-1&-3\\2&4\end{bmatrix}\tilde{x}$$

代入原系统的状态空间表达式,得

$$\dot{\tilde{x}}=T^{-1}AT\tilde{x}=\frac{1}{2}\begin{bmatrix}4&3\\-2&-1\end{bmatrix}\begin{bmatrix}1&-1\\0&2\end{bmatrix}\begin{bmatrix}-1&-3\\2&4\end{bmatrix}\tilde{x}=\begin{bmatrix}0&-2\\1&3\end{bmatrix}\tilde{x}$$

$$y=cT\tilde{x}=\begin{bmatrix}-1&-\frac{1}{2}\end{bmatrix}\begin{bmatrix}-1&-3\\2&4\end{bmatrix}\tilde{x}=[0\quad 1]\tilde{x}$$

4.52** 已知

$$G(s)=\begin{bmatrix}\dfrac{s+1}{s+2}\\\dfrac{s+3}{(s+2)(s+4)}\end{bmatrix}$$

求它的最小实现。

解 $G(s)$的最小公分母是

$$h(s)=(s+2)(s+4)=s^2+6s+8$$

且

$$D=G(\infty)=\begin{bmatrix}1\\0\end{bmatrix}$$

系统的输入维数 $p=1$,输出维数 $q=2,l=2$,

$$G(s)=\frac{1}{h(s)}\left[\begin{bmatrix}-1\\1\end{bmatrix}s+\begin{bmatrix}-4\\3\end{bmatrix}\right]+\begin{bmatrix}1\\0\end{bmatrix}$$

根据方程 $G(s)=H_0+H_1s^{-1}+H_2s^{-2}+\cdots$,则可求得

$$H_0=\begin{bmatrix}1\\0\end{bmatrix},H_1=\begin{bmatrix}-1\\1\end{bmatrix},H_2=\begin{bmatrix}2\\3\end{bmatrix},H_3=\begin{bmatrix}-4\\10\end{bmatrix},H_4=\begin{bmatrix}8\\36\end{bmatrix}$$

由此

$$\boldsymbol{T}=\begin{bmatrix}1 & -2\\ 1 & -3\\ -2 & -4\\ -3 & 10\end{bmatrix},\quad \boldsymbol{T}'=\begin{bmatrix}-2 & -4\\ -3 & 10\\ -4 & -8\\ 10 & 36\end{bmatrix}$$

矩阵 $\boldsymbol{T}$ 的秩 $n=2$,取

$$\boldsymbol{K}=\begin{bmatrix}1 & 0 & 0 & 0 & 0\\ 0 & 1 & 0 & 0 & 0\\ 0 & 0 & 1 & 1 & 0\\ 0 & 0 & 0 & 1 & 1\end{bmatrix}\begin{bmatrix}-1 & 0 & 0 & 0\\ 0 & -1 & 0 & 0\\ 1 & 0 & 1 & 0\\ 0 & 0 & 0 & 1\end{bmatrix}=\begin{bmatrix}-1 & 0 & 0 & 0\\ 0 & -1 & 0 & 0\\ 2 & 0 & 1 & 0\\ 2 & 0 & 1 & 0\end{bmatrix},\quad \boldsymbol{L}=\begin{bmatrix}3 & 2\\ 1 & 1\end{bmatrix}$$

由式(4.44)~式(4.47)有

$$\boldsymbol{A}=\begin{bmatrix}-2 & 0\\ -1 & -4\end{bmatrix},\boldsymbol{B}=\begin{bmatrix}1\\ -1\end{bmatrix},\boldsymbol{C}=\begin{bmatrix}-1 & 0\\ 0 & -1\end{bmatrix},\boldsymbol{D}=\begin{bmatrix}1\\ 0\end{bmatrix}$$

它们所构成的系统为最小实现。

第5章 控制系统的李雅普诺夫稳定性分析

在现代控制理论中，无论是调节器理论、观测器理论还是滤波预测、自适应理论，都不可避免地要遇到系统稳定性问题，控制领域内的绝大部分技术几乎都与稳定性有关，稳定性问题一直是一个最基本和最重要的问题。

5.1 稳定性的基本概念

自治系统 系统

$$\dot{\boldsymbol{x}} = \boldsymbol{f}(\boldsymbol{x},t), \quad t \geqslant t_0, \quad \boldsymbol{x}(t_0) = \boldsymbol{x}_0 \tag{5.1}$$

称为自治系统。其中，$\boldsymbol{x}$ 为 n 维状态向量，$\boldsymbol{f}(\cdot,\cdot)$为 n 维向量函数。

受扰系统 假定状态方程(5.1)是满足解的存在性、唯一性条件，且对于初始条件连续相关，那么由初始状态 $x_0(t_0)$ 所引起的运动

$$\boldsymbol{x}(t) = \boldsymbol{\phi}(t;\ \boldsymbol{x}_0, t_0), \quad t \geqslant t_0$$

称为系统的受扰运动。

平衡状态 在由系统(5.1)中，若对于所有的 t 总存在着 $\boldsymbol{f}(\boldsymbol{x}_e,t)=\boldsymbol{0}$，则称 $\boldsymbol{x}_e$ 为系统的平衡状态。

稳定 如果对给定的任一实数 $\varepsilon>0$，都对应地存在一个实数 $\delta(\varepsilon,t_0)>0$，使得由满足不等式

$$\|\boldsymbol{x}_0 - \boldsymbol{x}_e\| \leqslant \delta(\varepsilon,t_0), \quad t \geqslant t_0 \tag{5.2}$$

的任一初始状态 $\boldsymbol{x}_0$ 出发的受扰运动都满足不等式

$$\|\boldsymbol{\phi}(t;\ \boldsymbol{x}_0, t_0) - x_e\| \leqslant \varepsilon, \quad t \geqslant t_0 \tag{5.3}$$

则称 $\boldsymbol{x}_e$ 在李雅普诺夫意义下是稳定的。

一致稳定 在上面的论述中，$\delta(\varepsilon,t_0)$表示 δ 的选取是依初始时刻 t_0 和 ε 的选取而定的，如果 δ 只依赖于 ε 而与 t_0 的选取无关，则进一步称平衡状态 $\boldsymbol{x}_e$ 是一致稳定的。

渐近稳定 如果平衡状态 $\boldsymbol{x}_e$ 是李雅普诺夫意义下稳定的，并且对于 $\delta(\varepsilon,t_0)$和任意给定的实数 $\mu>0$，对应地存在实数 $T(\mu,\delta,t_0)>0$，使

得由满足不等式(5.2)的任一初始状态 $\boldsymbol{x}_0$ 出发的受扰运动都满足不等式

$$\|\phi(t;\boldsymbol{x}_0,t_0)-\boldsymbol{x}_e\|\leqslant\mu,\quad\forall t\geqslant t_0+T(\mu,\delta,t_0)$$

则称平衡状态 $\boldsymbol{x}_e$ 是渐近稳定的。显然原点的平衡状态 $\boldsymbol{x}_e$ 为渐近稳定时，必成立

$$\lim_{t\to 0}\phi(t;\boldsymbol{x}_0,t_0)=0,\quad\forall\boldsymbol{x}_0\in S(\delta)$$

大范围渐近稳定　如果从状态空间的任一有限非零初始状态 $\boldsymbol{x}_0$ 出发的受扰运动 $\phi(t;\boldsymbol{x}_0,t_0)$ 都是有界的，并且满足在 $t\to\infty$ 时，$\phi(t;\boldsymbol{x}_0,t_0)\to 0$，就称平衡状态 $\boldsymbol{x}_e=\boldsymbol{0}$ 为大范围渐近稳定的。

不稳定　如果平衡状态既不是稳定的，又不是渐近稳定的，则称此平衡状态为不稳定的，但不是渐近稳定的叫做临界稳定系统或不稳定系统。

有界输入有界输出稳定性(BIBO)　在有界的输入下，输出有解。

正定函数　令 $V(\boldsymbol{x})$ 是向量 $\boldsymbol{x}$ 的标量函数，S 是 $\boldsymbol{x}$ 空间包含原点的封闭有限区域。如果对于 S 中的所有 x，都有：

(1) $V(\boldsymbol{x})$ 对于向量 $\boldsymbol{x}$ 中各分量有连续的偏导数；

(2) $V(\boldsymbol{0})=0$；

(3) 当 $\boldsymbol{x}\neq\boldsymbol{0}$ 时，$V(\boldsymbol{x})>0$　$(V(\boldsymbol{x})\geqslant 0)$；

则称 $V(\boldsymbol{x})$ 是正定的(半正定的)。

如果条件(3)中不等式的符号反向，则称 $V(\boldsymbol{x})$ 是负定的(半负定的)。

定理 5.1(塞尔维斯特定理)　设 $V(\boldsymbol{x})=\boldsymbol{x}^{\mathrm{T}}\boldsymbol{P}\boldsymbol{x}$ 中 $\boldsymbol{P}$ 是对称矩阵时，$V(\boldsymbol{x})$ 为正定的充分必要条件是 $\boldsymbol{P}$ 的所有顺序主子行列式都是正的，即

$$p_{11}>0,\quad\det\begin{bmatrix}p_{11}&p_{12}\\p_{21}&p_{22}\end{bmatrix}>0,\cdots,\det\boldsymbol{P}>0$$

如果 $\boldsymbol{P}$ 的所有主子行列式为非负的(其中有的为零)，那么 $V(\boldsymbol{x})$ 即为半正定的。显然，如果 $-V(\boldsymbol{x})$ 是正定的(半正定的)，则 $V(\boldsymbol{x})$ 将是负定的(半负定的)。

除了上述李雅普诺夫意义下，还有其他意义下的稳定性概念。经典控制中的稳定性概念等同于李雅普诺夫意义下渐近稳定。在实际中还经常遇到下面一种稳定性定义。

BIBO 稳定　若对于任何有界输入系统输出也是有界的，则称系统为有界输入和有界输出稳定的。

定理 5.2　线性定常系统

$$\left.\begin{aligned}\dot{\boldsymbol{x}}&=\boldsymbol{A}\boldsymbol{x}+\boldsymbol{B}\boldsymbol{u}\\\boldsymbol{y}&=\boldsymbol{C}\boldsymbol{x}\end{aligned}\right\}\tag{5.4}$$

BIBO 稳定的充分条件是存在一个常数 K，使得

$$\int_0^{\infty}\|\boldsymbol{C}\mathrm{e}^{\boldsymbol{A}(t-\tau)}\boldsymbol{B}\|\,\mathrm{d}\tau\leqslant K<\infty\tag{5.5}$$

如果系统渐近稳定，则 BIBO 一定稳定，但是其逆不真。

5.2 李雅普诺夫稳定性理论

5.2.1 李雅普诺夫第一方法

考察非线性系统

$$\dot{\boldsymbol{x}} = \boldsymbol{f}(\boldsymbol{x}) \tag{5.6}$$

式中，$\boldsymbol{x}$ 为 n 维状态向量；$\boldsymbol{f}(\boldsymbol{x})$为对状态变量 $x_1,x_2,\cdots,x_n$ 连续可微，其平衡状态为 $\boldsymbol{x}_e$。令 $\boldsymbol{y}=\boldsymbol{x}-\boldsymbol{x}_e$，得

$$\dot{\boldsymbol{y}} = \boldsymbol{A}\boldsymbol{y} + \boldsymbol{G}(\boldsymbol{y})\boldsymbol{y}$$

其中

$$\boldsymbol{A} = \begin{bmatrix} \frac{\partial f_1}{\partial y_1} & \frac{\partial f_1}{\partial y_2} & \cdots & \frac{\partial f_1}{\partial y_n} \\ \frac{\partial f_2}{\partial y_1} & \frac{\partial f_2}{\partial y_2} & \cdots & \frac{\partial f_2}{\partial y_n} \\ \vdots & & & \vdots \\ \frac{\partial f_n}{\partial y_1} & \frac{\partial f_n}{\partial y_2} & \cdots & \frac{\partial f_n}{\partial y_n} \end{bmatrix}_{\boldsymbol{y}=\boldsymbol{0}} = \begin{bmatrix} \frac{\partial f_1}{\partial x_1} & \frac{\partial f_1}{\partial x_2} & \cdots & \frac{\partial f_1}{\partial x_n} \\ \frac{\partial f_2}{\partial x_1} & \frac{\partial f_2}{\partial x_2} & \cdots & \frac{\partial f_2}{\partial x_n} \\ \vdots & & & \vdots \\ \frac{\partial f_n}{\partial x_1} & \frac{\partial f_n}{\partial x_2} & \cdots & \frac{\partial f_n}{\partial x_n} \end{bmatrix}_{\boldsymbol{x}=\boldsymbol{x}_e} \tag{5.7}$$

$f_1,f_2,\cdots,f_n$ 是 $\boldsymbol{f}(\boldsymbol{x})$的 n 个分量。在原点附近可将方程式线性化为

$$\dot{\boldsymbol{y}} = \boldsymbol{A}\boldsymbol{y} \tag{5.8}$$

定理 5.3 如果式(5.7)系数矩阵 $\boldsymbol{A}$ 的所有特征值都具有负实部，则原系统(5.6)的平衡状态 $\boldsymbol{x}_e$ 是渐近稳定的。如果 $\boldsymbol{A}$ 的特征值中，至少有一个实部为正的特征值，则平衡状态 $\boldsymbol{x}_e$ 是不稳定的。如果在 $\boldsymbol{A}$ 的特征值中，虽然没有实部为正的，但有实部为零的特征根，则平衡状态 $\boldsymbol{x}_e$ 的稳定性由高阶导数项 $\boldsymbol{G}(\boldsymbol{y})$决定，而当$\boldsymbol{G}(\boldsymbol{y})=\boldsymbol{0}$ 时，$\boldsymbol{x}_e$ 为李雅普诺夫意义下稳定，但不是渐近稳定。

5.2.2 李雅普诺夫第二方法

定理 5.4a 假设系统的状态方程为

$$\dot{\boldsymbol{x}} = \boldsymbol{f}(\boldsymbol{x},t), \quad \boldsymbol{f}(\boldsymbol{0},t) = \boldsymbol{0}, \quad \forall t \tag{5.9}$$

如果存在一个具有连续偏导数的标量函数 $V(\boldsymbol{x},t)$，并且满足条件：

(1) $V(\boldsymbol{x},t)$是正定的；

(2) $\dot{V}(\boldsymbol{x},t)$是负定的；

那么系统在原点处的平衡状态是一致渐近稳定的。如果随着 $\|\boldsymbol{x}\| \to \infty$，有 $V(\boldsymbol{x},t)\to\infty$，则在原点处的平衡状态是大范围渐近稳定的。

此定理的条件可修改如下。

定理 5.4b　对于系统(5.9)，如果存在一个标量函数 $V(\boldsymbol{x},t)$，并且满足条件：

(1) $V(\boldsymbol{x},t)$是正定的；

(2) $\dot{V}(\boldsymbol{x},t)$是半负定的；

(3) $\dot{V}(\phi(t;\boldsymbol{x}_0,t_0),t)$对任意的 t_0 和任意的 $\boldsymbol{x}_0\neq\boldsymbol{0}$，在 $t\geqslant t_0$ 时不恒为零；

那么系统(5.9)在原点处是一致渐近稳定的。如果随着 $\|\boldsymbol{x}\|\to\infty$，有 $V(\boldsymbol{x},t)\to\infty$，则在原点处是大范围渐近稳定的。式中的$\phi(t;\boldsymbol{x}_0,t_0)$表示在 t_0 时从 $\boldsymbol{x}_0$ 出发的解。

定理 5.5　假定系统的状态方程如式(5.9)所示，如果存在一个标量函数 $V(\boldsymbol{x},t)$，它具有连续的一阶偏导数，并且满足以下两个条件：

(1) $V(\boldsymbol{x},t)$是正定的；

(2) $\dot{V}(\boldsymbol{x},t)$是半负定的；

则系统在原点处的平衡状态是一致稳定的。

应注意，$\dot{V}(\boldsymbol{x},t)$的半负定(沿着轨迹$\dot{V}(\boldsymbol{x},t)\leqslant 0$)表示原点是一致稳定的，但未必是一致渐近稳定的。因此，在这种情况下系统可能呈现极限环运行状态。

定理 5.6　假设系统由方程式(5.9)所描述，如果存在一个标量函数 $W(\boldsymbol{x},t)$，它具有连续的一阶偏导数且满足系列条件：

(1) $W(\boldsymbol{x},t)$在原点的某一领域内是正定的；

(2) $\dot{W}(\boldsymbol{x},t)$在同样的邻域中是正定的；

则原点处的平衡状态是不稳定的。

定理 5.7　设系统的状态方程为$\dot{\boldsymbol{x}}=\boldsymbol{A}\boldsymbol{x}$，其中 $\boldsymbol{x}$ 为 n 维状态向量，$\boldsymbol{A}$ 为 $n\times n$ 常数非奇异矩阵，其在平衡状态 $\boldsymbol{x}=\boldsymbol{0}$ 处是大范围渐近稳定的充分必要条件是：给定一个正定的实对称矩阵 $\boldsymbol{Q}$，存在一个正定的实对称矩阵 $\boldsymbol{P}$，它们满足李雅普诺夫方程

$$\boldsymbol{A}^{\mathrm{T}}\boldsymbol{P}+\boldsymbol{P}\boldsymbol{A}=-\boldsymbol{Q} \tag{5.10}$$

此时标量函数 $\boldsymbol{x}^{\mathrm{T}}\boldsymbol{P}\boldsymbol{x}$ 就是系统的李雅普诺夫函数。

注意：如果$\dot{V}(\boldsymbol{x})=-\boldsymbol{x}^{\mathrm{T}}\boldsymbol{Q}\boldsymbol{x}$ 沿任意一条轨迹都不恒等于零，那么 $\boldsymbol{Q}$ 可取为半正定的。这是由定理 5.4 b 的条件得来的。

与连续时间系统的情况相似，线性离散时间系统的李雅普诺夫稳定性分析有如下定理：

定理 5.8　设线性离散时间系统的状态方程为

$$\boldsymbol{x}(k+1)=\boldsymbol{G}\boldsymbol{x}(k) \tag{5.11}$$

式中，$\boldsymbol{x}$ 为 n 维状态向量；$\boldsymbol{G}$ 为 $n\times n$ 常数非奇异矩阵，原点 $\boldsymbol{x}=\boldsymbol{0}$ 是平衡状态。系统在原点为渐近稳定的充分必要条件是给定任一正定的实对称矩阵 $\boldsymbol{Q}$，存在一个正定的实对称矩阵 $\boldsymbol{P}$，使得满足

$$\boldsymbol{G}^{\mathrm{T}}\boldsymbol{P}\boldsymbol{G}-\boldsymbol{P}=-\boldsymbol{Q} \tag{5.12}$$

标量函数 $\boldsymbol{x}^{\mathrm{T}}\boldsymbol{P}\boldsymbol{x}$ 就是系统的一个李雅普诺夫函数 $V[\boldsymbol{x}(k)]$。

如果 $\Delta V[\boldsymbol{x}(k)]=V[\boldsymbol{x}(k+1)]-V[\boldsymbol{x}(k)]=-\boldsymbol{x}^{\mathrm{T}}\boldsymbol{Q}\boldsymbol{x}$ 沿任一解的序列不恒等于零,则 $\boldsymbol{Q}$ 可取半正定的。

对于非线性系统中李雅普诺夫函数通常有两种选取方法。

(1) 克拉索夫斯基定理

设系统的状态方程为

$$\dot{\boldsymbol{x}}=\boldsymbol{f}(\boldsymbol{x}),\quad \boldsymbol{f}(\boldsymbol{0})=\boldsymbol{0} \tag{5.13}$$

式中,$\boldsymbol{x}$ 为 n 维状态向量;$\boldsymbol{f}(\boldsymbol{x})$为 n 维向量函数。假定 $\boldsymbol{f}(\boldsymbol{x})$对 $\boldsymbol{x}_i(i=1,2,\cdots,n)$是可微的,系统的雅克比(Jacobian)矩阵为 $\boldsymbol{F}(\boldsymbol{x})$,定义

$$\hat{\boldsymbol{F}}(\boldsymbol{x})=\boldsymbol{F}^{*}(\boldsymbol{x})+\boldsymbol{F}(\boldsymbol{x}) \tag{5.14}$$

其中 $\boldsymbol{F}^{*}(\boldsymbol{x})$为 $\boldsymbol{F}(\boldsymbol{x})$的共轭转置矩阵,如果$\hat{\boldsymbol{F}}(\boldsymbol{x})$是负定的,那么系统的平衡状态 $\boldsymbol{x}=\boldsymbol{0}$ 是渐近稳定的。这个系统的李雅普诺夫函数为

$$V(\boldsymbol{x})=\boldsymbol{f}^{*}(\boldsymbol{x})\boldsymbol{f}(\boldsymbol{x}) \tag{5.15}$$

如果随着 $\|\boldsymbol{x}\|\to\infty$,有 $\boldsymbol{f}^{*}(\boldsymbol{x})\boldsymbol{f}(\boldsymbol{x})\to\infty$,那么平衡状态 $\boldsymbol{x}=\boldsymbol{0}$ 是大范围渐近稳定的。

(2) 变量-梯度法

给定系统

$$\dot{\boldsymbol{x}}=\boldsymbol{f}(\boldsymbol{x},t),\quad \boldsymbol{f}(\boldsymbol{0},t)=\boldsymbol{0},\quad \forall t$$

假设 V 表示一个假想的李雅普诺夫函数,则

$$\dot{V}=\frac{\partial V}{\partial x_1}\dot{x}_1+\frac{\partial V}{\partial x_2}\dot{x}_2+\cdots+\frac{\partial V}{\partial x_n}\dot{x}_n=(\nabla V)^{\mathrm{T}}\dot{\boldsymbol{x}}$$

式中∇V 为 V 的梯度。于是有线积分

$$\begin{aligned}V&=\int_0^{x}(\nabla V)^{\mathrm{T}}\mathrm{d}\boldsymbol{x}\\&=\int_0^{x_1(x_2=x_3=\cdots=x_n=0)}\nabla V_1\mathrm{d}x_1+\int_0^{x_2(x_1=x_1,\,x_3=\cdots=x_n=0)}\nabla V_2\mathrm{d}x_2\\&\quad+\cdots+\int_0^{x_n(x_1=x_1,x_2=x_2,\cdots x_{n-1}=x_{n-1})}\nabla V_n\mathrm{d}x_n\end{aligned} \tag{5.16}$$

从向量函数∇V 用线积分可求得一个唯一的标量函数 V,则要求必须满足 $n(n-1)/2$ 个 n 维广义旋度方程

$$\frac{\partial\,\nabla V_i}{\partial x_j}=\frac{\partial\,\nabla V_j}{\partial x_i},\qquad i,j=1,2,\cdots,n \tag{5.17}$$

于是,确定 V 的问题就转化为求一个∇V,使其 n 维旋度等于零,同时要求由 ∇V 所确定的 V 和$\dot{V}$还必须满足李雅普诺夫稳定性条件定理。

如果非线性系统的平衡状态 $\boldsymbol{x}=\boldsymbol{0}$ 是渐近稳定的,那么就可以按下列步骤来求取李雅普诺夫函数 V。

① 假设

$$\nabla V=\begin{bmatrix}a_{11}x_1+a_{12}x_2+\cdots+a_{1n}x_n\\a_{21}x_1+a_{22}x_2+\cdots+a_{2n}x_n\\\vdots\\a_{n1}x_1+a_{n2}x_2+\cdots+a_{nn}x_n\end{bmatrix}\tag{5.18}$$

式中 a_{ij} 是待定量。

② 根据式(5.16),由 ∇V 确定 V。

③ 限制 $\dot{V}$ 是负定的或者至少是半负定的。

④ 应用 $\frac{1}{2}n(n-1)$ 个旋度方程,在保证矩阵 $\boldsymbol{F}$ 必须是对称的条件下,求出 ∇V 中的待定系数。

⑤ 对 $\dot{V}$ 校验,使 $\dot{V}$ 满足负定要求。

⑥ 进一步由方程(5.16)确定 V。

⑦ 确定系统在平衡状态的渐近稳定性的范围。

习题与解答

5.1 判断下列函数的正定性:

(1) $V(\boldsymbol{x})=2x_1^2+3x_2^2+x_3^2-2x_1x_2+2x_1x_3$

(2) $V(\boldsymbol{x})=8x_1^2+2x_2^2+x_3^2-8x_1x_2+2x_1x_3-2x_2x_3$

(3) $V(\boldsymbol{x})=x_1^2+x_3^2-2x_1x_2+x_2x_3$

(4) $V(\boldsymbol{x})=10x_1^2+4x_2^2+x_3^2+2x_1x_2-2x_2x_3-4x_1x_3$

(5) $V(\boldsymbol{x})=x_1^2+3x_2^2+11x_3^2-2x_1x_2+4x_2x_3+2x_1x_3$

解

(1) $V(\boldsymbol{x})=\boldsymbol{x}^{\mathrm{T}}\boldsymbol{A}\boldsymbol{x}=\boldsymbol{x}^{\mathrm{T}}\begin{bmatrix}2&-1&1\\-1&3&0\\1&0&1\end{bmatrix}\boldsymbol{x}$,因为顺序主子式

$$2>0,\quad \begin{vmatrix}2&-1\\-1&3\end{vmatrix}=5>0,\quad \begin{vmatrix}2&-1&1\\-1&3&0\\1&0&1\end{vmatrix}=2>0$$

所以 $\boldsymbol{A}>0$,$V(\boldsymbol{x})$ 为正定函数。

(2) $V(\boldsymbol{x})=\boldsymbol{x}^{\mathrm{T}}\boldsymbol{A}\boldsymbol{x}=\boldsymbol{x}^{\mathrm{T}}\begin{bmatrix}8&-4&1\\-4&2&-1\\1&-1&1\end{bmatrix}\boldsymbol{x}$,因为主子式

$$8,2,1>0,\quad \begin{vmatrix}8&-4\\-4&2\end{vmatrix}=0,\quad \begin{vmatrix}8&1\\1&1\end{vmatrix}=7>0,\quad \begin{vmatrix}2&-1\\-1&1\end{vmatrix}=1>0,$$

$$\begin{vmatrix} 8 & -4 & 1 \\ -4 & 2 & -1 \\ 1 & -1 & 1 \end{vmatrix} = 16+4+4-2-16-8<0$$

所以 $\boldsymbol{A}$ 不定，$V(\boldsymbol{x})$ 为不定函数。

(3) $V(\boldsymbol{x})=\boldsymbol{x}^{\mathrm{T}}\boldsymbol{A}\boldsymbol{x}=\boldsymbol{x}^{\mathrm{T}}\begin{bmatrix} 1 & -1 & 0 \\ -1 & 0 & \frac{1}{2} \\ 0 & \frac{1}{2} & 1 \end{bmatrix}\boldsymbol{x}$，因为顺序主子式

$$1>0,\quad \begin{vmatrix} 1 & -1 \\ -1 & 0 \end{vmatrix}=-1<0,\quad \begin{vmatrix} 1 & -1 & 0 \\ -1 & 0 & \frac{1}{2} \\ 0 & \frac{1}{2} & 1 \end{vmatrix}=0-1-\frac{1}{4}<0$$

所以 $\boldsymbol{A}$ 为不定矩阵，$V(\boldsymbol{x})$ 为不定函数。

(4) $V(\boldsymbol{x})=\boldsymbol{x}^{\mathrm{T}}\boldsymbol{A}\boldsymbol{x}=\boldsymbol{x}^{\mathrm{T}}\begin{bmatrix} 10 & 1 & -2 \\ 1 & 4 & -1 \\ -2 & -1 & 1 \end{bmatrix}\boldsymbol{x}$，因为顺序主子式

$$10>0,\quad \begin{vmatrix} 10 & 1 \\ 1 & 4 \end{vmatrix}=39>0,$$

$$\begin{vmatrix} 10 & 1 & -2 \\ 1 & 4 & -1 \\ -2 & -1 & 1 \end{vmatrix}=40+2+2-16-1-10=17>0$$

所以 $\boldsymbol{A}>\boldsymbol{0}$，$V(\boldsymbol{x})$ 为正定函数。

(5) $V(\boldsymbol{x})=\boldsymbol{x}^{\mathrm{T}}\boldsymbol{A}\boldsymbol{x}=\boldsymbol{x}^{\mathrm{T}}\begin{bmatrix} 1 & -1 & 1 \\ -1 & 3 & 2 \\ 1 & 2 & 11 \end{bmatrix}\boldsymbol{x}$，因为顺序主子式

$$1>0,\quad \begin{vmatrix} 1 & -1 \\ -1 & 3 \end{vmatrix}=2>0,$$

$$\begin{vmatrix} 1 & -1 & 1 \\ -1 & 3 & 2 \\ 1 & 2 & 11 \end{vmatrix}=33-2-2-3-11-4=11>0$$

所以 $\boldsymbol{A}>\boldsymbol{0}$，$V(\boldsymbol{x})$ 为正定函数。

5.2 用李雅普诺夫第一方法判定下列系统在平衡状态的稳定性：

$$\begin{aligned} \dot{x}_1 &= -x_1+x_2+x_1(x_1^2+x_2^2) \\ \dot{x}_2 &= -x_1-x_2+x_2(x_1^2+x_2^2) \end{aligned}$$

解

解方程组 $\begin{cases} -x_1+x_2+x_1(x_1^2+x_2^2)=0 \\ -x_1-x_2+x_2(x_1^2+x_2^2)=0 \end{cases}$ 只有一个实孤立平衡点(0,0)。

在(0,0)处将系统近似线性化，得$\dot{\boldsymbol{x}}^*=\begin{bmatrix}-1 & 1\\ -1 & -1\end{bmatrix}\boldsymbol{x}^*$，由于原系统为定常系统，且矩阵$\begin{bmatrix}-1 & 1\\ -1 & -1\end{bmatrix}$的特征根 $s=-1\pm\mathrm{i}$ 均具有负实部，于是根据定理 5.3 可知系统在原点(0,0)附近一致渐近稳定。

5.3　试用李雅普诺夫稳定性定理判断下列系统在平衡状态的稳定性：

$$\dot{\boldsymbol{x}}=\begin{bmatrix}-1 & 1\\ 2 & -3\end{bmatrix}\boldsymbol{x}$$

解　由于题中未限定利用哪一种方法，且系统为线性定常系统，所以利用李雅普诺夫第一方法比较合适。经计算知矩阵$\begin{bmatrix}-1 & 1\\ 2 & -3\end{bmatrix}$的特征根为$-2\pm\sqrt{3}<0$。由于第一方法关于线性系统稳定性的结果是全局性的，所以系统在原点是大范围渐近稳定的。

5.4　设线性离散时间系统为

$$\boldsymbol{x}(k+1)=\begin{bmatrix}0 & 1 & 0\\ 0 & 0 & 1\\ 0 & \dfrac{m}{2} & 0\end{bmatrix}\boldsymbol{x}(k),\quad m>0$$

试求在平衡状态系统渐近稳定的 m 值范围。

解　方法 1

令 $\boldsymbol{Q}=\boldsymbol{I}$，建立离散系统李雅普诺夫方程 $\boldsymbol{G}^{\mathrm{T}}\boldsymbol{P}\boldsymbol{G}-\boldsymbol{P}=-\boldsymbol{Q}$，得

$$\begin{bmatrix}0 & 0 & 0\\ 1 & 0 & \dfrac{m}{2}\\ 0 & 1 & 0\end{bmatrix}\begin{bmatrix}p_{11} & p_{12} & p_{13}\\ p_{12} & p_{22} & p_{23}\\ p_{13} & p_{23} & p_{33}\end{bmatrix}\begin{bmatrix}0 & 1 & 0\\ 0 & 0 & 1\\ 0 & \dfrac{m}{2} & 0\end{bmatrix}-\begin{bmatrix}p_{11} & p_{12} & p_{13}\\ p_{12} & p_{22} & p_{23}\\ p_{13} & p_{23} & p_{33}\end{bmatrix}=-\begin{bmatrix}1 & 0 & 0\\ 0 & 1 & 0\\ 0 & 0 & 1\end{bmatrix}$$

$$\begin{bmatrix}0 & 0 & 0\\ 0 & p_{11}+\dfrac{mp_{13}}{2}+\left(p_{13}+\dfrac{mp_{33}}{2}\right)\cdot\dfrac{m}{2} & p_{12}+\dfrac{mp_{23}}{2}\\ 0 & p_{12}+\dfrac{mp_{23}}{2} & p_{22}\end{bmatrix}-\begin{bmatrix}p_{11} & p_{12} & p_{13}\\ p_{12} & p_{22} & p_{23}\\ p_{13} & p_{23} & p_{33}\end{bmatrix}=-\begin{bmatrix}1 & 0 & 0\\ 0 & 1 & 0\\ 0 & 0 & 1\end{bmatrix}$$

比较系数，解此矩阵方程得

$$\boldsymbol{P}=\begin{bmatrix}1 & 0 & 0\\ 0 & \dfrac{8+m^2}{4-m^2} & 0\\ 0 & 0 & \dfrac{12}{4-m^2}\end{bmatrix}$$

若要 $\boldsymbol{P}>0$，应有

$$\frac{8+m^2}{4-m^2}>0,\quad \frac{12}{4-m^2}>0$$

解上述不等式组，知 $0<m<2$ 时，原系统在原点是大范围渐近稳定的。

方法 2

由

$$|s\boldsymbol{I}-\boldsymbol{A}|=\begin{vmatrix} s & -1 & 0 \\ 0 & s & -1 \\ 0 & -\dfrac{m}{2} & s \end{vmatrix}=s\left|s^2-\frac{m}{2}\right|$$

知系统特征根分别为 $s_1=0$；$s_2=-\sqrt{\dfrac{m}{2}}$，$s_3=\sqrt{\dfrac{m}{2}}$，因此只有 $0<m<2$ 时，原系统在原点是大范围渐近稳定的。

5.5 试用李雅普诺夫方法求系统

$$\dot{\boldsymbol{x}}=\begin{bmatrix} a_{11} & a_{12} \\ a_{21} & a_{22} \end{bmatrix}\boldsymbol{x}$$

在平衡状态 $\boldsymbol{x}=\boldsymbol{0}$ 为大范围渐近稳定的条件。

解 由于对于线性系统，李雅普诺夫第一方法中结论是全局性的，是充分必要的。这里利用第一方法求解比较简单。首先求出系统矩阵的特征方程为

$$|s\boldsymbol{I}-\boldsymbol{A}|=\begin{vmatrix} s-a_{11} & -a_{12} \\ -a_{21} & s-a_{22} \end{vmatrix}=s^2-(a_{11}+a_{22})s+a_{11}a_{22}-a_{12}a_{21}=0$$

由一元二次方程根与系数的关系可知两个特征值同时具有负实部的充要条件为 $a_{11}+a_{22}<0$，$a_{11}a_{22}>a_{12}a_{21}$。

5.6 系统的状态方程为

$$\dot{\boldsymbol{x}}=\begin{bmatrix} 1 & 0 \\ -1 & -1 \end{bmatrix}\boldsymbol{x}$$

试计算相轨迹从 $\boldsymbol{x}(0)=\begin{bmatrix} 1 \\ 0 \end{bmatrix}$ 点出发，到达 $x_1^2+x_2^2=(0.1)^2$ 区域内所需要的时间。

解 由于系统矩阵 $\boldsymbol{A}=\begin{bmatrix} 1 & 0 \\ -1 & -1 \end{bmatrix}$，$\lambda_1(\boldsymbol{A})=1$，$\lambda_2(\boldsymbol{A})=-1$，该系统发散，$\|\boldsymbol{x}\|=x_1^2+x_2^2$ 随时间单调增加。注意到 $x_1^2(0)+x_2^2(0)=1>0.1$，所以此题无解。

5.7 给定线性时变系统

$$\dot{\boldsymbol{x}}=\begin{bmatrix} 0 & 1 \\ -\dfrac{1}{t+1} & -10 \end{bmatrix}\boldsymbol{x},\quad t\geqslant 0$$

判定其原点 $\boldsymbol{x}_e=\boldsymbol{0}$ 是否是大范围渐近稳定。

解 取 $V(\boldsymbol{x},t)=\dfrac{1}{2}(x_1^2+(t+1)x_2^2)$，则

$$\dot{V}(\boldsymbol{x},t)=x_1\dot{x}_1+\frac{1}{2}x_2^2+(t+1)x_2\dot{x}_2$$

$$= x_1x_2 + \frac{1}{2}x_2^2 + (t+1)x_2\left(-\frac{1}{t+1}x_1 - 10x_2\right)$$

$$= -\left(10t + \frac{19}{2}\right)x_2^2 < 0$$

因为 $\lim_{\|x\|\to\infty} V(\boldsymbol{x}) = \infty$，所以系统在原点处大范围渐近稳定。

5.8 考虑四阶线性自治系统

$$\dot{\boldsymbol{x}} = \boldsymbol{A}\boldsymbol{x} = \begin{bmatrix} 0 & 1 & 0 & 0 \\ -b_4 & 0 & 1 & 0 \\ 0 & -b_3 & 0 & 1 \\ 0 & 0 & -b_2 & -b_1 \end{bmatrix}\begin{bmatrix} x_1 \\ x_2 \\ x_3 \\ x_4 \end{bmatrix}, \quad b_i \neq 0, i = 1,2,3,4$$

应用李雅普诺夫的稳定判据，试以 $b_i(i=1,2,3,4)$ 表示这个系统的平衡点 $\boldsymbol{x}\equiv\boldsymbol{0}$ 渐近稳定的充要条件。

解 在李雅普诺夫矩阵方程式

$$\boldsymbol{A}^{\mathrm{T}}\boldsymbol{V} + \boldsymbol{V}\boldsymbol{A} = -\boldsymbol{W}$$

中，令 $\boldsymbol{W}$ 为

$$\boldsymbol{W} = \begin{bmatrix} 0 & 0 & 0 & 0 \\ 0 & 0 & 0 & 0 \\ 0 & 0 & 0 & 0 \\ 0 & 0 & 0 & 2b_1^2 \end{bmatrix}$$

显然，$\boldsymbol{W}$ 是半正定矩阵。求矩阵方程式的解 $\boldsymbol{V}$，$\boldsymbol{V}$ 是对称矩阵。

$$\boldsymbol{V} = \begin{bmatrix} v_{11} & v_{12} & v_{13} & v_{14} \\ v_{21} & v_{22} & v_{23} & v_{24} \\ v_{31} & v_{32} & v_{33} & v_{34} \\ v_{41} & v_{42} & v_{43} & v_{44} \end{bmatrix}$$

将方程左边的 i 行 j 列元素记为 (i,j) 元素，可求得下面的一系列等式：

$(1,1)$元素 $= -2b_4v_{12} = 0$

$(1,2)$元素 $= v_{11} - b_3v_{13} - b_4v_{22} = 0$

$(1,3)$元素 $= v_{12} - b_2v_{14} - b_4v_{23} = 0$

$(1,4)$元素 $= v_{13} - b_1v_{14} - b_4v_{24} = 0$

$(2,2)$元素 $= 2v_{12} - 2b_2v_{23} = 0$

$(2,3)$元素 $= v_{13} + v_{22} - b_2v_{24} - b_3v_{33} = 0$

$(2,4)$元素 $= v_{14} + v_{23} - b_1v_{24} - b_3v_{34} = 0$

$(3,3)$元素 $= 2v_{23} - 2b_2v_{34} = 0$

$(3,4)$元素 $= v_{24} + v_{33} - b_1v_{34} - b_2v_{44} = 0$

$(4,4)$元素 $= 2v_{34} - 2b_1v_{44} = -2b_1^2$

由对于 $(1,1)$、$(2,2)$、$(3,3)$、$(4,4)$ 元素的等式和 $b_i\neq 0, i=1,2,3,4$ 有

$$v_{12}=0, v_{23}=0, v_{34}=0, v_{44}=b_1$$

由对于(1,3)、(2,4)、(1,4)元素的等式,有

$$v_{14}=0, \quad v_{24}=0, \quad v_{13}=0$$

由(1,2)、(2,3)、(3,4)元素,有

$$v_{11}=b_4 v_{22}, \quad v_{22}=b_3 v_{33}, \quad v_{33}=b_2 v_{44}$$

因此

$$v_{11}=b_4 \cdot b_3 \cdot b_2 \cdot b_1, v_{22}=b_3 \cdot b_2 \cdot b_1$$
$$v_{33}=b_2 \cdot b_1, v_{44}=b_1$$

即

$$\boldsymbol{V}=\begin{bmatrix} b_4 \cdot b_3 \cdot b_2 \cdot b_1 & 0 & 0 & 0 \\ 0 & b_3 \cdot b_2 \cdot b_1 & 0 & 0 \\ 0 & 0 & b_2 \cdot b_1 & 0 \\ 0 & 0 & 0 & b_1 \end{bmatrix}$$

为对角线矩阵。

因为 $\boldsymbol{W}$ 为半正定矩阵,所以要检查 $\boldsymbol{x}^{\mathrm{T}}\boldsymbol{W}\boldsymbol{x}=\boldsymbol{0}$ 在原点 $\boldsymbol{x}\equiv\boldsymbol{0}$ 以外的 $\boldsymbol{x}$ 是否满足系统状态方程。由于满足 $\boldsymbol{x}^{\mathrm{T}}\boldsymbol{W}\boldsymbol{x}=\boldsymbol{0}$ 的 $\boldsymbol{x}$ 同时满足 $x_4=0$,而 $x_4=0$ 时,方程

$$\begin{bmatrix} 0 & 1 & 0 & 0 \\ -b_4 & 0 & 1 & 0 \\ 0 & -b_3 & 0 & 1 \\ 0 & 0 & -b_2 & -b_1 \end{bmatrix}\begin{bmatrix} x_1 \\ x_2 \\ x_3 \\ x_4 \end{bmatrix}=\boldsymbol{0}$$

仅有唯一解 $x_3=x_2=x_1=x_4=0$,所以满足 $\boldsymbol{x}^{\mathrm{T}}\boldsymbol{W}\boldsymbol{x}=\boldsymbol{0}$ 的平衡点只有 $\boldsymbol{x}=\boldsymbol{0}$。即,除 $\boldsymbol{x}=\boldsymbol{0}$ 点外,在其他点处 $\dot{V}(\boldsymbol{x})$ 不恒等于零。

由李雅普诺夫的稳定性判据,$\boldsymbol{x}\equiv\boldsymbol{0}$ 渐近稳定的充要条件是对角矩阵 $\boldsymbol{V}$ 为正定阵。根据定理 5.1 知 $b_1>0, b_2>0, b_3>0, b_4>0$ 是所求的充要条件。

5.9 下面的非线性微分方程式称为关于两种生物个体群的沃尔特纳(Volterra)方程式

$$\frac{\mathrm{d}x_1}{\mathrm{d}t}=\alpha x_1+\beta x_1 x_2$$

$$\frac{\mathrm{d}x_2}{\mathrm{d}t}=\gamma x_2+\delta x_1 x_2$$

式中,x_1、x_2 分别是生物个体数;α、β、γ、δ 是不为零的实数。关于这个系统,

(1) 试求平衡点;

(2) 在平衡点的附近线性化,试讨论平衡点的稳定性。

解

(1) 由 $\dfrac{\mathrm{d}x_1}{\mathrm{d}t}=0, \dfrac{\mathrm{d}x_2}{\mathrm{d}t}=0$,得

$$\begin{cases}\alpha x_1 + \beta x_1 x_2 = x_1(\alpha + \beta x_2) = 0 \\ \gamma x_2 + \delta x_1 x_2 = x_2(\gamma + \delta x_1) = 0\end{cases}$$

同时满足这二式的 x_1、x_2 有两组：$x_1=0$、$x_2=0$ 和 $x_1=-\gamma/\delta$、$x_2=-\alpha/\beta$，即系统的平衡点为

平衡点(a)：$x_1=0, x_2=0$

平衡点(b)：$x_1=-\gamma/\delta, x_2=-\alpha/\beta$

(2) 分两种情况讨论平衡点的稳定性。

① 在平衡点(a)线性化的微分方程为

$$\begin{bmatrix}\dot{x}_1^* \\ \dot{x}_2^*\end{bmatrix} = \begin{bmatrix}\alpha & 0 \\ 0 & \gamma\end{bmatrix} \cdot \begin{bmatrix}x_1^* \\ x_2^*\end{bmatrix}$$

其特征方程式是

$$(s-\alpha)(s-\gamma) = 0$$

$\alpha<0$、$\gamma<0$ 时，平衡点(a)稳定，除此以外不稳定。

② 在平衡点(b)，令 $x_1=-\gamma/\delta+x_1^*$，$x_2=-\alpha/\beta+x_2^*$，得

$$\dot{x}_1^* = (\alpha + \beta x_2 \,|_{x_2=-\alpha/\beta})x_1^* + (\beta x_1 \,|_{x_1=-\gamma/\delta})x_2^* = -\frac{\beta\gamma}{\delta}x_2^*$$

$$\dot{x}_2^* = (\gamma + \delta x_1 \,|_{x_1=-\gamma/\delta})x_2^* + (\delta x_2 \,|_{x_2=-\alpha/\beta})x_1^* = -\frac{\delta\alpha}{\beta}x_1^*$$

因此，在平衡点(b)线性化的微分方程是

$$\begin{bmatrix}\dot{x}_1^* \\ \dot{x}_2^*\end{bmatrix} = \begin{bmatrix}0 & -\beta\gamma/\delta \\ -\delta\alpha/\beta & 0\end{bmatrix}\begin{bmatrix}x_1^* \\ x_2^*\end{bmatrix}$$

其特征方程式为

$$s^2 - \alpha\gamma = 0$$

$\alpha\gamma>0$ 时，特征根是 $\pm\sqrt{\alpha\gamma}$，为正、负实数，平衡点(b)不稳定。$\alpha\gamma<0$ 时，特征根是 $\pm \mathrm{j}\sqrt{\alpha\gamma}$，为共轭纯虚数，平衡点(b)的稳定性在这样的线性化范围内不能决定。

5.10 对于下面的非线性微分方程试求平衡点；在各平衡点进行线性化，试判别平衡点是否稳定。

$$\dot{x}_1 = x_2$$

$$\dot{x}_2 = -\sin x_1 - x_2$$

解 由 $x_2=0$，$-\sin x_1 - x_2 = 0$，知系统的平衡点是 $x_1=0, \pm\pi, \pm 2\pi, \cdots, x_2=0$。

(1) 在 $x_1=0, \pm 2\pi, \pm 4\pi, \cdots, x_2=0$ 处，将系统近似线性化得

$$\begin{bmatrix}\dot{x}_1^* \\ \dot{x}_2^*\end{bmatrix} = \begin{bmatrix}0 & 1 \\ -1 & -1\end{bmatrix} \cdot \begin{bmatrix}x_1^* \\ x_2^*\end{bmatrix}$$

其特征多项式是 s^2+s+1。这是胡尔维茨多项式，因此这些平衡点渐近稳定。

(2) 在 $x_1=\pm\pi,\pm3\pi,\cdots,x_2=0$

$$\begin{bmatrix}\dot{x}_1^*\\ \dot{x}_2^*\end{bmatrix}=\begin{bmatrix}0 & 1\\ 1 & -1\end{bmatrix}\cdot\begin{bmatrix}x_1^*\\ x_2^*\end{bmatrix}$$

特征多项式是 s^2+s-1,这不是胡尔维茨多项式。因此这些平衡点不稳定。

5.11 利用李雅普诺夫第二方法判断下列系统是否为大范围渐近稳定:

$$\dot{\boldsymbol{x}}=\begin{bmatrix}-1 & 1\\ 2 & -3\end{bmatrix}\boldsymbol{x}$$

解 令矩阵

$$\boldsymbol{P}=\begin{bmatrix}p_{11} & p_{12}\\ p_{12} & p_{22}\end{bmatrix}$$

则由 $\boldsymbol{A}^{\mathrm{T}}\boldsymbol{P}+\boldsymbol{P}\boldsymbol{A}=-\boldsymbol{I}$ 得

$$\begin{bmatrix}-1 & 2\\ 1 & -3\end{bmatrix}\begin{bmatrix}p_{11} & p_{12}\\ p_{12} & p_{22}\end{bmatrix}+\begin{bmatrix}p_{11} & p_{12}\\ p_{12} & p_{22}\end{bmatrix}\begin{bmatrix}-1 & 1\\ 2 & -3\end{bmatrix}=\begin{bmatrix}-1 & 0\\ 0 & -1\end{bmatrix}$$

解上述矩阵方程,有

$$\begin{cases}-2p_{11}+4p_{12}=-1\\ p_{11}-4p_{12}+2p_{22}=0\\ 2p_{12}-6p_{22}=-1\end{cases}\Rightarrow\begin{cases}p_{11}=\dfrac{7}{4}\\ p_{22}=\dfrac{3}{8}\\ p_{12}=\dfrac{5}{8}\end{cases}$$

即得

$$\boldsymbol{P}=\begin{bmatrix}p_{11} & p_{12}\\ p_{12} & p_{22}\end{bmatrix}=\begin{bmatrix}\dfrac{7}{4} & \dfrac{5}{8}\\ \dfrac{5}{8} & \dfrac{3}{8}\end{bmatrix}$$

因为

$$p_{11}=\frac{7}{4}>0,\quad \det\begin{bmatrix}p_{11} & p_{12}\\ p_{12} & p_{22}\end{bmatrix}=\det\begin{bmatrix}\dfrac{7}{4} & \dfrac{5}{8}\\ \dfrac{5}{8} & \dfrac{3}{8}\end{bmatrix}=\frac{17}{64}>0$$

可知 $\boldsymbol{P}$ 是正定的。因此系统在原点处是大范围渐近稳定的。系统的李雅普诺夫函数及其沿轨迹的导数分别为

$$V(\boldsymbol{x})=\boldsymbol{x}^{\mathrm{T}}\boldsymbol{P}\boldsymbol{x}=\frac{1}{8}(14x_1^2+10x_1x_2+3x_2^2)>0$$

$$\dot{V}(\boldsymbol{x})=-\boldsymbol{x}^{\mathrm{T}}\boldsymbol{Q}\boldsymbol{x}=-\boldsymbol{x}^{\mathrm{T}}\boldsymbol{x}=-(x_1^2+x_2^2)<0$$

又因为 $\lim\limits_{\|\boldsymbol{x}\|\to\infty}V(\boldsymbol{x})=\infty$,所以系统在原点处大范围渐近稳定。

5.12　给定连续时间的定常系统

$$\dot{x}_1 = x_2$$

$$\dot{x}_2 = -x_1 - (1 + x_2)^2 x_2$$

试用李雅普诺夫第二方法判断其在平衡状态的稳定性。

解　易知(0,0)为其唯一的平衡状态。现取 $V(\boldsymbol{x})=x_1^2+x_2^2$，则有

(1)
$$V(\boldsymbol{x})=x_1^2+x_2^2>0$$

(2)
$$\dot{V}(\boldsymbol{x})=\begin{bmatrix}\frac{\partial V(\boldsymbol{x})}{\partial x_1} & \frac{\partial V(\boldsymbol{x})}{\partial x_2}\end{bmatrix}\begin{bmatrix}\dot{x}_1\\ \dot{x}_2\end{bmatrix}$$

$$=\begin{bmatrix}2x_1 & 2x_2\end{bmatrix}\begin{bmatrix}x_2\\ -x_1-(1+x_2)^2x_2\end{bmatrix}$$

$$=-2x_2^2(1+x_2)^2$$

容易看出，除了两种情况：

① x_1 任意，$x_2\equiv 0$；

② x_1 任意，$x_2\equiv -1$

时$\dot{V}(\boldsymbol{x})=0$ 以外，均有$\dot{V}(\boldsymbol{x})<0$。所以，$\dot{V}(\boldsymbol{x})$为负半定。

(3) 检查$\dot{V}(\boldsymbol{\phi}(t;\ \boldsymbol{x}_0,0))$是否恒等于零。

考察情况①：状态轨线$\boldsymbol{\phi}(t;\ \boldsymbol{x}_0,0)=[x_1(t),0]^{\mathrm{T}}$，则由于 $x_2(t)\equiv 0$，可导出 $\dot{x}_2(t)\equiv 0$，将此代入系统的方程可得

$$\dot{x}_1(t) = x_2(t) \equiv 0$$

$$0 = \dot{x}_2(t) = -(1 + x_2(t))^2 x_2(t) - x_1(t) = -x_1(t)$$

这表明，除了点$(x_1=0,x_2=0)$外，$\boldsymbol{\phi}(t;\ \boldsymbol{x}_0,0)=[x_1(t),0]^{\mathrm{T}}$ 不是系统的受扰运动解。

考察情况②：$\hat{\boldsymbol{\phi}}(t;\ \boldsymbol{x}_0,0)=[x_1(t),-1]^{\mathrm{T}}$，则由 $x_2(t)=-1$ 可导出$\dot{x}_2(t)=0$，将此代入系统的方程可得

$$\dot{x}_1(t) = x_2(t) \equiv -1$$

$$0 = \dot{x}_2(t) = -(1 + x_2(t))^2 x_2(t) - x_1(t) = -x_1(t)$$

显然这是一个矛盾的结果，表明$\boldsymbol{\phi}(t;\ \boldsymbol{x}_0,0)=[x_1(t),-1]^{\mathrm{T}}$ 也不是系统的受扰运动解。综上分析可知，$\dot{V}(\boldsymbol{\phi}(t;\ \boldsymbol{x}_0,0))\neq 0$。

(4) 当$\|\boldsymbol{x}\|=\sqrt{x_1^2+x_2^2}\to\infty$时，显然有 $V(\boldsymbol{x})=\|\boldsymbol{x}\|^2\to\infty$。于是，可以断言，此系统的原点平衡状态是大范围渐近稳定的。

5.13　试用克拉索夫斯基定理判断下列系统是否是大范围渐近稳定的：

$$\dot{x}_1 = -3x_1 + x_2$$

$$\dot{x}_2 = x_1 - x_2 - x_2^3$$

解　显然 $\boldsymbol{x}=\boldsymbol{0}$ 是系统的一个平衡点。

$$F(x) = \begin{bmatrix} -3 & 1 \\ 1 & -1-3x^2 \end{bmatrix}$$

$$\hat{F}(x) = F^{\mathrm{T}}(x) + F(x) = \begin{bmatrix} -6 & 2 \\ 2 & -2-6x_2^2 \end{bmatrix}$$

由 $-6<0$ 和 $\begin{vmatrix} -6 & 2 \\ 2 & -2-6x_2^2 \end{vmatrix} = 12+36x_2^2-4>0$ 知 $F(x)<0$。根据克拉索夫斯基定理可知系统在原点渐近稳定。又因为

$$\lim_{\|x\|\to\infty} f^{\mathrm{T}}(x)f(x) = \lim_{\|x\|\to\infty} [(-3x_1+x_2)^2+(x_1-x_2-x_2^3)^2] = \infty$$

所以原系统在原点处是大范围渐近稳定的，同时可说明原系统只有唯一一个平衡点 $x=0$。

5.14　试用克拉索夫斯基定理判断下列系统的稳定性：

$$\dot{x}_1 = -2x_1 + x_1x_2^2 + 3x_3^2$$

$$\dot{x}_2 = -x_1^2x_2 - 3x_3$$

$$\dot{x}_3 = 3x_2 - 3x_3^3$$

解　显然 $x=0$ 是系统的一个平衡点。

$$F(x) = \begin{bmatrix} -2+x_2^2 & 2x_1x_2 & 6x_3 \\ -2x_1x_2 & -x_1^2 & -3 \\ 0 & 3 & -9x_3^2 \end{bmatrix}$$

$$F(x) = F^{\mathrm{T}}(x) + F(x) = \begin{bmatrix} -4+2x_2^2 & 0 & 6x_3 \\ 0 & -2x_1^2 & 0 \\ 6x_3 & 0 & -18x_3^2 \end{bmatrix}$$

注意：$|x_2|<\sqrt{2}$ 时，由

$$-4+2x_2^2<0,\quad \begin{vmatrix} -4+2x_2^2 & 0 \\ 0 & -2x_1^2 \end{vmatrix} = -2x_1^2(-4+2x_2^2)>0,$$

$$\begin{vmatrix} -4 & 0 & 6x_3^2 \\ 0 & -2x_1^2 & 0 \\ 6x_3^2 & 0 & -18x_3^2 \end{vmatrix} = -18x_3^2(-2x_1^2(-4+2x_2^2))<0$$

知 $F(x)<0$。由克拉索夫斯基定理可知当 $|x_2|<\sqrt{2}$ 时，系统在原点渐近稳定。

5.15　试用克拉索夫斯基定理确定使下列系统

$$\dot{x}_1 = ax_1 + x_2$$

$$\dot{x}_2 = x_1 - x_2 + bx_2^5$$

的原点为大范围渐近稳定的参数 a 和 b 的取值范围。

解　构造雅克比矩阵 $F(x) = \begin{bmatrix} a & 1 \\ 1 & -1+5bx_2^4 \end{bmatrix}$，令

$$\hat{\boldsymbol{F}}(\boldsymbol{x}) = \boldsymbol{F}^{\mathrm{T}}(\boldsymbol{x}) + \boldsymbol{F}(\boldsymbol{x}) = \begin{bmatrix} 2a & 2 \\ 2 & -2+10bx_2^4 \end{bmatrix}$$

若要求系统在原点渐近稳定，则当 $\boldsymbol{x}\to\boldsymbol{0}$，应有 $\boldsymbol{F}(\boldsymbol{x})<\boldsymbol{0}$；又 $\boldsymbol{x}\to\boldsymbol{0}$ 时，$\boldsymbol{F}(\boldsymbol{x})<\boldsymbol{0}$ 的充要条件为 $2a<0,-4a+20abx^4-4>0$。于是 a 应满足 $a\leqslant-1$。又因为系统大范围渐近稳定，所以当 $\boldsymbol{x}\to\infty$时，应有 $\boldsymbol{F}(\boldsymbol{x})<\boldsymbol{0}$。注意 $\boldsymbol{x}\to\infty,a<-1$ 时，$\boldsymbol{F}(\boldsymbol{x})<\boldsymbol{0}$ 的充要条件为 $b\leqslant0$；$\boldsymbol{x}\to\infty,a=-1$ 时，$\boldsymbol{F}(\boldsymbol{x})<\boldsymbol{0}$ 的充要条件为 $b<0$。综上，a、b 的取值范围为：$a\leqslant-1,b<0$ 或 $a<-1,b\leqslant0$。

5.16　试用变量-梯度法构造下列系统的李雅普诺夫函数

$$\dot{x}_1 = -x_1 + 2x_1^2x_2$$

$$\dot{x}_2 = -x_2$$

解　设李雅普诺夫函数 V 的梯度为

$$\nabla V = \begin{bmatrix} a_{11}x_1 + a_{12}x_2 \\ a_{21}x_1 + 2 \end{bmatrix}$$

则 V 的导数为

$$\dot{V} = (\Delta V)^{\mathrm{T}}\,\dot{\boldsymbol{x}} = (a_{11}x_1 + a_{12}x_2)\,\dot{x}_1 + (a_{21}x_1 + 2x_2)\,\dot{x}_2$$

取 $a_{11}=1,a_{12}=a_{21}=0$，则有

$$\dot{V} = -x_1^2(1-2x_1^2x_2) - 2x_2^2$$

当 $1-2x_1^2x_2>0$ 时，$\dot{V}<0$。注意到$\nabla V=\begin{bmatrix} x_1 \\ 2x_2 \end{bmatrix}$满足旋度方程 $\dfrac{\partial\nabla V_1}{\partial x_2}=\dfrac{\partial\nabla V_2}{\partial x_1}$，所以可知

$$V = \int_0^{x_1} x_1\,\mathrm{d}x_1 + \int_0^{x_2} 2x_2\,\mathrm{d}x_2 = \frac{1}{2}x_1^2 + x_2^2$$

由这个李雅普诺夫函数可以看出，在 $1-2x_1^2x_2>0$ 范围内，系统是渐近稳定的。

5.17　用变量-梯度法求解下列系统的稳定性条件。

$$\dot{x}_1 = x_2$$

$$\dot{x}_2 = a_1(t)x_1 + a_2(t)x_2$$

解　设 V 的梯度为

$$\nabla V = \begin{bmatrix} a_{11}x_1 \\ a_{21}x_1 \end{bmatrix}$$

于是 V 的导数为

$$\begin{aligned}\dot{V} &= (\Delta V)^{\mathrm{T}}\,\dot{\boldsymbol{x}} = a_{11}x_1\,\dot{x}_1 + 2x_2\,\dot{x}_2 = (c_{11}+c_{22}a_1(t))x_1x_2 + c_{22}x_2^2 \\ &= [x_1 \quad x_2]\begin{bmatrix} 0 & \frac{1}{2}(c_{11}+c_{22}a_1(t)) \\ \frac{1}{2}(c_{11}+c_{22}a_1(t)) & c_{22}a_2(t) \end{bmatrix}\begin{bmatrix} x_1 \\ x_2 \end{bmatrix}\end{aligned}$$

显然，当 $c_{22}a_2(t)<0, c_{11}+c_{22}a_1(t)=0$ 时，$\dot{V}\leqslant 0$。注意到 $\nabla V=\begin{bmatrix} c_{11}x_1 \\ c_{22}x_2 \end{bmatrix}$满足旋度方程 $\dfrac{\partial \nabla V_1}{\partial x_2}=\dfrac{\partial \nabla V_2}{\partial x_1}=0$，于是可知

$$\mathbf{V}=\int_0^{x_1} c_{11}x_1\mathrm{d}x_1+\int_0^{x_2} c_{22}x_2\mathrm{d}x_2=\frac{1}{2}(c_{11}x_1^2+c_{22}x_2^2)>0, c_{11}>0, c_{22}>0$$

由上式可看出，对于给定的 c_{11}，当 $a_1(t)<0$ 时，不难确定 c_{22}，使得 $c_{11}+c_{22}a_1(t)=0$。从而可得系统是渐近稳定的充分条件是 $a_1(t)<0, a_2(t)<0$。

5.18* 系统方程为

$$\dot{x}_1=Kx_1$$
$$\dot{x}_2=-x_1$$

试确定系统平衡状态的稳定性。

解 显然，原点为平衡状态。

方法 1

选取李雅普诺夫函数

$$V(\boldsymbol{x},t)=x_1^2+Kx_2^2, \quad K>0$$

则

$$\dot{V}(\boldsymbol{x},t)=2x_1\dot{x}_1+2Kx_2\dot{x}_2=2Kx_1x_2-2Kx_1x_2=0$$

由上式可见，$\dot{V}(\boldsymbol{x},t)$在任意 $\boldsymbol{x}$ 值上均可保持为零，则系统在李雅普诺夫定义下是稳定的，但不是渐近稳定的。

方法 2

把系统改写成

$$\dot{\boldsymbol{x}}=\begin{bmatrix} K & 0 \\ -1 & 0 \end{bmatrix}\boldsymbol{x}$$

求得系统的特征根 $s_1=-K<0, s_2=0$，于是由定理 5.3 可知系统在李雅普诺夫定义下是稳定的，但不是渐近稳定的。

5.19* 设时变系统的状态方程为

$$\dot{x}_1=x_1\sin^2 t+x_2\mathrm{e}^t$$
$$\dot{x}_2=x_1\mathrm{e}^t+x_2\cos^2 t$$

显然坐标原点$(x_1=0, x_2=0)$为其平衡状态。试判断系统在原点处平衡状态的稳定性。

解 方法 1

可以找一个函数 $V(\boldsymbol{x})$为

$$V(\boldsymbol{x})=2\mathrm{e}^{-t}x_1x_2$$

显然，$V(\boldsymbol{x})$为一变量函数，在 x_1-x_2 平面上的第一、第三象限内，有 $V(\boldsymbol{x})>0$，是正定的。在此区域内取 $V(\boldsymbol{x})$的全导数，得

$$\begin{aligned}\dot{V}(\boldsymbol{x}) &= 2\mathrm{e}^{-t}(x_1\dot{x}_1 + x_2\dot{x}_2)\\ &= 2\mathrm{e}^{-t}x_1x_2 + 2(x_1^2+x_2^2) - 2\mathrm{e}^{-t}x_1x_2\\ &= 2(x_1^2+x_2^2)\end{aligned}$$

所以当 $V(\boldsymbol{x})>0$ 时，$\dot{V}(\boldsymbol{x})>0$。因此根据定理 5.6 可知，系统在原点处的平衡状态是不稳定的。

方法 2

将系统在原点处近似线性化得

$$\dot{\boldsymbol{x}} = \begin{bmatrix}\sin^2 t & \mathrm{e}^t\\ \mathrm{e}^t & \cos^2 t\end{bmatrix}\boldsymbol{x}$$

其特征方程为

$$s^2 - s + \sin^2 t \cdot \cos^2 t - \mathrm{e}^{2t}$$

此方程有实部为零的特征根，因此根据定理 5.3 可知，系统在原点处的平衡状态是不稳定的。

5.20* 控制系统方块图如图 5.1 所示。要求系统渐近稳定，试确定增益 K 的取值范围。

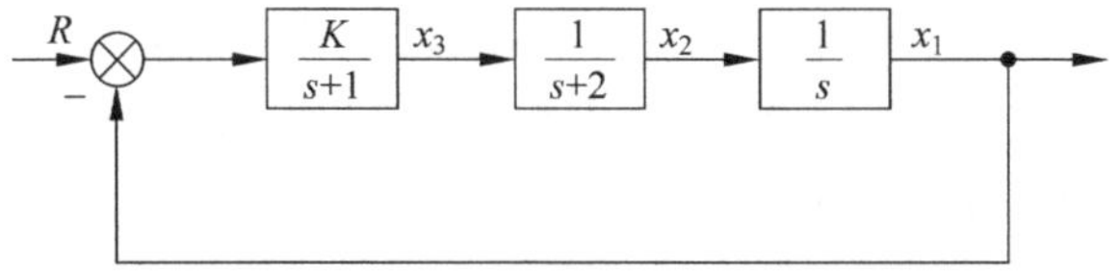

图 5.1 控制系统方块图

解 由图 5.1 可知

$$\begin{cases}\dot{x}_1 = x_1\\ \dot{x}_2 = -2x_2 + x_3\\ \dot{x}_3 = -Kx_1 - x_3 + KR\end{cases}$$

对应系统的状态方程为

$$\begin{bmatrix}\dot{x}_1\\ \dot{x}_2\\ \dot{x}_3\end{bmatrix} = \begin{bmatrix}0 & 1 & 0\\ 0 & -2 & 1\\ -K & 0 & -1\end{bmatrix}\begin{bmatrix}x_1\\ x_2\\ x_3\end{bmatrix} + \begin{bmatrix}0\\ 0\\ K\end{bmatrix}R$$

从中不难看出，原点为系统的平衡状态(因为在原点处 $x_1=x_2=x_3=0$)。不失一般性，设 $R=0$，取 $\boldsymbol{Q}$ 为半正定实对称矩阵，则

$$\boldsymbol{Q} = \begin{bmatrix}0 & 0 & 0\\ 0 & 0 & 0\\ 0 & 0 & 1\end{bmatrix}$$

因为 $x_1=x_2=x_3=0$ 时，$\dot{V}(\boldsymbol{x})=0$，但当 $x_1\neq0$，$x_2\neq0$，而 $x_3=0$，也有 $\dot{V}(\boldsymbol{x})=0$，

$\dot{V}(\boldsymbol{x})=-\boldsymbol{x}^{\mathrm{T}}\boldsymbol{Q}\boldsymbol{x}=-x_3^2$ 为半负定的。

注意$\dot{V}(\boldsymbol{x})$只能在原点处才恒等于零，因为若设$\dot{V}(\boldsymbol{x})=-\dot{x}_3$ 除原点外在某 $\boldsymbol{x}$ 值情况下也恒为零，则要求 x_3 恒为零。若要求 x_3 恒为零，由方程可看出，如果 $x_3=0,\dot{x}_3=0$，则 x_1、x_2 也必为零才能保证$\dot{x}_1=\dot{x}_2=0$。因此$\dot{V}(\boldsymbol{x})$恒为零的情况只有在原点(即 $x_1=0,x_2=0,x_3=0$)处才成立。按上述选择矩阵作为 $\boldsymbol{Q}$ 是可行的，但可使数学运算得以简化。

设 $\boldsymbol{P}$ 为实对称矩阵，且有如下形式

$$\boldsymbol{P}=\begin{bmatrix}p_{11} & p_{12} & p_{13}\\ p_{12} & p_{22} & p_{23}\\ p_{13} & p_{23} & p_{33}\end{bmatrix}$$

由

$$\boldsymbol{A}^{\mathrm{T}}\boldsymbol{P}+\boldsymbol{P}\boldsymbol{A}=-\boldsymbol{Q}$$

即

$$\begin{bmatrix}0 & 0 & -K\\ 1 & -2 & 0\\ 0 & 1 & -1\end{bmatrix}\begin{bmatrix}p_{11} & p_{12} & p_{13}\\ p_{12} & p_{22} & p_{23}\\ p_{13} & p_{23} & p_{33}\end{bmatrix}+\begin{bmatrix}p_{11} & p_{12} & p_{13}\\ p_{12} & p_{22} & p_{23}\\ p_{13} & p_{23} & p_{33}\end{bmatrix}\begin{bmatrix}0 & 1 & 0\\ 0 & -2 & 1\\ K & 0 & -1\end{bmatrix}=\begin{bmatrix}0 & 0 & 0\\ 0 & 0 & 0\\ 0 & 0 & -1\end{bmatrix}$$

$$\begin{bmatrix}-Kp_{13} & -Kp_{23} & -Kp_{33}\\ p_{11}-2p_{12} & p_{12}-2p_{22} & p_{13}-2p_{23}\\ p_{12}-p_{13} & p_{22}-p_{23} & p_{23}-p_{33}\end{bmatrix}+\begin{bmatrix}-Kp_{13} & p_{11}-2p_{12} & p_{12}-p_{13}\\ -Kp_{23} & p_{12}-2p_{22} & p_{22}-p_{23}\\ -Kp_{33} & p_{13}-2p_{23} & p_{23}-p_{33}\end{bmatrix}=\begin{bmatrix}0 & 0 & 0\\ 0 & 0 & 0\\ 0 & 0 & -1\end{bmatrix}$$ 于是有

$$\begin{aligned}&p_{13}=0\\ &p_{11}-2p_{12}-Kp_{23}=0\\ &p_{12}-Kp_{33}=0\\ &p_{12}-2p_{22}=0\\ &p_{22}-3p_{23}=0\\ &p_{23}-p_{33}=-\frac{1}{2}\end{aligned}$$

解上面方程组得

$$\boldsymbol{P}=\begin{bmatrix}\dfrac{K^2+12K}{12-2K} & \dfrac{6K}{12-2K} & 0\\ \dfrac{6K}{12-2K} & \dfrac{2}{12-2K} & \dfrac{K}{12-2K}\\ 0 & \dfrac{K}{12-2K} & \dfrac{6}{12-2K}\end{bmatrix}$$

$$P = \begin{bmatrix} \frac{K^2+12K}{12-2K} & \frac{6K}{12-2K} & 0 \\ \frac{6K}{12-2K} & \frac{3K}{12-2K} & \frac{K}{12-2K} \\ 0 & \frac{K}{12-2K} & \frac{3}{6-K} \end{bmatrix}$$

为使矩阵 P 为正定，由赛尔维斯特定理应有

$$\frac{K^2+12K}{12-2K} > 0$$

$$\begin{vmatrix} \frac{K^2+12K}{12-2K} & \frac{6K}{12-2K} \\ \frac{6K}{12-2K} & \frac{3K}{12-2K} \end{vmatrix} = \frac{3K(K^2+12K)}{(12-2K)^2} - \frac{36K^2}{(12-2K)^2} = \frac{3K^3}{(12-2K)^2} > 0$$

$$\begin{vmatrix} \frac{K^2+12K}{12-2K} & \frac{6K}{12-2K} & 0 \\ \frac{6K}{12-2K} & \frac{3K}{12-2K} & \frac{K}{12-2K} \\ 0 & \frac{K}{12-2K} & \frac{6}{12-2K} \end{vmatrix}$$

$$= \frac{18K(K^2+12K)}{(12-2K)^3} - \frac{216K^2}{(12-2K)^3} - \frac{K^2(K^2+12K)}{(12-2K)^3}$$

$$= \frac{K^2(18K+216-216-K^2-12K)}{(12-2K)^3} = \frac{K^3(6-K)}{(12-2K)^3} > 0$$

进一步求得

$$0 < K < 6$$

故在 $0<K<6$ 范围内取 K 值，则系统在原点处的平衡状态是大范围渐近稳定的。

5.21* 已知宇宙飞船围绕惯性主轴的运动，其欧拉方程为

$$A\dot{\omega}_x - (B-C)\omega_y\omega_z = T_x$$

$$B\dot{\omega}_y - (C-A)\omega_z\omega_x = T_y$$

$$C\dot{\omega}_z - (A-B)\omega_x\omega_y = T_z$$

式中，A、B 和 C 表示围绕 3 个主轴的转动惯量；ω_x、ω_y 和 ω_z 表示围绕 3 个主轴的角速度；T_x、T_y 和 T_z 表示控制力矩。

假设宇宙飞船在轨道上翻滚，希望通过施加控制力矩使其停止翻滚。控制力矩为

$$T_x = k_1 A\omega_x$$

$$T_y = k_2 B\omega_y$$

$$T_z = k_3 C\omega_z$$

试确定该系统为渐近稳定的充分条件。

解 选取状态变量为

$$x_1=\omega_x,\quad x_2=\omega_y,\quad x_3=\omega_z$$

则系统表示为

$$\dot{x}_1-\left(\frac{B}{A}-\frac{C}{A}\right)x_2x_3=k_1x_1$$

$$\dot{x}_2-\left(\frac{C}{B}-\frac{A}{B}\right)x_3x_1=k_2x_2$$

$$\dot{x}_3-\left(\frac{A}{C}-\frac{B}{C}\right)x_1x_2=k_3x_3$$

则状态方程为

$$\begin{bmatrix}\dot{x}_1\\\dot{x}_2\\\dot{x}_3\end{bmatrix}=\begin{bmatrix}k_1 & \frac{B}{A}x_3 & -\frac{C}{A}x_2\\ -\frac{A}{B}x_3 & k_2 & \frac{C}{B}x_1\\ \frac{A}{C}x_2 & -\frac{B}{C}x_1 & k_3\end{bmatrix}\begin{bmatrix}x_1\\x_2\\x_3\end{bmatrix}$$

其平衡状态 $\boldsymbol{x}_e=\boldsymbol{0}$，取 V 函数为

$$V(\boldsymbol{x})=\boldsymbol{x}^{\mathrm{T}}\boldsymbol{P}\boldsymbol{x}=\boldsymbol{x}^{\mathrm{T}}\begin{bmatrix}A^2 & 0 & 0\\0 & B^2 & 0\\0 & 0 & C^2\end{bmatrix}\boldsymbol{x}=A^2x_1^2+B^2x_2^2+C^2x_3^2$$

显然 $V(\boldsymbol{x})$ 为正定，则 $V(\boldsymbol{x})$ 对时间求导，即为

$$\begin{aligned}\dot{V}(\boldsymbol{x})&=\dot{\boldsymbol{x}}^{\mathrm{T}}\boldsymbol{P}\boldsymbol{x}+\boldsymbol{x}^{\mathrm{T}}\boldsymbol{P}\dot{\boldsymbol{x}}\\
&=\boldsymbol{x}^{\mathrm{T}}\begin{bmatrix}k_1 & -\frac{A}{B}x_3 & \frac{A}{C}x_2\\ \frac{B}{A}x_3 & k_2 & -\frac{B}{C}x_1\\ -\frac{C}{A}x_2 & \frac{C}{B}x_1 & k_3\end{bmatrix}\begin{bmatrix}A^2 & 0 & 0\\0 & B^2 & 0\\0 & 0 & C^2\end{bmatrix}\boldsymbol{x}\\
&\quad+\boldsymbol{x}^{\mathrm{T}}\begin{bmatrix}A^2 & 0 & 0\\0 & B^2 & 0\\0 & 0 & C^2\end{bmatrix}\begin{bmatrix}k_1 & \frac{B}{A}x_3 & -\frac{C}{A}x_2\\ -\frac{A}{B}x_3 & k_2 & \frac{C}{B}x_1\\ \frac{A}{C}x_2 & -\frac{B}{C}x_1 & k_3\end{bmatrix}\boldsymbol{x}\\
&=\boldsymbol{x}^{\mathrm{T}}\begin{bmatrix}2k_1A^2 & 0 & 0\\0 & 2k_2B^2 & 0\\0 & 0 & 2k_3C^2\end{bmatrix}\boldsymbol{x}-\boldsymbol{x}^{\mathrm{T}}\boldsymbol{Q}\boldsymbol{x}\end{aligned}$$

该系统渐近稳定的充分条件为 $V(\boldsymbol{x})>0,\dot{V}(\boldsymbol{x})<0$。为使 $\dot{V}(\boldsymbol{x})<0$，即负定，则要求 $\boldsymbol{Q}$ 阵为正定阵，即要求 $k_1<0,k_2<0,k_3<0$，且随 $\|\boldsymbol{x}\|\to\infty,V(\boldsymbol{x})\to\infty$，故系统在平衡点 $\boldsymbol{x}_e=\boldsymbol{0}$ 处大范围渐近稳定的充分条件为 $k_1<0,k_2<0,k_3<0$。

5.22* 设离散时间系统的状态方程为

$$\boldsymbol{x}(k+1)=\begin{bmatrix}\lambda_1 & 0\\ 0 & \lambda_2\end{bmatrix}\boldsymbol{x}(k)$$

试确定系统在平衡点处大范围内渐近稳定的条件。

解 根据离散李雅普诺夫方程

$$\boldsymbol{G}^{\mathrm{T}}\boldsymbol{P}\boldsymbol{G}-\boldsymbol{P}=-\boldsymbol{I}$$

由已知条件可得

$$\begin{bmatrix}\lambda_1 & 0\\ 0 & \lambda_2\end{bmatrix}\begin{bmatrix}p_{11} & p_{12}\\ p_{12} & p_{22}\end{bmatrix}\begin{bmatrix}\lambda_1 & 0\\ 0 & \lambda_2\end{bmatrix}-\begin{bmatrix}p_{11} & p_{12}\\ p_{12} & p_{22}\end{bmatrix}=\begin{bmatrix}-1 & 0\\ 0 & -1\end{bmatrix}$$

简化为

$$\begin{bmatrix}p_{11}(1-\lambda_1^2) & p_{12}(1-\lambda_1\lambda_2)\\ p_{12}(1-\lambda_1\lambda_2) & p_{22}(1-\lambda_2^2)\end{bmatrix}=\begin{bmatrix}1 & 0\\ 0 & 1\end{bmatrix}$$

于是可得

$$\begin{cases}p_{12}(1-\lambda_1\lambda_2)=0\\ p_{11}(1-\lambda_1^2)=1\\ p_{22}(1-\lambda_2^2)=1\end{cases}$$

根据塞尔维斯特定理,要使 $\boldsymbol{P}$ 为正定,必须满足

$$p_{11}>0,\quad p_{11}p_{12}-p_{12}p_{21}>0$$

的条件,将此条件代入上式,便使所求条件变为

$$\lambda_1<1,\quad \lambda_2<1$$

即只有当传递函数的极点位于单位圆内时,系统在平衡点处才是大范围内渐近稳定的。

5.23* 设线性定常离散系统状态方程为

$$\boldsymbol{x}(k+1)=\begin{bmatrix}0 & 1\\ \frac{1}{2} & 0\end{bmatrix}\boldsymbol{x}(k)$$

试分析系统在平衡状态 $\boldsymbol{x}_e=\boldsymbol{0}$ 处的稳定性。

解 设李雅普诺夫函数为

$$V[\boldsymbol{x}(k)]=\boldsymbol{x}^{\mathrm{T}}(k)\boldsymbol{P}\boldsymbol{x}(k)$$

$\boldsymbol{P}$ 由下式确定:

$$\boldsymbol{A}^{\mathrm{T}}\boldsymbol{P}\boldsymbol{A}-\boldsymbol{P}=-\boldsymbol{I}$$

则有

$$\begin{bmatrix}0 & \frac{1}{2}\\ 1 & 0\end{bmatrix}\begin{bmatrix}p_{11} & p_{12}\\ p_{12} & p_{22}\end{bmatrix}\begin{bmatrix}0 & 1\\ \frac{1}{2} & 0\end{bmatrix}-\begin{bmatrix}p_{11} & p_{12}\\ p_{12} & p_{22}\end{bmatrix}=\begin{bmatrix}-1 & 0\\ 0 & -1\end{bmatrix}$$

$$\begin{bmatrix}\frac{1}{4}p_{22}-p_{11} & \frac{1}{2}p_{12}\\ \frac{1}{2}p_{12} & p_{11}-p_{22}\end{bmatrix}=\begin{bmatrix}-1 & 0\\ 0 & -1\end{bmatrix}$$

可得联立方程

$$\begin{cases}\frac{1}{4}p_{22}-p_{11}=-1\\ \frac{1}{2}p_{12}=0\\ p_{11}-p_{22}=-1\end{cases}$$

解得

$$\boldsymbol{P}=\begin{bmatrix}p_{11} & p_{12}\\ p_{12} & p_{22}\end{bmatrix}=\begin{bmatrix}\frac{5}{3} & 0\\ 0 & \frac{8}{3}\end{bmatrix}$$

显而易见，$\boldsymbol{P}$ 为正定，系统在平衡状态 $\boldsymbol{x}_e=\boldsymbol{0}$ 处为大范围渐近稳定的。其李雅普诺夫函数为

$$\begin{aligned}V[\boldsymbol{x}(k)]&=\boldsymbol{x}^{\mathrm{T}}(k)\boldsymbol{P}\boldsymbol{x}(k)\\&=[x_1(k),x_2(k)]\begin{bmatrix}\frac{5}{3} & 0\\ 0 & \frac{8}{3}\end{bmatrix}\begin{bmatrix}x_1(k)\\ x_2(k)\end{bmatrix}\\&=\frac{5}{3}[x_1(k)]^2+\frac{8}{3}[x_2(k)]^2\end{aligned}$$

及

$$\Delta V[\boldsymbol{x}(k)]=V[\boldsymbol{x}(k+1)]-V[\boldsymbol{x}(k)]=-[x_1^2(k)+x_2^2(k)]$$

5.24* 设时变系统状态方程为

$$\dot{\boldsymbol{x}}=\boldsymbol{A}(t)\boldsymbol{x}=\begin{bmatrix}0 & 1\\ -\frac{1}{t+1} & -10\end{bmatrix}\boldsymbol{x},\quad t\geqslant 0$$

试用变量-梯度法分析平衡点 $\boldsymbol{x}_e=\boldsymbol{0}$ 的稳定性。

解 设 $V(\boldsymbol{x})$的梯度为

$$\nabla V=\begin{bmatrix}a_{11}x_1+a_{12}x_2\\ a_{21}x_1+a_{22}x_2\end{bmatrix}$$

则

$$\begin{aligned}\dot{V}(\boldsymbol{x})&=(\nabla V)^{\mathrm{T}}\dot{\boldsymbol{x}}=[a_{11}x_1+a_{12}x_2\quad a_{21}x_1+a_{22}x_2]\begin{bmatrix}x_2\\ -\frac{1}{t+1}-10x_2\end{bmatrix}\\&=(a_{11}x_1+a_{12}x_2)x_2+(a_{21}x_1+a_{22}x_2)\left(-\frac{1}{t+1}-10x_2\right)\end{aligned}$$

取 $a_{12}=a_{21}=0$，因为

$$\nabla V=\begin{bmatrix}a_{11}x_1\\ a_{22}x_2\end{bmatrix},\quad \frac{\partial\,\nabla V_1}{\partial x_2}=0,\quad \frac{\partial\,\nabla V_2}{\partial x_1}=0$$

满足旋度方程，于是得

$$V(\boldsymbol{x}) = a_{11}x_1x_2 + a_{22}x_2\left(-\frac{1}{t+1} - 10x_2\right)$$

再取 $a_{11}=1, a_{22}=t+1$，即得梯度$\nabla V=\begin{bmatrix} x_1 \\ (t+1)x_2 \end{bmatrix}$。

进一步积分

$$V(\boldsymbol{x}) = \int_0^{x_1(x_2=0)} x_1 \mathrm{d}x_1 + \int_0^{x_2(x_1=0)} (t+1)x_2 \mathrm{d}x_2$$
$$= \frac{1}{2}[x_1^2 + (t+1)x_2^2] > 0$$

其导数

$$\dot{V}(\boldsymbol{x}) = \dot{x}_1x_1 + \frac{1}{2}x_2^2 + (t+1)\dot{x}_2x_2 = -(10t+9.5)x_2^2$$

显然$\dot{V}(\boldsymbol{x})$是半负定的。但当 $\boldsymbol{x}\neq\boldsymbol{0}$ 时，$\dot{V}(\boldsymbol{x})$不恒为零，且 $\lim\limits_{\|\boldsymbol{x}\|\to\infty} V(\boldsymbol{x})=\infty$，所以系统在原点是大范围渐近稳定的。

5.25* 线性定常系统方程为

$$\dot{\boldsymbol{x}} = -a\boldsymbol{x} + u$$
$$y = c\boldsymbol{x}$$

其中 a 为一个非负的实数，而系统的脉冲响应函数为 $h(t)=c\mathrm{e}^{-at}$，分析系统是否 BIBO 稳定。

解 因为 $h(t)$是非负的，有$|h(t)|=h(t)$，所以

$$\int_0^{\infty} |h(\tau)| \mathrm{d}\tau = c\int_0^{\infty} \mathrm{e}^{-a\tau}\mathrm{d}\tau = \begin{cases} \dfrac{c}{a}, & a>0 \\ \infty, & a=0 \end{cases}$$

可见，只有当 $a>0$ 时，才有限制 K 存在。由定理 5.2 可知，当且仅当 $a>0$ 时，系统才是 BIBO 稳定的。

5.26* 系统方程为

$$\dot{\boldsymbol{x}} = \begin{bmatrix} 0 & 6 \\ 1 & -1 \end{bmatrix}\boldsymbol{x} + \begin{bmatrix} -2 \\ 1 \end{bmatrix}u$$
$$y = \begin{bmatrix} 0 & 1 \end{bmatrix}\boldsymbol{x}$$

分析系统平衡状态 $\boldsymbol{x}_e=\boldsymbol{0}$ 的渐近稳定性与系统的 BIBO 稳定性。

解 $\boldsymbol{A}$ 的特征方程式为

$$\det[s\boldsymbol{I}-\boldsymbol{A}] = s(s+1)-6 = (s-2)(s+3) = 0$$

于是 $\boldsymbol{A}$ 的特征值 $s_1=2, s_2=-3$，故系统 $\boldsymbol{x}_e=\boldsymbol{0}$ 不是渐近稳定的。

系统的传递函数为

$$g(s) = \boldsymbol{c}[s\boldsymbol{I}-\boldsymbol{A}]^{-1}\boldsymbol{b} = \begin{bmatrix} 0 & 1 \end{bmatrix}\begin{bmatrix} s & -6 \\ -1 & s+1 \end{bmatrix}^{-1}\begin{bmatrix} -2 \\ 1 \end{bmatrix}$$

$$= [0 \quad 1]\begin{bmatrix} \dfrac{s+1}{(s-2)(s+3)} & \dfrac{6}{(s-2)(s+3)} \\ \dfrac{1}{(s-2)(s+3)} & \dfrac{s}{(s-2)(s+3)} \end{bmatrix}\begin{bmatrix} -2 \\ 1 \end{bmatrix}$$

$$= [0 \quad 1]\begin{bmatrix} \dfrac{-2}{(s+3)} \\ \dfrac{1}{s+3} \end{bmatrix} = \frac{1}{s+3}$$

由于传递函数 $g(s)$ 的极点位于 s 左半开平面，故系统是 BIBO 稳定的。

5.27* 控制系统结构如图 5.2 所示。试确定阻尼比 $\zeta>0$，使系统在单位阶跃函数 $r(t)=1(t)$ 的作用下，性能指标

$$J = \int_0^{\infty} \boldsymbol{x}(t)^{\mathrm{T}} \boldsymbol{Q} \boldsymbol{x}(t) \mathrm{d}t$$

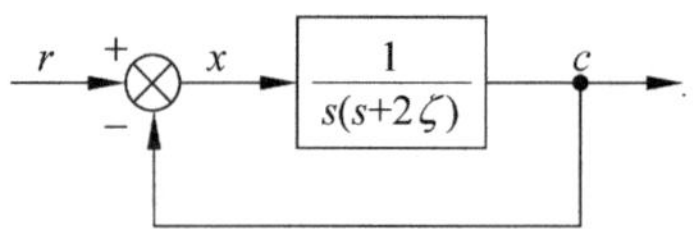

图 5.2 控制系统结构

达到极小。式中

$$\boldsymbol{x} = \begin{bmatrix} x_1 \\ x_2 \end{bmatrix} = \begin{bmatrix} y \\ \dot{y} \end{bmatrix}, \quad \boldsymbol{Q} = \begin{bmatrix} 1 & 0 \\ 0 & \mu \end{bmatrix}, \quad \mu > 0$$

假设系统开始是静止的。

解 由图 5.2 得系统微分方程为

$$\ddot{c} + 2\zeta\dot{c} + c = r$$

令 $y=r-c$，$r(t)=1(t)$，则 $\ddot{c}=-\ddot{y}$，$\dot{c}=-\dot{y}$，又由于 $c(0)=0$，可知 $y(0)=r=1$。于是可将方程化为齐次方程

$$\ddot{y} + 2\zeta\dot{y} + y = 0$$

再令 $x_1=y$，$x_2=\dot{y}$，则由上式可写出系统的状态方程为

$$\begin{bmatrix} \dot{x}_1 \\ \dot{x}_2 \end{bmatrix} = \begin{bmatrix} 0 & 1 \\ -1 & -2\zeta \end{bmatrix}\begin{bmatrix} x_1 \\ x_2 \end{bmatrix}$$

$$\begin{bmatrix} x_1(0) \\ x_2(0) \end{bmatrix} = \begin{bmatrix} 1 \\ 0 \end{bmatrix}$$

于是问题转化为参数最优化问题，即转化为题 5.27。

5.28* 研究无摩擦的单摆方程，即

$$\dot{x}_1 = x_2$$

$$\dot{x}_2 = -a\sin x_1$$

在原点处平衡点的稳定性。

解 一个自然的备选李雅普诺夫函数是能量函数

$$V(\boldsymbol{x}) = a(1-\cos x_1) + \frac{1}{2}x_2^2$$

显然，$V(\boldsymbol{0})=0$ 且在区间 $-2\pi<x_1<2\pi$ 内 $V(\boldsymbol{x})$ 是正定的。$V(\boldsymbol{x})$ 沿系统轨线的导数为

$$\dot{V}(\boldsymbol{x}) = a\dot{x}_1\sin x_1 + x_2\dot{x}_2 = ax_2\sin x_1 - ax_2\sin x_1 = 0$$

因此，满足定理5.5中条件，所以原点是稳定的。又由 $V(\mathbf{0})\equiv 0$ 可知原点不是渐近稳定的，因为在所有未来时刻，始于李雅普诺夫曲面 $V(\boldsymbol{x})=c$ 上的轨线始终保持在这一面上。

5.29* 以 $V(\boldsymbol{x})=a(1-\cos x_1)+\frac{1}{2}x_2^2$ 为李雅普诺夫函数，研究具有摩擦的单摆方程：

$$\dot{x}_1 = x_2$$

$$\dot{x}_2 = -a\sin x_1 - bx_2$$

解 $V(\boldsymbol{x})=a(1-\cos x_1)+\frac{1}{2}x_2^2>0, -2\pi<x<2\pi$

$$\dot{V}(\boldsymbol{x}) = a\dot{x}_1\sin x_1 + x_2\dot{x}_2 = -bx_2^2$$

$\dot{V}(\boldsymbol{x})$是半负定的，而不是负定的，因为无论 x_1 取何值，当 $x_2=0$ 时都有$\dot{V}(\boldsymbol{x})=0$。也就是说，沿着 x_1 轴有$\dot{V}(\boldsymbol{x})=0$，由此可得出原点是稳定的结论。然而，从单摆方程的相图已得出当 $b>0$ 时原点是渐近稳定的结论，而能量函数 Lyapunov 却不能说明这一点。

5.30* 在上题中取 $V(\boldsymbol{x})=\frac{1}{2}\boldsymbol{x}^{\mathrm{T}}\boldsymbol{P}\boldsymbol{x}+a(1-\cos x_1)$，研究系统的稳定性，其中 $\boldsymbol{P}>\mathbf{0}$ 为对称正定阵。

解

$$\begin{aligned}V(\boldsymbol{x}) &= \frac{1}{2}\boldsymbol{x}^{\mathrm{T}}\boldsymbol{P}\boldsymbol{x} + a(1-\cos x_1)\\ &= \frac{1}{2}\begin{bmatrix}x_1 & x_2\end{bmatrix}\begin{bmatrix}p_{11} & p_{12}\\ p_{21} & p_{22}\end{bmatrix}\begin{bmatrix}x_1\\ x_2\end{bmatrix} + a(1-\cos x_1)\end{aligned}$$

其导数$\dot{V}(\boldsymbol{x})$为

$$\begin{aligned}\dot{V}(\boldsymbol{x}) &= (p_{11}x_1 + p_{12}x_2 + a\sin x_1)x_2 + (p_{12}x_1 + p_{22}x_2)(-a\sin x_1 - bx_2)\\ &= a(1-p_{22})x_2\sin x_1 - ap_{12}x_1\sin x_1 + (p_{11}-p_{12}b)x_1x_2 + (p_{12}-p_{22}b)x_2^2\end{aligned}$$

下面选择合适的 p_{11}、p_{12}和 p_{22}使$\dot{V}(\boldsymbol{x})$负定。

注意在区间 $-\pi<x_1<\pi$ 上，$x_1\sin x_1\geqslant 0$，$x_2^2>0(x_2\neq 0)$；而 $x_2\sin x_1$ 和 x_1x_2 的符号不定，所以取 $p_{22}=1$，$p_{11}=bp_{12}$将 $x_2\sin x_1$ 和 x_1x_2 消去。进一步，为保证 $V(\boldsymbol{x})$是正定的，所以 p_{12}一定要满足 $0<p_{12}<b$。取 $p_{12}=\frac{b}{2}$，则$\dot{V}(\boldsymbol{x})$为

$$\dot{V}(\boldsymbol{x}) = -\frac{1}{2}abx_1\sin x_1 - \frac{1}{2}bx_2^2$$

对于所有 $0<|x_1|<\pi$，有 $x_1\sin x_1>0$。取 $D=\{(x_1,x_2)\in R^2 \mid |x_1|<\pi\}$，则在 D 上 $V(\boldsymbol{x})$是正定的，而$\dot{V}(\boldsymbol{x})$是负定的。这样就可以根据定理5.4可推出原点是渐

近稳定的。

5.31* 考虑二阶系统

$$\dot{x}_1 = x_2$$
$$\dot{x}_2 = -h(x_1) - ax_2$$

其中 $a>0$，$h(\cdot)$为局部 Lipschitz 函数，$h(0)=0$，且当 $y\neq 0$ 时 $yh(y)>0$，$y\in(-b,c)$，b 和 c 为正常数。

解 为运用可变梯度法，可选择一个二阶向量 $g(\boldsymbol{x})$，使其满足

$$\frac{\partial g_1}{\partial x_2} = \frac{\partial g_2}{\partial x_1}$$

$$\dot{V}(\boldsymbol{x}) = g_1(\boldsymbol{x})x_2 - g_2(\boldsymbol{x})[h(x_1) + ax_2] < 0, \quad 当\ \boldsymbol{x} \neq \boldsymbol{0}$$

且

$$V(\boldsymbol{x}) = \int_0^{\boldsymbol{x}} \boldsymbol{g}^{\mathrm{T}}(y)\mathrm{d}y > 0, \quad 当\ \boldsymbol{x} \neq \boldsymbol{0}$$

下面设

$$\boldsymbol{g}(\boldsymbol{x}) = \begin{bmatrix} \alpha(\boldsymbol{x})x_1 + \beta(\boldsymbol{x})x_2 \\ \gamma(\boldsymbol{x})x_1 + \delta(\boldsymbol{x})x_2 \end{bmatrix}$$

其中标量函数待定 $\alpha(\cdot)$、$\beta(\cdot)$、$\gamma(\cdot)$和 $\delta(\cdot)$。为了满足对称性要求，有

$$\beta(\boldsymbol{x}) + \frac{\partial\alpha}{\partial x_2}x_1 + \frac{\partial\beta}{\partial x_2}x_2 = \gamma(\boldsymbol{x}) + \frac{\partial\gamma}{\partial x_1}x_1 + \frac{\partial\delta}{\partial x_1}x_2$$

导数$\dot{V}(\boldsymbol{x})$为

$$\begin{aligned}\dot{V}(\boldsymbol{x}) = &\ \alpha(\boldsymbol{x})x_1x_2 + \beta(\boldsymbol{x})x_2^2 - a\gamma(\boldsymbol{x})x_1x_2 - a\delta(\boldsymbol{x})x_2^2 \\ &- \delta(\boldsymbol{x})x_2h(x_1) - \gamma(\boldsymbol{x})x_1h(x_1)\end{aligned}$$

为了消去向量积项，选择

$$\alpha(\boldsymbol{x})x_1 - a\gamma(\boldsymbol{x})x_1 - \delta(\boldsymbol{x})h(x_1) = 0$$

使

$$\dot{V}(\boldsymbol{x}) = \{a\delta(\boldsymbol{x}) - \beta(\boldsymbol{x})\}x_2^2 - \gamma(\boldsymbol{x})x_1h(x_1)$$

为了简化选择，令 $\delta(\boldsymbol{x})=\delta$ 为常数，$\gamma(\boldsymbol{x})=\gamma$ 为常数，$\beta(\boldsymbol{x})=\beta$ 为常数，那么 $\alpha(\boldsymbol{x})$仅与 x_1 有关，同时选择 $\beta=\gamma$ 以满足对称性要求。这样，$\boldsymbol{g}(\boldsymbol{x})$简化为

$$\boldsymbol{g}(\boldsymbol{x}) = \begin{bmatrix} a\gamma x_1 + \delta h(x_1) + \gamma x_2 \\ \gamma x_1 + \delta x_2 \end{bmatrix}$$

通过积分，得到

$$\begin{aligned}V(\boldsymbol{x}) &= \int_0^{x_1}[a\gamma y_1 + \delta h(y_1)]\mathrm{d}y_1 + \int_0^{x_1}(\gamma x_1 + \delta y_2)\mathrm{d}y_2 \\ &= \frac{1}{2}a\gamma x_1^2 + \delta\int_0^{x_1}h(y)\mathrm{d}y + \gamma x_1x_2 + \frac{1}{2}\delta x_2^2 \\ &= \frac{1}{2}\boldsymbol{x}^{\mathrm{T}}\boldsymbol{P}\boldsymbol{x} + \delta\int_0^{x_1}h(y)\mathrm{d}y\end{aligned}$$

其中

$$\boldsymbol{P}=\begin{bmatrix} a\gamma & \gamma \\ \gamma & \delta \end{bmatrix}$$

选择 $\delta>0, 0<\gamma<a\delta$，即可保证 $V(\boldsymbol{x})$ 正定，$\dot{V}(\boldsymbol{x})$ 负定。例如，取 $\gamma=ak\delta, 0<k<1$，得到的 Lyapunov 函数为

$$V(\boldsymbol{x})=\frac{\delta}{2}\boldsymbol{x}^{\mathrm{T}}\begin{bmatrix} ka^2 & ka \\ ka & 1 \end{bmatrix}\boldsymbol{x}+\delta\int_0^{x_1}h(y)\mathrm{d}y$$

该函数在 $D=\{\boldsymbol{x}\in R^2 \mid -b<x_1<c\}$ 上满足定理 5.4a 中条件，因此，原点是渐近稳定的。

5.32** 已知非线性系统由下列方程组描述，并假定其中 $u=U=$ 常数，试分析系统在其平衡状态的稳定性。

$$\begin{cases} \dot{x}_1=x_2 \\ \dot{x}_2=-a_0\sin x_1-a_1x_2+b_0u \end{cases}$$

解 先求系统可能的平衡状态。令

$$\begin{cases} x_2=0 \\ -a_0\sin x_1-a_1x_2+b_0U=0 \end{cases}$$

解得系统的一个平衡状态为

$$\begin{cases} x_{1e}=\arcsin\dfrac{b_0}{a_0}U \\ x_{2e}=0 \end{cases}$$

为将坐标原点移到平衡状态 x_e，取新的状态变量为

$$\begin{cases} y_1=x_1-x_{1e}=x_1-\arcsin\dfrac{b_0}{a_0}U \\ y_2=x_2-x_{2e}=x_2 \end{cases}$$

则得给定非线性系统的新状态方程为

$$\begin{cases} \dot{y}_1=y_2 \\ \dot{y}_2=-a_0\sin(y_1+x_{1e})-a_1y_2+b_0U \end{cases}$$

根据式(5.7)，求得

$$\boldsymbol{A}=\begin{bmatrix} \dfrac{\partial f_1}{\partial y_1} & \dfrac{\partial f_1}{\partial y_2} \\ \dfrac{\partial f_2}{\partial y_1} & \dfrac{\partial f_2}{\partial y_2} \end{bmatrix}_{\boldsymbol{y}=0}=\begin{bmatrix} 0 & 1 \\ -a_0\cos x_{1e} & -a_1 \end{bmatrix}$$

于是得给定非线性方程在其平衡状态附近的一次近似方程为

$$\begin{cases} \dot{y}_1=y_2 \\ \dot{y}_2=-a_0\cos x_{1e}\cdot y_1-a_1y_2 \end{cases}$$

该近似方程的特征方程为

$$\det[\boldsymbol{A}-\lambda\boldsymbol{I}]=\lambda^2+a_1\lambda+a_0\cos x_{1e}=0$$

显然，如果 $a_0>0, a_1>0$，则当 $\cos x_{1e}>0$ 时，原非线性系统在其平衡状态是渐近稳定的，而在 $\cos x_{1e}<0$ 时，将是不稳定的。

注意：该系统有无穷多个平衡点，对于其他平衡点可类似讨论。

5.33** 已知系统的状态方程为

$$\dot{x}_1=-(x_1+x_2)-x_2^2$$

$$\dot{x}_2=-(x_1+x_2)+x_1x_2$$

试用李雅普诺夫第二方法判别其稳定性。

解 系统具有唯一的平衡状态($x_1=0, x_2=0$)，取标量函数

$$V(\boldsymbol{x})=x_1^2+x_2^2$$

于是有 $V(\boldsymbol{x})>0$，即为正定的，而

$$\dot{V}(\boldsymbol{x})=2x_1\dot{x}_1+2x_2\dot{x}_2=-2(x_1+x_2)^2$$

由此知 $\dot{V}(\boldsymbol{x})$ 为半负定的，这是因为除原点处外，尚有 $x_1=-x_2$ 处能使 $\dot{V}(\boldsymbol{x})=0$。可是当把 $x_1=-x_2$ 代入系统的状态方程中时，即有

$$\dot{x}_1=-x_2;\quad \dot{x}_2=-x_2^2$$

这说明在 $x_1=-x_2\neq 0$ 时，虽然有 $\dot{V}(\boldsymbol{x})=0$，但此时系统的状态仍在转移中，且这种转移将破坏条件 $x_1=-x_2$，即 $\dot{V}(\boldsymbol{x})$ 不会恒等于零。又因为当 $\|\boldsymbol{x}\|\to\infty$ 时，有 $V(\boldsymbol{x})\to\infty$，根据定理 5.4b 中的条件知，系统在其原点处的平衡状态是大范围渐近稳定的。

5.34** 给定系统的状态方程为

$$\dot{\boldsymbol{x}}=\begin{bmatrix}0 & 1\\ -1 & -2\xi\end{bmatrix}\boldsymbol{x},\quad \boldsymbol{x}(0)=\begin{bmatrix}1\\0\end{bmatrix}$$

试确定阻尼比 $\xi>0$ 的值，使系统的性能指标

$$\int_0^\infty \boldsymbol{x}^{\mathrm{T}}\boldsymbol{Q}\boldsymbol{x}\,\mathrm{d}t$$

达到最小值，其中 $\boldsymbol{Q}=\begin{bmatrix}1 & 0\\ 0 & \mu\end{bmatrix}$，$\mu>0$。

解 对于所给系统，因取 $\xi>0$ 时是渐近稳定的，$\boldsymbol{x}(\infty)=\boldsymbol{0}$，于是有 $J=\boldsymbol{x}^{\mathrm{T}}(0)\boldsymbol{P}\boldsymbol{x}(0)$，而 $\boldsymbol{P}$ 可由 $\boldsymbol{A}^{\mathrm{T}}\boldsymbol{P}+\boldsymbol{P}\boldsymbol{A}=-\boldsymbol{Q}$ 求出，即

$$\begin{bmatrix}0 & -1\\ 1 & -2\xi\end{bmatrix}\begin{bmatrix}p_{11} & p_{12}\\ p_{12} & p_{22}\end{bmatrix}+\begin{bmatrix}p_{11} & p_{12}\\ p_{12} & p_{22}\end{bmatrix}\begin{bmatrix}0 & 1\\ -1 & -2\xi\end{bmatrix}=\begin{bmatrix}-1 & 0\\ 0 & -\mu\end{bmatrix}$$

求解上述矩阵方程，可得

$$\boldsymbol{P}=\begin{bmatrix}p_{11} & p_{12}\\ p_{12} & p_{22}\end{bmatrix}=\begin{bmatrix}\xi+\dfrac{1+\mu}{4\xi} & \dfrac{1}{2}\\ \dfrac{1}{2} & \dfrac{1+\mu}{4\xi}\end{bmatrix}$$

于是有 $J=\boldsymbol{x}^{\mathrm{T}}(0)\boldsymbol{P}\boldsymbol{x}(0)=\left(\xi+\frac{1+\mu}{4\xi}\right)x_1^2(0)+x_1(0)x_2(0)+\frac{1+\mu}{4\xi}x_2^2(0)$，将 $x_1(0)=1$，$x_2(0)=0$ 代入上式，得

$$J=\xi+\frac{1+\mu}{4\xi}$$

为了调整 ξ 使得 J 为最小，可将上式对 ξ 求导数并令它为零，即求得

$$\xi=\frac{\sqrt{1+\mu}}{2}$$

此即为 ξ 的最优值。

5.35** 已知系统的状态方程为

$$\begin{bmatrix}\dot{x}_1\\ \dot{x}_2\end{bmatrix}=\begin{bmatrix}0 & 1\\ -1 & -1\end{bmatrix}\begin{bmatrix}x_1\\ x_2\end{bmatrix}$$

试确定品质系数 $\eta_{\min}=\min\left[-\frac{\dot{V}(\boldsymbol{x},t)}{V(\boldsymbol{x},t)}\right]$。

解　首先在李雅普诺夫方程(5.10)中选取 $\boldsymbol{Q}=\boldsymbol{I}$，即有

$$\boldsymbol{A}^{\mathrm{T}}\boldsymbol{P}+\boldsymbol{P}\boldsymbol{A}=-\boldsymbol{I}$$

$$\begin{bmatrix}0 & -1\\ 1 & -1\end{bmatrix}\begin{bmatrix}p_{11} & p_{12}\\ p_{12} & p_{22}\end{bmatrix}+\begin{bmatrix}p_{11} & p_{12}\\ p_{12} & p_{22}\end{bmatrix}\begin{bmatrix}0 & 1\\ -1 & -1\end{bmatrix}=\begin{bmatrix}-1 & 0\\ 0 & -1\end{bmatrix}$$

解之可得

$$\boldsymbol{P}=\begin{bmatrix}p_{11} & p_{12}\\ p_{12} & p_{22}\end{bmatrix}=\begin{bmatrix}\frac{3}{2} & \frac{1}{2}\\ \frac{1}{2} & 1\end{bmatrix}$$

注意到 $V=\boldsymbol{x}^{\mathrm{T}}\boldsymbol{P}\boldsymbol{x}$，$\dot{V}=-\boldsymbol{x}^{\mathrm{T}}\boldsymbol{Q}\boldsymbol{x}$，于是

$$\eta_{\min}=\min\left[-\frac{\dot{V}(\boldsymbol{x},t)}{V(\boldsymbol{x},t)}\right]=\min\left[\frac{\boldsymbol{x}^{\mathrm{T}}\boldsymbol{Q}\boldsymbol{x}}{\boldsymbol{x}^{\mathrm{T}}\boldsymbol{P}\boldsymbol{x}}\right]$$

为方便起见，对于上式可以在 $V(\boldsymbol{x})=\boldsymbol{x}^{\mathrm{T}}\boldsymbol{P}\boldsymbol{x}=1$ 的约束条件下，求其使得 $\dot{V}=-\boldsymbol{x}^{\mathrm{T}}\boldsymbol{Q}\boldsymbol{x}$ 为最小的 $\boldsymbol{x}$ 代入式中，则上式变为

$$\eta_{\min}=\min\{\boldsymbol{x}^{\mathrm{T}}\boldsymbol{Q}\boldsymbol{x};\ \boldsymbol{x}^{\mathrm{T}}\boldsymbol{P}\boldsymbol{x}=1\}$$

使 $\dot{V}=-\boldsymbol{x}^{\mathrm{T}}\boldsymbol{Q}\boldsymbol{x}$ 为最小的 $\boldsymbol{x}_{\min}$ 可用拉格朗日乘子法求得。令 μ 为拉格朗日乘子，可列出

$$N=\boldsymbol{x}^{\mathrm{T}}\boldsymbol{Q}\boldsymbol{x}+\mu(1-\boldsymbol{x}^{\mathrm{T}}\boldsymbol{P}\boldsymbol{x})$$

将 N 对于 $\boldsymbol{x}$ 取偏导，有

$$\frac{\partial N}{\partial \boldsymbol{x}}=2\boldsymbol{Q}\boldsymbol{x}-\mu\cdot 2\boldsymbol{P}\boldsymbol{x}=\boldsymbol{0}$$

即

$$(\boldsymbol{Q}-\mu\boldsymbol{P})\boldsymbol{x}_{\min}=\boldsymbol{0}$$

解之得 $\boldsymbol{Q}\boldsymbol{x}_{\min}=\mu\boldsymbol{P}\boldsymbol{x}_{\min}$，进而可求得

$$\eta_{\min}=\boldsymbol{x}_{\min}^{\mathrm{T}}\boldsymbol{Q}\boldsymbol{x}_{\min}=\boldsymbol{x}_{\min}^{\mathrm{T}}\mu\boldsymbol{P}\boldsymbol{x}_{\min}=\mu$$

从推导中可看出，μ 是矩阵 $\boldsymbol{Q}\boldsymbol{P}^{-1}$ 的特征值。显然，$\eta_{\min}$ 是矩阵 $\boldsymbol{Q}\boldsymbol{P}^{-1}$ 的所有特征值中最小者，即

$$\eta_{\min}=\lambda_{\min}(\boldsymbol{Q}\boldsymbol{P}^{-1})$$

计算 $\boldsymbol{Q}\boldsymbol{P}^{-1}$：

$$\boldsymbol{Q}\boldsymbol{P}^{-1}=\boldsymbol{P}^{-1}=\begin{bmatrix}\frac{3}{2} & \frac{1}{2}\\ \frac{1}{2} & 1\end{bmatrix}^{-1}=\begin{bmatrix}\frac{4}{5} & -\frac{2}{5}\\ -\frac{2}{5} & \frac{6}{5}\end{bmatrix}$$

$$|s\boldsymbol{I}-\boldsymbol{P}^{-1}|=\begin{vmatrix}s-\frac{4}{5} & \frac{2}{5}\\ \frac{2}{5} & s-\frac{6}{5}\end{vmatrix}=s^2-2s+\frac{4}{5}=0$$

从而求得 $\lambda_1=1.447$，$\lambda_2=0.553$，于是得 $\eta_{\min}=\lambda_{\min}=0.553$。

第6章 状态反馈和状态观测器

无论是在经典控制理论中，还是在现代控制理论中，反馈都是系统设计的主要方式。由于经典控制理论是用传递函数来描述系统的，因此只能从输出端引出信号作为反馈量，称为输出反馈。而现代控制理论是用系统内部的状态来描述系统的，所以除了输出反馈之外，还可以从系统的状态引出信号作为反馈量，这种新的反馈方式，称为状态反馈。

6.1 状态反馈

6.1.1 基本概念

假定定常系统 Σ 的状态空间表达式为

$$\left.\begin{aligned}\Sigma:\dot{\boldsymbol{x}} &= \boldsymbol{A}\boldsymbol{x}+\boldsymbol{B}\boldsymbol{u}\\ \boldsymbol{y} &= \boldsymbol{C}\boldsymbol{x}\end{aligned}\right\} \tag{6.1}$$

式中 $\boldsymbol{A}$、$\boldsymbol{B}$、$\boldsymbol{C}$ 分别为 $n\times n$、$n\times p$ 和 $q\times n$ 的实常量矩阵。称反馈控制律

$$\boldsymbol{u} = \boldsymbol{L}v-\boldsymbol{K}\boldsymbol{x} \tag{6.2}$$

为线性状态反馈，简称状态反馈。这里 $v\in\boldsymbol{R}^p$，$\boldsymbol{K}\in\boldsymbol{R}^{p\times n}$，$\boldsymbol{L}\in\boldsymbol{R}^{p\times p}$，均为常数矩阵，且 $\boldsymbol{L}$ 可逆。

经过状态反馈后的闭环系统 $\Sigma_{\boldsymbol{K}}$ 的状态空间表达式为

$$\left.\begin{aligned}\Sigma_{\boldsymbol{K}}:\dot{\boldsymbol{x}} &= (\boldsymbol{A}-\boldsymbol{B}\boldsymbol{K})\boldsymbol{x}+\boldsymbol{B}\boldsymbol{L}v\\ \boldsymbol{y} &= \boldsymbol{C}\boldsymbol{x}\end{aligned}\right\} \tag{6.3}$$

闭环系统极点的分布情况决定了系统的稳定性和动态品质，所谓极点配置(或称为特征值配置)就是如何使得已给系统的闭环极点处于所希望的位置。

在用状态反馈实现极点配置时，首先要解决能否通过状态反馈来实现任意的极点配置，即在什么条件下才有可能通过状态反馈把系统闭环极点配置在任意希望的位置上。

极点配置定理 系统(6.1)通过状态反馈 $\boldsymbol{u}=\boldsymbol{L}v-\boldsymbol{K}\boldsymbol{x}$ 可任意配置

极点的充分必要条件是系统完全能控。

6.1.2 单输入系统极点配置的算法

给定 SISO 能控系统(6.1)和一组闭环期望特征值 $\lambda_1^*, \lambda_2^*, \cdots, \lambda_n^*$，求 $1\times n$ 的实向量 $\boldsymbol{K}$，使得矩阵$(\boldsymbol{A}-\boldsymbol{bK})$的特征值为给定的$\{\lambda_1^*, \lambda_2^*, \cdots, \lambda_n^*\}$。

算法 1 该算法适用系统维数比较高，控制矩阵中非零元素比较多的情况。具体可按下面步骤完成：

(1) 求 $\boldsymbol{A}$ 的特征多项式

$$\alpha(s)=\det(s\boldsymbol{I}-\boldsymbol{A})=s^n+a_1s^{n-1}+\cdots+a_{n-1}s+a_n$$

(2) 求闭环系统的期望特征多项式

$$\begin{aligned}\alpha^*(s)&=(s-\lambda_1^*)(s-\lambda_2^*)\cdots(s-\lambda_n^*)\\&=s^n+a_1^*s^{n-1}+\cdots+a_{n-1}^*s+a_n^*\end{aligned}$$

(3) 计算

$$\widetilde{\boldsymbol{K}}=\begin{bmatrix}a_n^*-a_n & a_{n-1}^*-a_{n-1} & \cdots & a_1^*-a_1\end{bmatrix}$$

(4) 计算

$$\boldsymbol{Q}=\begin{bmatrix}\boldsymbol{b} & \boldsymbol{Ab} & \cdots & \boldsymbol{A}^{n-1}\boldsymbol{b}\end{bmatrix}\cdot\begin{bmatrix}a_{n-1} & \cdots & a_1 & 1\\ \vdots & & \iddots & \iddots\\ a_1 & \iddots & 0 & \\ 1 & & & \end{bmatrix}$$

(5) 令 $\boldsymbol{P}=\boldsymbol{Q}^{-1}$；

(6) 求 $\boldsymbol{K}=\widetilde{\boldsymbol{K}}\boldsymbol{P}$。

算法 2 具体可按下面步骤完成：

(1) 将 $\boldsymbol{u}=-\boldsymbol{Kx}$ 代入系统状态方程，并求得相应闭环系统的特征多项式

$$\alpha(s)=s^n+a_1(k)s^{n-1}+\cdots+a_{n-1}(k)s+a_n(k)$$

式中，$a_i(k)$是反馈矩阵 $\boldsymbol{K}$ 的函数，$i=1,\cdots,n$。

(2) 计算理想特征多项式

$$\alpha^*(x)=(s-\lambda_1^*)(s-\lambda_2^*)\cdots(s-\lambda_n^*)=s^n+a_1^*s^{n-1}+\cdots+a_{n-1}^*s+a_n^*$$

(3) 列方程组 $a_i(k)=a_i^*, i=1,\cdots,n$，并求解。其解 $k=[k_1,\cdots,k_n]$即为所求。

该算法适用系统维数比较低，控制矩阵中只有一个非零元素的情况。当矩阵 $\boldsymbol{b}$ 中非零元素个数不小于 2 时，方程组 $a_i(k)=a_i^*, i=1,\cdots,n$ 中未知数的次数不小于 2，可能导致求解困难。

6.1.3 多输入系统的极点配置

设定 MIMO 能控系统(6.1)，求状态反馈 $\boldsymbol{u}=v-\boldsymbol{Kx}$($\boldsymbol{K}$ 为 $p\times n$ 的实常量矩

阵)，使得闭环系统的系数矩阵($\boldsymbol{A}-\boldsymbol{BK}$)具有任意指定的特征值 $\lambda_1^*,\lambda_2^*,\cdots,\lambda_n^*$。

算法：

(1) 通过等价变换 $\tilde{\boldsymbol{x}}=\boldsymbol{Px}$ 将给定系统化为如下的龙伯格标准型

$$\dot{\tilde{\boldsymbol{x}}}=\tilde{\boldsymbol{A}}\tilde{\boldsymbol{x}}+\tilde{\boldsymbol{B}}\boldsymbol{u} \tag{6.4}$$

其中

$$\tilde{\boldsymbol{A}}=\begin{bmatrix} \tilde{\boldsymbol{A}}_{11} & \tilde{\boldsymbol{A}}_{12} & \cdots & \tilde{\boldsymbol{A}}_{1p} \\ \tilde{\boldsymbol{A}}_{21} & \tilde{\boldsymbol{A}}_{22} & \cdots & \tilde{\boldsymbol{A}}_{2p} \\ \vdots & \vdots & \vdots & \vdots \\ \tilde{\boldsymbol{A}}_{p1} & \boldsymbol{A}_{p2} & \cdots & \tilde{\boldsymbol{A}}_{pp} \end{bmatrix},\quad \tilde{\boldsymbol{B}}=\begin{bmatrix} 0 & \vdots & & & & & \\ \vdots & \vdots & & & & & \\ 0 & \vdots & & & & & \\ 1 & \vdots & & & & 0 & \\ \cdots & \cdots & \cdots & \cdots & & & \\ & \vdots & 0 & \vdots & & & \\ & \vdots & \vdots & \vdots & & & \\ & \vdots & 0 & \vdots & & & \\ & \vdots & 1 & \vdots & & & \\ & \cdots & \cdots & \cdots & \ddots & \cdots & \cdots \\ & & & & & \vdots & 0 \\ 0 & & & & & \vdots & \vdots \\ & & & & & \vdots & 0 \\ & & & & & \vdots & 1 \end{bmatrix}$$

$$\tilde{\boldsymbol{A}}_{ii}=\underbrace{\begin{pmatrix} 0 & 1 & & & \\ & 0 & 1 & & \\ & & \ddots & \ddots & \\ & & & 0 & 1 \\ * & * & * & \cdots & * \end{pmatrix}}_{\mu_i}\left.\vphantom{\begin{pmatrix}0\\0\\0\\0\\0\end{pmatrix}}\right\}\mu_i$$

$$\underset{i\neq j}{\tilde{\boldsymbol{A}}_{ij}}=\underbrace{\begin{pmatrix} & & 0 & & \\ * & * & \cdots & \cdots & * \end{pmatrix}}_{\mu_j}\Bigg\}\mu_i,\quad i,j=1,\cdots,p,\quad \sum_{i=1}^{p}\mu_i=n$$

各矩阵中的符号 $*$ 表示该元素可能为非零常数。

获得龙伯格标准型的等价变换矩阵 $\boldsymbol{P}$ 可按下面步骤构造：

① 在系统的能控性矩阵

$$\begin{aligned}\boldsymbol{M}&=[\boldsymbol{B},\boldsymbol{AB},\cdots,\boldsymbol{A}^{n-1}\boldsymbol{B}]\\&=[\boldsymbol{b}_1,\boldsymbol{b}_2,\cdots,\boldsymbol{b}_p;\ \boldsymbol{Ab}_1,\boldsymbol{Ab}_2,\cdots,\boldsymbol{Ab}_p,\cdots,\boldsymbol{A}^{n-1}\boldsymbol{b}_1,\boldsymbol{A}^{n-1}\boldsymbol{b}_2,\cdots,\boldsymbol{A}^{n-1}\boldsymbol{b}_p]\end{aligned}$$

中按从左至右的顺序挑选 n 个线性无关的列，并将它们按下列顺序重新排列和给出矩阵 $\boldsymbol{Q}$ 及系数 $\mu_1,\mu_2,\cdots,\mu_p$ 的相应定义值。

$$[\boldsymbol{b}_1,\boldsymbol{Ab}_1,\cdots,\boldsymbol{A}^{\mu_1-1}\boldsymbol{b}_1,\boldsymbol{b}_2,\boldsymbol{Ab}_2,\cdots,\boldsymbol{A}^{\mu_2-1}\boldsymbol{b}_2,\cdots,\boldsymbol{b}_p,\boldsymbol{Ab}_p,\cdots,\boldsymbol{A}^{\mu_p-1}\boldsymbol{b}_p]\triangleq\boldsymbol{Q}^{-1}$$

② 令

$$Q=\begin{bmatrix} e_{11}^{\mathrm{T}} \\ \vdots \\ e_{1\mu_1}^{\mathrm{T}} \\ e_{21}^{\mathrm{T}} \\ \vdots \\ e_{2\mu_2}^{\mathrm{T}} \\ \vdots \\ e_{p\mu_p}^{\mathrm{T}} \end{bmatrix}\begin{matrix} \left.\begin{matrix} \\ \\ \\ \end{matrix}\right\}\text{第一块阵} \\ \left.\begin{matrix} \\ \\ \\ \end{matrix}\right\}\text{第二块阵} \\ \vdots \\ \text{第 } p \text{ 块阵} \end{matrix}$$

③ 取 $\boldsymbol{Q}$ 的每个块阵中的末行 $\boldsymbol{e}_{1\mu_1}^{\mathrm{T}},\boldsymbol{e}_{2\mu_2}^{\mathrm{T}},\cdots,\boldsymbol{e}_{p\mu_p}^{\mathrm{T}}$ 来构造变换矩阵 $\boldsymbol{P}$。

$$\boldsymbol{P}=\begin{bmatrix} \boldsymbol{e}_{1\mu_1}^{\mathrm{T}} \\ \boldsymbol{e}_{1\mu_1}^{\mathrm{T}}\boldsymbol{A} \\ \vdots \\ \boldsymbol{e}_{1\mu_1}^{\mathrm{T}}\boldsymbol{A}^{\mu_1-1} \\ \boldsymbol{e}_{2\mu_2}^{\mathrm{T}} \\ \vdots \\ \boldsymbol{e}_{2\mu_2}^{\mathrm{T}}\boldsymbol{A}^{\mu_2-1} \\ \vdots \\ \boldsymbol{e}_{p\mu_p}^{\mathrm{T}}\boldsymbol{A}^{\mu_p-1} \end{bmatrix}$$

(2) 选取状态反馈增益矩阵 $\boldsymbol{K}$ 为

$$\widetilde{\boldsymbol{K}}=\begin{bmatrix} \tilde{k}_{11} & \tilde{k}_{12} & \cdots & \tilde{k}_{1p} \\ \tilde{k}_{21} & \tilde{k}_{22} & \cdots & \tilde{k}_{2p} \\ \vdots & \vdots & \vdots & \vdots \\ \tilde{k}_{p1} & \tilde{k}_{p2} & \cdots & \tilde{k}_{pp} \end{bmatrix}$$

使得

$$\widetilde{\boldsymbol{A}}-\widetilde{\boldsymbol{B}}\,\widetilde{\boldsymbol{K}}=\begin{bmatrix} 0 & 1 & & & \\ & & \ddots & & \\ & & & 1 & \\ -\tilde{a}_n & -\tilde{a}_{n-1} & \cdots & \cdots & -\tilde{a}_1 \end{bmatrix} \tag{6.5}$$

且 $\tilde{a}_i, i=1,\cdots,n$ 满足

$$s^n+\tilde{a}_1 s^{n-1}+\cdots+\tilde{a}_{n-1}s+\tilde{a}_n=(s-\lambda_1^*)(s-\lambda_2^*)\cdots(s-\lambda_n^*)$$

或者选取 $\widetilde{\boldsymbol{K}}$ 使得

$$(\widetilde{\boldsymbol{A}}-\widetilde{\boldsymbol{B}}\,\widetilde{\boldsymbol{K}})=\operatorname{diag}\{\widetilde{\boldsymbol{A}}_{11},\widetilde{\boldsymbol{A}}_{22},\cdots,\widetilde{\boldsymbol{A}}_{pp}\} \tag{6.6}$$

其中

$$\widetilde{\boldsymbol{A}}_{ii}=\begin{bmatrix}0 & 1 & & & \\ & 0 & 1 & & \\ & & \ddots & \ddots & \\ & & & 0 & 1 \\ -\widetilde{a}_{i\mu_i} & -\widetilde{a}_{i\mu_i-1} & \cdots & \cdots & -\widetilde{a}_{i1}\end{bmatrix},i=1,\cdots,p$$

并有 $\prod_{i=1}^{p}(s^{\mu_i}+\widetilde{a}_{i1}s^{\mu_i-1}+\cdots+\widetilde{a}_{i\mu_i-1}s+\widetilde{a}_{i\mu_i})=(s-\lambda_1^*)(s-\lambda_2^*)\cdots(s-\lambda_n^*)$

(3) 计算

$$\boldsymbol{K}=\widetilde{\boldsymbol{K}}\boldsymbol{P}$$

对应于式(6.5)、式(6.6)可计算出不同的反馈矩阵 $\boldsymbol{K}$,得出不同的系统闭环状态表达式,具体可参见习题 6.20。

6.1.4 利用 MATLAB 实现极点配置

(1) 直接计算

直接计算即为根据系统的状态方程和输出方程利用状态反馈控制规律来计算得到状态反馈矩阵 $\boldsymbol{K}$。

(2) 采用 Ackermann 公式计算

直接运用 Ackermann 公式来计算系统状态反馈矩阵。

(3) 调用 place 函数进行极点配置,调用格式为 K = place(A,B,P)。其中,A、B 为系统系数矩阵; P 为配置极点; K 为反馈增益矩阵。

6.2 应用状态反馈实现解耦控制

除了上节所介绍的实现系统的极点配置外,状态反馈还可以运用在其他许多方面,如实现系统的解耦控制、构成最优调节器、改善跟踪系统的稳态特性等。本节仅简要介绍应用状态反馈实现解耦控制的问题。

6.2.1 问题的提出

在线性定常系统(6.1)中,设 $p=q$; 能够实现输入-输出间一一对应的控制手段称为解耦控制,简称为解耦。下面介绍利用状态反馈 $\boldsymbol{u}=\boldsymbol{L}v-\boldsymbol{K}\boldsymbol{x}(\det\boldsymbol{L}\neq 0)$实现解耦控制的方法。所谓解耦控制就是寻找矩阵对$\{\boldsymbol{K}、\boldsymbol{L}\}$,使得反馈系统 $\Sigma_{\boldsymbol{K}}$ 的传递函数矩阵

$$\boldsymbol{G}(s;\boldsymbol{K},\boldsymbol{L})=\mathrm{diag}\{g_{11}(s),g_{22}(s),\cdots,g_{pp}(s)\}$$

$$g_{ii}(s) \neq 0, \quad i = 1,2,\cdots,p \tag{6.7}$$

显然，经过解耦的系统可以看成是由 p 个独立的单变量子系统所组成。

6.2.2 实现解耦控制的条件和主要结论

在控制解耦问题的研究中，系统相对阶(相关度)的概念非常重要。

设系统 Σ 的传递函数矩阵为

$$\boldsymbol{G}(s) = \begin{bmatrix} g_{11}(s) & g_{12}(s) & \cdots & g_{1p}(s) \\ g_{21}(s) & g_{22}(s) & \cdots & g_{2p}(s) \\ \vdots & \vdots & & \vdots \\ g_{p1}(s) & g_{p2}(s) & \cdots & g_{pp}(s) \end{bmatrix}$$

其中，所有的 $g_{ii}(s)$ 都是严格的真有理分式(或者为零)。令 d_{ii} 是 $g_{ii}(s)$ 的分母的次数与分子的次数之差，记

$$d_i = \min\{d_{i1}, d_{i2}, \cdots, d_{ip}\} - 1 \tag{6.8}$$

则称 $\{d_1, d_2, \cdots, d_p\}$ 为系统的相对阶。令

$$\boldsymbol{E}_i \triangleq \lim_{s\to\infty} s^{d_i+1} \boldsymbol{g}_i(s), i = 1,2,\cdots,p \tag{6.9}$$

此处的 $\boldsymbol{g}_i(s)$ 表示 $\boldsymbol{G}(s)$ 的第 i 行。$\boldsymbol{E}_i$ 是由 $\boldsymbol{G}(s)$ 唯一确定的一个 $1\times p$ 的实数行向量。

d_i 和 $\boldsymbol{E}_i$ 是非常重要的特征量，对于用状态空间描述的系统(6.1)

$$d_i = \begin{cases} \mu, & \text{当 } \boldsymbol{c}_i\boldsymbol{A}^k\boldsymbol{B} = 0, k = 0,1,2,\cdots,\mu-1, \text{而 } \boldsymbol{c}_i\boldsymbol{A}^{\mu}\boldsymbol{B} \neq 0 \text{ 时} \\ n-1, & \text{当 } \boldsymbol{c}_i\boldsymbol{A}^k\boldsymbol{B} = 0, k = 0,1,2,\cdots,n-1 \text{ 时} \end{cases} \tag{6.10}$$

$$\boldsymbol{E}_i = \boldsymbol{c}_i\boldsymbol{A}^{d_i}\boldsymbol{B} \tag{6.11}$$

其中 $\boldsymbol{c}_i$ 为矩阵 $\boldsymbol{C}$ 的第 i 行。

状态反馈不改变系统的相关度。

定理 6.1 系统(6.1)在状态反馈 $\boldsymbol{u}=\boldsymbol{L}\boldsymbol{v}-\boldsymbol{K}\boldsymbol{x}$ 下实现解耦控制的充分必要条件是如下常量矩阵 $\boldsymbol{E}$ 为非奇异。其中，$\boldsymbol{K}=\boldsymbol{E}^{-1}\boldsymbol{F}$，

$$\boldsymbol{E} = \begin{bmatrix} \boldsymbol{E}_1 \\ \boldsymbol{E}_2 \\ \vdots \\ \boldsymbol{E}_p \end{bmatrix}, \tag{6.12}$$

$$\boldsymbol{F} = \begin{bmatrix} \boldsymbol{F}_1 \\ \boldsymbol{F}_2 \\ \vdots \\ \boldsymbol{F}_p \end{bmatrix} = \begin{bmatrix} \boldsymbol{c}_1\boldsymbol{A}^{d_1+1} \\ \boldsymbol{c}_2\boldsymbol{A}^{d_2+1} \\ \vdots \\ \boldsymbol{c}_p\boldsymbol{A}^{d_p+1} \end{bmatrix} \tag{6.13}$$

$$L = E^{-1} \tag{6.14}$$

在状态反馈 $\boldsymbol{u}=\boldsymbol{L}v-\boldsymbol{K}\boldsymbol{x}$ 下，系统 $\Sigma_{\boldsymbol{K}}$ 的状态空间表达式为

$$\left.\begin{aligned}\Sigma_{\boldsymbol{K}}:\dot{\boldsymbol{x}} &= (\boldsymbol{A}-\boldsymbol{B}\boldsymbol{E}^{-1}\boldsymbol{F})\boldsymbol{x}+\boldsymbol{B}\boldsymbol{E}^{-1}v \\ \boldsymbol{y} &= \boldsymbol{C}\boldsymbol{x}\end{aligned}\right\} \tag{6.15}$$

其传递函数矩阵为

$$\boldsymbol{G}(s;\boldsymbol{K},\boldsymbol{L}) = \boldsymbol{C}(s\boldsymbol{I}-\boldsymbol{A}+\boldsymbol{B}\boldsymbol{E}^{-1}\boldsymbol{F})^{-1}\boldsymbol{B}\boldsymbol{E}^{-1} = \begin{bmatrix}\frac{1}{s^{d_1+1}} & & & \\ & \frac{1}{s^{d_2+1}} & & 0 \\ 0 & & \ddots & \\ & & & \frac{1}{s^{d_p+1}}\end{bmatrix} \tag{6.16}$$

6.2.3 解耦算法

实现解耦控制的算法如下：

(1) 根据式(6.8)和式(6.9)或者式(6.10)和式(6.11)求出系统 Σ 的 d_i，$\boldsymbol{E}_i$，$i=1,2,\cdots,p$。

(2) 按式(6.12)构成矩阵 $\boldsymbol{E}$，检验 $\boldsymbol{E}$ 的非奇异性。若 $\boldsymbol{E}$ 为非奇异的，则系统可实现状态反馈解耦；否则，系统 Σ 便不能通过状态反馈的办法实现解耦。

(3) 按式(6.13)和式(6.14)求取矩阵 $\boldsymbol{K}$ 和 $\boldsymbol{L}$，则 $\boldsymbol{u}=\boldsymbol{L}v-\boldsymbol{K}\boldsymbol{x}$ 就是所需的状态反馈控制律。

(4) 此时闭环系统的状态空间表达式 $\Sigma_{\boldsymbol{K}}$ 和传递函数矩阵 $\boldsymbol{G}(s;\boldsymbol{K},\boldsymbol{L})$ 分别由式(6.15)和式(6.16)给出。

系统解耦后，每个单输入单输出系统的传递函数均具有多重 (d_i+1) 重积分器的特性，故常称这类形式的解耦系统为积分型解耦控制系统。因为这类系统的所有极点都处在原点的位置上，故其动态性能是不会令人满意的，若要改进性能，需要对它进一步施以极点配置。

6.3 状态观测器

由于系统状态不易直接测量，为实现状态反馈，需要进行系统状态观测器设计，用系统状态估计值去代替系统的真实状态值来实现所需的状态反馈。

1. 状态观测器的存在条件

定理 6.2　给定 n 维线性定常系统(6.1)，如果系统状态完全能观测，则状态

向量 $\boldsymbol{x}(t)$ 可由输入 $\boldsymbol{u}$ 和输出 $\boldsymbol{y}$ 的相应信息构造出来。

2. 全维状态观测器

定理 6.3 若式(6.1)的 n 维线性定常系统是状态完全能观测的，则能借助 n 维状态观测器

$$\dot{\hat{\boldsymbol{x}}} = (\boldsymbol{A} - \boldsymbol{EC})\hat{\boldsymbol{x}} + \boldsymbol{Bu} + \boldsymbol{Ey} \tag{6.17}$$

来估计状态 $\boldsymbol{x}(t)$，可以通过选择矩阵 $\boldsymbol{E}$ 来任意配置 $(\boldsymbol{A}-\boldsymbol{EC})$ 的特征值。

显然，状态反馈配置极点的设计方法和步骤都能用来设计状态观测器。

3. 降维状态观测器

全维状态观测器的维数等于原给定系统的维数。实际上，由于系统的输出 $\boldsymbol{y}(t)$ 可测，可以利用输出的 q 个分量直接产生 q 个状态变量，其余的 $(n-q)$ 个由观测器来估计出，具有这种工作机制的观测器称为降维状态观测器。

假定式(6.1)所描述的系统 Σ 是完全能观测的，并且有

$$\text{rank}\boldsymbol{C} = q \tag{6.18}$$

作等价变换 $\bar{\boldsymbol{x}} = \boldsymbol{Px}$，其中

$$\boldsymbol{P} = \begin{bmatrix} \boldsymbol{D} \\ \boldsymbol{C} \end{bmatrix} \begin{matrix} \}n-q \\ \}q \end{matrix}$$

这里的 $\boldsymbol{C}$ 为系统给定的 $q \times n$ 矩阵，$\boldsymbol{D}$ 是能使 $\boldsymbol{P}^{-1}$ 存在的任意 $(n-q) \times n$ 矩阵。经等价变换后，相应各矩阵分块表示如下：

$$\bar{\boldsymbol{A}} = \boldsymbol{PAP}^{-1} = \begin{bmatrix} \bar{\boldsymbol{A}}_{11} & \bar{\boldsymbol{A}}_{12} \\ \bar{\boldsymbol{A}}_{21} & \bar{\boldsymbol{A}}_{22} \end{bmatrix} \begin{matrix} \}n-q \\ \}\ q \end{matrix}, \quad \bar{\boldsymbol{B}} = \boldsymbol{PB} = \begin{bmatrix} \bar{\boldsymbol{B}}_1 \\ \bar{\boldsymbol{B}}_2 \end{bmatrix} \begin{matrix} \}n-q \\ \}\ q \end{matrix},$$
$$\qquad\qquad \underbrace{\quad}_{n-p} \ \ \underbrace{\quad}_{q}$$

$$\bar{\boldsymbol{C}} = \boldsymbol{CP}^{-1} = \boldsymbol{C}\begin{bmatrix} \boldsymbol{D} \\ \boldsymbol{C} \end{bmatrix}^{-1}$$

可以验证经过等价变换后，系统的状态空间表达式将具有如下形式：

$$\bar{\Sigma}: \begin{bmatrix} \dot{\bar{\boldsymbol{x}}}_1 \\ \dot{\bar{\boldsymbol{x}}}_2 \end{bmatrix} = \begin{bmatrix} \bar{\boldsymbol{A}}_{11} & \bar{\boldsymbol{A}}_{12} \\ \bar{\boldsymbol{A}}_{21} & \bar{\boldsymbol{A}}_{22} \end{bmatrix} \begin{bmatrix} \bar{\boldsymbol{x}}_1 \\ \bar{\boldsymbol{x}}_2 \end{bmatrix} + \begin{bmatrix} \bar{\boldsymbol{B}}_1 \\ \bar{\boldsymbol{B}}_2 \end{bmatrix} \boldsymbol{u}$$
$$\boldsymbol{y} = [\boldsymbol{0} \quad \boldsymbol{I}] \begin{bmatrix} \bar{\boldsymbol{x}}_1 \\ \bar{\boldsymbol{x}}_2 \end{bmatrix} \tag{6.19}$$

其中 $\bar{\boldsymbol{x}}_1$ 为 $(n-q)$ 维的新状态向量分量，$\bar{\boldsymbol{x}}_2$ 为 q 维分量。由于系统 Σ 是完全能观测的，而等价变换不改变系统的能观性，所以式(6.19)也是能观测的。又从式(6.19)的输出方程可见，状态向量 $\bar{\boldsymbol{x}}$ 的后 q 个状态变量 $\bar{\boldsymbol{x}}_2$ 就是系统输出 $\boldsymbol{y}(t)$，不需进行估计。这样，在为系统设计状态观测器时，该观测器只要能估计出 $\boldsymbol{x}$ 的

$(n-q)$个状态变量即可。

将式(6.19)中状态方程改写为

$$\dot{\bar{x}}_1 = \bar{A}_{11}\bar{x}_1 + \bar{A}_{12}\bar{x}_2 + \bar{B}_1 u$$

$$\dot{\bar{x}}_2 = \bar{A}_{22}\bar{x}_2 + \bar{A}_{21}\bar{x}_1 + \bar{B}_2 u$$

令$v=\bar{A}_{12}\overline{x_2}+\bar{B}_1 u=\bar{A}_{12}y+\bar{B}_1 u$，$z=\bar{A}_{21}x_1=\dot{\bar{x}}_2-\bar{A}_{22}x_2-\overline{B_2}u=\dot{y}-\bar{A}_{22}y-\overline{B_2}u$，可知$v$和$z$是已知量$u$和$y$的函数，显然它们是可被利用的。

当把$\bar{x}_1$看成为$(n-q)$维子系统的状态向量，而以z作为"输出量"时，则此子系统的状态空间表达式可写为

$$\left.\begin{aligned}\dot{\bar{x}} &= \bar{A}_{11}\bar{x}_1 + v \\ z &= \bar{A}_{21}\bar{x}_1\end{aligned}\right\} \tag{6.20}$$

现在，若式(6.20)所描述的系统是状态完全能观测的，则据前面的论述不难知道，能构成一个估计$\bar{x}_1$的全维(此时为$(n-q)$维)状态观测器。关于式(6.20)的能观性，有下面的定理。

定理 6.4　式(6.20)所示系统是状态完全能观测的充分必要条件是，式(6.1)为状态完全能观测。

据此定理可知，只要给定系统是状态完全能观测的，就能构造一个$(n-q)$维的$\bar{x}_1$的状态观测器，为

$$\dot{\hat{\bar{x}}}_1 = (\bar{A}_{11} - \bar{E}\bar{A}_{21})\hat{\bar{x}}_1 + \bar{E}z + v \tag{6.21}$$

并且能通过适当地选择$(n-q)\times q$的常值矩阵$\bar{E}$，使得$(\bar{A}_{11}-\bar{E}\bar{A}_{21})$的特征值被配置在指定的位置。将$v$和$z$的表达式代入式(6.21)中，有

$$\begin{aligned}\dot{\hat{\bar{x}}} &= (\bar{A}_{11} - \bar{E}\bar{A}_{21})\hat{\bar{x}}_1 + \bar{E}\dot{y} - \bar{E}\bar{A}_{22}y - \bar{E}\bar{B}_2 u + \bar{A}_{12}y + \bar{B}_1 u \\ &= (\bar{A}_{11} - \bar{E}\bar{A}_{21})\hat{\bar{x}} + (\bar{B}_1 - \bar{E}\bar{B}_2)u + (\bar{A}_{12} - \bar{E}\bar{A}_{22})y + \bar{E}\dot{y}\end{aligned} \tag{6.22}$$

再定义变量$w=\hat{\bar{x}}_1-\bar{E}y$，将它微分后，代入式(6.22)，即可得到

$$\begin{aligned}\dot{w} = \dot{\hat{\bar{x}}} - \bar{E}\dot{y} &= (\bar{A}_{11} - \bar{E}\bar{A}_{21})w + (\bar{B}_1 - \bar{E}\bar{B}_2)u \\ &\quad + [\bar{A}_{12} - \bar{E}\bar{A}_{22} + (\bar{A}_{11} - \bar{E}\bar{A}_{21})\bar{E}]y\end{aligned} \tag{6.23}$$

至此，状态向量$\bar{x}$的估计值就可由式(6.24)给出，即

$$\hat{\bar{x}} = \begin{bmatrix}\hat{\bar{x}}_1 \\ y\end{bmatrix} = \begin{bmatrix}w + \bar{E}y \\ y\end{bmatrix} = \begin{bmatrix}I & \bar{E} \\ 0 & I\end{bmatrix}\begin{bmatrix}w \\ y\end{bmatrix} \tag{6.24}$$

而式(6.1)所示系统的降维观测器的所得估计值$\hat{x}$为

$$\hat{x} = P^{-1}\hat{\bar{x}} = [Q_1 \quad Q_2]\hat{\bar{x}}, \quad P^{-1} = [Q_1 \quad Q_2] \tag{6.25}$$

总结降维观测器的设计步骤如下：

(1) 构造非奇异的等价变换矩阵 $\boldsymbol{P}=\begin{bmatrix}\boldsymbol{D}\\ \boldsymbol{C}\end{bmatrix}$，并求 $\boldsymbol{P}^{-1}\triangleq[\boldsymbol{Q}_1 \quad \boldsymbol{Q}_2]$；

(2) 对给定的系统作等价变换 $\bar{\boldsymbol{x}}=\boldsymbol{P}\boldsymbol{x}$，求取 $\bar{\boldsymbol{A}}_{11}$、$\bar{\boldsymbol{A}}_{12}$、$\bar{\boldsymbol{A}}_{21}$、$\bar{\boldsymbol{A}}_{22}$、$\bar{\boldsymbol{B}}_1$、$\bar{\boldsymbol{B}}_2$；

(3) 根据观测器的期望特征值，求出期望特征多项式 $a(s)$；

(4) 按照特征值配置的方法，确定矩阵 $\bar{\boldsymbol{E}}$，使 $\det[s\boldsymbol{I}-(\bar{\boldsymbol{A}}_{11}-\bar{\boldsymbol{E}}\bar{\boldsymbol{A}}_{21})]=a(s)$；

(5) 按式(6.23)构造动态系统；

(6) 按式(6.24)和式(6.25)求得系统的状态估计值 $\hat{\boldsymbol{x}}$。

4. 分离定理

观测器的引入，不影响已配置好的系统特征值 $\{\lambda_i(\boldsymbol{A}-\boldsymbol{BK}), i=1,2,\cdots,n\}$，同时状态反馈也不影响观测器的特征值 $\{\lambda_j(\boldsymbol{A}-\boldsymbol{EC}), j=1,2,\cdots,n\}$。即控制系统的动态特性与观测器的动态特性是相互独立的。从而使得系统的极点配置和状态观测器的设计可分开独立地进行。

习题与解答

6.1 判断下列系统能否用状态反馈任意地配置特征值。

(1) $\dot{\boldsymbol{x}}=\begin{bmatrix}1 & 2\\ 3 & 1\end{bmatrix}\boldsymbol{x}+\begin{bmatrix}1\\ 0\end{bmatrix}\boldsymbol{u}$

(2) $\dot{\boldsymbol{x}}=\begin{bmatrix}1 & 0 & 0\\ 0 & -2 & 1\\ 0 & 0 & -2\end{bmatrix}\boldsymbol{x}+\begin{bmatrix}1 & 0\\ 0 & 1\\ 0 & 0\end{bmatrix}\boldsymbol{u}$

解 (1) $\boldsymbol{U}_c=[\boldsymbol{b} \quad \boldsymbol{Ab}]=\begin{bmatrix}1 & 1\\ 0 & 3\end{bmatrix}$，秩 $\boldsymbol{U}_c=2$，系统完全能控，所以可以用状态反馈任意配置特征值。

(2) $\boldsymbol{U}_c=[\boldsymbol{b} \quad \boldsymbol{Ab} \quad \boldsymbol{A}^2\boldsymbol{b}]=\begin{bmatrix}1 & 0 & 1 & 0 & 1 & 0\\ 0 & 1 & 0 & -2 & 0 & 4\\ 0 & 0 & 0 & 0 & 0 & 0\end{bmatrix}$，秩 $\boldsymbol{U}_c=2$，系统不完全能控，所以不能通过状态反馈任意配置特征值。

6.2 已知系统为

$$\dot{x}_1=x_2$$

$$\dot{x}_2=x_3$$

$$\dot{x}_3=-x_1-x_2-x_3+3u$$

试确定线性状态反馈控制律，使闭环极点都是 -3，并画出闭环系统的结构图。

解 根据题意，理想特征多项式为

$$\alpha^*(s)=(s+3)^3=s^3+9s^2+27s+27$$

$$\dot{x} = \begin{bmatrix} 0 & 1 & 0 \\ 0 & 0 & 1 \\ -1 & -1 & -1 \end{bmatrix} x + \begin{bmatrix} 0 \\ 0 \\ 3 \end{bmatrix} u$$

令 $u = -[k_1 \quad k_2 \quad k_3]x$，并代入原系统的状态方程，可得

$$\dot{x} = \begin{bmatrix} 0 & 1 & 0 \\ 0 & 0 & 1 \\ -1-3k_1 & -1-3k_2 & -1-3k_3 \end{bmatrix} x$$

其特征多项式为 $\alpha(s) = s^3 + (1+3k_3)s^2 + (1+3k_2)s + (1+3k_1)$，通过比较系数得

$$1 + 3k_3 = 9, 1 + 3k_2 = 27, 1 + 3k_3 = 27,$$

即 $k_1 = \frac{26}{3}, k_2 = \frac{26}{3}, k_1 = \frac{8}{3}, u = -\begin{bmatrix} \frac{26}{3} & \frac{26}{3} & \frac{8}{3} \end{bmatrix} x$。

闭环系统的结构图为

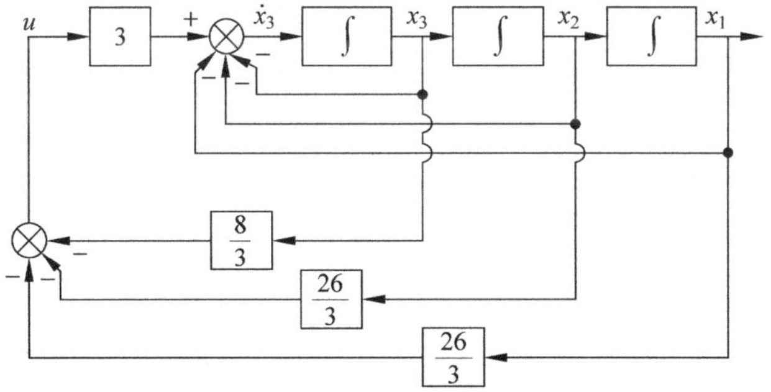

6.3　给定系统的传递函数为

$$G(s) = \frac{1}{s(s+4)(s+8)}$$

试确定线性状态反馈控制律，使闭环极点为−2、−4、−7。

解　根据题意，理想特征多项式为

$$\alpha^*(s) = (s+2)(s+4)(s+7) = s^3 + 13s^2 + 50s + 56$$

由传递函数

$$G(s) = \frac{1}{s(s+4)(s+8)} = \frac{1}{s^3 + 12s^2 + 32s}$$

可写出原系统的能控标准型

$$\dot{x} = \begin{bmatrix} 0 & 1 & 0 \\ 0 & 0 & 1 \\ 0 & -32 & -12 \end{bmatrix} x + \begin{bmatrix} 0 \\ 0 \\ 1 \end{bmatrix} u$$

令 $u = -[k_1 \quad k_2 \quad k_3]x$，并代入原系统的状态方程，可得

$$\dot{x} = \begin{bmatrix} 0 & 1 & 0 \\ 0 & 0 & 1 \\ -k_1 & -32-k_2 & -12-k_3 \end{bmatrix} x$$

其特征多项式为

$$\alpha(s) = s^3 + (12 + k_3)s^2 + (32 + k_2)s + 3k_1$$

通过比较系数得

$$k_1 = 56, \quad 32 + k_2 = 50, \quad 12 + k_3 = 13,$$

即 $k_1=56, k_2=18, k_3=1$。

6.4 给定单输入线性定常系统为

$$\dot{\boldsymbol{x}} = \begin{bmatrix} 0 & 0 & 0 \\ 1 & -6 & 0 \\ 0 & 1 & -12 \end{bmatrix} \boldsymbol{x} + \begin{bmatrix} 1 \\ 0 \\ 0 \end{bmatrix} u$$

试求出状态反馈 $u=-\boldsymbol{K}\boldsymbol{x}$，使得闭环系统的特征值为 $\lambda_1^* = -2, \lambda_2^* = -1+\mathrm{j}, \lambda_3^* = -1-\mathrm{j}$。

解 易知系统为完全能控，故满足可配置条件。系统的特征多项式为

$$\det(s\boldsymbol{I} - \boldsymbol{A}) = \det \begin{bmatrix} s & 0 & 0 \\ -1 & s+6 & 0 \\ 0 & -1 & s+12 \end{bmatrix} = s^3 + 18s^2 + 72s$$

进而计算理想特征多项式

$$\alpha^*(s) = \prod_{i=1}^{3} (s - \lambda_i^*) = (s+2)(s+1-\mathrm{j})(s+1+\mathrm{j}) = s^3 + 4s^2 + 6s + 4$$

于是，可求得

$$\bar{\boldsymbol{K}} = [\alpha_0^* - \alpha_0, \quad \alpha_1^* - \alpha_1, \quad \alpha_2^* - \alpha_2] = [4, \quad -66, \quad -14]$$

再来计算变换阵

$$\boldsymbol{P} = [\boldsymbol{b} \quad \boldsymbol{A}\boldsymbol{b} \quad \boldsymbol{A}^2\boldsymbol{b}] \begin{bmatrix} \alpha_1 & \alpha_2 & 1 \\ \alpha_2 & 1 & 0 \\ 1 & 0 & 0 \end{bmatrix} = \begin{bmatrix} 1 & 0 & 0 \\ 0 & 1 & -6 \\ 0 & 0 & 1 \end{bmatrix} \begin{bmatrix} 72 & 18 & 1 \\ 18 & 1 & 0 \\ 1 & 0 & 0 \end{bmatrix}$$

$$= \begin{bmatrix} 72 & 18 & 1 \\ 12 & 1 & 0 \\ 1 & 0 & 0 \end{bmatrix}$$

并求出其逆

$$\boldsymbol{Q} = \boldsymbol{P}^{-1} = \begin{bmatrix} 0 & 0 & 1 \\ 0 & 1 & -12 \\ 1 & -18 & 144 \end{bmatrix}$$

从而，所要确定的反馈增益阵 $\boldsymbol{K}$ 即为

$$\boldsymbol{K} = \bar{\boldsymbol{K}}\boldsymbol{Q} = [4, \quad -66, \quad -14] \begin{bmatrix} 0 & 0 & 1 \\ 0 & 1 & -12 \\ 1 & -18 & 144 \end{bmatrix} = [-14, \quad 186, \quad -1220]$$

6.5　给定系统的传递函数为

$$g(s)=\frac{(s-1)(s+2)}{(s+1)(s-2)(s+3)}$$

试问能否用状态反馈将传递函数变为

$$g_k(s)=\frac{(s-1)}{(s+2)(s+3)}\quad 和\quad g_k(s)=\frac{(s+2)}{(s+1)(s+3)}$$

若有可能,试分别求出状态反馈增益阵 $\boldsymbol{K}$,并画出结构图。

解　当给定任意一个有理真分式传递函数 $g(s)$时,都可以得到它的一个能控标准型实现,利用这个能控标准型可任意配置闭环系统的极点。

对于传递函数 $g(s)=\dfrac{(s-1)(s+2)}{(s+1)(s-2)(s+3)}$,所对应的能控标准型为

$$\dot{\boldsymbol{x}}=\begin{bmatrix}0&1&0\\0&0&1\\6&5&-2\end{bmatrix}\boldsymbol{x}+\begin{bmatrix}0\\0\\1\end{bmatrix}u$$

利用上面两题中方法可知,通过状态反馈 $u=-[18\quad 21\quad 5]\boldsymbol{x}$ 能将极点配置为-2、-2、-3,此时所对应的闭环传递函数为 $g_k(s)=\dfrac{(s-1)}{(s+2)(s+3)}$。通过状态反馈 $u=-[3\quad 4\quad 1]\boldsymbol{x}$ 能将极点配置为 1、-1、-3,此时所对应的闭环传递函数为 $g_k(s)=\dfrac{(s+2)}{(s+1)(s+3)}$。从而,可看出状态反馈可以任意配置传递函数的极点,但不能任意配置其零点。

闭环系统结构图如下。

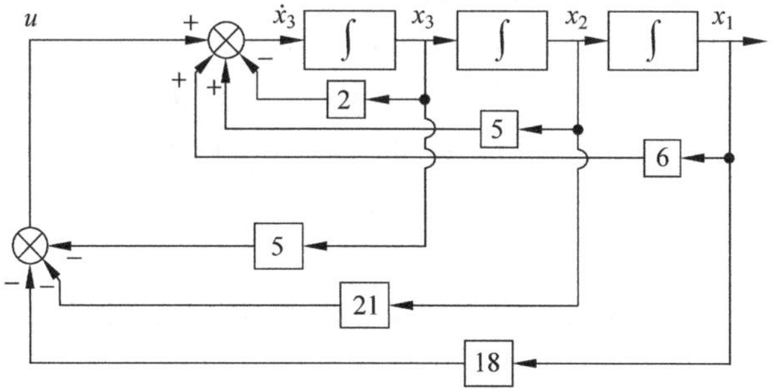

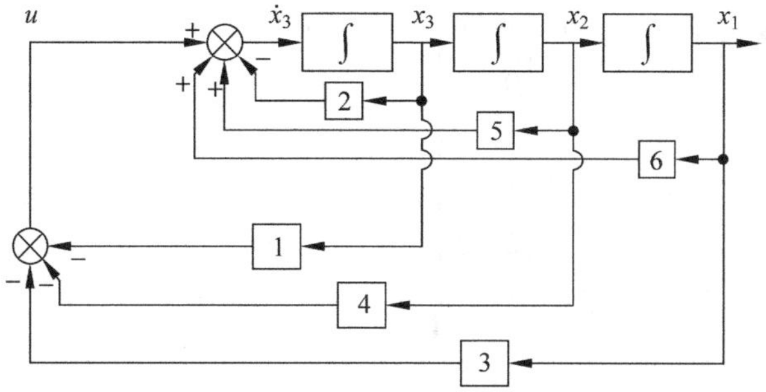

6.6　判断下列系统能否用状态反馈和输入变换实现解耦控制

(1)
$$\boldsymbol{G}(s)=\begin{bmatrix}\dfrac{3}{s^2+2} & \dfrac{2}{s^2+s+1}\\ \dfrac{4s+1}{s^3+2s+1} & \dfrac{1}{s}\end{bmatrix}$$

(2)
$$\dot{\boldsymbol{x}}=\begin{bmatrix}3 & 1 & 0\\ 0 & 0 & -1\\ 0 & 1 & -1\end{bmatrix}\boldsymbol{x}+\begin{bmatrix}0 & 0\\ 1 & 0\\ 0 & 1\end{bmatrix}\boldsymbol{u}$$
$$\boldsymbol{y}=\begin{bmatrix}2 & -1 & 1\\ 0 & 2 & 1\end{bmatrix}\boldsymbol{x}$$

解

(1) $d_1=\min\{2,2\}-1=1,\boldsymbol{E}_1=[3\quad 2],d_2=\min\{2,1\}-1=0,\boldsymbol{E}_2=[0\quad 1]$，$\boldsymbol{E}=\begin{bmatrix}\boldsymbol{E}_1\\ \boldsymbol{E}_2\end{bmatrix}=\begin{bmatrix}3 & 2\\ 0 & 1\end{bmatrix}$ 非奇异，所以能用状态反馈和输入变换实现解耦控制。

(2) 因为

$$\boldsymbol{c}_1\boldsymbol{B}=[2\quad -1\quad 1]\begin{bmatrix}0 & 0\\ 1 & 0\\ 0 & 1\end{bmatrix}=[-1\quad 1],\quad \boldsymbol{c}_2\boldsymbol{B}=[0\quad 2\quad 1]\begin{bmatrix}0 & 0\\ 1 & 0\\ 0 & 1\end{bmatrix}=[2\quad 1]$$

所以 $d_1=d_2=0,\boldsymbol{E}=\begin{bmatrix}\boldsymbol{E}_1\\ \boldsymbol{E}_2\end{bmatrix}=\begin{bmatrix}-1 & 1\\ 2 & 1\end{bmatrix}$。又因为 $\boldsymbol{E}$ 非奇异，所以能用状态反馈和输入变换实现解耦控制。

6.7　给定系统的状态空间表达式为

$$\dot{\boldsymbol{x}}=\begin{bmatrix}0 & 1 & 0\\ 2 & 3 & 0\\ 1 & 1 & 1\end{bmatrix}\boldsymbol{x}+\begin{bmatrix}0 & 0\\ 1 & 0\\ 0 & 1\end{bmatrix}\boldsymbol{u}$$
$$\boldsymbol{y}=\begin{bmatrix}1 & 1 & 0\\ 0 & 0 & 1\end{bmatrix}\boldsymbol{x}$$

系统能否用状态反馈和输入变换实现解耦？若能，试定出实现积分型解耦的 $\boldsymbol{K}$ 和 $\boldsymbol{L}$。

解
$$\boldsymbol{c}_1\boldsymbol{B}=[1\quad 1\quad 0]\begin{bmatrix}0 & 0\\ 1 & 0\\ 0 & 1\end{bmatrix}=[1\quad 0]\neq[0\quad 0],\quad d_1=0$$
$$\boldsymbol{c}_2\boldsymbol{B}=[0\quad 0\quad 1]\begin{bmatrix}0 & 0\\ 1 & 0\\ 0 & 1\end{bmatrix}=[0\quad 1]\neq[0\quad 0],d_2=0$$
$$\boldsymbol{E}=\begin{bmatrix}\boldsymbol{E}_1\\ \boldsymbol{E}_2\end{bmatrix}=\begin{bmatrix}1 & 0\\ 0 & 1\end{bmatrix}=\boldsymbol{I}$$

所以

$$\boldsymbol{F}_1 = \boldsymbol{c}_1\boldsymbol{A} = \begin{bmatrix}1 & 1 & 0\end{bmatrix}\begin{bmatrix}0 & 1 & 0\\2 & 3 & 0\\1 & 1 & 1\end{bmatrix} = \begin{bmatrix}2 & 4 & 0\end{bmatrix}$$

$$\boldsymbol{F}_2 = \boldsymbol{c}_2\boldsymbol{A} = \begin{bmatrix}0 & 0 & 1\end{bmatrix}\begin{bmatrix}0 & 1 & 0\\2 & 3 & 0\\1 & 1 & 1\end{bmatrix} = \begin{bmatrix}1 & 1 & 1\end{bmatrix}$$

$$\boldsymbol{K} = \boldsymbol{E}^{-1}\boldsymbol{F} = \begin{bmatrix}2 & 4 & 0\\1 & 1 & 1\end{bmatrix},\quad \boldsymbol{L} = \boldsymbol{E}^{-1} = \boldsymbol{I}$$

则

$$\boldsymbol{u} = -\boldsymbol{K}\boldsymbol{x} + \boldsymbol{L}v = -\begin{bmatrix}2 & 4 & 0\\1 & 1 & 1\end{bmatrix}\boldsymbol{x} + v$$

6.8　给定双输入双输出的线性定常受控系统为

$$\dot{\boldsymbol{x}} = \begin{bmatrix}0 & 1 & 0 & 0\\3 & 0 & 0 & 2\\0 & 0 & 0 & 1\\0 & -2 & 0 & 0\end{bmatrix}\boldsymbol{x} + \begin{bmatrix}0 & 0\\1 & 0\\0 & 0\\0 & 1\end{bmatrix}\boldsymbol{u}$$

$$\boldsymbol{y} = \begin{bmatrix}1 & 0 & 0 & 0\\0 & 0 & 1 & 0\end{bmatrix}\boldsymbol{x}$$

试判定该系统用状态反馈和输入变换能否实现解耦？若能，试定出实现积分型解耦的 $\bar{\boldsymbol{K}}$ 和 $\bar{\boldsymbol{L}}$。最后将解耦后子系统的极点分别配置到 $\lambda_{11}^* = -2, \lambda_{12}^* = -4$；$\lambda_{21}^* = -2+\mathrm{j}, \lambda_{22}^* = -2-\mathrm{j}$。

解　易知该系统完全能控。

(1) 判定能否解耦

因为

$$\boldsymbol{c}_1\boldsymbol{B} = \begin{bmatrix}1 & 0 & 0 & 0\end{bmatrix}\begin{bmatrix}0 & 0\\1 & 0\\0 & 0\\0 & 1\end{bmatrix} = \begin{bmatrix}0 & 0\end{bmatrix}$$

$$\boldsymbol{c}_1\boldsymbol{A}\boldsymbol{B} = \begin{bmatrix}1 & 0 & 0 & 0\end{bmatrix}\begin{bmatrix}0 & 1 & 0 & 0\\3 & 0 & 0 & 2\\0 & 0 & 0 & 1\\0 & -2 & 0 & 0\end{bmatrix}\begin{bmatrix}0 & 0\\1 & 0\\0 & 0\\0 & 1\end{bmatrix} = \begin{bmatrix}1 & 0\end{bmatrix}$$

$$\boldsymbol{c}_2\boldsymbol{B} = \begin{bmatrix}0 & 0 & 1 & 0\end{bmatrix}\begin{bmatrix}0 & 0\\1 & 0\\0 & 0\\0 & 1\end{bmatrix} = \begin{bmatrix}0 & 0\end{bmatrix}$$

$$c_2AB = \begin{bmatrix}0 & 0 & 1 & 0\end{bmatrix}\begin{bmatrix}0 & 1 & 0 & 0\\3 & 0 & 0 & 2\\0 & 0 & 0 & 1\\0 & -2 & 0 & 0\end{bmatrix}\begin{bmatrix}0 & 0\\1 & 0\\0 & 0\\0 & 1\end{bmatrix} = \begin{bmatrix}0 & 1\end{bmatrix}$$

于是可知 $d_1=1, d_2=1$；$\boldsymbol{E}_1=\begin{bmatrix}1 & 0\end{bmatrix}$，$\boldsymbol{E}_2=\begin{bmatrix}0 & 1\end{bmatrix}$。因为 $\boldsymbol{E}=\begin{bmatrix}\boldsymbol{E}_1\\\boldsymbol{E}_2\end{bmatrix}=\begin{bmatrix}1 & 0\\0 & 1\end{bmatrix}$非奇异，因此可进行解耦。

(2) 导出积分型解耦系统

计算

$$\boldsymbol{E}^{-1} = \begin{bmatrix}1 & 0\\0 & 1\end{bmatrix}, \quad \boldsymbol{F} = \begin{bmatrix}\boldsymbol{c}_1\boldsymbol{A}^2\\\boldsymbol{c}_2\boldsymbol{A}^2\end{bmatrix} = \begin{bmatrix}3 & 0 & 0 & 2\\0 & -2 & 0 & 0\end{bmatrix}$$

取

$$\bar{\boldsymbol{L}} = \boldsymbol{E}^{-1} = \begin{bmatrix}1 & 0\\0 & 1\end{bmatrix}, \quad \bar{\boldsymbol{K}} = \boldsymbol{E}^{-1}\boldsymbol{F} = \begin{bmatrix}3 & 0 & 0 & 2\\0 & -2 & 0 & 0\end{bmatrix}$$

$$\bar{\boldsymbol{A}} = \boldsymbol{A} - \boldsymbol{B}\boldsymbol{E}^{-1}\boldsymbol{F} = \begin{bmatrix}0 & 1 & 0 & 0\\0 & 0 & 0 & 0\\0 & 0 & 0 & 1\\0 & 0 & 0 & 0\end{bmatrix}, \quad \bar{\boldsymbol{B}} = \boldsymbol{B}\boldsymbol{E}^{-1} = \begin{bmatrix}0 & 0\\1 & 0\\0 & 0\\0 & 1\end{bmatrix}$$

$$\bar{\boldsymbol{C}} = \boldsymbol{C} = \begin{bmatrix}1 & 0 & 0 & 0\\0 & 0 & 1 & 0\end{bmatrix}$$

(3) 确定状态反馈增益矩阵$\tilde{\boldsymbol{K}}$

令

$$\tilde{\boldsymbol{K}} = \begin{bmatrix}k_{10} & k_{11} & 0 & 0\\0 & 0 & k_{20} & k_{21}\end{bmatrix}$$

则可得

$$\bar{\boldsymbol{A}} - \bar{\boldsymbol{B}}\tilde{\boldsymbol{K}} = \begin{bmatrix}0 & 1 & & \\-k_{10} & -k_{11} & & \\ & & 0 & 1\\ & & -k_{20} & -k_{21}\end{bmatrix}$$

对解耦后的两个子系统分别求出理想特征多项式

$$f_1^*(s) = (s+2)(s+4) = s^2+6s+8$$

$$f_2^*(s) = (s+2-\mathrm{j})(s+2+\mathrm{j}) = s^2+4s+5$$

进而，可求出 $k_{10}=8, k_{11}=6$；$k_{20}=8, k_{21}=4$。

从而

$$\tilde{\boldsymbol{K}} = \begin{bmatrix}8 & 6 & 0 & 0\\0 & 0 & 5 & 4\end{bmatrix}$$

(4) 确定受控系统实现解耦控制和极点配置的控制矩阵对 $\{\boldsymbol{L},\boldsymbol{K}\}$

$$\boldsymbol{L}=\boldsymbol{E}^{-1}=\begin{bmatrix}1&0\\0&1\end{bmatrix}$$

$$\begin{aligned}\boldsymbol{K}&=\boldsymbol{E}^{-1}\boldsymbol{F}+\boldsymbol{E}^{-1}\widetilde{\boldsymbol{K}}=\boldsymbol{F}+\widetilde{\boldsymbol{K}}\\&=\begin{bmatrix}3&0&0&2\\0&-2&0&0\end{bmatrix}+\begin{bmatrix}8&6&0&0\\0&0&5&4\end{bmatrix}=\begin{bmatrix}11&6&0&2\\0&-2&5&4\end{bmatrix}\end{aligned}$$

(5) 确定出解耦后闭环系统的状态空间方程和传递函数矩阵

$$\dot{\boldsymbol{x}}=(\boldsymbol{A}-\boldsymbol{BK})\boldsymbol{x}+\boldsymbol{BL}v=\begin{bmatrix}0&1&0&0\\-8&-6&0&0\\0&0&0&1\\0&0&-5&-4\end{bmatrix}\boldsymbol{x}+\begin{bmatrix}0&0\\1&0\\0&0\\0&1\end{bmatrix}v$$

$$\boldsymbol{y}=\boldsymbol{Cx}=\begin{bmatrix}1&0&0&0\\0&0&1&0\end{bmatrix}\boldsymbol{x}$$

传递函数矩阵则为

$$\boldsymbol{G}_{KL}(s)=\boldsymbol{C}(s\boldsymbol{I}-\boldsymbol{A}+\boldsymbol{BK})^{-1}\boldsymbol{BL}=\begin{bmatrix}\dfrac{1}{s^2+6s+8}&0\\0&\dfrac{1}{s^2+4s+5}\end{bmatrix}$$

6.9　给定系统的状态空间表达式为

$$\dot{\boldsymbol{x}}=\begin{bmatrix}-1&-2&-3\\0&-1&1\\1&0&-1\end{bmatrix}\boldsymbol{x}+\begin{bmatrix}2\\0\\1\end{bmatrix}\boldsymbol{u}$$

$$y=\begin{bmatrix}1&1&0\end{bmatrix}\boldsymbol{x}$$

(1) 设计一个具有特征值为−3、−4、−5 的全维状态观测器；

(2) 设计一个具有特征值为−3、−4 的降维状态观测器；

(3) 画出系统结构图。

解

(1) 设计全维状态观测器

方法 1

$$\det(s\boldsymbol{I}-\boldsymbol{A}^{\mathrm{T}})=\begin{vmatrix}s+1&0&-1\\2&s+1&0\\3&-1&s+1\end{vmatrix}=s^3+3s^2+6s+6$$

$$a_1=3,\quad a_2=6,\quad a_3=6$$

观测器的期望特征多项式为

$$\alpha^*(s)=(s+3)(s+4)(s+5)=s^3+12s^2+47s+60$$

$$a_1^*=12,\quad a_2^*=47,\quad a_3^*=60$$

$$\widetilde{\boldsymbol{E}}^{\mathrm{T}}=[a_3^*-a_3\quad a_2^*-a_2\quad a_1^*-a_1]=[54\quad 41\quad 9]$$

$$\boldsymbol{Q}=[\boldsymbol{C}^{\mathrm{T}}\quad \boldsymbol{A}^{\mathrm{T}}\boldsymbol{C}^{\mathrm{T}}\quad (\boldsymbol{A}^{\mathrm{T}})^2\boldsymbol{C}^{\mathrm{T}}]\begin{bmatrix}a_2 & a_1 & 1\\ a_1 & 1 & 0\\ 1 & 0 & 0\end{bmatrix}$$

$$=\begin{bmatrix}1 & -1 & -1\\ 1 & -3 & 5\\ 0 & -2 & 2\end{bmatrix}\begin{bmatrix}6 & 3 & 1\\ 3 & 1 & 0\\ 1 & 0 & 0\end{bmatrix}=\begin{bmatrix}2 & 2 & 1\\ 2 & 0 & 1\\ -4 & -2 & 0\end{bmatrix}$$

$$\boldsymbol{P}=\boldsymbol{Q}^{-1}=-\frac{1}{8}\begin{bmatrix}2 & -2 & 2\\ -4 & 4 & 0\\ -4 & -4 & -4\end{bmatrix}=\begin{bmatrix}-\frac{1}{4} & \frac{1}{4} & -\frac{1}{4}\\ \frac{1}{2} & -\frac{1}{2} & 0\\ \frac{1}{2} & \frac{1}{2} & \frac{1}{2}\end{bmatrix}$$

$$\boldsymbol{E}^{\mathrm{T}}=\widetilde{\boldsymbol{E}}^{\mathrm{T}}\boldsymbol{P}=\begin{bmatrix}\frac{23}{2} & -\frac{5}{2} & -9\end{bmatrix}$$

状态观测器的状态方程为

$$\dot{\hat{\boldsymbol{x}}}=(\boldsymbol{A}-\boldsymbol{E}\boldsymbol{C})\hat{\boldsymbol{x}}+\boldsymbol{B}u+\boldsymbol{E}y$$

$$=\left\{\begin{bmatrix}-1 & -2 & -3\\ 0 & -1 & 1\\ 1 & 0 & -1\end{bmatrix}-\begin{bmatrix}\frac{23}{2}\\ -\frac{5}{2}\\ -9\end{bmatrix}[1\quad 1\quad 0]\right\}\hat{\boldsymbol{x}}+\begin{bmatrix}2\\ 0\\ 1\end{bmatrix}u+\begin{bmatrix}\frac{23}{2}\\ -\frac{5}{2}\\ -9\end{bmatrix}y$$

$$=\begin{bmatrix}-\frac{25}{2} & -\frac{27}{2} & -3\\ \frac{5}{2} & \frac{3}{2} & 1\\ 10 & 9 & -1\end{bmatrix}\hat{\boldsymbol{x}}+\begin{bmatrix}2\\ 0\\ 1\end{bmatrix}u+\begin{bmatrix}\frac{23}{2}\\ -\frac{5}{2}\\ -9\end{bmatrix}y$$

方法 2

$$\det[\lambda\boldsymbol{I}-(\boldsymbol{A}-\boldsymbol{E}\boldsymbol{C})]=\det\left\{\begin{bmatrix}\lambda & 0 & 0\\ 0 & \lambda & 0\\ 0 & 0 & \lambda\end{bmatrix}-\begin{bmatrix}-1 & -2 & -3\\ 0 & -1 & 1\\ 1 & 0 & -1\end{bmatrix}+\begin{bmatrix}E_1\\ E_2\\ E_3\end{bmatrix}[1\quad 1\quad 0]\right\}$$

$$=\det\begin{bmatrix}\lambda+1+E_1 & 2+E_2 & 3\\ E_2 & \lambda+1+E_2 & -1\\ E_3-1 & E_3 & \lambda+1\end{bmatrix}$$

$$=\lambda^3+(E_1+E_2+3)\lambda^2+(2E_1-2E_3+6)\lambda$$
$$+(2E_1+2E_2-4E_3+6)$$

与期望特征多项式比较系数得

$$E_1+E_2=12$$
$$2E_1-2E_3+6=47$$
$$2E_1+2E_2-4E_3+6=60$$

解方程组得

$$\boldsymbol{E}^{\mathrm{T}}=\begin{bmatrix}\frac{23}{2} & -\frac{5}{2} & -9\end{bmatrix}$$

(2) 设计降维观测状态器

令$\bar{\boldsymbol{x}}=\boldsymbol{P}\boldsymbol{x}=\begin{bmatrix}\boldsymbol{D}\\ \boldsymbol{c}\end{bmatrix}\boldsymbol{x}=\begin{bmatrix}0&0&1\\0&1&0\\1&1&0\end{bmatrix}\boldsymbol{x}$,则有

$$\boldsymbol{P}^{-1}=\begin{bmatrix}0&-1&1\\0&1&0\\1&0&0\end{bmatrix}$$

$$\begin{bmatrix}\dot{\bar{\boldsymbol{x}}}_1\\ \dot{\bar{\boldsymbol{x}}}_2\end{bmatrix}=\boldsymbol{PAP}^{-1}\boldsymbol{x}+\boldsymbol{Pbu}=\begin{bmatrix}\bar{\boldsymbol{A}}_{11}&\bar{\boldsymbol{A}}_{12}\\ \bar{\boldsymbol{A}}_{21}&\bar{\boldsymbol{A}}_{22}\end{bmatrix}\begin{bmatrix}\bar{\boldsymbol{x}}_1\\ \bar{\boldsymbol{x}}_2\end{bmatrix}=\begin{bmatrix}-1&-1&1\\1&-1&0\\-2&-2&-1\end{bmatrix}\begin{bmatrix}\bar{\boldsymbol{x}}_1\\ \bar{\boldsymbol{x}}_2\end{bmatrix}+\begin{bmatrix}1\\0\\2\end{bmatrix}uy$$

$$=\boldsymbol{cP}^{-1}\bar{\boldsymbol{x}}=\begin{bmatrix}0&0&1\end{bmatrix}\begin{bmatrix}\bar{\boldsymbol{x}}_1\\ \bar{\boldsymbol{x}}_2\end{bmatrix}$$

依题意可知降维观测器的期望特征多项式为

$$\alpha^*(s)=(s+3)(s+4)=s^2+7s+12$$

设 $\bar{\boldsymbol{E}}=\begin{bmatrix}\bar{e}_1\\ \bar{e}_2\end{bmatrix}$,则有

$$(\bar{\boldsymbol{A}}_{11}-\bar{\boldsymbol{E}}\bar{\boldsymbol{A}}_{21})=\left\{\begin{bmatrix}-1&-1\\1&-1\end{bmatrix}-\begin{bmatrix}\bar{e}_1\\ \bar{e}_2\end{bmatrix}\begin{bmatrix}-2&-2\end{bmatrix}\right\}$$

$$=\left\{\begin{bmatrix}-1&-1\\1&-1\end{bmatrix}-\begin{bmatrix}-2\bar{e}_1&-2\bar{e}_1\\-2\bar{e}_2&-2\bar{e}\end{bmatrix}\right\}=\begin{bmatrix}2\bar{e}_1-1&2\bar{e}_1-1\\2\bar{e}_2+1&2\bar{e}_2-1\end{bmatrix}$$

于是

$$\det[s\boldsymbol{I}-(\bar{\boldsymbol{A}}_{11}-\bar{\boldsymbol{E}}\bar{\boldsymbol{A}}_{21})]=\det\begin{bmatrix}s-2\bar{e}_1+1&1-2\bar{e}_1\\-2\bar{e}_2-1&s-2\bar{e}_2+1\end{bmatrix}$$

$$=s^2-2\bar{e}_2s+s-2\bar{e}_1s+4\bar{e}_1\bar{e}_2-2\bar{e}_1+s-2\bar{e}_2+1$$
$$+2\bar{e}_2-4\bar{e}_1\bar{e}_2+1-2\bar{e}_1$$
$$=s^2+(2-2\bar{e}_1-2\bar{e}_2)s-4\bar{e}_1+2$$

比较系数得方程组

$$2-2\bar{e}_1-2\bar{e}_2=7$$

$$-4\bar{e}_1+2=12$$

解方程组知：$\bar{e}_1=-\dfrac{5}{2}$，$\bar{e}_2=0$，于是降维状态观测器的方程为

$$\begin{aligned}\dot{\boldsymbol{W}}&=(\bar{\boldsymbol{A}}_{11}-\bar{\boldsymbol{E}}\bar{\boldsymbol{A}}_{21})\boldsymbol{W}+(\bar{\boldsymbol{B}}_1-\bar{\boldsymbol{E}}\bar{\boldsymbol{B}}_2)u+[\bar{\boldsymbol{A}}_{12}-\bar{\boldsymbol{E}}\bar{\boldsymbol{A}}_{22}+(\bar{\boldsymbol{A}}_{11}-\bar{\boldsymbol{E}}\bar{\boldsymbol{A}}_{21})\bar{\boldsymbol{E}}]y\\&=\begin{bmatrix}-6&-6\\1&-1\end{bmatrix}\boldsymbol{W}+\left[\begin{bmatrix}1\\0\end{bmatrix}-\begin{bmatrix}-\dfrac{5}{2}\\0\end{bmatrix}\times 2\right]u\\&\quad+\left[\begin{bmatrix}1\\0\end{bmatrix}-\begin{bmatrix}-\dfrac{5}{2}\\0\end{bmatrix}(-1)+\begin{bmatrix}-6&-6\\1&-1\end{bmatrix}\begin{bmatrix}-\dfrac{5}{2}\\0\end{bmatrix}\right]y\\&=\begin{bmatrix}-6&-6\\1&-1\end{bmatrix}\boldsymbol{W}+\begin{bmatrix}6\\0\end{bmatrix}u+\begin{bmatrix}\dfrac{27}{2}\\-\dfrac{5}{2}\end{bmatrix}y\end{aligned}$$

(3) 闭环系统结构图

全维状态观测器结构图为

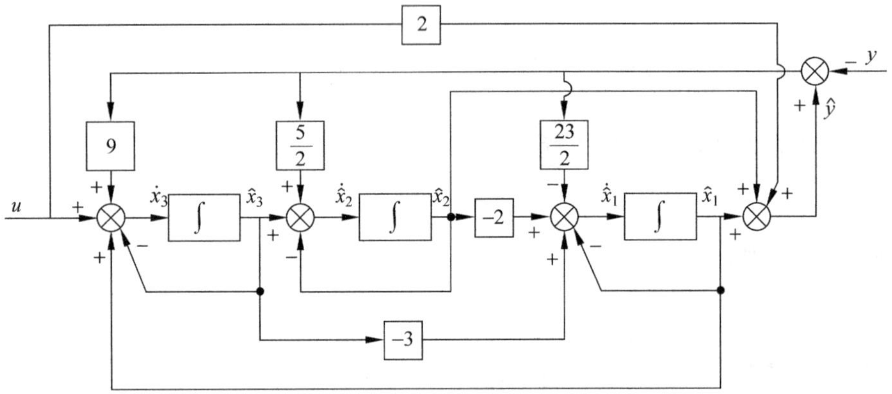

降维状态观测器结构图为

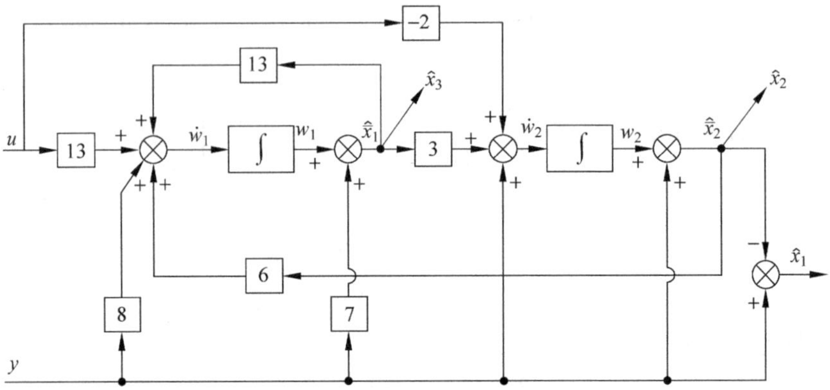

6.10　给定系统的传递函数为

$$g(s)=\frac{1}{s(s+1)(s+2)}$$

(1) 确定一个状态反馈增益矩阵 $\boldsymbol{K}$,使闭环系统的极点为-3 和$-\frac{1}{2}\pm\mathrm{j}\frac{\sqrt{3}}{2}$;

(2) 确定一个全维状态观测器,并使观测器的特征值均为-5;

(3) 确定一个降维状态观测器,并使其特征值均为-5;

(4) 分别画出闭环系统的结构图;

(5) 求出闭环传递函数。

解

(1) 系统的特征多项式为

$$\alpha(s)=s(s+1)(s+2)=s^3+3s^2+2s$$

将系统按能控标准型实现,得

$$\dot{\boldsymbol{x}}=\begin{bmatrix}0&1&0\\0&0&1\\0&-2&-3\end{bmatrix}\boldsymbol{x}+\begin{bmatrix}0\\0\\1\end{bmatrix}u,\quad y=[1\quad 0\quad 0]\boldsymbol{x}$$

依题意知期望特征多项式为

$$\alpha^*(s)=(s+3)\left(s+\frac{1}{2}-\mathrm{j}\frac{\sqrt{3}}{2}\right)\left(s+\frac{1}{2}+\mathrm{j}\frac{\sqrt{3}}{2}\right)=s^3+4s^2+4s+3$$

引入状态反馈 $u=-[k_1\quad k_2\quad k_3]\boldsymbol{x}$,则应有

$$k_1=3,\quad k_2+2=4,\quad k_3+3=4$$

于是求得状态反馈 $u=-[k_1\quad k_2\quad k_3]\boldsymbol{x}=-[3\quad 2\quad 1]\boldsymbol{x}$。

(2) 设计全维状态观测器

期望的观测器特征多项式为

$$\alpha^*(x)=(s+5)^3=s^3+15s^2+75s+125$$

$$\det[\lambda\boldsymbol{I}-(\boldsymbol{A}-\boldsymbol{EC})]=\det\left\{\begin{bmatrix}\lambda&&\\&\lambda&\\&&\lambda\end{bmatrix}-\begin{bmatrix}0&1&0\\0&0&1\\0&-2&-3\end{bmatrix}+\begin{bmatrix}E_1\\E_2\\E_3\end{bmatrix}[1\quad 0\quad 0]\right\}$$

$$=\det\begin{bmatrix}\lambda+E_1&-1&0\\E_2&\lambda&-1\\E_3&2&\lambda+3\end{bmatrix}$$

$$=\lambda^3+(E_1+3)\lambda^2+(3E_1+E_2+2)\lambda+(2E_1+3E_2+E_3)$$

与期望特征多项式比较系数得

$$E_1+3=15$$
$$3E_1+E_2+2=75$$
$$2E_1+3E_2+E_3=125$$

解方程组得

$$\boldsymbol{E}^{\mathrm{T}}=[12\quad 37\quad -10]$$

全维状态观测器的状态方程为

$$\dot{\hat{\boldsymbol{x}}}=(\boldsymbol{A}-\boldsymbol{EC})\hat{\boldsymbol{x}}+\boldsymbol{Bu}+\boldsymbol{E}y$$

$$=\left\{\begin{bmatrix}0&1&0\\0&0&1\\0&-2&-3\end{bmatrix}-\begin{bmatrix}12\\37\\-10\end{bmatrix}\begin{bmatrix}1&0&0\end{bmatrix}\right\}\hat{\boldsymbol{x}}+\begin{bmatrix}0\\0\\1\end{bmatrix}u+\begin{bmatrix}12\\37\\-10\end{bmatrix}y$$

$$=\begin{bmatrix}-12&1&0\\-37&0&1\\10&-2&-3\end{bmatrix}\hat{\boldsymbol{x}}+\begin{bmatrix}0\\0\\1\end{bmatrix}u+\begin{bmatrix}12\\37\\-10\end{bmatrix}y$$

(3) 设计降维状态观测器

令$\bar{\boldsymbol{x}}=\boldsymbol{Px}=\begin{bmatrix}\boldsymbol{D}\\\boldsymbol{c}\end{bmatrix}\boldsymbol{x}=\begin{bmatrix}0&0&1\\0&1&0\\1&0&0\end{bmatrix}\boldsymbol{x}$，则有

$$\boldsymbol{P}^{-1}=\begin{bmatrix}0&0&1\\0&1&0\\1&0&0\end{bmatrix}$$

$$\begin{bmatrix}\dot{\bar{x}}_1\\\dot{\bar{x}}_2\\\dot{\bar{x}}_3\end{bmatrix}=\boldsymbol{PAP}^{-1}\boldsymbol{x}+\boldsymbol{Pb}u=\begin{bmatrix}\bar{\boldsymbol{A}}_{11}&\bar{\boldsymbol{A}}_{12}\\\bar{\boldsymbol{A}}_{21}&\bar{\boldsymbol{A}}_{22}\end{bmatrix}\begin{bmatrix}\bar{x}_1\\\bar{x}_2\\\bar{x}_3\end{bmatrix}$$

$$=\begin{bmatrix}-3&-2&0\\1&0&0\\0&1&0\end{bmatrix}\begin{bmatrix}\bar{x}_1\\\bar{x}_2\\\bar{x}_3\end{bmatrix}+\begin{bmatrix}1\\0\\0\end{bmatrix}u,\ y=\boldsymbol{cP}^{-1}\boldsymbol{x}=\begin{bmatrix}0&0&1\end{bmatrix}\begin{bmatrix}\bar{x}_1\\\bar{x}_2\\\bar{x}_3\end{bmatrix}$$

依题意可知降维状态观测器的期望特征多项式为

$$\alpha^*(s)=(s+5)^2=s^2+10s+25$$

设$\bar{\boldsymbol{E}}=\begin{bmatrix}\bar{e}_1\\\bar{e}_2\end{bmatrix}$，则有

$$(\bar{\boldsymbol{A}}_{11}-\bar{\boldsymbol{E}}\bar{\boldsymbol{A}}_{21})=\left\{\begin{bmatrix}-3&-2\\1&0\end{bmatrix}-\begin{bmatrix}\bar{e}_1\\\bar{e}_2\end{bmatrix}\begin{bmatrix}0&1\end{bmatrix}\right\}=\begin{bmatrix}-3&-2-\bar{e}_1\\1&-\bar{e}_2\end{bmatrix}$$

于是

$$\det[s\boldsymbol{I}-(\bar{\boldsymbol{A}}_{11}-\bar{\boldsymbol{E}}\bar{\boldsymbol{A}}_{21})]=\det\begin{bmatrix}s+3&2+\bar{e}_1\\-1&s+\bar{e}_2\end{bmatrix}=s^2+(\bar{e}_2+3)s+3\bar{e}_2+\bar{e}_1+2$$

比较系数知$\bar{e}_1=2$，$\bar{e}_2=7$，于是降维状态观测器的方程为

$$\dot{\boldsymbol{W}}=(\bar{\boldsymbol{A}}_{11}-\bar{\boldsymbol{E}}\bar{\boldsymbol{A}}_{21})\boldsymbol{W}+(\bar{\boldsymbol{B}}_1-\bar{\boldsymbol{E}}\bar{\boldsymbol{B}}_2)u+[\bar{\boldsymbol{A}}_{12}-\bar{\boldsymbol{E}}\bar{\boldsymbol{A}}_{22}+(\bar{\boldsymbol{A}}_{11}-\bar{\boldsymbol{E}}\bar{\boldsymbol{A}}_{21})\bar{\boldsymbol{E}}]y$$

$$=\begin{bmatrix}-3&-4\\1&-7\end{bmatrix}\boldsymbol{W}+\begin{bmatrix}1\\0\end{bmatrix}u+\begin{bmatrix}-34\\-47\end{bmatrix}y$$

（4）闭环系统的结构图

① 带有全维状态观测器的闭环系统的结构图如下：

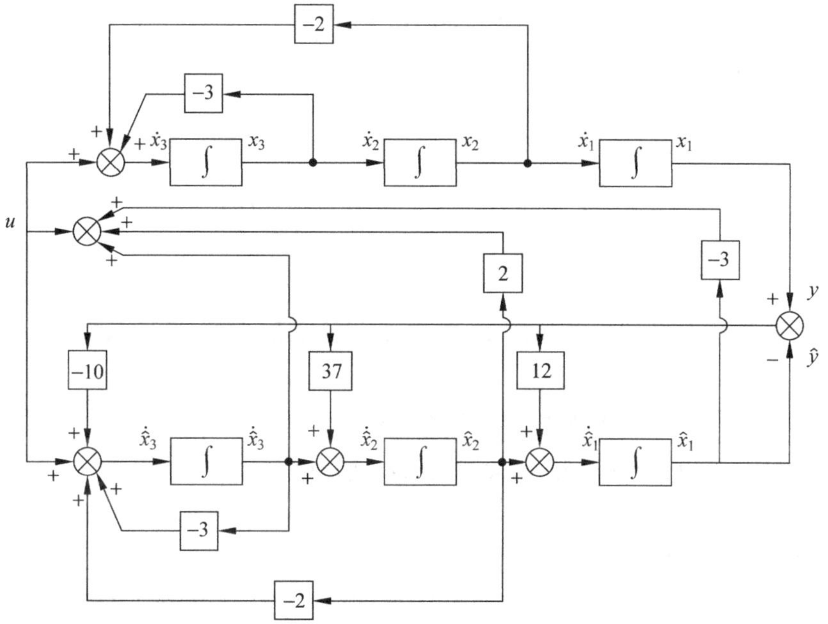

② 带有降维状态观测器的闭环系统的结构图如下：

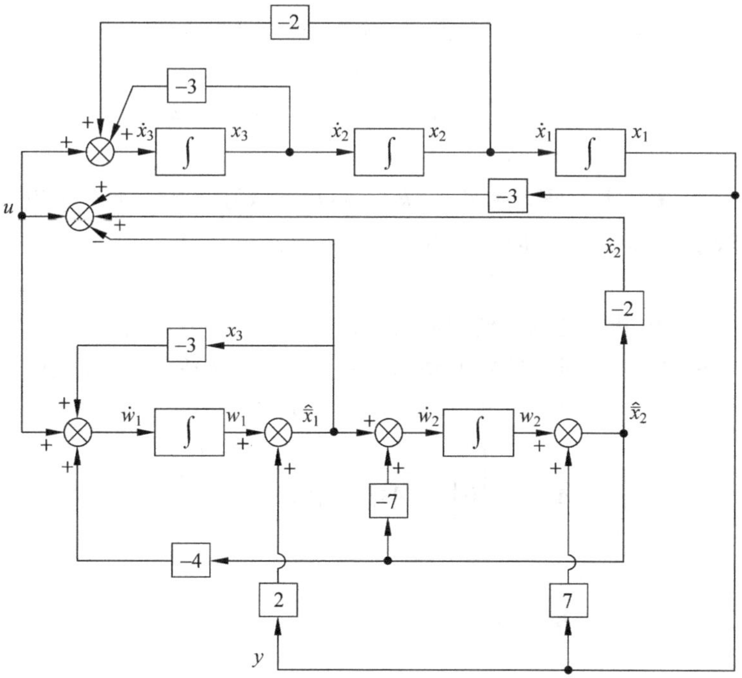

(5) 闭环传递函数。由于观测器不改变原闭环系统的传递函数，所以其传递函数仍为

$$g(s)=\boldsymbol{c}(s\boldsymbol{I}-(\boldsymbol{A}-\boldsymbol{bK}))^{-1}\boldsymbol{b}=\frac{1}{s^3+4s^2+4s+3}$$

6.11 给定受控系统为

$$\dot{\boldsymbol{x}}=\begin{bmatrix}0&1&0&0\\0&0&-2&0\\0&0&0&1\\0&0&4&0\end{bmatrix}\boldsymbol{x}+\begin{bmatrix}0\\1\\0\\-1\end{bmatrix}u$$

$$y=[1\quad 0\quad 0\quad 0]\boldsymbol{x}$$

(1) 设计状态反馈增益矩阵 $\boldsymbol{K}$，使得闭环特征值为 $\lambda_1^*=-1,\lambda_{2,3}^*=-1\pm \mathrm{j}$，$\lambda_4^*=-2$；

(2) 设计降维状态观测器，使观测器的特征值为 $\lambda_1=-3,\lambda_{2,3}=-3\pm \mathrm{j}2$；

(3) 确定重构状态 $\hat{\boldsymbol{x}}$ 和由 $\hat{\boldsymbol{x}}$ 构成的状态反馈规律。

解

(1) 期望的闭环特征多项式为

$$f^*(s)=(s+1)(s+1-\mathrm{j})(s+1+\mathrm{j})(s+2)=s^4+5s^3+10s^2+10s+4$$

令 $\boldsymbol{K}=-[k_1\quad k_2\quad k_3\quad k_4]$，则可得

$$\boldsymbol{A}-\boldsymbol{bK}=\begin{bmatrix}0&1&0&0\\k_1&k_2&k_3-2&k_4\\0&0&0&1\\-k_1&-k_2&4-k_3&-k_4\end{bmatrix}$$

和

$$f(s)=\det(s\boldsymbol{I}-\boldsymbol{A}+\boldsymbol{bK})=s^4+(k_4-k_2)s^3+(k_3-k_1-4)s^2+2k_2s+2k_1$$

由比较 $f(s)$ 和 $f^*(s)$，即可定出

$$\boldsymbol{K}=-[2\quad 5\quad 16\quad 10]$$

(2) 设计降维状态观测器使观测器的特征值为 $\lambda_1=-3,\lambda_{2,3}=-3\pm \mathrm{j}2$。

已知 $\mathrm{rank}\boldsymbol{C}=1$，且对于给定的动态方程无需再引入变换。此时有

$$\bar{\boldsymbol{A}}_{11}=0,\quad \bar{\boldsymbol{A}}_{12}=[1\quad 0\quad 0]$$

$$\bar{\boldsymbol{A}}_{21}=\begin{bmatrix}0\\0\\0\end{bmatrix},\quad \bar{\boldsymbol{A}}_{22}=\begin{bmatrix}0&-2&0\\0&0&1\\0&4&0\end{bmatrix}$$

$$\bar{\boldsymbol{B}}_1=0,\quad \bar{\boldsymbol{B}}_2=\begin{bmatrix}1\\0\\-1\end{bmatrix}$$

理想特征多项式为

$$\bar{f}(s) = (s+3)(s+3-\mathrm{j}2)(s+3+\mathrm{j}2) = s^3 + 9s^2 + 31s + 39$$

再令

$$\bar{\boldsymbol{L}} = \begin{bmatrix} l_1 \\ l_2 \\ l_3 \end{bmatrix}$$

则可得到

$$\bar{\boldsymbol{A}}_{22} - \bar{\boldsymbol{L}}\bar{\boldsymbol{A}}_{12} = \begin{bmatrix} -l_1 & -2 & 0 \\ -l_2 & 0 & 1 \\ -l_3 & 4 & 0 \end{bmatrix}$$

和

$$f_L(s) = \det(s\boldsymbol{I} - \bar{\boldsymbol{A}}_{22} + \bar{\boldsymbol{L}}\bar{\boldsymbol{A}}_{12}) = s^3 + l_1 s^2 - (2l_2 + 4)s - (2l_3 + 4l_1)$$

由比较 $\bar{f}(s)$ 和 $f_L(s)$，可以得出

$$\bar{\boldsymbol{L}} = \begin{bmatrix} 9 \\ -35/2 \\ -75/2 \end{bmatrix}$$

进一步可计算得到

$$\bar{\boldsymbol{A}}_{22} - \bar{\boldsymbol{L}}\bar{\boldsymbol{A}}_{12} = \begin{bmatrix} -9 & -2 & 0 \\ 35/2 & 0 & 1 \\ 75/2 & 4 & 0 \end{bmatrix}$$

$$(\bar{\boldsymbol{A}}_{22} - \bar{\boldsymbol{L}}\bar{\boldsymbol{A}}_{12})\bar{\boldsymbol{L}} + (\bar{\boldsymbol{A}}_{21} - \bar{\boldsymbol{L}}\bar{\boldsymbol{A}}_{11}) = (\bar{\boldsymbol{A}}_{22} - \bar{\boldsymbol{L}}\bar{\boldsymbol{A}}_{12})\bar{\boldsymbol{L}} = \begin{bmatrix} -46 \\ 120 \\ 535/2 \end{bmatrix}$$

$$\bar{\boldsymbol{B}}_2 - \bar{\boldsymbol{L}}\bar{\boldsymbol{B}}_1 = \bar{\boldsymbol{B}}_2 = \begin{bmatrix} 1 \\ 0 \\ -1 \end{bmatrix}$$

从而，降维状态观测器为

$$\dot{\boldsymbol{z}} = \begin{bmatrix} -9 & -2 & 0 \\ 35/2 & 0 & 1 \\ 75/2 & 4 & 0 \end{bmatrix}\boldsymbol{z} + \begin{bmatrix} -46 \\ 120 \\ 535/2 \end{bmatrix} y + \begin{bmatrix} 1 \\ 0 \\ -1 \end{bmatrix}\boldsymbol{u}$$

(3) 确定重构状态 $\hat{\boldsymbol{x}}$ 和由 $\hat{\boldsymbol{x}}$ 构成的状态反馈控制律。其中，估计状态 $\hat{\boldsymbol{x}}$ 为

$$\hat{\boldsymbol{x}} = \begin{bmatrix} y \\ \boldsymbol{z} + \bar{\boldsymbol{L}}\boldsymbol{y} \end{bmatrix} = \begin{bmatrix} 1 & \boldsymbol{0} \\ \bar{\boldsymbol{L}} & \boldsymbol{I}_3 \end{bmatrix}\begin{bmatrix} y \\ \boldsymbol{z} \end{bmatrix} = \begin{bmatrix} 1 & 0 & 0 & 0 \\ 9 & 1 & 0 & 0 \\ -17.5 & 0 & 1 & 0 \\ -37.5 & 0 & 0 & 1 \end{bmatrix}\begin{bmatrix} y \\ z_1 \\ z_2 \\ z_3 \end{bmatrix}$$

而由 $\hat{\boldsymbol{x}}$ 构成的状态反馈为

$$u = v + [2 \quad 5 \quad 16 \quad 10]\hat{\boldsymbol{x}}$$

这里 v 为标量参考输入。

6.12 已知受控系统的系数矩阵为

$$\dot{\boldsymbol{x}} = \begin{bmatrix} 1 & 0 & -1 \\ 2 & -1 & 0 \\ 0 & 2 & 1 \end{bmatrix}\boldsymbol{x} + \begin{bmatrix} 1 \\ 1 \\ 0 \end{bmatrix}u$$

利用 MATLAB 设计状态反馈矩阵 $\boldsymbol{K}$，使闭环极点为-1，$-2\pm$j。

解 程序如下

```
>>A = [1 0 - 1;2 - 1 0;0 2 1];
b = [1 1 0];
P = [ - 1 - 2 - j - 2 + j];
K = acker(A,b,P)
A - b * K
% 运行结果:
k1 =
2
k2 =
4
k3 =
5
```

由运行结果显示可知系统状态反馈矩阵为 $\boldsymbol{K}=[2 \quad 4 \quad 5]$。

6.13 给定的状态方程模型如下

$$\dot{\boldsymbol{x}} = \begin{bmatrix} 1 & 0 & 0 & -1 \\ 0 & 2 & -1 & 0 \\ 0 & 2 & 0 & 1 \\ 1 & 0 & 2 & 0 \end{bmatrix}\boldsymbol{x} + \begin{bmatrix} 1 \\ 0 \\ 1 \\ 0 \end{bmatrix}u$$

利用 MATLAB 设计状态反馈矩阵 $\boldsymbol{K}$，使系统闭环极点为-1，-3，$-1\pm$j。

解 直接运用 Ackermann 公式来计算系统状态反馈矩阵。

程序如下

```
>>A = [1 0 0 - 1;0 2 - 1 0;0 2 0 1;1 0 2 0];
b = [1 0 1 0];
P = [ - 1 - 3 - 1 - j - 1 + j];
K = acker(A,b,P)
A - b * K
% 运行结果:
K =
  - 3.0000   - 38.8000   12.0000   0.4000
```

6.14 已知系统的系数矩阵如下

$$\boldsymbol{A}=\begin{bmatrix}0 & 1 & -1 & 0 & 1\\ 0 & -2 & 0 & -1 & 0\\ -2 & -1 & 0 & 0 & 1\\ 3 & 0 & 1 & -1 & 0\\ 2 & 0 & 0 & 0 & 1\end{bmatrix},\quad \boldsymbol{b}=\begin{bmatrix}1\\ 1\\ 0\\ -3\\ 0\end{bmatrix}$$

利用 MATLAB 设计状态反馈矩阵 $\boldsymbol{K}$,使闭环极点为-1、-2、-5、$-3\pm 2j$,并计算闭环系统状态系数矩阵。

解 程序如下

```
A=[0 1-1 0 1;0-2 0-1 0;-2-1 0 0 1;3 0 1-1 0;2 0 0 0 1];

B=[1 1 0-3 0]';
P=[-1-2-5-3+2j-3-2j];
K=acker(A,B,P)
A-B*K
%运行结果:
K=13.41   0.13   0.98   0.51   22.66

ans =
    -13.41     0.87    -1.98    -0.51    -21.66
    -13.41    -2.13    -0.98    -1.51    -22.66
     -2        -1        0        0        1
     43.22     0.39     3.93     0.54     67.99
      2         0        0        0        1
```

由运行结果知状态反馈矩阵为

$$\boldsymbol{K}=[13.41\quad 0.13\quad 0.98\quad 0.51\quad 22.66]$$

闭环系统状态系数矩阵为

$$\widetilde{\boldsymbol{A}}=\begin{bmatrix}-13.41 & 0.87 & -1.98 & -0.51 & -21.66\\ -13.41 & -2.13 & -0.98 & -1.51 & -22.66\\ -2 & -1 & 0 & 0 & 1\\ 43.22 & 0.39 & 3.93 & 0.54 & 67.99\\ 2 & 0 & 0 & 0 & 1\end{bmatrix}$$

6.15 某多输入多输出系统状态方程如下

$$\boldsymbol{A}=\begin{bmatrix}0 & 1 & 0\\ 1 & 0 & 1\\ -1 & -1 & 2\end{bmatrix},\quad \boldsymbol{B}=\begin{bmatrix}1 & 0\\ 0 & 0\\ 0 & 1\end{bmatrix}$$

$$\boldsymbol{C}=\begin{bmatrix}1 & 0 & 0\\ 0 & 1 & 1\end{bmatrix},\quad \boldsymbol{D}=\begin{bmatrix}0 & 0\\ 0 & 0\end{bmatrix}$$

利用 MATLAB 完成下面的工作：

(1) 试求解其传递函数矩阵；

(2) 设计解耦控制器,有可能的话进行极点配置。

解

(1) 求解原系统的传递函数

```
%输入系统状态方程
>>A=[0 1 0;1 0 1;-1-1 2];
B=[1 0;0 0;0 1];
C=[1 0 0;0 1 1];
D=zeros(2,2);
%求解原系统的传递函数
>>[num2,den2]=ss2tf(A,B,C,D,2)
[num1,den1]=ss2tf(A,B,C,D,1)
%运行结果:
num2 =
        0   0.0000   -0.0000    1.0000
        0   1.0000    1.0000   -1.0000
den2 =
     1.0000   -2.0000   0.0000   3.0000
num1 =
        0   1.0000   -2.0000    1.0000
        0   0.0000   -0.0000   -4.0000
den1 =
     1.0000   -2.0000   0.0000   3.0000
```

即

$$\boldsymbol{G}(s)=\frac{1}{s^3-2s^2+3}\begin{bmatrix}s^2-2s+1 & s\\ -4 & s^2+s-1\end{bmatrix}$$

(2) 解耦控制器设计

程序如下：

```
%求解矩阵E、F
>>[m,n]=size(C);
E=C(1,:)*B;
a(1)=0;
for i=2:m
for j=0:n-1
E=[E;C(i,:)*A^j*B]
if rank(E)==i
a(i)=j
break
```

```
else
E = E(1: i - 1, :)
end
end
end
R = inv(E);
F = C(1, :) * A^(a(1) + 1);
for i = 2: m
F = [F;C(i, :) * A^(a(i) + 1)]
end
% 求解矩阵 K 及状态反馈后的系统矩阵
>>K = R * F
B1 = B * R
A1 = A - B * F
% 求解状态反馈后的系统的传递函数
>>[numd1,dend1] = ss2tf(A1,B1,C,D,1)
[numd2,dend2] = ss2tf(A1,B1,C,D,2)
% 运行结果
E =
     1     0
     0     1
a =
     0     0
F =
     0     0     1
    -1    -1    -3
K =
     0     0     1
    -1    -1    -3
B1 =
    1     0
    0     0
    0     1
A1 =
    0     0    -1
    0     0     1
    0     0     0
numd 1 =
    0     1     0     0
    0     0     0     0
dend 1 =
    1     0     0     0
```

```
numd2 =
0    0    0    0
          0    1    0    0
dend2 =
1    0    0    0
```

即

$$G(s) = \frac{1}{s^3}\begin{bmatrix} s^2 & 0 \\ 0 & s^2 \end{bmatrix} = \frac{1}{s}\begin{bmatrix} 1 & 0 \\ 0 & 1 \end{bmatrix}$$

(3) 解耦系统极点配置

程序如下

```
beta1 = -2;
beta2 = -3;
beta = [beta1,beta2];
L = zeros(size(C));
for i = 1: m
L(i,:) = C(i,:) * A - beta(i) * C(i,:)
end
F2 = R * L
A2 = A - B * F2
B2 = B * R
[numdp1,dendp1] = ss2tf(A2,B2,C,D,1)
[numdp2,dendp2] = ss2tf(A2,B2,C,D,2)
%运行结果:
L =
     2    1    0
     0    0    0
L =
     2    1    0
     0    2    6
F2 =
     2    1    0
     0    2    6
A2 =
    -2    0    0
     1    0    1
    -1   -3   -4
B2 =
     1    0
     0    0
     0    1
```

```
numdp1 =
         0    1.0000    4.0000    3.0000
         0         0    0.0000    0.0000
dendp1 =
     1     6    11     6
numdp2 =
     0     0     0     0
     0     1     3     2
dendp2 =
     1     6    11     6
```

即解耦后的传递函数矩阵为

$$\boldsymbol{G}(s)=\frac{1}{s^3+6s^2+11s+6}\begin{bmatrix}s^2+4s+3 & 0\\ 0 & s^2+3s+2\end{bmatrix}$$

$$=\frac{1}{s^2+5s+6}\begin{bmatrix}\dfrac{1}{s+3} & 0\\ 0 & \dfrac{1}{s+2}\end{bmatrix}$$

6.16* 设系统状态方程与输出方程为

$$\dot{\boldsymbol{x}}=\begin{bmatrix}0 & 1\\ 0 & -5\end{bmatrix}\boldsymbol{x}+\begin{bmatrix}0\\ 1\end{bmatrix}\boldsymbol{u}$$

$$y=\begin{bmatrix}1 & 0\end{bmatrix}\boldsymbol{x}$$

试设计带状态观测器的状态反馈系统，使反馈系统的极点配置在 $s_{1,2}=-1\pm\mathrm{j}1$。

解 (1) 根据给定系数矩阵 $\boldsymbol{A}$、$\boldsymbol{B}$、$\boldsymbol{C}$，求得给定系统的能控和能观矩阵秩分别为

$$\mathrm{rank}[\boldsymbol{B}\quad \boldsymbol{AB}]=\mathrm{rank}\begin{bmatrix}0 & 1\\ 1 & -5\end{bmatrix}=2=n$$

$$\mathrm{rank}\begin{bmatrix}\boldsymbol{C}\\ \boldsymbol{CA}\end{bmatrix}=\mathrm{rank}\begin{bmatrix}1 & 0\\ 0 & 1\end{bmatrix}=2=n$$

所以系统的状态是完全能控且完全能观的，反馈矩阵 $\boldsymbol{K}$、$\boldsymbol{E}$ 存在，系统及观测器的极点可任意配置。

(2) 设计状态反馈矩阵。设 $\boldsymbol{K}=[k_1\quad k_2]$，引入状态反馈后，系统的特征多项式为

$$|s\boldsymbol{I}-(\boldsymbol{A}-\boldsymbol{BK})|=\begin{vmatrix}s & -1\\ k_1 & s+5+k_2\end{vmatrix}=s^2+(5+k_2)s+k_1$$

由反馈系统极点要求而确定的特征多项式为

$$\alpha^*(s)=(s+1-\mathrm{j})(s+1+\mathrm{j})=s^2+2s+2$$

由两个特征多项式相等，得

$$\begin{cases}5+k_2=2\\k_1=2\end{cases}$$

由此解出

$$k_1=2,\quad k_2=-3$$

即

$$\boldsymbol{K}=[k_1\quad k_2]=[2\quad -3]$$

(3) 设计观测器。设

$$\boldsymbol{E}=\begin{bmatrix}e_2\\e_1\end{bmatrix}$$

由极点配置要求,可得相应的闭环系统的特征多项式为

$$f^*(s)=(s+5)^2=s^2+10s+25$$

观测器的特征多项式为

$$\det[s\boldsymbol{I}-\boldsymbol{A}+\boldsymbol{EC}]=s^2+(5+e_1)s+(5e_1+e_2)$$

由两个多项式相等,有

$$\begin{cases}s+e_1=10\\5e_1+e_2=25\end{cases}$$

得

$$e_1=5,\quad e_2=0$$

即

$$\boldsymbol{E}=\begin{bmatrix}e_1\\e_2\end{bmatrix}=\begin{bmatrix}5\\0\end{bmatrix}$$

因此观测器状态方程为

$$\dot{\hat{\boldsymbol{x}}}=(\boldsymbol{A}-\boldsymbol{EC})\hat{\boldsymbol{x}}+\boldsymbol{B}\boldsymbol{u}+\boldsymbol{E}y=\begin{bmatrix}-5&1\\0&-5\end{bmatrix}\hat{\boldsymbol{x}}+\begin{bmatrix}0\\1\end{bmatrix}u+\begin{bmatrix}5\\0\end{bmatrix}y$$

6.17* 设计带观测器的状态反馈系统。

线性系统的传递函数为

$$\frac{Y(s)}{U(S)}=\frac{100}{s(s+5)}$$

动态方程为

$$\dot{\boldsymbol{x}}=\boldsymbol{A}\boldsymbol{x}+\boldsymbol{b}v$$
$$y=\boldsymbol{c}\boldsymbol{x}$$

式中

$$\boldsymbol{A}=\begin{bmatrix}0&1\\0&-5\end{bmatrix},\quad \boldsymbol{b}=\begin{bmatrix}0\\100\end{bmatrix},\quad \boldsymbol{c}=[1\quad 0]$$

要求设计状态反馈矩阵,使闭环系统的特征值 $s_{1,2}=-7.07\pm j7.07$,此时系统相应的阻尼比为 0.707,自然频率为 10rad/s。

假设状态 x_1 和 x_2 都不可测量，试设计一个全维状态观测器。

解　系统 $\Sigma_0=(\boldsymbol{A},\boldsymbol{b},\boldsymbol{c})$ 是完全能控的，故 $\boldsymbol{A}-\boldsymbol{bK}$ 的特征值可以任意配置；系统 $\Sigma_0=(\boldsymbol{A},\boldsymbol{B},\boldsymbol{C})$ 是完全能观测的，故可以由输入 u 和输出 y 构造一个观测器。

① 设计状态反馈矩阵 $\boldsymbol{K}$。设 $\boldsymbol{K}=[k_1\quad k_2]$，由极点配置的要求，可得相应的闭环系统的特征多项式为

$$\begin{aligned}f^*(s)&=(s-s_1)(s-s_2)=(s+7.07-\mathrm{j}7.07)(s+7.07+\mathrm{j}7.07)\\&=s^2+14.14s+100\end{aligned}$$

带状态反馈的闭环系统的特征多项式为

$$\det[s\boldsymbol{I}-\boldsymbol{A}+\boldsymbol{bK}]=s^2+(5+100k_2)s+100k_1$$

上述两个特征多项式的对应项系数相等，有

$$\begin{cases}5+100k_2=14.14\\100k_1=100\end{cases}$$

即

$$\begin{cases}k_2=\dfrac{9.14}{100}=0.0914\\k_1=\dfrac{100}{100}=1\end{cases}$$

因此

$$\boldsymbol{K}=[k_1\quad k_2]=[1\quad 0.0914]$$

② 设计观测器。设

$$\boldsymbol{E}=\begin{bmatrix}e_1\\e_2\end{bmatrix}$$

由极点配置要求，可得相应的闭环系统的特征多项式为

$$f^*(s)=(s+50)^2=s^2+100s+2500$$

观测器的特征多项式为

$$\det[s\boldsymbol{I}-\boldsymbol{A}+\boldsymbol{Ec}]=s^2+(5+e_1)s+5e_1+e_2$$

上述两个特征多项式的对应项系数相等，有

$$\begin{cases}100=5+e_1\\5e_1+e_2=2500\end{cases}$$

即

$$\begin{cases}e_1=95\\e_2=2025\end{cases}$$

因此

$$\boldsymbol{E}=\begin{bmatrix}e_1\\e_2\end{bmatrix}=\begin{bmatrix}95\\2025\end{bmatrix}$$

故观测器方程为

$$\dot{\hat{\boldsymbol{x}}} = (\boldsymbol{A}-\boldsymbol{EC})\,\hat{\boldsymbol{x}} + \boldsymbol{B}u + \boldsymbol{E}y = \begin{bmatrix} -95 & 1 \\ -2025 & -5 \end{bmatrix}\hat{\boldsymbol{x}} + \begin{bmatrix} 0 \\ 100 \end{bmatrix}u + \begin{bmatrix} 95 \\ 2025 \end{bmatrix}y$$

6.18* 已知系统状态方程与输出方程

$$\dot{\boldsymbol{x}} = \boldsymbol{A}\boldsymbol{x} + \boldsymbol{b}u$$

$$y = \boldsymbol{c}\boldsymbol{x}$$

式中

$$\boldsymbol{A} = \begin{bmatrix} 4 & 4 & 4 \\ -11 & -12 & -12 \\ 13 & 14 & 13 \end{bmatrix},\quad \boldsymbol{b} = \begin{bmatrix} 1 \\ -1 \\ 0 \end{bmatrix},\quad \boldsymbol{c} = \begin{bmatrix} 1 & 1 & 1 \end{bmatrix}$$

设计降维状态观测器，使观测器的极点为−3 和−4。

解 按设计降维观测器的步骤如下：

(1) 判断系统的能观性

因为

$$\text{rank}\boldsymbol{u}_o^{\mathrm{T}} = \text{rank}\begin{bmatrix} \boldsymbol{c} \\ \boldsymbol{cA} \\ \boldsymbol{cA}^2 \end{bmatrix} = \begin{bmatrix} 1 & 1 & 1 \\ 16 & 6 & 5 \\ 23 & 22 & 17 \end{bmatrix} = 3 = n$$

所以系统状态完全能观测。输出维数 $l=1$，可以构造 $(n-l)=(3-1)=2$ 维降状态观测器。

(2) 线性变换，分离状态变量

设非奇异变换矩阵为

$$\boldsymbol{P} = \begin{bmatrix} \boldsymbol{D} \\ \hline \boldsymbol{c} \end{bmatrix} = \begin{bmatrix} 0 & 0 & 1 \\ 0 & 1 & 0 \\ 1 & 1 & 1 \end{bmatrix}$$

则其逆为

$$\boldsymbol{P}^{-1} = \begin{bmatrix} -1 & -1 & 1 \\ 0 & 1 & 0 \\ 1 & 0 & 0 \end{bmatrix}$$

对系统进行线性变换 $\bar{\boldsymbol{x}} = \boldsymbol{P}\boldsymbol{x}$，则有

$$\dot{\bar{\boldsymbol{x}}} = \bar{\boldsymbol{A}}\,\bar{\boldsymbol{x}} + \bar{\boldsymbol{b}}u,\quad y = \bar{\boldsymbol{c}}\,\bar{\boldsymbol{x}}$$

式中

$$\bar{\boldsymbol{A}} = \boldsymbol{PAP}^{-1} = \begin{bmatrix} 0 & 0 & 1 \\ 0 & 1 & 0 \\ 1 & 1 & 1 \end{bmatrix}\begin{bmatrix} 4 & 4 & 4 \\ -11 & -12 & -12 \\ 13 & 14 & 13 \end{bmatrix}\begin{bmatrix} -1 & -1 & 1 \\ 0 & 1 & 0 \\ 1 & 0 & 0 \end{bmatrix}$$

$$= \begin{bmatrix} 0 & 1 & 3 \\ -1 & -1 & -11 \\ -1 & 0 & 6 \end{bmatrix}$$

$$\bar{\boldsymbol{b}}=\boldsymbol{P}\boldsymbol{b}=\begin{bmatrix}0&0&1\\0&1&0\\1&1&1\end{bmatrix}\begin{bmatrix}1\\-1\\1\end{bmatrix}=\begin{bmatrix}0\\-1\\0\end{bmatrix}$$

$$\bar{\boldsymbol{c}}=\boldsymbol{c}\boldsymbol{P}^{-1}=[1\quad 1\quad 1]\begin{bmatrix}-1&-1&1\\0&1&0\\1&0&0\end{bmatrix}=[0\quad 0\quad 1]$$

即变换后的系统状态方程与输出方程为

$$\begin{bmatrix}\dot{\bar{\boldsymbol{x}}}_1\\ \dot{\bar{\boldsymbol{x}}}_2\end{bmatrix}=\begin{bmatrix}\bar{\boldsymbol{A}}_{11}&\bar{\boldsymbol{A}}_{12}\\ \bar{\boldsymbol{A}}_{21}&\bar{\boldsymbol{A}}_{22}\end{bmatrix}\begin{bmatrix}\bar{\boldsymbol{x}}_1\\ \bar{\boldsymbol{x}}_2\end{bmatrix}+\begin{bmatrix}\bar{\boldsymbol{b}}_1\\ \bar{\boldsymbol{b}}_2\end{bmatrix}u=\begin{bmatrix}0&1&13\\-1&-1&-11\\-1&0&6\end{bmatrix}\begin{bmatrix}\bar{\boldsymbol{x}}_1\\ \bar{\boldsymbol{x}}_2\end{bmatrix}+\begin{bmatrix}0\\-1\\0\end{bmatrix}u$$

$$y=[0\quad 0\ \vdots\ 1]\begin{bmatrix}\boldsymbol{x}_1\\ \boldsymbol{x}_2\end{bmatrix}$$

(3) 设计降维状态观测器

依题意期望特征多项式为

$$\alpha^*(s)=(s+3)(s+4)=s^2+7s+12$$

设 $\bar{\boldsymbol{E}}=\begin{bmatrix}\bar{e}_1\\ \bar{e}_2\end{bmatrix}$,则有

$$(\bar{\boldsymbol{A}}_{11}-\bar{\boldsymbol{E}}\bar{\boldsymbol{A}}_{21})=\left\{\begin{bmatrix}0&1\\-1&-1\end{bmatrix}-\begin{bmatrix}\bar{e}_1\\ \bar{e}_2\end{bmatrix}[-1\quad 0]\right\}=\begin{bmatrix}\bar{e}_1&1\\-1+\bar{e}_2&-1\end{bmatrix}$$

于是

$$\det[s\boldsymbol{I}-(\bar{\boldsymbol{A}}_{11}-\bar{\boldsymbol{E}}\bar{\boldsymbol{A}}_{21})]=\det\begin{bmatrix}s-\bar{e}_1&-1\\1-\bar{e}_2&s+1\end{bmatrix}$$
$$=s^2+(-e_1+1)s-e_1-e_2+1$$

比较系数知 $\bar{e}_1=-6$,$\bar{e}_2=-5$,于是降维状态观测器的方程为

$$\dot{\boldsymbol{W}}=(\bar{\boldsymbol{A}}_{11}-\bar{\boldsymbol{E}}\bar{\boldsymbol{A}}_{21})\boldsymbol{W}+(\bar{\boldsymbol{b}}_1-\bar{\boldsymbol{E}}\,\bar{\boldsymbol{b}}_2)u+[\bar{\boldsymbol{A}}_{12}-\bar{\boldsymbol{E}}\bar{\boldsymbol{A}}_{22}+(\bar{\boldsymbol{A}}_{11}-\bar{\boldsymbol{E}}\bar{\boldsymbol{A}}_{21})\bar{\boldsymbol{E}}]y$$
$$=\begin{bmatrix}-6&1\\-6&-1\end{bmatrix}\boldsymbol{W}+\begin{bmatrix}0\\-1\end{bmatrix}u+\begin{bmatrix}80\\60\end{bmatrix}y$$

6.19** 给定系统的状态空间表达式为

$$\dot{\boldsymbol{x}}=\begin{bmatrix}0&0&0\\1&-1&0\\0&1&-1\end{bmatrix}\boldsymbol{x}+\begin{bmatrix}1\\0\\0\end{bmatrix}u$$
$$y=[0\quad 1\quad 1]\boldsymbol{x}$$

求状态反馈增益矩阵 $\boldsymbol{K}$,使反馈后闭环特征值为 $\lambda_1^*=-2$,$\lambda_{2,3}^*=-1\pm j\sqrt{3}$。

解 方法1

因为

$$\text{rank}[\boldsymbol{b}\quad \boldsymbol{Ab}\quad \boldsymbol{A}^2\boldsymbol{b}] = \text{rank}\begin{bmatrix}1 & 0 & 0\\ 0 & 1 & -1\\ 0 & 0 & 1\end{bmatrix} = 3$$

所以给定的系统是状态完全能控的，通过状态反馈控制律 $u=v-\boldsymbol{Kx}$ 能任意配置闭环特征值。下面求状态反馈增益矩阵 $\boldsymbol{K}$。

(1) $\det(s\boldsymbol{I}-\boldsymbol{A})=\det\begin{bmatrix}s & 0 & 0\\ -1 & s+1 & 0\\ 0 & -1 & s+1\end{bmatrix}=s^3+2s^2+s$

得 $a_1=2, a_2=1, a_3=0$。

(2) 理想特征多项式

$$\begin{aligned}(s-\lambda_1^*)(s-\lambda_2^*)(s-\lambda_3^*) &= (s+2)(s+1+\text{j}\sqrt{3})(s+1-\text{j}\sqrt{3})\\ &= s^3+4s^2+8s+8\end{aligned}$$

得 $a_1^*=4, a_2^*=8, a_3^*=8$。

(3) $\widetilde{\boldsymbol{K}}=[a_3^*-a_3\quad a_2^*-a_2\quad a_1^*-a_1]=[8\quad 7\quad 2]$

(4)

$$\boldsymbol{Q}=[\boldsymbol{b}\quad \boldsymbol{Ab}\quad \boldsymbol{A}^2\boldsymbol{b}]\cdot\begin{bmatrix}a_2 & a_1 & 1\\ a_1 & 1 & 0\\ 1 & 0 & 0\end{bmatrix}=\begin{bmatrix}1 & 0 & 0\\ 0 & 1 & -1\\ 0 & 0 & 1\end{bmatrix}\begin{bmatrix}1 & 2 & 1\\ 2 & 1 & 0\\ 1 & 0 & 0\end{bmatrix}=\begin{bmatrix}1 & 2 & 1\\ 1 & 1 & 0\\ 1 & 0 & 0\end{bmatrix}$$

(5) $\boldsymbol{P}=\boldsymbol{Q}^{-1}=\begin{bmatrix}1 & 2 & 1\\ 1 & 1 & 0\\ 1 & 0 & 0\end{bmatrix}^{-1}=\begin{bmatrix}0 & 0 & 1\\ 0 & 1 & -1\\ 1 & -2 & 1\end{bmatrix}$

(6) $\boldsymbol{K}=\widetilde{\boldsymbol{K}}\boldsymbol{P}=[8\quad 7\quad 2]\begin{bmatrix}0 & 0 & 1\\ 0 & 1 & -1\\ 1 & -2 & 1\end{bmatrix}=[2\quad 3\quad 3]$

于是状态反馈增益矩阵 $\boldsymbol{K}$ 可求出。此时闭环系统 Σ_K 的状态空间表达式为

$$\begin{aligned}\dot{\boldsymbol{x}} &= (\boldsymbol{A}-\boldsymbol{bK})\boldsymbol{x}+\boldsymbol{b}v\\ &= \left\{\begin{bmatrix}0 & 0 & 0\\ 1 & -1 & 0\\ 0 & 1 & -1\end{bmatrix}+\begin{bmatrix}1\\ 0\\ 0\end{bmatrix}[2\quad 3\quad 3]\right\}\boldsymbol{x}+\begin{bmatrix}1\\ 0\\ 0\end{bmatrix}v\\ &= \begin{bmatrix}-2 & -3 & -3\\ 1 & -1 & 0\\ 0 & 1 & -1\end{bmatrix}\boldsymbol{x}+\begin{bmatrix}1\\ 0\\ 0\end{bmatrix}v\end{aligned}$$

$$y=[0\quad 1\quad 1]\boldsymbol{x}$$

可以验证，闭环特征值的确为$-2,-1\pm \mathrm{j}\sqrt{3}$。而闭环传递函数矩阵为

$$g(s_j,\boldsymbol{K},\boldsymbol{L}) = g(s_j,\boldsymbol{K},\boldsymbol{I}) = \boldsymbol{c}\,(s\boldsymbol{I}-\boldsymbol{A}+\boldsymbol{b}\boldsymbol{K})^{-1}\boldsymbol{b}$$

$$= [0\quad 1\quad 1]\cdot \begin{bmatrix} s+2 & 3 & 3 \\ -1 & s+1 & 0 \\ 0 & -1 & s+1 \end{bmatrix}^{-1}\begin{bmatrix}1\\0\\0\end{bmatrix}$$

$$= \frac{(s+2)}{(s+2)(s^2+2s+4)} = \frac{1}{(s^2+2s+4)}$$

闭环系统的结构图如下：

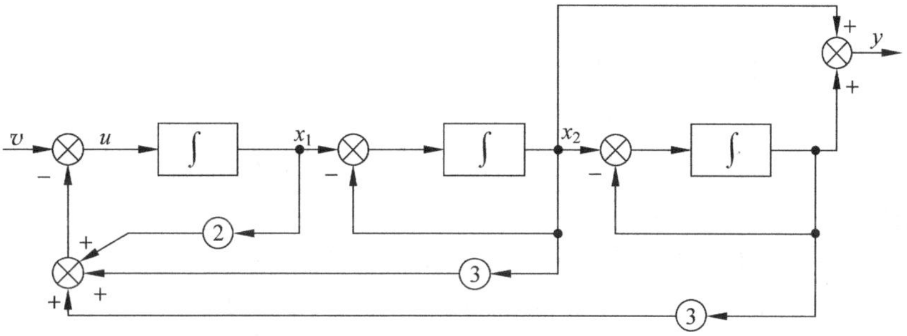

方法 2

设所需的状态反馈增益矩阵 $\boldsymbol{K}$ 为

$$\boldsymbol{K} = [k_1\quad k_2\quad k_3]$$

因为经过状态反馈 $u=v-\boldsymbol{K}\boldsymbol{x}$ 后，闭环系统的特征多项式为

$$\alpha(s) = \det(s\boldsymbol{I}-\boldsymbol{A}+\boldsymbol{b}\boldsymbol{K})$$

$$= \det\left\{\begin{bmatrix} s & 0 & 0 \\ 0 & s & 0 \\ 0 & 0 & s \end{bmatrix} - \begin{bmatrix} 0 & 0 & 0 \\ 1 & -1 & 0 \\ 0 & 1 & -1 \end{bmatrix} + \begin{bmatrix}1\\0\\0\end{bmatrix}[k_1\quad k_2\quad k_3]\right\}$$

$$= s^3 + (2+k_1)s^2 + (2k_1+k_2+1)s + (k_1+k_2+k_3)$$

根据要求的闭环期望极点，可求得闭环期望特征多项式为

$$\alpha^*(s) = (s+2)(s+1+\mathrm{j}\sqrt{3})(s+1-\mathrm{j}\sqrt{3}) = s^3+4s^2+8s+8$$

比较两多项式同次幂的系数，有 $2+k_1=4, 2k_1+k_2+1=8, k_1+k_2+k_3=8$。解之可得 $k_1=2, k_2=3, k_3=3$，即得状态反馈增益矩阵为 $\boldsymbol{K}=[2\quad 3\quad 3]$，与方法 1 的结果相同。

6.20** 给定多输入系统的状态方程为

$$\dot{\boldsymbol{x}} = \begin{bmatrix} 0 & 1 & 0 & 0 & 0 \\ 0 & 0 & 1 & 0 & 0 \\ 2 & 0 & 0 & 1 & 1 \\ 0 & 0 & 0 & 0 & 1 \\ 0 & 0 & 0 & -1 & -2 \end{bmatrix}\boldsymbol{x} + \begin{bmatrix} 0 & 0 \\ 0 & 0 \\ 1 & 0 \\ 0 & 0 \\ 0 & 1 \end{bmatrix}\boldsymbol{u}$$

和一组闭环期望特征值 $\lambda_1^* = -1, \lambda_{2,3}^* = -2 \pm j1, \lambda_{4,5}^* = -1 \pm j2$，试求对应的状态反馈增益矩阵 $\boldsymbol{K}$。

解 因为所给系统的状态方程已经是龙格伯标准型，故不需要进行等价变换，或者认为等价变换矩阵 $\boldsymbol{P}=\boldsymbol{I}$。设所需的 $\boldsymbol{K}$ 为

$$\boldsymbol{K} = \begin{bmatrix} k_{11} & k_{12} & k_{13} & k_{14} & k_{15} \\ k_{21} & k_{22} & k_{23} & k_{24} & k_{25} \end{bmatrix}$$

由式(6.5)有

$$(\boldsymbol{A}-\boldsymbol{BK}) = \begin{bmatrix} 0 & 1 & 0 & 0 & 0 \\ 0 & 0 & 1 & 0 & 0 \\ 2-k_{11} & -k_{12} & -k_{13} & 1-k_{14} & 1-k_{15} \\ 0 & 0 & 0 & 0 & 1 \\ -k_{21} & -k_{22} & -k_{23} & -1-k_{24} & -2-k_{25} \end{bmatrix} \tag{1}$$

而期望闭环特征多项式为

$$\begin{aligned} f^*(s) &= (s+1)(s+2-j1)(s+2+j1)(s+1-j2)(s+2+j2) \\ &= (s^3+5s^2+9s+5)(s^2+2s+5) = s^5+7s^4+24s^3+48s^2+55s+25 \end{aligned}$$

对应的理想系统矩阵为

$$(\boldsymbol{A}-\boldsymbol{BK}) = \begin{bmatrix} 0 & 1 & 0 & 0 & 0 \\ & 0 & 1 & 0 & 0 \\ & & 0 & 1 & 0 \\ & & & 0 & 1 \\ -25 & -55 & -48 & -24 & -7 \end{bmatrix} \tag{2}$$

比较式(1)、式(2)右边矩阵中各元素知

$$2-k_{11}=0, -k_{12}=0, -k_{13}=0, 1-k_{14}=1, 1-k_{15}=0$$

$$-k_{21}=-25, -k_{22}=-55, -k_{23}=-48, -1-k_{24}=-24, -2-k_{25}=-7$$

从而，不难得知

$$\boldsymbol{K} = \begin{bmatrix} 2 & 0 & 0 & 0 & 1 \\ 25 & 55 & 48 & 23 & 5 \end{bmatrix}$$

6.21** 已知受控系统的系数矩阵为

$$\boldsymbol{A} = \begin{bmatrix} 0 & 1 \\ -3 & -4 \end{bmatrix}, \quad \boldsymbol{B} = \begin{bmatrix} 0 \\ 1 \end{bmatrix}$$

利用 MATLAB 直接计算来设计状态反馈矩阵，使闭环极点为−4 和−5。

解 程序如下：

```
>>A=[0 1;-3-4];
B=[0 1]';
P=[-4-5];
syms k1 k2 s;
```

```
K = [k1 k2];
eg = Simple(det(s * diag(diag(ones((size(A))))) - A + B * K))
f = 1;
for i = 1: 2
f = Simple(f * (s - P(i)));
end
f = f - eg;
[k1 k2] = solve(jacobian(f,'s'),subs(f,'s',0))
```

运行结果：

```
k1 = 17
k2 = 5
```

由运行结果显示可知系统状态反馈矩阵为 $\boldsymbol{K}=[17 \quad 5]$。

6.22** 已知倒立摆杆的线性模型 $\Sigma_0(\boldsymbol{A},\boldsymbol{b})$ 如下，运用 MATLAB 计算系统状态反馈矩阵 $\boldsymbol{K}$，使闭环极点为 -1、-2、$-1\pm j$，并计算闭环系统状态系数矩阵。

$$\boldsymbol{A}=\begin{bmatrix}0 & 1 & 0 & 0\\ 0 & 0 & -1 & 0\\ 0 & 0 & 0 & 1\\ 0 & 0 & 11 & 0\end{bmatrix},\quad \boldsymbol{b}=\begin{bmatrix}0\\ 1\\ 0\\ -1\end{bmatrix}$$

解 程序如下：

```
>>A = [0 1 0 0;0 0 -1 0;0 0 0 1;0 0 11 0];
b = [0 1 0 -1]';
P = [-1 -2 -1 - j -1 + j];
K = acker(A,b,P)
A - b * K
```

运行结果：

```
K =
  -0.4000   -1.0000   -21.4000   -6.0000
```

闭环系统状态矩阵为：

```
ans =
        0   1.0000         0         0
   0.4000   1.0000   20.4000    6.0000
        0        0         0    1.0000
  -0.4000  -1.0000  -10.4000   -6.0000
```

由运行结果知

$$\boldsymbol{K}=[-0.4 \quad -1 \quad -21.4 \quad -6]$$

闭环矩阵为

$$\bar{\boldsymbol{A}}=\begin{bmatrix}0 & 1 & 0 & 0\\ 0.4 & 1 & 20.4 & 6\\ 0 & 0 & 0 & 1\\ -0.4 & -1 & -10.4 & -6\end{bmatrix}$$

6.23** 已知控制系统的系数矩阵为

$$\boldsymbol{A}=\begin{bmatrix}-2.0 & -2.5 & -0.5\\ 1 & 0 & 0\\ 0 & 1 & 0\end{bmatrix},\quad \boldsymbol{B}=\begin{bmatrix}1\\ 0\\ 0\end{bmatrix}$$

设理想闭环系统的极点为 $s=-1、-2、-3$,试对其进行极点配置。

解 程序如下:

```
>>A = [ - 2 - 2.5 - 0.5;1 0 0;0 1 0];
B = [1 0 0]';
P = [ - 1 - 2 - 3];
K = acker(A,B,P)
Ac = A - B * K
eig(Ac)
```

运行结果:

```
K =
  4.0000   8.5000   6.5000
Ac =
    - 6   - 11   - 6
     1     0     0
     0     1     0
ans =
    - 3.0000
    - 2.0000
    - 1.0000
```

由运行结果显示可知配置过程是正确的。

6.24** 考虑给定的状态方程模型

$$\dot{\boldsymbol{x}}=\begin{bmatrix}0 & 1 & 0 & 0\\ 0 & 0 & -1 & 0\\ 0 & 0 & 0 & 1\\ 0 & 0 & 11 & 0\end{bmatrix}\boldsymbol{x}+\begin{bmatrix}0\\ 1\\ 0\\ -1\end{bmatrix}u,\quad y=[1\quad 2\quad 3\quad 4]\boldsymbol{x}$$

将闭环系统极点配置在 $s_{1,2,3,4}=-1、-2、-1\pm \mathrm{j}$。

解 将闭环系统配置在 $s_{1,2,3,4}=-1、-2、-1\pm \mathrm{j}$,可使用下面的 MATLAB 程序:

```
>>A = [0,1,0,0;0,0, - 1,0;0,0,0,1;0,0,11,0];
```

```
B=[0;1;0;-1];
eig(A)'
P=[-1;-2;-1+sqrt(-1);-1-sqrt(-1)];
K=place(A,B,P)
eig(A-B*K)'
```

运行结果：

```
ans =
    0   0   3.3166   -3.3166
K =
  -0.4000   -1.0000   -21.4000   -6.0000
ans =
   -2.0000   1.0000   -1.0000i   -1.0000+1.0000i   -1.0000
```

从上述程序运行结果还可看出，原系统的极点位置为 0,0,3.3166,−3.3166。

6.25** 某多输入多输出系统状态矩阵如下

$$\boldsymbol{A}=\begin{bmatrix}0&0&0\\0&0&1\\-1&-1&-3\end{bmatrix},\quad \boldsymbol{B}=\begin{bmatrix}1&0\\0&0\\0&1\end{bmatrix}$$

$$\boldsymbol{C}=\begin{bmatrix}1&1&0\\0&0&1\end{bmatrix},\quad \boldsymbol{D}=\begin{bmatrix}0&0\\0&0\end{bmatrix}$$

(1) 试求解其传递函数矩阵；

(2) 如系统可以解耦，那么设计解耦控制器，并将解耦后子系统的极点分别配置到−2，−3。

解

(1) 求解原系统的传递函数

程序如下：

```
%输入系统状态方程
>>A=[0 0 0;0 0 1;-1 -1 -3];
B=[1 0;0 0;0 1];
C=[1 1 0;0 0 1];
D=zeros(2,2);
%求解原系统的传递函数
>>[num2,den2]=ss2tf(A,B,C,D,2)
[num1,den1]=ss2tf(A,B,C,D,1)
```

运行结果：

```
num2 =
       0  0    1  0
       0  1    0  0
```

```
den2 =
      1   3    1   0
num1 =
      0   1    3   0
      0   0   -1   0
den1 =
      1   3    1   0
```

即

$$G(s) = \frac{1}{s^3 + 3s^2 + s}\begin{bmatrix} s^2 + 3s & s \\ -s & s^2 \end{bmatrix}$$

(2) 解耦控制器设计

程序如下：

```
%求解矩阵 E、F
>>[m,n] = size(C);
E = C(1,:) * B;
a(1) = 0;
for i = 2: m
for j = 0: n-1
E = [E;C(i,:) * A^j * B]
if rank(E) == i
a(i) = j
break
else
E = E(1: i-1,:)
end
end
end
R = inv(E);
F = C(1,:) * A^(a(1) + 1);
for i = 2: m
F = [F;C(i,:) * A^(a(i) + 1)]
end
%求解矩阵 K 及状态反馈后的系统矩阵
>>K = R * F
B1 = B * R
A1 = A - B * F
%求解状态反馈后的系统的传递函数
>>[numd1,dend1] = ss2tf(A1,B1,C,D,1)
[numd2,dend2] = ss2tf(A1,B1,C,D,2)
```

运行结果：

```
E =
   1     0
   0     1
a =
   0     0
F =
       0     0     1
     - 1   - 1   - 3
K =
       0     0     1
     - 1   - 1   - 3
B1 =
     1     0
     0     0
     0     1
A1 =
     0     0   - 1
     0     0     1
     0     0     0
numd1  =
       0     1     0     0
       0     0     0     0
dend1  =
       1     0     0     0
numd2  =
       0     0     0     0
       0     1     0     0
dend2  =
       1     0     0     0
```

即

$$\boldsymbol{G}(s)=\frac{1}{s^3}\begin{bmatrix}s^2 & 0\\0 & s^2\end{bmatrix}=\frac{1}{s}\begin{bmatrix}1 & 0\\0 & 1\end{bmatrix}$$

(3) 解耦系统极点配置

程序如下：

```
>>beta1 = - 2;
beta2 = - 3;
beta = [beta1,beta2];
L = zeros(size(C));
for i = 1: m
L(i,:) = C(i,:) * A - beta(i) * C(i,:)
```

```
end
F2 = R * L
A2 = A - B * F2
B2 = B * R
[numdp1,dendp1] = ss2tf(A2,B2,C,D,1)
[numdp2,dendp2] = ss2tf(A2,B2,C,D,2)
```

运行结果：

```
L =
     2     2     1
     0     0     0
L =
     2     2     1
    -1    -1     0
F2 =
     2     2     1
    -1    -1     0
A2 =
    -2    -2    -1
     0     0     1
     0     0    -3
B2 =
     1     0
     0     0
     0     1
numdp1 =
     0     1     3     0
     0     0     0     0
dendp1 =
     1     5     6     0
numdp2 =
     0     0     0     0
     0     1     2     0
dendp2 =
     1     5     6     0
```

即解耦后的传递函数矩阵为

$$\boldsymbol{G}(s)=\frac{1}{s^3+5s^2+6s}\begin{bmatrix} s^2+3s & 0 \\ 0 & s^2+2s \end{bmatrix}=\begin{bmatrix} \dfrac{1}{s+2} & 0 \\ 0 & \dfrac{1}{s+3} \end{bmatrix}$$

6.26** 已知系统的状态方程为

$$\dot{\boldsymbol{x}} = \begin{bmatrix} 0 & 1 & 0 & 0 \\ 0 & 0 & -1 & 0 \\ 0 & 0 & 0 & 1 \\ 0 & 0 & 11 & 0 \end{bmatrix}\boldsymbol{x} + \begin{bmatrix} 0 \\ 1 \\ 0 \\ -1 \end{bmatrix}u$$

$$y = \begin{bmatrix} 1 & 0 & 0 & 0 \end{bmatrix}\boldsymbol{x}$$

(1) 试判别其可观性；

(2) 若系统可观，则试设计全维状态观测器，使得闭环系统的极点为 −2、−3 与 −2+i、−2−i。

解

(1) 判别系统可观性

程序如下：

```
%输入系统状态方程
>>a = [0 1 0 0;0 0 - 1 0;0 0 0 1;0 0 11 0];
b = [0;1;0; - 1];
c = [1 0 0 0];
n = 4;
%计算能观性矩阵
>>ob = obsv(a,c);
%计算能观性矩阵的秩
>>roam = rank(ob);
%判别系统可观性
>>if roam == n
disp('System is obserbable')
elseif roam~ = n
disp('System is no obserbable')
end
```

运行结果：

```
System is obserbable
```

(2) 设计全维状态观测器

程序如下：

```
%输入系统状态方程
>>a = [0 1 0 0;0 0 - 1 0;0 0 0 1;0 0 11 0];
b = [0;1;0; - 1];
c = [1 0 0 0];
%求解反馈增益阵
p1 = [ - 2 - 3 - 2 + i - 2 - i];
a1 = a';
```

```
b1 = c';
c1 = b';
K = acker(a1,b1,p1);
%求解系统矩阵
h = (K)'
ahc = a - h * c
```

运行结果：

```
h =
      9
     42
   - 148
   - 492
ahc =
    - 9   1     0   0
   - 42   0   - 1   0
    148   0     0   1
    492   0    11   0
```

即全维状态观测器为

$$\dot{\hat{\boldsymbol{x}}} = \begin{bmatrix} -9 & 1 & 0 & 0 \\ -42 & 0 & -1 & 0 \\ 148 & 0 & 0 & 1 \\ 492 & 0 & 11 & 0 \end{bmatrix} \hat{\boldsymbol{x}} + \begin{bmatrix} 0 \\ 1 \\ 0 \\ -1 \end{bmatrix} u + \begin{bmatrix} 9 \\ 42 \\ -148 \\ -492 \end{bmatrix} y$$

6.27** 为题 6.26** 所示系统设计三维状态观测器，使得闭环系统的极点为 -3、$-2+\mathrm{i}$ 和 $-2-\mathrm{i}$。

解 设计三阶降维状态观测器。为便于设计三阶状态观测器，其状态变量表达式可改写为

$$\begin{bmatrix} \dot{x}_2 \\ \dot{x}_3 \\ \dot{x}_4 \\ \dot{x}_1 \end{bmatrix} = \begin{bmatrix} 0 & -1 & 0 & 0 \\ 0 & 0 & 1 & 0 \\ 0 & 11 & 0 & 0 \\ 1 & 0 & 0 & 0 \end{bmatrix} \begin{bmatrix} x_2 \\ x_3 \\ x_4 \\ x_1 \end{bmatrix} + \begin{bmatrix} 1 \\ 0 \\ -1 \\ 0 \end{bmatrix} u$$

$$y = \begin{bmatrix} 0 & 0 & 0 & 1 \end{bmatrix} \begin{bmatrix} x_2 \\ x_3 \\ x_4 \\ x_1 \end{bmatrix} = x_1$$

x_1 直接由 y 提供，可只设计三阶状态观测器。

程序如下：

```
% 输入系统状态方程
>>a = [0 - 1 0 0;0 0 1 0;0 11 0 0;1 0 0 0];
b = [1;0; - 1;0];
c = [0 0 0 1];
a11 = [a(1: 3,1: 3)];
a12 = [a(1: 3,4)];
a21 = [a(4,1: 3)];
a22 = [a(4,4)];
b1 = b(1: 3,1);
b2 = b(4,1);
a1 = a11;
c1 = a21;
ax = (a1)';
bx = (c1)';
% 求解反馈增益阵
p = [ - 3 - 2 + i - 2 - i];
K = acker(ax,bx,p);
% 求解系统矩阵
h = K'
ahaz = (a11 - h * a21)
bhbu = b1 - h * b2
ahay = (a11 - h * a21) * h + a12 - h * a22
```

运行结果：

```
h =
     7
   - 28
   - 92
ahaz =
      - 7   - 1   0
       28     0   1
       92    11   0
bhbu =
        1
        0
      - 1
ahay =
      - 21
      104
      336
```

即降维状态观测器为

$$\begin{cases} \dot{\boldsymbol{w}} = \begin{bmatrix} -7 & -1 & 0 \\ 28 & 0 & 1 \\ 92 & 11 & 0 \end{bmatrix} \boldsymbol{w} + \begin{bmatrix} 1 \\ 0 \\ -1 \end{bmatrix} u + \begin{bmatrix} -21 \\ 104 \\ 336 \end{bmatrix} y \\ \hat{\boldsymbol{x}}_2 = \begin{bmatrix} \hat{x}_2 \\ \hat{x}_3 \\ \hat{x}_4 \end{bmatrix} = \boldsymbol{w} + \begin{bmatrix} 7 \\ -28 \\ -92 \end{bmatrix} y \end{cases}$$

第7章 最优控制

最优控制是现代控制理论的重要组成部分，其研究对象为控制系统，中心问题是给定一个控制系统，选择控制规律，使系统在某种意义上是最优的。本章主要涉及最优控制问题的提法和一些基本求解方法，如变分法、最大值原理和动态规划等。为系统最优控制的设计，特别是线性二次型性能指标和快速控制问题提供方法和理论基础。

最优控制的一般提法如下。

设状态方程和初始条件为

$$\left.\begin{aligned}\dot{\boldsymbol{x}}(t) &= \boldsymbol{f}(\boldsymbol{x}(t),\boldsymbol{u}(t),t)\\ \boldsymbol{x}(t)\big|_{t=t_0} &= \boldsymbol{x}_0\end{aligned}\right\}\tag{7.1}$$

目标集为 $S=\{\boldsymbol{x}(T)\,|\,\psi(\boldsymbol{x}(T),T)=0\}$，在容许控制域 $\boldsymbol{U}$ 中，选取控制 $\boldsymbol{u}(t)$，使在时间间隔 $[t_0,T]$ 内，将系统初始状态 $\boldsymbol{x}_0$ 转移到目标集 S 上，并使性能指标

$$J(\boldsymbol{u}(\cdot)) = \varphi(\boldsymbol{x}(T),T) + \int_{t_0}^{T} L(\boldsymbol{x}(t),\boldsymbol{u}(t),t)\mathrm{d}t \tag{7.2}$$

有极值(极大值或极小值)。

满足上述要求的控制称为最优控制，记为 $\boldsymbol{u}^*(t)$，所对应的轨线称为最优轨线，记为 $\boldsymbol{x}^*(t)$。

7.1 求解最优控制的变分方法

求解最优控制问题，实际上就是一个求泛函极值的问题。而泛函极值的求取依赖于变分法。变分法的基本问题是在给定的函数集中，求一个函数使泛函有极值。

7.1.1 泛函与变分法

泛函是函数的函数，但绝不是复合函数。泛函的自变量是一个函数，称为宗量。宗量的改变量 $\bar{\boldsymbol{x}}(t)-\boldsymbol{x}(t)$ 称宗量的变分，记为

$$\delta x(t)=\bar{x}(t)-x(t) \tag{7.3}$$

泛函相应的增量可表示为

$$\Delta J(x(\cdot))=J(x(\cdot)+\delta x)-J(x(\cdot))=L(x,\delta x)+r(x,\delta x) \tag{7.4}$$

其中 $L(x,\delta x)$ 是关于 δx 的线性连续泛函，$r(x,\delta x)$ 是关于 δx 的高阶无穷小，称 $L(x,\delta x)$ 为泛函的变分，记为 $\delta J=L(x,\delta x)$。

定理 7.1 泛函的变分可写为

$$\delta J=\frac{\partial}{\partial \varepsilon}J(x+\varepsilon\delta x)\Big|_{\varepsilon=0} \tag{7.5}$$

定理 7.2 若泛函 $J(x)$ 有极值，则必有 $\delta J=0$。

7.1.2 欧拉方程

$$\frac{\partial F}{\partial x}-\frac{\mathrm{d}}{\mathrm{d}t}\cdot\frac{\partial F}{\partial \dot{x}}=0 \tag{7.6}$$

称为欧拉方程。它是一个二阶常微分方程，在两端固定的问题中，通解中的两个任意常数，由边界条件确定。

若泛函有极值，极值函数必满足欧拉方程。它给出极值的必要条件。

7.1.3 横截条件

为叙述方便，常把曲线的初始端称为左端，把终端称为右端。当左端固定，右端可在一条给定曲线上变动时，称为右端可动的变分问题。

$$\left[F+(\dot{\varphi}-\dot{x})\frac{\partial F}{\partial \dot{x}}\right]\Bigg|_{T}=0 \tag{7.7}$$

此条件称为横截条件。用同样的方法，可分析左端可动和两端均可动的问题。

7.1.4 含有多个未知函数泛函的极值

设泛函为

$$J(x_1,\cdots,x_n)=\int_{t_0}^{T}F(\dot{x}_1,\cdots,\dot{x}_n;\ x_1,\cdots,x_n;\ t)\mathrm{d}t \tag{7.8}$$

其中 $x_i(t),i=1,2,\cdots,n$，是具有二阶连续导数的函数，边界值为

$$\left.\begin{aligned}x_i(t)\mid_{t=0}&=x_{i0}, & i&=1,2,\cdots,n\\ x_i(t)\mid_{t=T}&=x_{iT}, & i&=1,2,\cdots,n\end{aligned}\right\} \tag{7.9}$$

为简单起见，写成向量形式，令

$$
\boldsymbol{x}=\begin{bmatrix}x_1\\ \vdots\\ x_n\end{bmatrix},\quad \dot{\boldsymbol{x}}=\begin{bmatrix}\dot{x}_1\\ \vdots\\ \dot{x}_n\end{bmatrix},\quad \frac{\partial F}{\partial \dot{\boldsymbol{x}}}=\begin{bmatrix}\dfrac{\partial F}{\partial \dot{x}_1}\\ \vdots\\ \dfrac{\partial F}{\partial \dot{x}_n}\end{bmatrix}
$$

则欧拉方程为

$$
\frac{\partial F}{\partial \boldsymbol{x}}-\frac{\mathrm{d}}{\mathrm{d}t}\cdot\frac{\partial F}{\partial \dot{\boldsymbol{x}}}=\boldsymbol{0} \tag{7.10}
$$

固定端的边界条件为

$$
\boldsymbol{x}\,|_{t=t_0}=\boldsymbol{x}_0,\quad \boldsymbol{x}\,|_{t=T}=\boldsymbol{x}_T \tag{7.11}
$$

对右端可动的约束问题,其横截条件为

$$
\left[F+(\dot{\boldsymbol{\Phi}}-\dot{\boldsymbol{x}})^{\mathrm{T}}\frac{\partial F}{\partial \dot{\boldsymbol{x}}}\right]\Bigg|_T=0 \tag{7.12}
$$

其中$\Phi=[\varphi_1(t),\cdots,\varphi_n(t)]^{\mathrm{T}}$。

7.1.5　条件极值

求泛函

$$
J=\int_{t_0}^{T}F(\dot{\boldsymbol{x}},\boldsymbol{x},t)\mathrm{d}t
$$

在约束条件 $\boldsymbol{f}(\dot{\boldsymbol{x}},\boldsymbol{x},t)=\boldsymbol{0}$ 下的极值曲线。这类问题称条件极值。其中 $\boldsymbol{x}$ 为 n 维向量,$\boldsymbol{f}(\dot{\boldsymbol{x}},\boldsymbol{x},t)=\boldsymbol{0}$ 为 m 维向量函数,$m\leqslant n$。

其解法与函数的条件极值类似,可引进乘子$\lambda(t)=(\lambda_1(t),\cdots,\lambda_n(t))^{\mathrm{T}}$,构造新的函数和泛函

$$
F^{*}=F+\lambda^{\mathrm{T}}\boldsymbol{f} \tag{7.13}
$$

$$
\hat{J}=\int_{t_0}^{T}(F+\lambda^{\mathrm{T}}\boldsymbol{f})\mathrm{d}t=\int_{t_0}^{T}F^{*}\,\mathrm{d}t \tag{7.14}
$$

其欧拉方程为

$$
\frac{\partial F^{*}}{\partial \boldsymbol{x}}-\frac{\mathrm{d}}{\mathrm{d}t}\cdot\frac{\partial F^{*}}{\partial \dot{\boldsymbol{x}}}=\boldsymbol{0}
$$

再加上约束方程

$$
\frac{\partial F^{*}}{\partial \lambda}-\frac{\mathrm{d}}{\mathrm{d}t}\cdot\frac{\partial F^{*}}{\partial \dot{\lambda}}=\boldsymbol{f}=\boldsymbol{0}
$$

以及有关的边界条件就可以求解了。

7.1.6　最优控制问题的变分解法

为方便且不失一般性,假设轨线左端固定,即初始状态给定,末端(轨线右端)可有不同情况。

1. 自由端问题

设区间$[t_0,T]$给定，轨线右端 $\boldsymbol{x}(T)$自由，这样的最优控制问题称自由端问题。所满足的必要条件，可归纳为以下几点

(1) H 函数

$$H = L(\boldsymbol{x},\lambda,t) + \lambda^{\mathrm{T}}(t)\boldsymbol{f}(\boldsymbol{x},\boldsymbol{u},t) \tag{7.15}$$

称为哈密顿函数。

乘子$\lambda(t)$称伴随变量，它满足如下方程：

$$\dot{\lambda}(t) = -\frac{\partial H}{\partial \boldsymbol{x}} = -\frac{\partial L}{\partial \boldsymbol{x}} - \left(\frac{\partial \boldsymbol{f}}{\partial \boldsymbol{x}}\right)^{\mathrm{T}}\lambda \tag{7.16}$$

式(7.16)称为伴随方程。

$$\lambda(T) = \frac{\partial \varphi(\boldsymbol{x}(T))}{\partial \boldsymbol{x}(T)} \tag{7.17}$$

式(7.17)称为横截条件或边界条件。

(2) 最优控制所满足的必要条件为$\dfrac{\partial H}{\partial \boldsymbol{u}}=\boldsymbol{0}$，说明哈密顿函数 H 对最优控制 $\boldsymbol{u}$ 有极值或稳态值，通常称极值条件。

(3) 函数 H 沿最优轨线的变化规律，将 H 对 t 求全导数

$$\frac{\mathrm{d}H}{\mathrm{d}t} = \left(\frac{\partial H}{\partial \boldsymbol{x}}\right)^{\mathrm{T}}\dot{\boldsymbol{x}} + \left(\frac{\partial H}{\partial \boldsymbol{u}}\right)^{\mathrm{T}}\dot{\boldsymbol{u}} + \left(\frac{\partial H}{\partial \lambda}\right)^{\mathrm{T}}\dot{\lambda} + \frac{\partial H}{\partial t}$$

由极值的必要条件和正则方程，可得出

$$\frac{\mathrm{d}H}{\mathrm{d}t} = \frac{\partial H}{\partial t} \tag{7.18}$$

2. 固定端问题

终点时间和终点状态都是固定的问题称固定端问题。设系统的状态方程为式(7.1)，初始状态和终点状态已知：

$$\boldsymbol{x}(t)\mid_{t=t_0} = \boldsymbol{x}_0, \quad \boldsymbol{x}(t)\mid_T = \boldsymbol{x}_T \tag{7.19}$$

性能指标为

$$J = \int_{t_0}^{T} L(\boldsymbol{x},\boldsymbol{u},t)\mathrm{d}t \tag{7.20}$$

因为 $\boldsymbol{x}_T$ 固定，在指标中没有必要加上终端项。

为使 $\boldsymbol{u}^*(t)$为最优控制，$\boldsymbol{x}^*(t)$为最优轨线，必存在一向量函数$\lambda^*(t)$，使得 $\boldsymbol{x}^*(t)$和$\lambda^*(t)$满足正则方程

$$\dot{\boldsymbol{x}} = \frac{\partial H}{\partial \lambda}, \quad \dot{\lambda} = -\frac{\partial H}{\partial \boldsymbol{x}}$$

和边界条件

$$\boldsymbol{x}(t_0) = \boldsymbol{x}_0, \quad \boldsymbol{x}(T) = \boldsymbol{x}_T$$

其中 H 为哈密顿函数，它对最优控制 $\boldsymbol{u}^*$ 有稳态值，即

$$\frac{\partial H}{\partial \boldsymbol{u}} = \mathbf{0}$$

3. 末端受限问题

如果末端状态 $\boldsymbol{x}(T)$既不完全固定,也不完全自由,而受一定的约束,其约束方程为

$$g_j(\boldsymbol{x}(T)) = 0, \quad j = 1,2,\cdots,k < n$$

其向量形式为

$$\boldsymbol{G}(\boldsymbol{x}(T)) = \mathbf{0} \tag{7.21}$$

这时 $\boldsymbol{x}(T)$的取值集合为 $\boldsymbol{S}=\{\boldsymbol{x}(T)\mid \boldsymbol{G}(\boldsymbol{x}(T))=\mathbf{0}\}$,这样的最优控制问题称末端受限问题。

为使 $\boldsymbol{u}(t)$为最优控制,$\boldsymbol{x}(t)$为最优轨线,必存在一向量函数$\lambda(t)$和一常向量 v,$\boldsymbol{x}(t)$和$\lambda(t)$满足正则方程(7.1)和$\dot{\lambda}=-\frac{\partial H}{\partial \boldsymbol{x}}$及相应的边界条件

$$\dot{\boldsymbol{x}}(t) = \frac{\partial H}{\partial \lambda}, \quad \boldsymbol{x}(t)\mid_{t_0} = \boldsymbol{x}_0$$

$$\dot{\lambda}(t) = -\frac{\partial H}{\partial \boldsymbol{x}}, \quad \lambda(t)\mid_T = \frac{\partial \Phi(\boldsymbol{x}(T))}{\partial \boldsymbol{x}(T)} = \frac{\partial \varphi(\boldsymbol{x}(T))}{\partial \boldsymbol{x}(T)} + v^{T}\frac{\partial \boldsymbol{G}(\boldsymbol{x}(T))}{\partial \boldsymbol{x}(T)}$$

其中哈密顿函数 $H(\boldsymbol{x},\lambda,\boldsymbol{u},t)=L(\boldsymbol{x},\boldsymbol{u},t)+\lambda(t)^{\mathrm{T}}\boldsymbol{f}(\boldsymbol{x},\boldsymbol{u},t)$满足极值条件$\frac{\partial H}{\partial \boldsymbol{u}}=\mathbf{0}$。

4. 终值时间 T 自由的问题

终点时间 T 可变的最优控制问题称为终点时间自由的问题。

为使 $\boldsymbol{u}(t)$为最优控制,$\boldsymbol{x}(t)$为最优轨线,必存在一向量函数$\lambda(t)$,满足正则方程和相应的边界条件

$$\dot{\boldsymbol{x}}(t) = \frac{\partial H}{\partial \lambda}, \quad \boldsymbol{x}(t)\mid_{t_0} = \boldsymbol{x}_0$$

$$\dot{\lambda}(t) = -\frac{\partial H}{\partial \boldsymbol{x}}, \quad \lambda(t)\mid_T = \frac{\partial \varphi(\boldsymbol{x}(T),T)}{\partial \boldsymbol{x}(T)}$$

其中 H 为哈密顿函数,且对最优控制有稳定值$\frac{\partial H}{\partial \boldsymbol{u}}=\mathbf{0}$,并在终点时间有

$$H\mid_T = \frac{\partial \varphi(\boldsymbol{x}(T),T)}{\partial T}$$

7.2 最大值原理

7.2.1 最大值原理

设函数 $\boldsymbol{f}(\boldsymbol{x},\boldsymbol{u},t)$,$\varphi(\boldsymbol{x}(T),T)$和 $L(\boldsymbol{x},\boldsymbol{u},t)$对变元 $\boldsymbol{x}$ 与 t 连续,并对变元 $\boldsymbol{x}$ 与 t 有连续的一阶偏导数,容许控制 $\boldsymbol{u}(t)$可以是分段连续函数。由微分方程的理论可

知,状态方程的解存在且唯一,并且是连续和分段可微分的。

定理 7.3(最小值原理) 设 $\boldsymbol{u}(t)$为容许控制,$\boldsymbol{x}(t)$为对应的积分轨线,为使 $\boldsymbol{u}^*(t)$为最优控制,$\boldsymbol{x}^*(t)$为最优轨线,必存在一向量函数$\lambda(t)$,使得 $\boldsymbol{x}^*(t)$和$\lambda(t)$满足正则方程$\dot{\boldsymbol{x}}(t)=\frac{\partial H}{\partial \lambda}$和$\dot{\lambda}(t)=-\frac{\partial H}{\partial \boldsymbol{x}}$,且 H 函数在任何时刻t,相对于最优控制 $\boldsymbol{u}^*(t)$有极小值,即

$$\min_{\boldsymbol{u}\in U} H(\boldsymbol{x}^*(t),\lambda(t),\boldsymbol{u}(t),t) = H(\boldsymbol{x}^*(t),\lambda(t),\boldsymbol{u}^*(t),t) \tag{7.22}$$

其中 U 为容许控制集

7.2.2 古典变分法与最小值原理

古典变分法适用的范围是对 $\boldsymbol{u}$ 无约束,而最小值原理一般都适用。特别当 $\boldsymbol{u}$ 不受约束时,条件

$$\min_{\boldsymbol{u}\in U} H(\boldsymbol{x}^*,\boldsymbol{\lambda},\boldsymbol{u},t) \tag{7.23}$$

就等价于条件

$$\frac{\partial H}{\partial \boldsymbol{u}} = \boldsymbol{0} \tag{7.24}$$

变分法的问题是求 $\boldsymbol{x}(t)$使 J 有极小值。极值曲线满足欧拉方程

$$\frac{\partial F}{\partial \boldsymbol{x}} - \frac{\mathrm{d}}{\mathrm{d}t}\frac{\partial F}{\partial \dot{\boldsymbol{x}}} = \boldsymbol{0} \tag{7.25}$$

另一方面,若令$\dot{\boldsymbol{x}}=\boldsymbol{u}$,并将其看成状态方程,这时问题变为求 $\boldsymbol{u}$ 使

$$J = \int_{t_0}^{T} F(\boldsymbol{x},\boldsymbol{u},t)\mathrm{d}t \tag{7.26}$$

有极小值。

7.3 动态规划

动态规划是求解最优控制的又一种方法,特别对离散型控制系统更为有效,而且得出的是综合控制函数。这种方法来源于多决策过程,并由贝尔曼首先提出,故称贝尔曼动态规划。

7.3.1 多级决策过程与最优性原理

设目标函数为

$$J = J(\boldsymbol{x}_0,\boldsymbol{x}_1,\cdots,\boldsymbol{x}_{N-1};\ \boldsymbol{u}_0,\boldsymbol{u}_1,\cdots,\boldsymbol{u}_{N-1}) \tag{7.27}$$

在实际问题中,指标函数多是各级指标之和,一般表示为

$$J = \sum_{k=0}^{N-1} L(\boldsymbol{x}_k,\boldsymbol{u}_k) \tag{7.28}$$

最优性原理的数学表达式可写为

$$\begin{aligned} J^*(\boldsymbol{x}_0) &= \underset{\boldsymbol{u}_0,\cdots,\boldsymbol{u}_{N-1}}{\mathrm{opt}}\left(\sum_{k=0}^{N-1} L(\boldsymbol{x}_k,\boldsymbol{u}_k)\right) \\ &= \underset{\boldsymbol{u}_0}{\mathrm{opt}}(L(\boldsymbol{x}_0,\boldsymbol{u}_0)) + \underset{\boldsymbol{u}_0,\cdots,\boldsymbol{u}_{N-1}}{\mathrm{opt}}\left(\sum_{k=1}^{N-1} L(\boldsymbol{x}_k,\boldsymbol{u}_k)\right) \\ &= \underset{\boldsymbol{u}_0}{\mathrm{opt}}(L(\boldsymbol{x}_0,\boldsymbol{u}_0) + J^*(\boldsymbol{x}_1)) \end{aligned} \tag{7.29}$$

7.3.2 离散系统动态规划

设有 n 阶离散系统

$$\boldsymbol{x}_{k+1} = f(\boldsymbol{x}_k,\boldsymbol{u}_k), \quad k = 0,\cdots,N-1 \tag{7.30}$$

其中状态向量 $\boldsymbol{x}_k$ 是 n 维向量，决策向量 $\boldsymbol{u}_k$ 是 m 维向量，其性能指标为

$$J = \sum_{k=0}^{N-1} L(\boldsymbol{x}_k,\boldsymbol{u}_k) \tag{7.31}$$

问题是求决策向量 $\boldsymbol{u}_0,\cdots,\boldsymbol{u}_{N-1}$，使 J 有最小值(或最大值)，其终点可自由，也可固定或受约束。

7.3.3 连续系统的动态规划

考虑 n 阶连续的最优控制问题，状态方程和初始条件为式(7.1)，且 $\boldsymbol{u}(t)\in\boldsymbol{U}$，$\boldsymbol{U}$ 为 m 维欧氏空间中的一个闭集。性能指标为

$$J = \varphi(\boldsymbol{x}(T),T) + \int_{t_0}^{T} L(\boldsymbol{x},\boldsymbol{u},t)\mathrm{d}t \tag{7.32}$$

目标集为

$$\boldsymbol{S} = \{\boldsymbol{x}(T) \mid \varphi(\boldsymbol{x}(T),T) = 0\} \tag{7.33}$$

从容许控制中选出控制 $\boldsymbol{u}(t)$，使系统状态从 t_0 时的 $\boldsymbol{x}_0$ 开始，在 $t=T$ 时到达指定的目标集 $\boldsymbol{S}$ 且使泛函 J 有最小值。

引进记号 $V(\boldsymbol{x},t)$，即

$$V(\boldsymbol{x},t) = J(\boldsymbol{x}^*(t),\boldsymbol{u}^*(t)) = \min_{\boldsymbol{u}(t)\in\boldsymbol{U}} J(\boldsymbol{x}(t),\boldsymbol{u}(t)) \tag{7.34}$$

式中，$\boldsymbol{u}^*(t)$是最优控制；$\boldsymbol{x}^*(t)$是对应于 $\boldsymbol{u}^*(t)$的最优轨线。

连续型动态规划方程为

$$\frac{\partial V}{\partial t} = -\min_{\boldsymbol{u}(t)\in\boldsymbol{U}}\left(L(\boldsymbol{x},\boldsymbol{u},t) + \left(\frac{\partial V(\boldsymbol{x},t)}{\partial \boldsymbol{x}}\right)^{\mathrm{T}} \boldsymbol{f}(\boldsymbol{x},\boldsymbol{u},t)\right) \tag{7.35}$$

7.4 线性二次型性能指标的最优控制

设系统的动态方程为

$$\dot{\boldsymbol{x}}(t) = \boldsymbol{A}(t)\boldsymbol{x}(t) + \boldsymbol{B}(t)\boldsymbol{u}(t) \tag{7.36}$$

$$\boldsymbol{y}(t)=\boldsymbol{C}(t)\boldsymbol{x}(t) \tag{7.37}$$

式中,$\boldsymbol{x}(t)$为 n 维状态向量; $\boldsymbol{u}(t)$为 r 维控制向量; $\boldsymbol{y}(t)$为 m 维输出向量; $\boldsymbol{A}(t)$、$\boldsymbol{B}(t)$和 $\boldsymbol{C}(t)$分别为 $n\times n$、$n\times r$ 和 $n\times m$ 阶矩阵。指标泛函为

$$J=\frac{1}{2}\boldsymbol{x}^{\mathrm{T}}(T)\boldsymbol{S}\boldsymbol{x}(T)+\frac{1}{2}\int_{t_0}^{T}(\boldsymbol{x}^{\mathrm{T}}(t)\boldsymbol{Q}(t)\boldsymbol{x}(t)+\boldsymbol{u}^{\mathrm{T}}(t)\boldsymbol{R}(t)\boldsymbol{u}(t))\mathrm{d}t \tag{7.38}$$

式中,矩阵 $\boldsymbol{S}$ 为半正定对称常数矩阵; $\boldsymbol{Q}(t)$为半正定对称时变矩阵; $\boldsymbol{R}(t)$为正定对称时变矩阵。时间间隔$[t_0,T]$是固定的。求 $\boldsymbol{u}(x,t)$使 J 有最小值,通常称 $\boldsymbol{u}(x,t)$为综合控制函数,这样的问题称线性二次型性能指标的最优控制问题。

7.4.1 状态调节器

考虑系统(7.36)和(7.37),所谓状态调节器,就是选择 $\boldsymbol{u}(t)$或 $\boldsymbol{u}(\boldsymbol{x},t)$,使性能指标(7.38)有最小值。

1. 末端自由问题

$$\dot{\boldsymbol{P}}(t)+\boldsymbol{P}(t)\boldsymbol{A}(t)+\boldsymbol{A}^{\mathrm{T}}(t)\boldsymbol{P}(t)-\boldsymbol{P}(t)\boldsymbol{B}(t)\boldsymbol{R}^{-1}(t)\boldsymbol{B}^{\mathrm{T}}(t)\boldsymbol{P}(t)+\boldsymbol{Q}(t)=\boldsymbol{0} \tag{7.39}$$

为关于矩阵 $\boldsymbol{P}(t)$的一阶非线性常微分方程,通常称为矩阵里卡蒂(Riccati)微分方程。其边界条件,为

$$\boldsymbol{P}(T)=\boldsymbol{S} \tag{7.40}$$

最优控制可表示为

$$\boldsymbol{u}^*(\boldsymbol{x},t)=-\boldsymbol{R}^{-1}(t)\boldsymbol{B}^{\mathrm{T}}(t)\boldsymbol{P}(t)\boldsymbol{x}$$

令

$$\boldsymbol{K}(t)=\boldsymbol{R}^{-1}(t)\boldsymbol{B}^{\mathrm{T}}(t)\boldsymbol{P}(t)$$

则有

$$\boldsymbol{u}^*(\boldsymbol{x},t)=-\boldsymbol{K}(t)\boldsymbol{x} \tag{7.41}$$

2. 固定端问题

设 $\boldsymbol{x}(T)=\boldsymbol{0}$,指标泛函为

$$J=\int_{t_0}^{T}(\boldsymbol{x}^{\mathrm{T}}(t)\boldsymbol{Q}(t)\boldsymbol{x}(t)+\boldsymbol{u}^{\mathrm{T}}(t)\boldsymbol{R}(t)\boldsymbol{u}(t))\mathrm{d}t$$

为此采用“补偿函数”法,即改用指标

$$J=\frac{1}{2}\boldsymbol{x}^{\mathrm{T}}(T)\boldsymbol{S}\boldsymbol{x}(T)+\frac{1}{2}\int_{t_0}^{T}(\boldsymbol{x}^{\mathrm{T}}(t)\boldsymbol{Q}(t)\boldsymbol{x}(t)+\boldsymbol{u}^{\mathrm{T}}(t)\boldsymbol{R}(t)\boldsymbol{u}(t))\mathrm{d}t$$

其中 $\boldsymbol{S}=\sigma\boldsymbol{I}$,当 $\boldsymbol{S}\to\infty(\sigma\to\infty)$时,$\boldsymbol{x}(T)\to 0$,即可满足边界条件。

因为边界条件 $\boldsymbol{P}(T)=\boldsymbol{S}\to\infty$,所以将里卡蒂方程改为逆里卡蒂方程更便于求解。

$$\dot{\boldsymbol{P}}^{-1}(t)-\boldsymbol{A}(t)\boldsymbol{P}^{-1}(t)-\boldsymbol{P}^{-1}(t)\boldsymbol{A}^{\mathrm{T}}(t)+\boldsymbol{B}(t)\boldsymbol{R}^{-1}(t)\boldsymbol{B}^{\mathrm{T}}(t)-\boldsymbol{P}^{-1}(t)\boldsymbol{Q}(t)\boldsymbol{P}^{-1}(t)=\boldsymbol{0} \tag{7.42}$$

式(7.42)称为逆里卡蒂方程,其边界条件为 $\boldsymbol{P}^{-1}(T)=\boldsymbol{S}^{-1}\to\boldsymbol{0}$,由此可解出 $\boldsymbol{P}^{-1}(t)$,然后再求其逆,便得到 $\boldsymbol{P}(t)$。

3. $T=\infty$的情况

当 $T=\infty$时,性能指标可写为

$$J=\frac{1}{2}\int_{t_0}^{\infty}(\boldsymbol{x}^{\mathrm{T}}(t)\boldsymbol{Q}(t)\boldsymbol{x}(t)+\boldsymbol{u}^{\mathrm{T}}(t)\boldsymbol{R}(t)\boldsymbol{u}(t))\mathrm{d}t \tag{7.43}$$

这样的问题称无限长时间调节器问题。

设 $\boldsymbol{P}(t,T)$是里卡蒂方程(7.39)满足边界条件

$$\boldsymbol{P}(t,T)=\boldsymbol{0} \tag{7.44}$$

的解,则

$$\lim_{T\to\infty}\boldsymbol{P}(t,T)=\overline{\boldsymbol{P}}(t) \tag{7.45}$$

存在,且为里卡蒂方程的解。其最优控制为 $\boldsymbol{u}^*(\boldsymbol{x},t)=-\boldsymbol{R}^{-1}(t)\boldsymbol{B}^{\mathrm{T}}(t)\overline{\boldsymbol{P}}(t)\boldsymbol{x}$,最优指标为

$$J^*=\frac{1}{2}\boldsymbol{x}^{\mathrm{T}}(t_0)\overline{\boldsymbol{P}}(t_0)\boldsymbol{x}(t_0)$$

7.4.2　输出调节器

系统的状态方程和输出方程为(7.36)和(7.37),如果将性能指标中的状态变量换为输出变量,指标泛函为

$$J=\frac{1}{2}\boldsymbol{y}^{\mathrm{T}}(T)\boldsymbol{S}\boldsymbol{y}(T)+\frac{1}{2}\int_{t_0}^{T}(\boldsymbol{y}^{\mathrm{T}}(t)\boldsymbol{Q}(t)\boldsymbol{y}(t)+\boldsymbol{u}^{\mathrm{T}}(t)\boldsymbol{R}(t)\boldsymbol{u}(t))\mathrm{d}t \tag{7.46}$$

求使 J 有极小值的控制。这样的问题称为输出调节器。

最优控制 $\boldsymbol{u}^*=-\boldsymbol{R}^{-1}(t)\boldsymbol{B}^{\mathrm{T}}(t)\boldsymbol{P}(t)\boldsymbol{x}(t)$,其中 $\boldsymbol{P}(t)$满足如下矩阵里卡蒂微分方程及边界条件:

$$\dot{\boldsymbol{P}}(t)+\boldsymbol{P}(t)\boldsymbol{A}(t)+\boldsymbol{A}^{\mathrm{T}}(t)\boldsymbol{P}(t)-\boldsymbol{P}(t)\boldsymbol{B}(t)\boldsymbol{R}^{-1}(t)\boldsymbol{B}^{\mathrm{T}}(t)\boldsymbol{P}(t)+\boldsymbol{C}^{\mathrm{T}}(t)\boldsymbol{Q}(t)\boldsymbol{C}(t)=\boldsymbol{0} \tag{7.47}$$

$$\boldsymbol{P}(T)=\boldsymbol{C}^{\mathrm{T}}(T)\boldsymbol{S}\boldsymbol{C}(T) \tag{7.48}$$

最优轨线满足方程

$$\begin{aligned}\dot{\boldsymbol{x}}(t)&=\boldsymbol{A}(t)\boldsymbol{x}(t)-\boldsymbol{B}(t)\boldsymbol{R}^{-1}(t)\boldsymbol{B}^{\mathrm{T}}(t)\boldsymbol{P}(t)\boldsymbol{x}(t)\\&=(\boldsymbol{A}(t)-\boldsymbol{B}(t)\boldsymbol{R}^{-1}(t)\boldsymbol{B}^{\mathrm{T}}(t)\boldsymbol{P}(t))\boldsymbol{x}(t)\end{aligned} \tag{7.49}$$

$$\boldsymbol{x}(t_0)=\boldsymbol{x}_0$$

最优指标为

$$J^* = \frac{1}{2}\boldsymbol{x}^{\mathrm{T}}(t_0)\boldsymbol{P}(t_0)\boldsymbol{x}(t_0) \tag{7.50}$$

7.4.3 跟踪问题

在实际中,选择控制使系统的输出跟踪某一理想的已知输出,这样的问题称为跟踪问题。问题的提法为,系统的方程为(7.36)和(7.37),设$\eta(t)$是已知的理想输出,令 $\boldsymbol{e}(t)=\boldsymbol{y}(t)-\eta(t)$,称为偏差量。

设指标泛函为

$$J = \frac{1}{2}\boldsymbol{e}^{\mathrm{T}}(T)\boldsymbol{S}\boldsymbol{e}(T) + \frac{1}{2}\int_{t_0}^{T}(\boldsymbol{e}^{\mathrm{T}}(t)\boldsymbol{Q}(t)\boldsymbol{e}(t) + \boldsymbol{u}^{\mathrm{T}}(t)\boldsymbol{R}(t)\boldsymbol{u}(t))\mathrm{d}t \tag{7.51}$$

最优控制为

$$\boldsymbol{u}^* = -\boldsymbol{R}^{-1}(t)\boldsymbol{B}^{\mathrm{T}}(t)\boldsymbol{P}(t)x + \boldsymbol{R}^{-1}(t)\boldsymbol{B}^{\mathrm{T}}(t)\xi(t) \tag{7.52}$$

其中 $\boldsymbol{P}(t)$和 $\xi(t)$满足如下矩阵里卡蒂微分方程及边界条件:

$$\dot{\boldsymbol{P}}(t) + \boldsymbol{P}(t)\boldsymbol{A}(t) + \boldsymbol{A}^{\mathrm{T}}(t)\boldsymbol{P}(t) - \boldsymbol{P}(t)\boldsymbol{B}(t)\boldsymbol{R}^{-1}(t)\boldsymbol{B}^{\mathrm{T}}(t)\boldsymbol{P}(t) + \boldsymbol{C}^{\mathrm{T}}(t)\boldsymbol{Q}(t)\boldsymbol{C}(t) = \boldsymbol{0} \tag{7.53}$$

和

$$\dot{\xi}(t) + (\boldsymbol{A}^{\mathrm{T}}(t) - \boldsymbol{P}(t)\boldsymbol{B}(t)\boldsymbol{R}^{-1}(t)\boldsymbol{B}^{\mathrm{T}}(t))\,\xi(t) + \boldsymbol{C}^{\mathrm{T}}(t)\boldsymbol{Q}(t)\,\eta(t) = \boldsymbol{0} \tag{7.54}$$

边界条件为

$$\boldsymbol{P}(T) = \boldsymbol{C}^{\mathrm{T}}(T)\boldsymbol{S}(T) \tag{7.55}$$

$$\xi(T) = \boldsymbol{C}^{\mathrm{T}}(T)\boldsymbol{S}\eta(T) \tag{7.56}$$

最优轨线方程为

$$\dot{\boldsymbol{x}}(t) = (\boldsymbol{A}(t) - \boldsymbol{B}(t)\boldsymbol{R}^{-1}(t)\boldsymbol{B}^{\mathrm{T}}(t)\boldsymbol{P}(t))\boldsymbol{x}(t) + \boldsymbol{B}(t)\boldsymbol{R}^{-1}(t)\boldsymbol{B}^{\mathrm{T}}(t)\,\xi(t) \tag{7.57}$$

$$\boldsymbol{x}(t_0) = \boldsymbol{x}_0$$

最优性能指标为

$$J^* = \frac{1}{2}\boldsymbol{x}^{\mathrm{T}}(t_0)\boldsymbol{P}(t_0)\boldsymbol{x}(t_0) - \xi^{\mathrm{T}}(t_0)\boldsymbol{x}(t_0) + \varphi(t_0) \tag{7.58}$$

其中 $\varphi(t)$满足下面微分方程和边界条件:

$$\dot{\varphi}(t) = -\frac{1}{2}\eta^{\mathrm{T}}(t)\boldsymbol{Q}(t)\,\eta(t) - \xi^{\mathrm{T}}(t)\boldsymbol{B}(t)\boldsymbol{R}^{-1}\boldsymbol{B}^{\mathrm{T}}(t)\,\eta(t) \tag{7.59}$$

$$\varphi(T) = \eta^{\mathrm{T}}(T)\boldsymbol{P}(T)\,\eta(T) \tag{7.60}$$

7.4.4 利用 MATLAB 求解最优控制

MATLAB 的控制系统工具箱提供了一个函数,可用来设计线性二次最优调节器。格式为

```
>>[K,P] = lqr(A,B,Q,R)
```

其中,(A,B)是给定的状态空间模型；(Q,R)分别是权矩阵 $\boldsymbol{Q}$ 和 $\boldsymbol{R}$；返回值 K 是状态反馈增益向量；P 是代数里卡蒂方程的解。

7.5　快速控制系统

设线性定常系统的状态方程为

$$\dot{\boldsymbol{x}}(t)=\boldsymbol{A}\boldsymbol{x}(t)+\boldsymbol{B}\boldsymbol{u}(t),\quad \boldsymbol{x}(t_0)=\boldsymbol{x}_0 \tag{7.61}$$

不失一般性,设约束为

$$|\boldsymbol{u}_i(t)|\leqslant 1,\quad i=1,2,\cdots,r \tag{7.62}$$

性能指标形式为

$$J=\int_{t_0}^{T}1\mathrm{d}t \tag{7.63}$$

其中时间上限 T 是可变的。试求一容许控制,将系统从状态 $\boldsymbol{x}_0$ 转移到平衡状态 $\boldsymbol{x}(T)=\boldsymbol{0}$,且所需时间最短。

对于上述快速控制问题,可以用最小值原理求解。为此构造哈密顿函数

$$H=1+\lambda^{\mathrm{T}}\boldsymbol{A}\boldsymbol{x}+\lambda^{\mathrm{T}}\boldsymbol{B}\boldsymbol{u}$$

令 $\boldsymbol{B}=[\boldsymbol{b}_1,\boldsymbol{b}_2,\cdots,\boldsymbol{b}_r]$,则

$$H=1+\lambda^{\mathrm{T}}\boldsymbol{A}\boldsymbol{x}+\sum_{i=1}^{r}\lambda^{\mathrm{T}}\boldsymbol{b}_i\boldsymbol{u}_i$$

由最小值原理,最优控制满足条件

$$u_i^*=-\operatorname{sign}\lambda^{\mathrm{T}}\boldsymbol{b},\quad i=1,2,\cdots,r$$

写成向量形式为

$$\boldsymbol{u}^*=-\operatorname{sign}\boldsymbol{B}^{\mathrm{T}}\lambda \tag{7.64}$$

若$\lambda^{\mathrm{T}}\boldsymbol{b}_i$,$i=1,2,\cdots,r$,在$[t_0,T]$上只有有限个零点,则每一控制分量 u_i^* 均在两个极端值间来回跳跃,即 u_i^* 是分段常值函数,跳跃点就在$\lambda^{\mathrm{T}}\boldsymbol{b}_i=0$ 的诸点上,这样的快速系统称正常系统。

习题与解答

7.1　设有一阶系统$\dot{x}=-x+u$,$x(0)=3$。试确定最优控制函数 $u(t)$,在 $t=2$ 时,将系统控制到零态,并使泛函 $J=\int_0^2(1+u^2)\mathrm{d}t$ 取极小值。

解　作泛函 $J_0=\int_0^2[1+u^2+\lambda(\dot{x}+x-u)]\mathrm{d}t$,并写出泛函 J_0 的欧拉方程

$$\begin{cases}F_u-\dfrac{\partial F_{\dot{u}}}{\partial u}=0\\ F_x-\dfrac{\partial F_{\dot{x}}}{\partial t}=0\end{cases}$$

推出

$$\begin{cases}2u-\lambda=0\\ \lambda-\dot{\lambda}=0\end{cases}$$

与状态方程 $\dot{x}=-x+u$ 联立求得

$$\lambda=c_1\mathrm{e}^t$$

$$u=\frac{c_1}{2}\mathrm{e}^t$$

$$x=c_2\mathrm{e}^{-t}+\frac{c_1}{2}\mathrm{e}^t$$

代入边界条件 $x(0)=3,x(2)=0$,得

$$c_2+\frac{c_1}{2}=3$$

$$c_2\mathrm{e}^{-2}+\frac{c_1}{2}\mathrm{e}^2=0$$

解之得

$$c_1=\frac{-6\mathrm{e}^{-2}}{\mathrm{e}^2-\mathrm{e}^{-2}},\quad c_2=\frac{3\mathrm{e}^2}{\mathrm{e}^2-\mathrm{e}^{-2}}$$

故

$$u=\frac{c_1}{2}\mathrm{e}^t=\frac{-3\mathrm{e}^{-2}}{\mathrm{e}^2-\mathrm{e}^{-2}}\mathrm{e}^t$$

7.2 一质点沿曲线 $y=f(x)$ 从点(0,8)运动到(4,0),设质点的运动速度为 x,问曲线取什么形状,质点运动时间最短?

解 因为 $\frac{\mathrm{d}s}{\mathrm{d}t}=x,\mathrm{d}s=\sqrt{1+(y')^2}\mathrm{d}x$,所以 $t=\int_0^4\frac{\sqrt{1+(y')^2}}{x}\mathrm{d}x$。由欧拉方程

$$F_y-\frac{\mathrm{d}}{\mathrm{d}t}F_{\dot{y}}=0$$

$$\frac{\mathrm{d}}{\mathrm{d}t}\left(\frac{y'}{x\sqrt{1+(y')^2}}\right)=0$$

得 $\frac{y'}{x\sqrt{1+y'^2}}=c_0$。做变量代换,令 $y'=\mathrm{tg}\theta$,代入上式,得 $x=\frac{\mathrm{tg}\theta}{c_0\sqrt{1+\mathrm{tg}^2\theta}}=c_1\sin\theta$,其中 $c_1=\frac{1}{c_0}$。

因为 $y'=\frac{\mathrm{d}y}{\mathrm{d}x}=\mathrm{tg}\theta$,$\mathrm{d}x=c_1\cos\theta\mathrm{d}\theta$,得 $\mathrm{d}y=\mathrm{tg}\theta\mathrm{d}x=\mathrm{tg}\theta c_1\cos\theta\mathrm{d}\theta=c_1\sin\theta\mathrm{d}\theta$。可推出 $y=-c_1\cos\theta+c_2$。

消去变量 θ,得

$$x^2+(y-c_2)^2=c_1^2$$

代入边界条件，得$(8-c_2)^2=c_1^2$，$4^2+c_2^2=c_1^2$，推出$c_1=\pm 5$，$c_2=3$。所以曲线方程为

$$x^2+(y-3)^2=25$$

7.3　给定二阶系统$\dot{\boldsymbol{x}}=\begin{bmatrix}0 & 1\\ 0 & 0\end{bmatrix}\boldsymbol{x}+\begin{bmatrix}0\\ 1\end{bmatrix}u$，$\boldsymbol{x}(0)=\begin{bmatrix}2\\ 1\end{bmatrix}$。试求控制函数$u(t)$，将系统在$t=2$时转移到零态，并使泛函$J=\dfrac{1}{2}\int_0^2 u^2\,\mathrm{d}t$取极小值。

解　由题设知

$$\begin{cases}\dot{x}_1=x_2\\ \dot{x}_2=u\end{cases},\quad \begin{cases}x_1(0)=2\\ x_2(0)=1\end{cases},\quad \begin{cases}x_1(2)=0\\ x_2(2)=0\end{cases}$$

引进乘子$\lambda(t)$，构造哈密顿函数

$$H=\frac{1}{2}u^2+\lambda_1 x_2+\lambda_2 u$$

得伴随方程

$$\dot{\lambda}_1(t)=-\frac{\partial H}{\partial x_1}=0$$

$$\dot{\lambda}_2(t)=-\frac{\partial H}{\partial x_2}=-\lambda_1(t)$$

解得$\lambda_1(t)=c_1$，$\lambda_2(t)=-c_1 t+c_2$，其中c_1、c_2为任意常数，由必要条件

$$\frac{\partial H}{\partial u}=u+\lambda_2=0$$

得$u=-\lambda_2=c_1 t-c_2$，代入状态方程，有

$$\dot{x}_1=x_2$$

$$\dot{x}_2=u=c_1 t-c_2$$

解得

$$x_1=\frac{1}{6}c_1 t^3-\frac{1}{2}c_2 t^2+c_3 t+c_4$$

$$x_2=\frac{1}{2}c_1 t^2-c_2 t+c_3$$

利用边界条件可得

$$\begin{cases}c_4=2\\ c_3=1\\ \dfrac{1}{6}c_1\times 8-\dfrac{1}{2}c_2\times 4+1\times 2+2=0\\ \dfrac{1}{2}c_1\times 4-c_2\times 2+1=0\end{cases}$$

解出

$$\begin{cases} c_1 = \dfrac{9}{2} \\ c_2 = 5 \\ c_3 = 1 \\ c_4 = 2 \end{cases}$$

代入最优控制表达式，则有

$$u^*(t) = \frac{9}{2}t - 5$$

最优泛函值为

$$\begin{aligned} J^* &= \frac{1}{2}\int_0^2 \left(\frac{9}{2}t - 5\right)^2 \mathrm{d}t = \frac{2}{9} \times \frac{1}{2}\int_0^2 \left(\frac{9}{2}t - 5\right)^2 \mathrm{d}\left(\frac{9}{2}t - 5\right) \\ &= \frac{1}{27}\left(\frac{9}{2}t - 5\right)^3 \Bigg|_0^2 \\ &= \frac{64}{27} + \frac{125}{27} \\ &= \frac{189}{27} \\ &= 7 \end{aligned}$$

7.4　有一开环系统包含一个放大倍数为 4 的放大器和一个积分环节，现加入输入 $u(t)$，把系统从 $t=0$ 时的 x_0 转移到 $t=T$ 时的 x_T，并使泛函 $J=\int_0^T (x^2 + 4u^2)\mathrm{d}t$ 取极小值，试求 $u(t)$。

解　由题述可知，系统的状态方程和边界条件为

$$\dot{x} = 4u, \quad x(0) = x_0, \quad x(T) = x_T$$

作泛函

$$J_0 = \int_0^T [x^2 + 4u^2 + \lambda(4u - \dot{x})]\mathrm{d}t$$

有

$$\frac{\partial F}{\partial \lambda} = 4u - \dot{x}, \quad \frac{\partial F}{\partial \dot{\lambda}} = 0$$

由欧拉方程

$$\begin{cases} F_x - \dfrac{\partial F_{\dot{x}}}{\partial t} = 0 \\ F_u - \dfrac{\partial F_{\dot{u}}}{\partial u} = 0 \end{cases}$$

进一步得到

$$\dot{\lambda} = -2x$$
$$8u + 4\lambda = 0$$

再联立状态方程 $\dot{x}=4u$ 解得

$$\lambda = -2u, \quad u = \frac{\dot{x}}{4}$$

将其代入$\dot{\lambda} = -2x$得到

$$2x - \frac{1}{2}\ddot{x} = 0$$

所以 $x = c_1 e^{2t} + c_2 e^{-2t}$。代入边界条件，得

$$x_0 = c_1 + c_2$$
$$x_T = c_1 e^{2T} + c_2 e^{-2T}$$

联立解得

$$c_1 = \frac{x_T - x_0 e^{-2T}}{e^{2T} - e^{-2T}}, \quad c_2 = \frac{x_0 e^{2T} - x_T}{e^{2T} - e^{-2T}}$$

进而，最优轨线为

$$x^* = \frac{x_T - x_0 e^{-2T}}{e^{2T} - e^{-2T}} e^{2t} + \frac{x_0 e^{2T} - x_T}{e^{2T} - e^{-2T}} e^{-2t}$$

最优控制为

$$u^* = \frac{1}{4}\dot{x} = \frac{1}{2}\left(\frac{x_T - x_0 e^{-2T}}{e^{2T} - e^{-2T}} e^{2t} - \frac{x_0 e^{2T} - x_T}{e^{2T} - e^{-2T}} e^{-2t}\right)$$

7.5　在 7.3 题中，若令 $J = \frac{1}{2}\int_0^t u^2 \mathrm{d}t$，在 $t = T$ 时转移到零态，其结果如何？若 T 是可变的，是否有解？

解　由题设知

$$\begin{cases} \dot{x}_1 = x_2 \\ \dot{x}_2 = u \end{cases}, \quad \begin{cases} x_1(0) = 2 \\ x_2(0) = 1 \end{cases}, \quad \begin{cases} x_1(T) = 0 \\ x_2(T) = 0 \end{cases}$$

构造哈密顿函数

$$H = \frac{1}{2}u^2 + \lambda_1 x_2 + \lambda_2 u$$

得伴随方程

$$\dot{\lambda}_1 = -\frac{\partial H}{\partial x_1} = 0$$
$$\dot{\lambda}_2 = -\frac{\partial H}{\partial x_2} = -\lambda_1$$

解得

$$\lambda_1 = c_1$$
$$\lambda_2 = -c_1 t + c_2$$

再利用最优性条件求出 u，即

$$\frac{\partial H}{\partial u} = 0 = u + \lambda_2$$

从而 $u = -\lambda_2 = c_1 t - c_2$，将其代入状态方程

$$\dot{x}_1 = x_2$$
$$\dot{x}_2 = c_1 t - c_2$$

解得

$$x_1 = \frac{1}{6}c_1 t^3 - \frac{1}{2}c_2 t^2 + c_3 t + c_4$$
$$x_2 = \frac{1}{2}c_1 t^2 - c_2 t + c_3$$

利用初始条件，得 $c_3=1, c_4=2$，进而有

$$x_1(T) = \frac{1}{6}c_1 T^3 - \frac{1}{2}c_2 T^2 + T + 2 = 0$$
$$x_2(T) = \frac{1}{2}c_1 T^2 - c_2 T + 1 = 0$$

所以 $c_1=\frac{6(T+4)}{T^3}, c_2=\frac{4(T+3)}{T^2}$。从而最优控制为

$$u^* = \frac{6(T+4)}{T^3}t - \frac{4(T+3)}{T^2}$$

对 T 是可变的情况，将 $u=-\lambda_2=c_1 t-c_2$ 代入边界条件得

$$H(T) = \left[\frac{1}{2}u^2 + \lambda_1 x_2 + \lambda_2 u\right]_T = \left[\frac{1}{2}\lambda_2^2 + \lambda_1 x_2 - \lambda_2^2\right]\Big|_T = 0$$

因为 $x_2(T)=0$，所以必有 $\lambda_2^2(T)=0$。又由于

$$\lambda_2 = \frac{6(T+4)}{T^3}t - \frac{4(T+3)}{T^2}$$

得到

$$\lambda_2(T) = \frac{2T+12}{T^2}$$

当 $\lambda_2(T)=0$ 时，$T=-6$。显然不合理，所以无解。

7.6 设有一阶系统 $\dot{x}=-x+u, x(0)=2$，其中 $|u(t)|\leqslant 1$。试确定 $u(t)$ 使 $J=\int_0^1(2x-u)\mathrm{d}t$ 有极小值。

解 这是一个控制受限的终端不固定问题。构造哈密顿函数

$$H = -2x + u + \lambda(-x+u)$$

得伴随方程及终端条件

$$\dot{\lambda} = -\frac{\partial H}{\partial x} = -\lambda - 2, \quad \lambda(1) = 0\left(由\ \lambda(t)\mid_T = -\frac{\partial \phi}{\partial x(T)}\right)$$

解得 $\lambda=2(\mathrm{e}^{-t}-1)$。因为 $H=(-2-\lambda)x+(\lambda+1)u$，利用最大值原理应有

$$u(t) = \begin{cases} 1, & 1+\lambda \geqslant 0 \\ -1, & 1+\lambda < 0 \end{cases}$$

而 $1+\lambda=2\mathrm{e}^{-t}-1$，所以

$$\begin{cases}1+\lambda \geqslant 0, & t \leqslant -\ln \dfrac{1}{2} \\ 1+\lambda < 0, & t > -\ln \dfrac{1}{2}\end{cases}$$

最后有

$$u(t)=\begin{cases}-1, & 0 \leqslant t < \ln \dfrac{e}{2} \\ 1, & \ln \dfrac{e}{2} \leqslant t \leqslant 1\end{cases}$$

7.7　设二阶系统 $\dot{x}_1=x_2+\frac{1}{4}$，$\dot{x}_2=u$，$x_1(0)=-\frac{1}{4}$，$x_2(0)=-\frac{1}{4}$，其中 $|u(t)| \leqslant \frac{1}{2}$。试求 $u(t)$ 在时刻 $t=T$ 时，使系统在零态，并使泛函 $J=\int_0^T u^2 \mathrm{d}t$ 有极小值，其中 T 是不固定的。

解　构造哈密顿函数

$$H=-u^2+\lambda_1\left(x_2+\frac{1}{4}\right)+\lambda_2 u$$

其状态方程和伴随方程为

$$\begin{cases}\dot{x}_1=x_2+\dfrac{1}{4} \\ \dot{x}_2=u\end{cases}, \quad \begin{cases}x_1(0)=-\dfrac{1}{4} \\ x_2(0)=-\dfrac{1}{4}\end{cases}, \quad \begin{cases}x_1(T)=0 \\ x_2(T)=0\end{cases}$$

$$\dot{\lambda}_1=-\frac{\partial H}{\partial x_1}=0, \quad \dot{\lambda}_2=-\frac{\partial H}{\partial x_2}=-\lambda_1$$

推出 $\lambda_1=c_1$，$\lambda_2=-c_1 t+c_2$。利用最大值原理得

$$\frac{\partial H}{\partial u}=-2u+\lambda_2=0$$

即 $u=\frac{\lambda_2}{2}$，代入系统方程得

$$\dot{x}_2=\frac{\lambda_2}{2}=-\frac{c_1}{2}t+\frac{c_2}{2}, \quad x_2=-\frac{c_1}{4}t^2+\frac{c_2}{2}t+c_3$$

和

$$\dot{x}_1=-\frac{1}{4}c_1 t^2+\frac{c_2}{2}t+c_3+\frac{1}{4}, \quad x_1=-\frac{c_1}{12}t^3+\frac{c_2}{4}t^2+\left(c_3+\frac{1}{4}\right)t+c_4$$

将边界条件代入，得 $c_3=c_4=-\frac{1}{4}$ 及

$$-\frac{1}{12}c_1 T^3+\frac{1}{4}c_2 T^2-\frac{1}{4}=0, \quad -\frac{1}{4}c_1 T^2+\frac{1}{2}c_2 T-\frac{1}{4}=0$$

由 $H|_T=0$ 得

$$\left[-u^2+\lambda_1\left(x_2+\frac{1}{4}\right)+\lambda_2 u\right]\Big|_T=\left[-\left(\frac{\lambda_2}{2}\right)^2+\frac{1}{4}\lambda_1+\lambda_2\frac{\lambda_2}{2}\right]\Big|_T$$

$$= \frac{1}{4}[\lambda_2^2(T) + \lambda_1(T)] = 0$$

可以将上式写为$(c_2 - c_1 T)^2 + c_1 = 0$,可得 $c_1 = -\frac{1}{9}$,$c_2 = 0$,$T = 3$,所以

$$u = \frac{1}{2}\lambda_2 = \frac{1}{18}t$$

7.8 设有一阶系统$\dot{x} = -2x + u$,$x(t_0) = 1$,试确定控制综合函数 $u(x,t)$,使

$$J = \frac{1}{2}x^2(T) + \frac{1}{2}\int_{t_0}^{T} u^2 \mathrm{d}t$$

取极小值。

解 构造哈密顿函数

$$H = -\frac{1}{2}u^2 + \lambda(-2x + u)$$

得

$$\dot{\lambda} = -\frac{\partial H}{\partial x} = 2\lambda$$

及边界条件

$$\lambda(T) = \frac{\partial}{\partial x(T)}\left(-\frac{1}{2}x^2(T)\right) = -x(T)$$

由状态方程$\dot{x} = -2x + u$,$x(t_0) = 1$ 和最优性条件

$$\frac{\partial H}{\partial u} = -u + \lambda = 0, \quad u = \lambda$$

得$\dot{x} = -2x + \lambda$。设

$$\lambda = -x(t)y(t)$$

$$\dot{\lambda} = -[\dot{x}(t)y(t) + x(t)\dot{y}(t)]$$

令 $y_1 = y(T) = 1$,得$\dot{x}(t)y(t) + x(t)\dot{y}(t) = 2x(t)y(t)$,将 λ 代入得

$$\dot{x}(t) = -2x(t) + \lambda = -2x(t) - x(t)y(t)$$

于是得$(\dot{y} - 4y - y^2)x = 0$,所以有$\dot{y} - 4y - y^2 = 0$。解这个微分方程有

$$\frac{1}{4}\ln\left(\frac{y}{y+4}\right)\Big|_{y_1}^{y} = t - T$$

所以

$$\ln\left(\frac{y}{y+4}\right) - \ln\left(\frac{1}{1+4}\right) = 4(t - T)$$

或

$$\frac{5y}{y+4} = \mathrm{e}^{4(t-T)}$$

因此

$$y = \frac{4\mathrm{e}^{4(t-T)}}{5 - \mathrm{e}^{4(t-T)}}$$

最后

$$u=\lambda=-xy=\frac{e^{4(t-T)}}{1+\frac{1}{4}[1-e^{4(t-T)}]}x(t)$$

7.9　设一阶系统 $\dot{x}=u, x(0)=x_0$，指标泛函 $J=\frac{1}{2}\int_0^T(x^2+u^2)dt$，试求 $u(x,t)$，使泛函 J 有极小值。

解　构造哈密顿函数

$$H=-\frac{1}{2}(x^2+u^2)+\lambda u$$

由最优性必要条件，有

$$\frac{\partial H}{\partial u}=-u+\lambda=0,\quad u=\lambda$$

且

$$\dot{\lambda}=-\frac{\partial H}{\partial x}=x,\quad \lambda(T)=0$$

又 $\dot{x}=u$，于是 $\ddot{\lambda}=\dot{x}=u=\lambda$。由

$$r^2-1=0$$
$$r=\pm 1$$

可知

$$\lambda=c_1e^t+c_2e^{-t}$$
$$u=c_1e^t+c_2e^{-t}$$

进而

$$x=c_1e^t-c_2e^{-t}$$

代入初值 $x(0)=x_0$ 及 $\lambda(T)=0$ 有

$$c_1-c_2=x_0$$
$$c_1e^T+c_2e^{-T}=0$$

联立解得

$$c_1=\frac{x_0e^{-T}}{e^T+e^{-T}},\quad c_2=\frac{-x_0e^T}{e^T+e^{-T}}$$

最后得

$$u=\frac{x_0e^{-(T-t)}}{e^T+e^{-T}}-\frac{x_0e^{(T-t)}}{e^T+e^{-T}}=-\frac{x_0[e^{(T-t)}+e^{-(T-t)}]}{e^T+e^{-T}}$$

7.10　设一阶系统 $\dot{x}=-\frac{1}{2}x+u, x(0)=2$，性能指标泛函

$$J=5x^2(1)+\frac{1}{2}\int_0^1(2x^2+u^2)dt$$

试确定使 J 有极小值的 $u(x,t)$ 和最优轨线。

解 由题设知

$$\boldsymbol{A}=-\frac{1}{2},\quad \boldsymbol{B}=1,\quad \boldsymbol{Q}=2,\quad \boldsymbol{R}=1,\quad \boldsymbol{S}=10$$

代入里卡蒂(Riccati)方程得

$$\dot{Y}=Y+Y^2-2,\quad Y(1)=10$$

$$\frac{\mathrm{d}Y}{Y^2+Y-2}=\mathrm{d}t$$

将上式配方后,利用积分公式

$$\int\frac{\mathrm{d}y}{y^2-a^2}=-\frac{1}{a}\mathrm{cth}^{-1}\left(\frac{y}{a}\right)+c$$

得

$$-\frac{2}{3}\mathrm{cth}^{-1}\frac{2}{3}\left(Y+\frac{1}{2}\right)=t+c$$

所以

$$Y(t)=-\frac{1}{2}+\frac{3}{2}\mathrm{cth}\left(-\frac{3}{2}t-c_1\right)$$

代入终点条件,则

$$Y(1)=-\frac{1}{2}+\frac{3}{2}\mathrm{cth}\left(-\frac{3}{2}-c_1\right)=10$$

故 $c_1=-(1.5+0.1425)=-1.6425$。所以

$$Y(t)=-\frac{1}{2}+\frac{3}{2}\mathrm{cth}\left(-\frac{3}{2}t+1.6425\right)$$

$$U(t)=\left[\frac{1}{2}-\frac{3}{2}\mathrm{cth}\left(-\frac{3}{2}t+1.6425\right)\right]x(t)$$

$$\dot{x}=-\frac{1}{2}x+u=-\frac{1}{2}x(t)\mathrm{cth}\left(-\frac{3}{2}t+1.6425\right)$$

解此方程可得

$$x=k\mathrm{sh}\left(-\frac{3}{2}t+1.6425\right)$$

利用初始条件 $x(0)=2$,解出 $k=\frac{2}{\mathrm{sh}1.6425}$,最优轨线为

$$x(t)=\frac{2}{\sinh 1.6425}\sinh(-1.5t+1.6425)$$

7.11 给定二阶系统 $\dot{\boldsymbol{x}}=\begin{bmatrix}0 & 1\\ -1 & 0\end{bmatrix}\boldsymbol{x}+\begin{bmatrix}0\\ 1\end{bmatrix}u$,$\boldsymbol{x}(0)=\begin{bmatrix}0\\ 1\end{bmatrix}$,试求 $u(\boldsymbol{x},t)$,使系统在 $t=2$ 时,转移到原点,并使泛函 $J=\frac{1}{2}\int_0^2 u^2\mathrm{d}t$ 取极小值。

解 构造哈密顿函数

$$H=\frac{1}{2}u^2+\lambda_1x_2+\lambda_2(-x_1+u)$$

由于 u 无限制,故 $u+\lambda_2=0$,$u=-\lambda_2$。因为协态方程

$$\dot{\lambda}_1 = \lambda_2$$
$$\dot{\lambda}_2 = -\lambda_1$$

所以$\ddot{\lambda}_2=-\dot{\lambda}_1=-\lambda_2$。由 $r^2+1=0,r=\pm \mathrm{i}$ 得 $\lambda_2=c_1\cos t+c_2\sin t$。将 $u=-\lambda_2$ 代回状态方程

$$\dot{x}_1 = x_2$$
$$\dot{x}_2 = -x_1 - c_1\cos t - c_2\sin t$$

故$\ddot{x}_2=-x_2+c_1\sin t-c_2\cos t$。此式为非齐次线性微分方程，其通解为

$$x_2 = x_{2(通)} + x_{2(特)}$$

而

$$x_{2(通)} = c_3\cos t + c_4\sin t$$
$$x_{2(特)} = t(A\cos t + B\sin t)$$

下面求待定系数 A 和 B：

$$\dot{x}_{2(特)} = A\cos t + B\sin t + t(-A\sin t + B\cos t)$$
$$\ddot{x}_{2(特)} = -A\sin t + B\cos t - A\sin t + B\cos t - t(A\cos t + B\sin t)$$

代回上述非齐次线性微分方程中，得

$$-2A\sin t + 2B\cos t = c_1\sin t - c_2\cos t$$

比较等式两端，有$-2A=c_1$，$2B=-c_2$，所以

$$x_2(t) = c_3\cos t + c_4\sin t - t\left(\frac{c_1}{2}\cos t + \frac{c_2}{2}\sin t\right)$$

$$x_1(t) = c_3\sin t - c_4\cos t + \frac{t}{2}(-c_1\sin t + c_2\cos t) - \frac{1}{2}(c_1\cos t + c_2\sin t)$$

代入边界条件 $x_1(0)=0,x_2(0)=1,x_1(2)=0,x_2(2)=0$，得

$$-c_4 - \frac{1}{2}c_1 = 0$$

$$c_3 = 1$$

$$\begin{cases} \sin 2 - c_1\sin 2 + c_2\left(\cos 2 - \dfrac{1}{2}\sin 2\right) = 0 \\ \cos 2 - \dfrac{1}{2}c_1\sin 2 - c_1\cos 2 - c_2\sin 2 = 0 \end{cases}$$

所以

$$\begin{bmatrix} c_1 \\ c_2 \end{bmatrix} = \begin{bmatrix} \sin 2 & \dfrac{\sin 2}{2} - \cos 2 \\ \dfrac{\sin 2}{2} + \cos 2 & \sin 2 \end{bmatrix}^{-1} \begin{bmatrix} \sin 2 \\ \cos 2 \end{bmatrix}$$

$$= \frac{1}{1 - \dfrac{\sin^2 2}{4}} \begin{bmatrix} 1 - \dfrac{\sin 4}{4} \\ -\dfrac{\sin^2 2}{2} \end{bmatrix} = \frac{1}{4 - \sin^2 2} \begin{bmatrix} -\sin 4 \\ \cos 4 - 1 \end{bmatrix}$$

从而有

$$u^*(t)=-c_1\cos t-c_2\sin t=\frac{\sin(4-t)-4\cos t+\sin t}{4-\sin^2 2}$$

7.12 求一阶离散系统 $x_{k+1}=x_k+\frac{1}{10}(x_k^2+u_k)$，$x_0=3$，使性能指标

$$J=\sum_{i=0}^{1}=|x_i-3u_i|$$

有极小值的 u_k。

解 将性能指标写成

$$J=\sum_0^1|x_i-3u_i|=|x_1-3u_1|+|x_0-3u_0|$$

于是最后一级性能指标应为

$$J_0^*=\min_{u_1}|x_1-3u_1|=0$$

由此有

$$u_1=\frac{1}{3}x_1$$

而

$$J^*=\min_{u_0}|x_0-3u_0|+J_0=0$$

因此有

$$u_0=\frac{x_0}{3}=1$$

代入状态方程，得

$$x_1=x_0+\frac{1}{10}(x_0^2+u_0)=3+\frac{1}{10}(3^2+1)=4$$

因此

$$u_1=\frac{x_1}{3}=\frac{4}{3}$$

最优控制为

$$(u_0,u_1)=\left(1,\frac{4}{3}\right)$$

7.13 二阶离散系统为

$$\boldsymbol{x}_{k+1}=\begin{bmatrix}2&0\\1&1\end{bmatrix}\boldsymbol{x}_k+\begin{bmatrix}1\\0\end{bmatrix}u_k,\quad \boldsymbol{x}_0=\begin{bmatrix}1\\0\end{bmatrix}$$

性能指标为

$$J=\sum_{i=0}^{1}\left\{\boldsymbol{x}_{i+1}^{\mathrm{T}}\begin{bmatrix}0&0\\0&2\end{bmatrix}\boldsymbol{x}_{i+1}+2u_i^2\right\}$$

试求使 J 有极小值的最优控制和最优轨线。

解 将性能指标写成

$$J = \boldsymbol{x}_1^{\mathrm{T}}\begin{bmatrix}0 & 0\\0 & 2\end{bmatrix}\boldsymbol{x}_1 + 2u_0^2 + \boldsymbol{x}_2^{\mathrm{T}}\begin{bmatrix}0 & 0\\0 & 2\end{bmatrix}\boldsymbol{x}_2 + 2u_1^2$$

令

$$\begin{aligned}
J_0 &= \boldsymbol{x}_2^{\mathrm{T}}\begin{bmatrix}0 & 0\\0 & 2\end{bmatrix}\boldsymbol{x}_2 + 2u_1^2\\
&= \left(\begin{bmatrix}2 & 0\\1 & 1\end{bmatrix}\boldsymbol{x}_1 + \begin{bmatrix}1\\0\end{bmatrix}u_1\right)^{\mathrm{T}}\begin{bmatrix}0 & 0\\0 & 2\end{bmatrix}\left(\begin{bmatrix}2 & 0\\1 & 1\end{bmatrix}\boldsymbol{x}_1 + \begin{bmatrix}1\\0\end{bmatrix}u_1\right) + 2u_1^2\\
&= \boldsymbol{x}_1^{\mathrm{T}}\begin{bmatrix}2 & 1\\0 & 1\end{bmatrix}\begin{bmatrix}0 & 0\\0 & 2\end{bmatrix}\begin{bmatrix}2 & 0\\1 & 1\end{bmatrix}\boldsymbol{x}_1 + u_1\begin{bmatrix}1 & 0\end{bmatrix}\begin{bmatrix}0 & 0\\0 & 2\end{bmatrix}\begin{bmatrix}2 & 0\\1 & 1\end{bmatrix}\boldsymbol{x}_1\\
&\quad + \boldsymbol{x}_1^{\mathrm{T}}\begin{bmatrix}2 & 1\\0 & 1\end{bmatrix}\begin{bmatrix}0 & 0\\0 & 2\end{bmatrix}\begin{bmatrix}1\\0\end{bmatrix}u_1 + u_1\begin{bmatrix}1 & 0\end{bmatrix}\begin{bmatrix}0 & 0\\0 & 2\end{bmatrix}\begin{bmatrix}1\\0\end{bmatrix}u_1 + 2u_1^2\\
&= \boldsymbol{x}_1^{\mathrm{T}}\begin{bmatrix}2 & 2\\2 & 2\end{bmatrix}\boldsymbol{x}_1 + 2u_1^2
\end{aligned}$$

取 $u_1=0$ 得

$$J_0^* = \boldsymbol{x}_1^{\mathrm{T}}\begin{bmatrix}2 & 2\\2 & 2\end{bmatrix}\boldsymbol{x}_1$$

而

$$\begin{aligned}
J &= \boldsymbol{x}_1^{\mathrm{T}}\begin{bmatrix}0 & 0\\0 & 2\end{bmatrix}\boldsymbol{x}_1 + 2u_0^2 + \boldsymbol{x}_1^{\mathrm{T}}\begin{bmatrix}2 & 2\\2 & 2\end{bmatrix}\boldsymbol{x}_1\\
&= \left(\begin{bmatrix}2 & 0\\1 & 1\end{bmatrix}\boldsymbol{x}_0 + \begin{bmatrix}1\\0\end{bmatrix}u_0\right)^{\mathrm{T}}\begin{bmatrix}2 & 2\\2 & 4\end{bmatrix}\left(\begin{bmatrix}2 & 0\\1 & 1\end{bmatrix}\boldsymbol{x}_0 + \begin{bmatrix}1\\0\end{bmatrix}u_0\right) + 2u_0^2\\
&= \left(\begin{bmatrix}2\\1\end{bmatrix} + \begin{bmatrix}1\\0\end{bmatrix}u_0\right)^{\mathrm{T}}\begin{bmatrix}2 & 2\\2 & 4\end{bmatrix}\left(\begin{bmatrix}2\\1\end{bmatrix} + \begin{bmatrix}1\\0\end{bmatrix}u_0\right) + 2u_0^2 = 20 + 12u_0 + 4u_0^2
\end{aligned}$$

令 $\dfrac{\mathrm{d}J}{\mathrm{d}u_0}=12+8u_0=0$，得 $u_0=-\dfrac{3}{2}$。所以

$$\boldsymbol{x}_1 = \begin{bmatrix}2 & 0\\1 & 1\end{bmatrix}\begin{bmatrix}1\\0\end{bmatrix} + \begin{bmatrix}1\\0\end{bmatrix}\left(-\frac{3}{2}\right) = \begin{bmatrix}\frac{1}{2}\\1\end{bmatrix}$$

$$\boldsymbol{x}_2 = \begin{bmatrix}2 & 0\\1 & 1\end{bmatrix}\begin{bmatrix}\frac{1}{2}\\1\end{bmatrix} + \begin{bmatrix}1\\0\end{bmatrix}0 = \begin{bmatrix}1\\\frac{3}{2}\end{bmatrix}$$

故最优控制为

$$(u_0, u_1) = \left(-\frac{3}{2}, 0\right)$$

最优轨线为

$$(\boldsymbol{x}_0, \boldsymbol{x}_1, \boldsymbol{x}_2) = \left(\begin{bmatrix}1\\0\end{bmatrix}, \begin{bmatrix}\frac{1}{2}\\1\end{bmatrix}, \begin{bmatrix}1\\\frac{2}{3}\end{bmatrix}\right)$$

7.14 设系统 $\boldsymbol{x}_{k+1}=\boldsymbol{A}_k\boldsymbol{x}_k+\boldsymbol{B}_k\boldsymbol{u}_k$ 是线性的,其中 $\boldsymbol{x}_k$ 和 $\boldsymbol{u}_k$ 分别是 n 维和 m 维向量,性能指标

$$J=\sum_{i=0}^{N}[\boldsymbol{x}_{i+1}^{\mathrm{T}}\boldsymbol{Q}_{i+1}\boldsymbol{x}_{i+1}+\boldsymbol{u}_i^{\mathrm{T}}\boldsymbol{R}_i\boldsymbol{u}_i]$$

为二次型,其中 $\boldsymbol{Q}_{i+1}$ 是 $n\times n$ 阶非负定对称矩阵,$\boldsymbol{R}_i$ 是 $m\times m$ 正定对称矩阵,试证明第 N 步的最优控制为

$$\boldsymbol{u}_N=-(\boldsymbol{B}_N^{\mathrm{T}}\boldsymbol{Q}_{N+1}\boldsymbol{B}+\boldsymbol{R}_N)^{-1}\boldsymbol{B}_N^{\mathrm{T}}\boldsymbol{Q}_{N+1}\boldsymbol{A}_N\boldsymbol{x}_N$$

解 根据系统状态方程有 $\boldsymbol{x}_{N+1}=\boldsymbol{A}_N\boldsymbol{x}_N+\boldsymbol{B}_N\boldsymbol{u}_N$。第 N 步性能指标为

$$\begin{aligned}J_0&=\boldsymbol{x}_{N+1}^{\mathrm{T}}\boldsymbol{Q}_{N+1}\boldsymbol{x}_{N+1}+\boldsymbol{u}_N^{\mathrm{T}}\boldsymbol{R}_N\boldsymbol{u}_N\\&=(\boldsymbol{A}_N\boldsymbol{x}_N+\boldsymbol{B}_N\boldsymbol{u}_N)^{\mathrm{T}}\boldsymbol{Q}_{N+1}(\boldsymbol{A}_N\boldsymbol{x}_N+\boldsymbol{B}_N\boldsymbol{u}_N)+\boldsymbol{u}_N^{\mathrm{T}}\boldsymbol{R}_N\boldsymbol{u}_N\end{aligned}$$

令

$$\frac{\partial J_0}{\partial \boldsymbol{u}_N}=2\boldsymbol{B}_N^{\mathrm{T}}\boldsymbol{Q}_{N+1}(\boldsymbol{A}_N\boldsymbol{x}_N+\boldsymbol{B}_N\boldsymbol{u}_N)+2\boldsymbol{R}_N\boldsymbol{u}_N=\boldsymbol{0}$$

故 $\boldsymbol{B}_N^{\mathrm{T}}\boldsymbol{Q}_{N+1}(\boldsymbol{A}_N\boldsymbol{x}_N+\boldsymbol{B}_N\boldsymbol{u}_N)+\boldsymbol{R}_N\boldsymbol{u}_N=\boldsymbol{0}$,即 $\boldsymbol{u}_N=-(\boldsymbol{B}_N^{\mathrm{T}}\boldsymbol{Q}_{N+1}\boldsymbol{B}_N+\boldsymbol{R}_N)^{-1}\boldsymbol{B}_N^{\mathrm{T}}\boldsymbol{Q}_{N+1}\boldsymbol{A}_N\boldsymbol{x}_N$。

此外,由此可将 J_0 写成 $\boldsymbol{x}_N$ 的函数,即 $J_0=J_0(\boldsymbol{x}_N)$。这时为求 $\boldsymbol{u}_{n-1}$ 可将 J_1 写成

$$J_1=\boldsymbol{x}_N^{\mathrm{T}}\boldsymbol{Q}_N\boldsymbol{x}_N+\boldsymbol{u}_{N-1}^{\mathrm{T}}\boldsymbol{R}_{N-1}\boldsymbol{u}_{N-1}+J_0(\boldsymbol{x}_N)=\boldsymbol{x}_N^{\mathrm{T}}\boldsymbol{S}_N\boldsymbol{x}_N+\boldsymbol{u}_{N-1}^{\mathrm{T}}\boldsymbol{R}_{N-1}\boldsymbol{u}_{N-1}$$

式中

$$\boldsymbol{x}_N^{\mathrm{T}}\boldsymbol{S}_N\boldsymbol{x}_N=\boldsymbol{x}_N^{\mathrm{T}}\boldsymbol{Q}_N\boldsymbol{x}_N+J_0(\boldsymbol{x}_N)$$

完全仿照求 $\boldsymbol{u}_N$ 的方法,则可求出 $\boldsymbol{u}_{N-1}$,依此法递推可解出整个最优控制。

7.15 设二阶系统为

$$\dot{\boldsymbol{x}}=\begin{bmatrix}0&0\\1&0\end{bmatrix}\boldsymbol{x}+\begin{bmatrix}1\\0\end{bmatrix}u,\quad \boldsymbol{x}(0)=\begin{bmatrix}0\\1\end{bmatrix}$$

性能指标为

$$J=\int_0^{\infty}\left(\boldsymbol{x}^{\mathrm{T}}\begin{bmatrix}0&0\\0&1\end{bmatrix}\boldsymbol{x}+\frac{1}{4}u^2\right)\mathrm{d}t$$

试确定控制函数 $u(t)$,使泛函取极小值,并求 J^*。

解 由题设知

$$\boldsymbol{A}=\begin{bmatrix}0&0\\1&0\end{bmatrix},\quad \boldsymbol{b}=\begin{bmatrix}1\\0\end{bmatrix},\quad \boldsymbol{Q}=\begin{bmatrix}0&0\\0&1\end{bmatrix},\quad \boldsymbol{x}(0)=\begin{bmatrix}0\\1\end{bmatrix}$$

记 $J^*=V(x,t)$,考虑到 $\dfrac{\partial V}{\partial t}=0$,则哈密顿-雅可比方程为

$$\min_u\left\{\boldsymbol{x}^{\mathrm{T}}\boldsymbol{Q}\boldsymbol{x}+\frac{1}{4}u^2+\left(\frac{\partial V}{\partial \boldsymbol{x}}\right)^{\mathrm{T}}(\boldsymbol{A}\boldsymbol{x}+\boldsymbol{b}u)\right\}=0$$

为确定 $\bar{u}\left(\boldsymbol{x},\dfrac{\partial V}{\partial t},t\right)$,上式对 u 求导得

$$\frac{1}{2}\bar{u}+\left(\frac{\partial V}{\partial \boldsymbol{x}}\right)^{\mathrm{T}}\boldsymbol{b}=0$$

$$\bar{u}=-2\left(\frac{\partial V}{\partial \boldsymbol{x}}\right)^{\mathrm{T}}\boldsymbol{b}$$

代回哈密顿-雅可比方程,得

$$\boldsymbol{x}^{\mathrm{T}}\boldsymbol{Q}\boldsymbol{x}+\frac{1}{4}\left[-2\left(\frac{\partial V}{\partial \boldsymbol{x}}\right)^{\mathrm{T}}\boldsymbol{b}\right]^2+\left(\frac{\partial V}{\partial \boldsymbol{x}}\right)^{\mathrm{T}}\left[\boldsymbol{A}\boldsymbol{x}-2\boldsymbol{b}\left(\frac{\partial V}{\partial \boldsymbol{x}}\right)^{\mathrm{T}}\boldsymbol{b}\boldsymbol{n}\right]$$

$$=\boldsymbol{x}^{\mathrm{T}}\boldsymbol{Q}\boldsymbol{x}+\left(\frac{\partial V}{\partial \boldsymbol{x}}\right)^{\mathrm{T}}\boldsymbol{A}\boldsymbol{x}-\left[\left(\frac{\partial V}{\partial \boldsymbol{x}}\right)^{\mathrm{T}}\boldsymbol{b}\right]^2=0$$

设

$$V=\boldsymbol{x}^{\mathrm{T}}\begin{bmatrix}a_1 & a_2\\ a_2 & a_3\end{bmatrix}\boldsymbol{x}+c$$

则

$$\frac{\partial V}{\partial \boldsymbol{x}}=2\begin{bmatrix}a_1 & a_2\\ a_2 & a_3\end{bmatrix}\boldsymbol{x}$$

$$\left(\frac{\partial V}{\partial \boldsymbol{x}}\right)^{\mathrm{T}}\boldsymbol{b}=2\boldsymbol{x}^{\mathrm{T}}\begin{bmatrix}a_1 & a_2\\ a_2 & a_3\end{bmatrix}\begin{bmatrix}1\\ 0\end{bmatrix}=2\boldsymbol{x}^{\mathrm{T}}\begin{bmatrix}a_1\\ a_2\end{bmatrix}$$

得

$$\boldsymbol{x}^{\mathrm{T}}\begin{bmatrix}0 & 0\\ 0 & 1\end{bmatrix}\boldsymbol{x}+2\boldsymbol{x}^{\mathrm{T}}\begin{bmatrix}a_1 & a_2\\ a_2 & a_3\end{bmatrix}\begin{bmatrix}0 & 0\\ 1 & 0\end{bmatrix}\boldsymbol{x}-4\boldsymbol{x}^{\mathrm{T}}\begin{bmatrix}a_1\\ a_2\end{bmatrix}\begin{bmatrix}a_1 & a_2\end{bmatrix}\boldsymbol{x}$$

$$=\boldsymbol{x}^{\mathrm{T}}\left\{\begin{bmatrix}0 & 0\\ 0 & 1\end{bmatrix}+\begin{bmatrix}2a_2 & 0\\ 2a_3 & 0\end{bmatrix}-4\begin{bmatrix}4a_1^2 & 4a_1a_2\\ 4a_1a_2 & 4a_2^2\end{bmatrix}\right\}\boldsymbol{x}$$

$$=(2a_2-4a_1^2)x_1^2+(2a_3-8a_1a_2)x_1x_2+(1-4a_2^2)x_2^2$$

$$=0$$

对于任何 x_1、x_2 上式均成立,必有

$$2a_2-4a_1^2=0$$

$$2a_3-8a_1a_2=0$$

$$1-4a_2^2=0$$

联立求解,可得一组对本题有意义的解

$$a_1=\frac{1}{2},\quad a_2=\frac{1}{2},\quad a_3=1$$

所以

$$V=\boldsymbol{x}^{\mathrm{T}}\begin{bmatrix}\frac{1}{2} & \frac{1}{2}\\ \frac{1}{2} & 1\end{bmatrix}\boldsymbol{x}+c$$

考虑到 $x(0)=0$ 时,取 $u=0$ 可得到 $V(0)=0$,因此 $c=0$,而

$$V(\boldsymbol{x}) = \boldsymbol{x}^{\mathrm{T}}\begin{bmatrix}\frac{1}{2} & \frac{1}{2}\\ \frac{1}{2} & 1\end{bmatrix}\boldsymbol{x}$$

$$\hat{u}(\boldsymbol{x}) = -2\left(\frac{\partial V}{\partial \boldsymbol{x}}\right)^{\mathrm{T}}\boldsymbol{b} = -2\boldsymbol{b}^{\mathrm{T}}\left(\frac{\partial V}{\partial \boldsymbol{x}}\right)$$

$$= -2[1 \quad 0]2\begin{bmatrix}\frac{1}{2} & \frac{1}{2}\\ \frac{1}{2} & 1\end{bmatrix}\begin{bmatrix}x_1\\ x_2\end{bmatrix}$$

$$= -2(x_1 + x_2)$$

$$= -2(\dot{x}_2 + x_2)$$

代入状态方程，得

$$\dot{x}_1 = u = -2(\dot{x}_2 + x_2)$$

$$\dot{x}_2 = x_1$$

故

$$\ddot{x}_2 = \dot{x}_1 = -2\dot{x}_2 - 2x_2$$

$$\ddot{x}_2 + 2\dot{x}_2 + 2x_2 = 0$$

解此微分方程，得

$$x_2 = \mathrm{e}^{-t}(c_1\cos t + c_2\sin t)$$

$$x_1 = \dot{x}_2 = \mathrm{e}^{-t}[(c_2 - c_1)\cos t - (c_1 + c_2)\sin t]$$

代入边界条件 $\boldsymbol{x}(0)=\begin{bmatrix}0\\1\end{bmatrix}$，可得 $c_1=c_2=1$，所以，

$$x_1 = -2\mathrm{e}^{-t}\sin t$$

$$u(t) = \dot{x}_1 = 2\mathrm{e}^{-t}(\sin t - \cos t)$$

对应 $\boldsymbol{x}=\begin{bmatrix}0\\1\end{bmatrix}$ 的最优性能指标函数值

$$J^* = V = [0 \quad 1]\begin{bmatrix}\frac{1}{2} & \frac{1}{2}\\ \frac{1}{2} & 1\end{bmatrix}\begin{bmatrix}0\\1\end{bmatrix} = 1$$

7.16 设二阶系统

$$\dot{\boldsymbol{x}} = \begin{bmatrix}0 & 1\\ -1 & -4\end{bmatrix}\boldsymbol{x} + \begin{bmatrix}0\\1\end{bmatrix}u,\quad \boldsymbol{x}(0) = \boldsymbol{x}_0,\quad |u(t)| \leqslant 1,$$

试求使系统尽快转移到零态的最优控制。

解 性能指标泛函可写为 $J = \int_0^t 1\mathrm{d}t$，设 $J^* = V(x,t)$ 哈密顿-雅可比方程可写为

$$-\frac{\partial V}{\partial t}=\min_{u}\left\{1+\left(\frac{\partial V}{\partial \boldsymbol{x}}\right)^{\mathrm{T}}\begin{bmatrix}0 & 1\\ -1 & -4\end{bmatrix}\boldsymbol{x}+\left(\frac{\partial V}{\partial \boldsymbol{x}}\right)^{\mathrm{T}}\begin{bmatrix}0\\ 1\end{bmatrix}u\right\}$$
$$=1+\left(\frac{\partial V}{\partial \boldsymbol{x}}\right)^{\mathrm{T}}\begin{bmatrix}0 & 1\\ -1 & -4\end{bmatrix}\boldsymbol{x}+\min_{u}\left\{\left(\frac{\partial V}{\partial \boldsymbol{x}}\right)^{\mathrm{T}}\begin{bmatrix}0\\ 1\end{bmatrix}u\right\}$$

所以

$$\bar{u}=-\operatorname{sgn}\left\{\left(\frac{\partial V}{\partial \boldsymbol{x}}\right)^{\mathrm{T}}\begin{bmatrix}0\\ 1\end{bmatrix}\right\}=-\operatorname{sgn}\left(\frac{\partial V}{\partial x_2}\right)$$

由于该问题与从何时开始无关，即 V 不是 t 的函数，所以有$\frac{\partial V}{\partial t}=0$。

将$\bar{u}$代回哈密顿-雅可比方程得

$$1+\left(\frac{\partial V}{\partial \boldsymbol{x}}\right)^{\mathrm{T}}\begin{bmatrix}0 & 1\\ -1 & -4\end{bmatrix}\boldsymbol{x}-\operatorname{sgn}\left(\frac{\partial V}{\partial x_2}\right)\frac{\partial V}{\partial x_2}$$
$$=1+\begin{bmatrix}\frac{\partial V}{\partial x_1} & \frac{\partial V}{\partial x_2}\end{bmatrix}\begin{bmatrix}x_2\\ -x_1-4x_2\end{bmatrix}-\left|\frac{\partial V}{\partial x_2}\right|=0$$

经整理得 V 的微分方程

$$x_2\left(\frac{\partial V}{\partial x_1}-4\frac{\partial V}{\partial x_2}\right)-x_1\frac{\partial V}{\partial x_2}-\left(\left|\frac{\partial V}{\partial x_2}\right|-1\right)=0$$

7.17　一质点做平面运动，其速度为 y 的线性函数，即 $v=a+by$。试证明质点移向原点的最短时间路线是圆心位于直线 $y=-\frac{a}{b}$的圆弧。

解　写出状态方程

$$\dot{x}=v\cos\theta$$
$$\dot{y}=v\sin\theta$$

进而有

$$\dot{\theta}=\frac{\partial v}{\partial x_1}\sin\theta-\frac{\partial v}{\partial x_2}\cos\theta$$

其中 $x_1=x,x_2=y,v=a+by$。因此上式可化为$\dot{\theta}=-b\cos\theta$。由

$$\frac{\mathrm{d}}{\mathrm{d}t}\left(\frac{\cos\theta}{v}\right)=\frac{-\sin\theta\cdot\dot{\theta}v-\dot{v}\cos\theta}{v^2}=\frac{bv\sin\theta\cos\theta-b\,\dot{y}\cos\theta}{v^2}=0$$

不难知道$\frac{\cos\theta}{v}=k$(常数)。又因为

$$\tan\theta=\frac{\mathrm{d}y}{\mathrm{d}x}=y',\quad \cos\theta=\frac{1}{\sqrt{1+\tan^2\theta}}$$

可得 $\cos\theta=\frac{1}{\sqrt{1+y'^2}}$。由此可得

$$\frac{1}{\sqrt{1+y'^2}}=k(a+by)$$

$$y' = \frac{\sqrt{1-k^2\ (a+by)^2}}{k(a+by)}$$

$$\frac{k(a+by)}{\sqrt{1-k^2\ (a+by)^2}}\mathrm{d}y = \mathrm{d}x$$

上式可改写为

$$\frac{1}{b}\ \frac{(a+by)\mathrm{d}(a+by)}{\sqrt{k^{-2}-(a+by)^2}} = \mathrm{d}x$$

令 $z=a+by$,两端积分,得

$$-\sqrt{1-k^2z^2} = bk(x+c)$$

$$1-(a+by)^2k^2 = b^2k^2(x+c)^2$$

$$(x+c)^2+\left(y+\frac{a}{b}\right)^2 = \frac{1}{b^2k^2} = R^2$$

这是一个圆心在$\left(-c,-\dfrac{a}{b}\right)$、半径为 R 的圆方程,因为 c 是任意常数,故此圆的圆心在 $y=-\dfrac{a}{b}$直线上。此圆弧就代表最短时间路线。

7.18 设有二阶系统$\dot{\boldsymbol{x}}=\begin{bmatrix}0 & 1\\ -1 & -1\end{bmatrix}\boldsymbol{x}+\begin{bmatrix}0\\1\end{bmatrix}u$, $|u|\leqslant 1$,试求将系统从初态 $\boldsymbol{x}_0$ 转移到零态的最优控制。

解 构造哈密顿函数

$$H = 1+\lambda_1x_2+\lambda_2(-x_1-x_2+u) = 1+(\lambda_1-\lambda_2)x_2-\lambda_2x_1+\lambda_2u$$

由最小值原理得 $u^*=-\mathrm{sgn}(\lambda_2)$。由协态方程

$$\dot{\lambda}_1 = \lambda_2$$

$$\dot{\lambda}_2 = -\lambda_1+\lambda_2$$

有$\ddot{\lambda}_2=-\dot{\lambda}_1+\dot{\lambda}_2=-\lambda_2+\dot{\lambda}_2$,此式为齐次线性微分方程,其特征方程为 $r^2-r+1=0$,解之得

$$r = \frac{1\pm\sqrt{1-4}}{2} = \frac{1\pm\sqrt{3}\mathrm{i}}{2}$$

故

$$\lambda_2(t) = \mathrm{e}^{\frac{t}{2}}\left(c_1\cos\frac{\sqrt{3}}{2}t+c_2\sin\frac{\sqrt{3}}{2}t\right) = k\mathrm{e}^{\frac{t}{2}}\sin\left(\frac{\sqrt{3}}{2}t+\theta\right)$$

其中 $k^2=c_1^2+c_2^2(c_2=k\cos\theta, c_1=k\sin\theta)$。所以

$$u^*(t) = -\mathrm{sgn}\left\{k\mathrm{e}^{\frac{t}{2}}\sin\left(\frac{\sqrt{3}}{2}t+\theta\right)\right\}$$

7.19 设有二阶系统

$$\dot{\boldsymbol{x}} = \begin{bmatrix}-1 & 0\\ 1 & 0\end{bmatrix}\boldsymbol{x}+\begin{bmatrix}1\\0\end{bmatrix}u,\quad |u|\leqslant 1,$$

试求使系统最快地转移到原点的开关曲线和最优控制综合函数。

解　求开关曲线，令 $t=t_1-\tau$，则

$$x_1(t)=x_1(t_1-\tau)=\bar{x}_1(\tau)$$

$$x_2(t)=x_2(t_1-\tau)=\bar{x}_2(\tau)$$

于是

$$\dot{\bar{x}}_1(\tau)=\dot{x}_1(t)\frac{dt}{d\tau}=-\dot{x}_1(t)=\bar{x}_1(\tau)-u(\tau)$$

$$\dot{\bar{x}}_2(\tau)=\dot{x}_2(t)\frac{dt}{d\tau}=-\dot{x}_2(t)=-x_1(t)=-\bar{x}_1(\tau)$$

取 $u(\tau)=1$，则

$$\dot{\bar{x}}_1(\tau)=\bar{x}_1(\tau)-1,\quad \bar{x}_1(0)=0$$

$$\dot{\bar{x}}_2(\tau)=-\bar{x}_1(\tau),\quad \bar{x}_2(0)=0$$

解之得$\bar{x}_1(\tau)=1-e^{\tau}$，$\bar{x}_2(\tau)=e^{\tau}-\tau-1(\bar{x}_1<0)$。因为

$$\tau=\ln(1-\bar{x}_1(\tau)),\quad e^{\tau}=1-\bar{x}_1(\tau)$$

故

$$\bar{x}_2(\tau)=-\bar{x}_1(\tau)-\ln(1-\bar{x}_1(\tau)),\quad \bar{x}_1<0$$

即

$$x_2=-x_1-\ln(1-x_1),\quad x_1<0$$

取 $u(\tau)=-1$，则

$$\dot{\bar{x}}_1(\tau)=\bar{x}_1(\tau)+1,\quad \bar{x}_1(0)=0$$

$$\dot{\bar{x}}_2(\tau)=-\bar{x}_1(\tau),\quad \bar{x}_2(0)=0$$

解之得

$$\bar{x}_1(\tau)=e^{\tau}-1,\quad \bar{x}_2(\tau)=-e^{\tau}+\tau+1,\quad \bar{x}_1<0$$

因为

$$\tau=\ln(1+\bar{x}_1(\tau)),\quad e^{\tau}=1+\bar{x}_1(\tau)$$

故

$$\bar{x}_2(\tau)=\ln(1+\bar{x}_1(\tau))-1-\bar{x}_1(\tau)+1,\quad \bar{x}_1<0$$

即

$$x_2=-x_1+\ln(1+x_1),\quad x_1>0$$

综上有

$$x_2=-x_1+\mathrm{sgn}(x_1)\ln(1+|x_1|)$$

于是

$$u^*(t)=\begin{cases}-\mathrm{sgn}\{x_2+x_1+\mathrm{sgn}(x_1)\ln(1+|x_1|)\}, & (x_1,x_2)\text{不在开关曲线上}\\ 1, & x_2+x_1+\ln(1+|x_1|)=0,x_1<0\\ -1, & x_2+x_1-\ln(1+|x_1|)=0,x_1>0\end{cases}$$

7.20** 求泛函 $J=\int_{t_0}^{T}F(\dot{x},x,t)\mathrm{d}t$ 的变分。

解

$$\delta J=\frac{\partial}{\partial\varepsilon}J(x+\varepsilon\delta x)\big|_{\varepsilon=0}=\int_{t_0}^{T}\frac{\partial}{\partial\varepsilon}F(\dot{x}+\varepsilon\delta\dot{x},x+\varepsilon\delta x,t)\mathrm{d}t$$

$$=\int_{t_0}^{T}\left(\frac{\partial F}{\partial\dot{x}}\delta\dot{x}+\frac{\partial F}{\partial x}\delta x\right)\mathrm{d}t$$

其中，$\frac{\mathrm{d}}{\mathrm{d}t}\delta x=\delta\dot{x}$。

7.21** 求平面上两固定点间连线最短的曲线。

解 两固定点间连线的弧长为

$$J(x(\cdot))=\int_{t_0}^{T}\sqrt{1+\dot{x}^2(t)}\mathrm{d}t,$$

即有 $F=\sqrt{1+\dot{x}^2(t)}$，其欧拉方程为

$$\frac{\partial F}{\partial x}-\frac{\mathrm{d}}{\mathrm{d}t}\cdot\frac{\partial F}{\partial\dot{x}}=-\frac{\mathrm{d}}{\mathrm{d}t}\cdot\frac{\partial F}{\partial\dot{x}}=0$$

于是

$$\frac{\mathrm{d}}{\mathrm{d}t}\left(\frac{2\dot{x}}{\sqrt{1+\dot{x}^2}}\right)=0$$

或

$$\frac{\dot{x}}{\sqrt{1+\dot{x}^2}}=c$$

从而 $\dot{x}(t)=a$，$x(t)=at+b$。两个任意常数 a 和 b 由边界条件确定，于是得到，最短的曲线是连接固定点的直线。

7.22** 试求从一固定点到已知曲线有最小长度的曲线。

解 设 $x(t)$ 为曲线，则问题化为求泛函

$$J(x(\cdot))=\int_{t_0}^{T}\sqrt{1+\dot{x}^2(t)}\mathrm{d}t$$

的极值曲线，且满足相应的约束条件。为方便起见，设 A 点选在坐标原点。

由欧拉方程

$$\frac{\mathrm{d}}{\mathrm{d}t}\frac{\partial F}{\partial\dot{x}}=0$$

得

$$\frac{\partial F}{\partial\dot{x}}=\frac{\dot{x}}{\sqrt{1+\dot{x}^2}}=C\quad\text{或}\quad\dot{x}=C_1$$

满足初始条件的解为 $x(t)=C_1t$，它表示过原点的一条直线。为确定任意常数 C_1，应有横截条件

$$\left(\sqrt{1+\dot{x}^2(t)}+(\dot{\varphi}-\dot{x})\frac{\dot{x}}{\sqrt{1+\dot{x}^2}}\right)_T=\left.\frac{1+\dot{\varphi}\dot{x}}{\sqrt{1+\dot{x}^2}}\right|_T=0$$

而$\sqrt{1+\dot{x}^2}\,|_T\neq 0$，于是，$\dot{\varphi}\dot{x}\,|_T=-1$，即所求的极值曲线与约束曲线相正交。这样，过原点向 $\varphi(t)$引一条直线，且在终点与 $\varphi(t)$相正交的线段即为所求的极值曲线。

7.23** 给定泛函 $J=\frac{1}{2}\int_0^2\ddot{Q}^2(t)\mathrm{d}t$，约束方程为 $\ddot{Q}(t)=u(t)$，边界条件为 $Q(0)=1,\dot{Q}(0)=1,Q(2)=0,\dot{Q}(2)=0$。试求 $u(t)$使泛函 J 有极值。

解 此问题的物理意义很明显，设 $Q(t)$是转角，$\ddot{Q}(t)$为角加速度，约束方程实际上是转动惯量为 1 的转动方程，其中 $u(t)$是力矩，泛函可化为

$$J=\frac{1}{2}\int_0^2\ddot{Q}(t)\mathrm{d}t=\frac{1}{2}\int_0^2u^2(t)\mathrm{d}t$$

它表示与力矩有关的指标。现在的问题是求力矩 $u(t)$，使刚体从角位置 $Q(0)=1$ 和角速度$\dot{Q}(0)=1$，达到平衡状态 $Q(2)=0$ 和$\dot{Q}(2)=0$，而指标 J 有最小值。

把问题化为标准形式，令

$$x_1(t)=Q(t)$$

$$x_2(t)=\dot{x}_1(t)=\dot{Q}(t)$$

约束方程可定为

$$\dot{x}_1(t)-x_2(t)=0$$

$$\dot{x}_2(t)-u(t)=0$$

边界条件为 $x_1(0)=1,x_2(0)=1,x_1(2)=0,x_2(2)=0$。引进乘子$\lambda(t)=(\lambda_1(t),\lambda_2(t))^{\mathrm{T}}$。构造函数

$$F^*=F+\lambda^{\mathrm{T}}\boldsymbol{f}=\frac{1}{2}u^2+\lambda_1(\dot{x}_1-x_2)+\lambda_2(\dot{x}_2-u)$$

欧拉方程为

$$\frac{\partial F^*}{\partial x_1}-\frac{\mathrm{d}}{\mathrm{d}t}\cdot\frac{\partial F^*}{\partial\dot{x}_1}=\dot{\lambda}_1=0$$

$$\frac{\partial F^*}{\partial x_2}-\frac{\mathrm{d}}{\mathrm{d}t}\cdot\frac{\partial F^*}{\partial\dot{x}_2}=-\dot{\lambda}_1-\dot{\lambda}_2=0$$

$$\frac{\partial F^*}{\partial u}-\frac{\mathrm{d}}{\mathrm{d}t}\cdot\frac{\partial F^*}{\partial\dot{u}}=u+\lambda_2=0$$

由此可解出 $\lambda_1=a_1,\lambda_2=-a_1t+a_2,u=a_1t-a_2$。其中，$a_1$ 和 a_2 为任意常数。将 $u(t)$代入约束方程，并求解可得

$$x_1(t)=\frac{1}{6}a_1t^3-\frac{1}{2}a_2t^2+a_3t+a_4$$

$$x_2(t)=\frac{1}{2}a_1t^2-a_2t+a_3$$

利用边界条件，可得：$a_1=3, a_2=\frac{7}{2}, a_3=1, a_4=1$。于是，极值曲线和 $u(t)$ 为

$$x_1(t)=\frac{1}{2}t^3-\frac{7}{4}t^2+t+1$$

$$x_2(t)=\frac{3}{2}t^2-\frac{7}{2}t+1$$

$$u(t)=3t-\frac{7}{2}$$

7.24** 考虑状态方程和初始条件为 $\dot{x}(t)=u(t), x(t_0)=x_0$ 的简单一阶系统，其指标泛函为

$$J=\frac{1}{2}cx^2(T)+\frac{1}{2}\int_{t_0}^{T}u^2\mathrm{d}t$$

其中 $c>0, t_0, T$ 给定，试求最优控制 $u(t)$，使 J 有极小值。

解 引进伴随变量 $\lambda(t)$，构造哈密顿函数

$$H=L(x,u,t)+\lambda(t)f(x,u,t)=\frac{1}{2}u^2+\lambda u$$

伴随方程及边界条件为

$$\dot{\lambda}(t)=-\frac{\partial H}{\partial x}=0$$

$$\lambda(T)=\frac{\partial}{\partial x(T)}\frac{1}{2}cx^2(T)=cx(T)$$

故得 $\lambda(t)=cx(T)$。由必要条件

$$\frac{\partial H}{\partial u}=u+\lambda=0$$

得 $u=-\lambda=-cx(T)$，代入状态方程求解得 $x(t)=-cx(T)(t-t_0)+x_0$。令 $t=T$，则有

$$x(T)=\frac{x_0}{1+c(T-t_0)}$$

则最优控制为

$$u^*(t)=-cx(T)=-\frac{cx_0}{1+c(T-t_0)}$$

7.25** 已知状态方程为 $\dot{x}_1(t)=x_2(t), \dot{x}_2(t)=u(t)$，边界条件为 $x_1(0)=1$，$x_2(0)=1, x_1(2)=0, x_2(2)=0$。指标泛函为

$$J=\frac{1}{2}\int_0^2 u^2\mathrm{d}t$$

求使指标 J 最小的控制 u^* 和相应的最优状态轨线。

解 引进乘子 $\lambda(t)$，构造哈密顿函数

$$H=\frac{1}{2}u^2+\lambda_1x_2+\lambda_2u$$

其伴随方程为

$$\dot{\lambda}_1(t) = -\frac{\partial H}{\partial x_1} = 0$$

$$\dot{\lambda}_2(t) = -\frac{\partial H}{\partial x_2} = -\lambda_1(t)$$

其解为 $\lambda_1(t)=a_1$，$\lambda_2(t)=-a_1t+a_2$，其中 a_1、a_2 为任意常数。由必要条件

$$\frac{\partial H}{\partial u} = u + \lambda_2 = 0$$

得 $u=-\lambda_2=a_1t-a_2$，代入状态方程得 $\dot{x}_1=x_2$，$\dot{x}_2=u=a_1t-a_2$，其解为

$$x_1 = \frac{1}{6}a_1t^3 - \frac{1}{2}a_2t^2 + a_3t + a_4$$

$$x_2 = \frac{1}{2}a_1t^2 - a_2t + a_3$$

利用边界条件可求得 $a_1=3$，$a_2=\frac{7}{2}$，$a_3=1$，$a_4=1$，代入最优控制表达式，则有

$$u^*(t) = 3t - \frac{7}{2}$$

最优轨线为

$$x_1(t) = \frac{1}{2}t^3 - \frac{7}{4}t^2 + t + 1$$

$$x_2(t) = \frac{3}{2}t^2 - \frac{7}{2}t + 1$$

7.26** 设一阶系统为 $\dot{x}(t)=u(t)$，$x(0)=1$，指标泛函为

$$J = sx^2(T) + \int_0^T (1+u^2)\mathrm{d}t$$

其中 $s>1$ 为常数。试求当 T 为自由时，使 J 有极小值的最优控制、最优轨线和最优时间。

解 引进乘子，构造哈密顿函数 $H=1+u^2+\lambda u$。伴随方程及边界条件为

$$\dot{\lambda} = -\frac{\partial H}{\partial x} = 0, \quad \lambda(T) = \frac{\partial \varphi(x(T),T)}{\partial x(T)} = 2sx(T)$$

由必要条件 $\frac{\partial H}{\partial u}=2u+\lambda=0$，得 $u=-\frac{\lambda}{2}$，再由边界条件得

$$H(T) = 1 + u^2\,|_T + (\lambda u)_T = 0$$

解伴随方程得 $\lambda(t)=c$，于是 $\lambda(T)=2sx(T)$，$u(t)=-\frac{1}{2}\lambda(T)=$常数，故得 $u(t)=-sx(T)$，代入状态方程求解，再利用初始条件，则有 $x(t)=-sx(T)t+1$。又 $x(T)=\frac{1}{s}$，于是最优控制为

$$u^*(t) = -s\cdot\frac{1}{s} = -1$$

最优时间为

$$T^* = 1 - \frac{1}{s}$$

7.27** 考虑一阶系统$\dot{x}(t)=x(t)+u(t)$，$x(0)=1$，其中$|u(t)|\leqslant 1$。试求$u(t)$使指标函数$J=\int_0^1 x(t)\mathrm{d}t$有极小值(利用变分法)。

解 这是个自由端问题。应用变分法求解，引进乘子$\lambda(t)$，构造哈密顿函数

$$H = x(t) + \lambda(t)(-x(t) + u(t))$$

伴随方程及边界条件为

$$\dot{\lambda}(t) = -\frac{\partial H}{\partial x} = \lambda(t) - 1, \quad \lambda(1) = 0$$

由极值必要条件

$$\frac{\partial H}{\partial u} = \lambda(t) = 0$$

显然上述两方程是相矛盾的。恒等于零的$\lambda(t)$不能满足微分方程。用此方程求解，问题是无解的。这不是问题真的没有解，而是因为求解方法不对，造成“无解”的结局。H是u的一次函数，故极值一定存在且在边界上，而不能在$\frac{\mathrm{d}H}{\mathrm{d}u}=0$的点达到。

7.28** 考虑一阶系统$\dot{x}(t)=x(t)+u(t)$，$x(0)=1$，其中$|u(t)|\leqslant 1$。试求$u(t)$使指标函数$J=\int_0^1 x(t)\mathrm{d}t$有极小值(利用最小值原理)。

解 这里还是引进乘子$\lambda(t)$，构造哈密顿函数

$$H = x(t) + \lambda(t)(-x(t) + u(t)) = (1-\lambda)x(t) + \lambda u(t)$$

伴随方程及边界条件为

$$\dot{\lambda}(t) = -\frac{\partial H}{\partial x} = \lambda(t) - 1, \quad \lambda(1) = 0$$

利用最小值原理，需先求H的极值。要使H最小，只要$\lambda u(t)$常负且取$|u|$的边界值即可。由极值必要条件，知

$$u = -\operatorname{sgn}\lambda = \begin{cases} -1, & \lambda > 0 \\ 1, & \lambda < 0 \end{cases}$$

又，伴随方程满足边界条件的解有如下形式$\lambda(t)=1-\mathrm{e}^{t-1}>0$，$0\leqslant t\leqslant 1$，于是有$u^*(t)=-1$。这说明最优控制在控制域的边界上达到且为$-1$。将$u^*(t)$代入状态方程得到$\dot{x}(t)=-x(t)-1$，$x(0)=1$，其解为$x^*(t)=2\mathrm{e}^{-t}-1$，这就是最优轨线。最优性能指标值为

$$J^* = \int_0^1 x^* \,\mathrm{d}t = -2\mathrm{e}^{-1} + 1$$

7.29** 设系统为$\dot{x}(t)=-x(t)+u(t)$，$x(0)=1$，其中$|u(t)|\leqslant 1$。试求控制

$u(t)$使性能指标泛函 $J=\int_0^1\left(x-\frac{1}{2}u\right)\mathrm{d}t$ 有极小值。

解　应用最小值原理求解。构造哈密顿函数

$$H=x-\frac{1}{2}u+\lambda(-x+u)=(1-\lambda)x+\left(\lambda-\frac{1}{2}\right)u$$

伴随方程及边界条件为

$$\dot{\lambda}(t)=-\frac{\partial H}{\partial x}=\lambda-1,\quad \lambda(1)=0$$

其解为 $\lambda(t)=-(\mathrm{e}^{t-1}-1)$，由哈密顿函数(1)和最优性的必要条件知

$$u=-\operatorname{sgn}\left(\lambda-\frac{1}{2}\right)$$

下面考虑 $\lambda-\frac{1}{2}$ 的正、负性问题。令 $\lambda(t)-\frac{1}{2}=0$，可求出正、负号转接点 $t_t=\ln\frac{\mathrm{e}}{2}$。于是有

$$u^*(t)=\begin{cases}-1, & 0\leqslant t\leqslant \ln\frac{\mathrm{e}}{2}\\ 1, & \ln\frac{\mathrm{e}}{2}<t\leqslant 1\end{cases}$$

将 $u^*(t)$代入状态方程，则

$$\dot{x}=-x+u=\begin{cases}-x-1, & 0\leqslant t\leqslant \ln\frac{\mathrm{e}}{2}\\ -x+1, & \ln\frac{\mathrm{e}}{2}<t\leqslant 1\end{cases}$$

在区间$\left[0,\ln\frac{\mathrm{e}}{2}\right]$上有 $x^*(t)=2\mathrm{e}^{-t}-1$。令 $t=\ln\frac{\mathrm{e}}{2}$，则 $x\left(\ln\frac{\mathrm{e}}{2}\right)=4\mathrm{e}^{-1}-1$，以第一段轨线的末值作为第二段轨线的初始值，则第二段轨线的方程及终点条件为

$$\dot{x}=-x+1,\quad x\left(\ln\frac{\mathrm{e}}{2}\right)=4\mathrm{e}^{-1}-1$$

可得其解 $x^*(t)=(2-\mathrm{e})\mathrm{e}^{-t}+1$。于是整个最优轨线为

$$x^*(t)=\begin{cases}2\mathrm{e}^{-t}-1, & 0\leqslant t\leqslant \ln\frac{\mathrm{e}}{2}\\ (2-\mathrm{e})\mathrm{e}^{-t}+1, & \ln\frac{\mathrm{e}}{2}<t\leqslant 1\end{cases}$$

7.30** 设动态方程为

$$\dot{x}_1=x_2,\quad x_1(0)=0$$

$$\dot{x}_2=u,\quad x_2(0)=0$$

控制 u 受限，即$|u|\leqslant 1$。试求最优控制 $u(t)$，把系统状态在终点时刻转移到

$$x_1(T)=x_2(T)=\frac{1}{4}$$

并使性能指标泛函 $J=\int_0^T u^2\mathrm{d}t$ 取极小值，其中终点时刻 T 是不固定的。

解 应用最小值原理，构造哈密顿函数 $H=u^2+\lambda_1 x_2+\lambda_2 u$。伴随方程为

$$\dot{\lambda}_1=-\frac{\partial H}{\partial x_1}=0$$

$$\dot{\lambda}_2=-\frac{\partial H}{\partial x_2}=-\lambda_1$$

其解为 $\lambda_1=a,\lambda_2=b-at$，因 $x(t)$在终点时刻的值是固定的，故 $\lambda(t)$的边界条件是未知的。

H 是 u 的二次抛物线函数，u 在 $-1\leqslant u\leqslant 1$ 上一定使 H 有最小值，可能在内部，也可能在边界上。可先利用最优性条件求出 u(若存在)，再利用最小值原理求边界上的可能值。由$\frac{\partial H}{\partial u}=2u+\lambda_2=0$ 得 $u=-\frac{1}{2}\lambda_2=-\frac{1}{2}(b-at)$，再加上 $u=1$，$u=-1$，最优控制可能且只能取此三个值。

可以验证 $u(t)$等于 1 和 -1 都不能使状态变量同时满足初始条件和终点条件，所以可设 $u(t)=-\frac{1}{2}(b-at)$，将其代入状态方程，利用初始条件，可得

$$x_1(t)=-\frac{1}{2}\left(\frac{1}{2}bt^2-\frac{1}{6}at^3\right)$$

$$x_2(t)=-\frac{1}{2}\left(bt-\frac{1}{2}at^2\right)$$

设 T 是终点时刻，则

$$x_1(T)=-\frac{1}{2}\left(\frac{1}{2}bT^2-\frac{1}{6}aT^3\right)=\frac{1}{4}$$

$$x_2(T)=-\frac{1}{2}\left(bT-\frac{1}{2}aT^2\right)=\frac{1}{4}$$

由于 T 是不定的，且性能指标是积分型的，可按方程

$$\frac{\partial H}{\partial u}=0$$

$$H(T)=-\frac{\partial\varphi(x(T),T)}{\partial T}$$

的推导过程得

$$\begin{aligned}H(T)&=(u^2+\lambda_1 x_2+\lambda_2 u)\Big|_T\\&=\frac{1}{4}(b-aT)^2+\frac{a}{4}+(b-aT)\left(\frac{1}{2}(b-aT)\right)=0\end{aligned}$$

解之得 $b=0,a=\frac{1}{9},T=3$。于是，$u^*(t)=\frac{t}{18}$在$[0,3]$上满足条件$|u(t)|\leqslant 1$，此为最优控制。最优轨线为 $x_1^*(t)=\frac{t}{108}$，$x_2^*(t)=\frac{t^2}{36}$，最优性能指标为 $J^*=\frac{1}{36}$。

7.31** 设二阶系统为$\dot{x}_1=x_2,\dot{x}_2=u$，初始条件为 $x_1(0)=0,x_2(0)=2$。试求控制函数 $u(t)$，在约束条件 $|u(t)|\leqslant 1$ 下，使系统以最短时间从给定初态转移到零态，即 $x_1(T)=0,x_2(T)=0$。

解　这是一个时间控制问题，T 为自由，指标可写成 $J=T=\int_0^T 1\mathrm{d}t$。$H$ 函数为

$$H=1+\lambda_1 x_2+\lambda_2 u$$

伴随方程为

$$\dot{\lambda}_1=-\frac{\partial H}{\partial x_1}=0,\quad \dot{\lambda}_2=-\frac{\partial H}{\partial x_2}=-\lambda_1$$

其解为 $\lambda_1(t)=a,\lambda_2(t)=b-at$，由最小值原理，得 $u=-\mathrm{sgn}\lambda_2=-\mathrm{sgn}(b-at)$。因为 λ_2 为 t 的线性函数，最多有一次变号，所以 $u(t)$ 最多有一次开关，或者从 $u=-1$ 到 $u=1$，或者从 $u=1$ 到 $u=-1$，到底是哪一个，可由问题的物理意义判定。系统为二阶系统，实际上，x_1 是位移，而 x_2 是速度，u 则是力。在这种意义下，系统初始位移为零，而初速度为 2，选择控制力，使系统达到平衡状态。为了使速度趋于零，当然施加力的方向应与初速度方向相反，故取 $u=-1$。状态方程的解为

$$x_1(t)=-\frac{1}{2}t^2+c_1t+c_2$$

$$x_2(t)=-t+c_1$$

由初始条件，可得 $c_1=2,c_2=0$，于是有

$$x_1(t)=-\frac{1}{2}t^2+2t$$

$$x_2(t)=-t+2$$

设换轨时刻为 t_t，当 $t=t_t$ 时，

$$x_1(t_t)=-\frac{1}{2}t_t^2+2t_t$$

$$x_2(t_t)--t_t+2$$

当 $t>t_t$ 时，$u=1$，状态方程为$\dot{x}_1=x_2,\dot{x}_2=1$，其解为

$$x_1(t)=-\frac{1}{2}t^2+c_1t+c_2$$

$$x_2(t)=t+c_1$$

将前一段状态在 $t=t_t$ 时的值作为后一段的初始条件，可求得 $c_1=2t_t+2,c_2=2t_t^2$，代入上式，有

$$x_1(t)=\frac{1}{2}t^2+(-2t_t+2)t+t_t^2$$

$$x_2(t)=t-2t_t+2$$

于是，当 $t\geqslant t_t$ 时，有

$$x_1(t)=\frac{1}{2}(t-t_t)^2+(-t_t+2)(t-t_t)+\left(-\frac{1}{2}t_t^2+2t_t\right)$$

$$x_2(t) = (t - t_t) + (-t_t + 2)$$

以 T 为终点时刻代入终点条件，得

$$(T - t_t) + (-t_t + 2) = 0$$

$$\frac{1}{2}(T - t_t)^2 + (-t_t + 2)(T - t_t) + \left(-\frac{1}{2}t_t^2 + 2t_t\right) = 0$$

可解出 $t_t = 2+\sqrt{2}$，$T = 2+2\sqrt{2}$。所以最优控制为

$$u^*(t) = \begin{cases} -1, & 0 \leqslant t \leqslant 2+\sqrt{2} \\ 1, & 2+\sqrt{2} < t \leqslant 2+2\sqrt{2} \end{cases}$$

最优指标即最短时间为 $T = 2+2\sqrt{2}$。最优控制 $u^*(t)$ 和最优轨线 $x(t)$ 如图 7.1 所示。

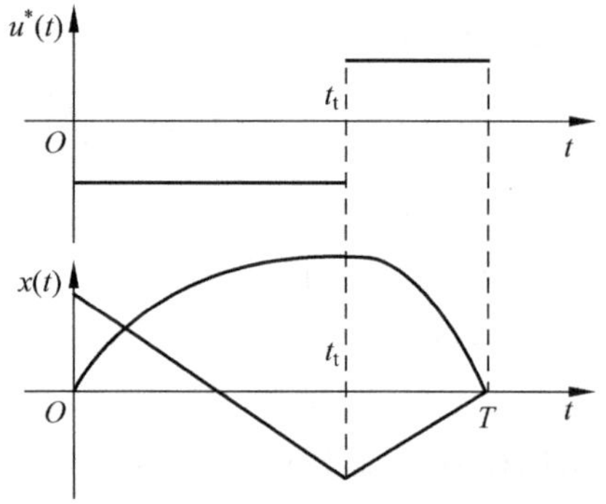

图 7.1 最优控制切换及最优轨线示意图

7.32** 设一阶离散系统，状态方程和初始条件为 $x_{k+1} = x_k + u_k$，$x_k\big|_{k=0} = x_0$，性能指标为 $J = x_N^2 + \sum\limits_{k=0}^{N-1}(x_k^2 + u_k^2)$。试求当 $N = 2$ 时使 J 有最小值的最优决策序列和最优轨线序列。

解 除了 N 段指标之和外，还有与终点有关的项 x_N^2，应用状态方程，当 $N=2$ 时，指标可写为 $J = x_0^2 + u_0^2 + x_1^2 + u_1^2 + (x_1 + u_1)^2$。选 u_1 使 $J(x_1)$ 最小，因 u_1 不受限，可令

$$\frac{\partial J(x_1)}{\partial u_1} = 2u_1 + 2(x_1 + u_1) = 0$$

于是，有 $u_1 = -\frac{1}{2}x_1$。实际上，这就是最优决策，并表示成了状态的函数。代入 $J(x_1)$ 则有

$$J^*(x_1) = x_1^2 + \left(-\frac{1}{2}x_1\right)^2 + \left(x_1 - \frac{1}{2}x_1\right)^2 = \frac{3}{2}x_1^2$$

进一步求上一级的决策

$$J(x_0) = x_0^2 + u_0^2 + J^*(x_1) = x_0^2 + u_0^2 + \frac{3}{2}x_1^2 = x_0^2 + u_0^2 + \frac{3}{2}(x_0 + u_0)^2$$

选 u_0 使 $J(x_0)$ 最小，令

$$\frac{\partial J(x_0)}{\partial u_0} = 2u_0 + 3(x_0 + u_0) = 0$$

则有 $u_0 = -\frac{3}{5}x_0$，代入性能指标，则有 $J^*(x_0) = \frac{8}{5}x_0^2$。将 u_0 代入状态方程，得状态 $x_1 = x_0 + u_0 = x_0 - \frac{3}{5}x_0 = \frac{2}{5}x_0$，于是，$u_1^* = -\frac{1}{2}x_1 = -\frac{1}{5}x_0$，$x_2 = x_1 + u_1 =$

$\frac{1}{5}x_0$。这样，最优决策序列为 $u_0^* = -\frac{3}{5}x_0, u_1^* = -\frac{1}{5}x_0$，最优轨线为 x_0、$x_1 = \frac{2}{5}x_0, x_2 = \frac{1}{5}x_0$。

7.33** 设一阶系统，状态方程和初始条件为 $\dot{x}(t) = u(t), x(t_0) = x_0$，性能指标为 $J = \frac{1}{2}cx^2(T) + \frac{1}{2}\int_{t_0}^{T} u^2 \mathrm{d}t$，其中 T 已知，u 不受约束。试求 u 使 J 最小。

解 动态规划方程为

$$\frac{\partial V}{\partial t} = -\min_{u(t)}\left(L(x,u,t) + \left(\frac{\partial V}{\partial t}\right)^{\mathrm{T}} f(x,u,t)\right) = -\min_{u(t)}\left(\frac{1}{2}u^2 + \frac{\partial V}{\partial t}u\right)$$

因为 u 不受限，故右端可对 u 求导数。令其导数为零，则得 $u = -\frac{\partial V}{\partial t}$，代入上式，则有 $\frac{\partial V}{\partial t} = \frac{1}{2}\left(\frac{\partial V}{\partial x}\right)^2$，边界条件为 $V(x,t) = \frac{1}{2}p(t)x^2(t)$，代入动态规划方程，则得

$$\dot{p}(t) = p^2(t), \quad p(T) = c$$

其解为

$$p(t) = \frac{c}{1 + c(T - t)}$$

于是

$$V(x,t) = \frac{1}{2}\frac{cx^2}{1 + c(T - t)}$$

最优控制函数为

$$u^* = -\frac{\partial V}{\partial x} = -\frac{cx}{1 + c(T - t)}$$

7.34** 设一阶动态系统状态方程和初始条件分别为 $\dot{x} = ax + u, x(0) = 1$，其性能指标泛函为

$$J = \frac{1}{2}sx^2(T) + \frac{1}{2}\int_{t_0}^{T}(qx^2(t) + ru^2(t))\mathrm{d}t$$

其中 $s \geqslant 0, q > 0, r > 0, a$ 均为常数。试求 u 使 J 有最小值。

解 由 $u^*(t) = -R^{-1}(t)B^{\mathrm{T}}(t)\lambda(t), \lambda(t) = P(t)\boldsymbol{x}(t)$ 和 $P^{\mathrm{T}}(t) = P(t)$，知最优控制为 $u^* = -\frac{1}{r}p(t)\boldsymbol{x}$，且 $p(t)$ 满足里卡蒂微分方程及边界条件：

$$\dot{p}(t) = -2ap(t) + \frac{1}{r}p^2(t) - q, \quad p(T) = s$$

此里卡蒂方程的解可如下求得

$$\int_{p(t)}^{p(T)} \frac{\mathrm{d}p}{\frac{1}{r}p^2 - 2ap - q} = \int_{t}^{T}\mathrm{d}\tau$$

于是

$$p(t) = r\frac{(\beta+\alpha)+(\beta-\alpha)\dfrac{s/r-\alpha-\beta}{s/r-\alpha+\beta}\mathrm{e}^{2b(t-T)}}{1-\dfrac{s/r-\alpha-\beta}{s/r-\alpha+\beta}\mathrm{e}^{2b(t-T)}}$$

其中 $\beta=\sqrt{\dfrac{q}{r}+a^2}$，最优轨线的微分方程为

$$\dot{x}(t) = \left(a-\frac{1}{r}p(t)\right)x(t),\quad x(0)=1$$

其解为 $x(t)=\mathrm{e}^{\int_0^t(a-p(t)/r)\mathrm{d}\tau}$，当 $a=-1,s=0,T=1,q=1$ 时，以 r 为参数的最优轨线 $x(t)$ 如图 7.2 所示，最优控制 $u^*(t)$ 如图 7.3 所示，里卡蒂方程的解 $p(t)$ 如图 7.4 所示。

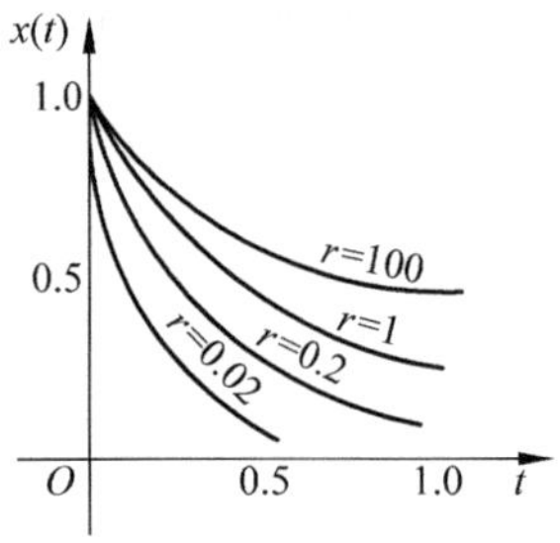

图 7.2 最优轨线

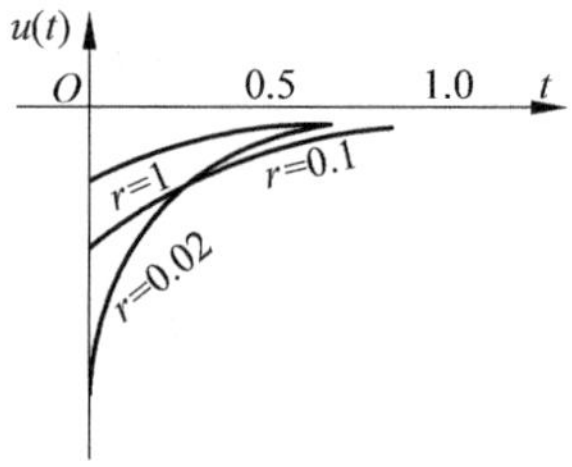

图 7.3 最优控制

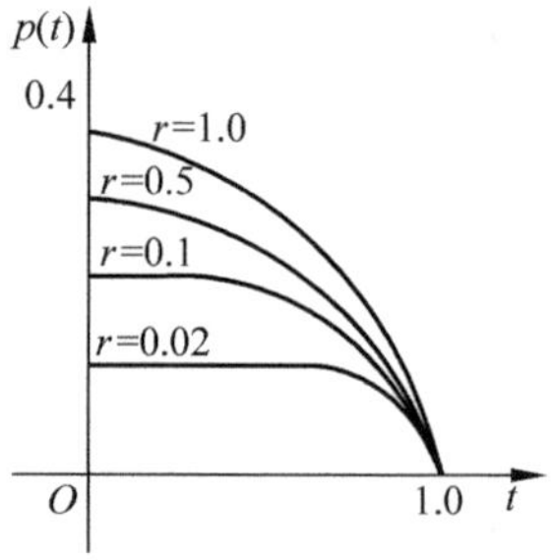

图 7.4 里卡蒂方程的解

7.35** 设系统的状态方程、初始条件分别为 $\dot{x}=-\dfrac{1}{2}x+u$、$x(0)=x_0$，性能指标为

$$J=\frac{1}{2}sx^2(T)+\frac{1}{2}\int_0^T(2x^2+u^2)\mathrm{d}t,\quad s>0$$

求最优控制 u^*，使 J 有最小值。

解 因为 $A=-\dfrac{1}{2},B=1,q=2,r=1$，故 $u^*=-BR^{-1}B^{\mathrm{T}}P(t)x=-p(t)x$，其中 $p(t)$ 满足里卡蒂方程及边界条件 $\dot{p}=p+p^2-2$，$p(T)=s$，其解为

$$p(t)=-0.5+1.5\mathrm{th}(-1.5t+\xi_1)$$

或

$$p(t)=0.5+1.5\mathrm{cth}(-1.5t+\xi_2)$$

其中积分常数 ξ_1 和 ξ_2 由边界条件确定。下面讨论几组算例，看看反馈增益 $K(t)=P(t)$ 的变化。

(1) 令 $s=0$，这时对终点状态无要求。边界条件 $p(T)=s=0$，显然反馈增益趋于 0。

当 $T=1$ 时，$\xi_1=1.845\text{rad}$，则 $p(t)=-0.5+1.5\text{th}(-1.5t+1.845)$。

当 $T=10$ 时，$\xi_1=15.35\text{rad}$，则 $p(t)=-0.5+1.5\text{th}(-1.5t+15.35)$。

当 $T=\infty$ 时，里卡蒂方程退化为代数方程 $\bar{p}+\bar{p}^2-2=0$，得 $\bar{p}=1$ 或 $\bar{p}=-2$（后者不满足正定条件，故略去），反馈增益 $K(t)=p(t)$ 的变化如图 7.5 所示。

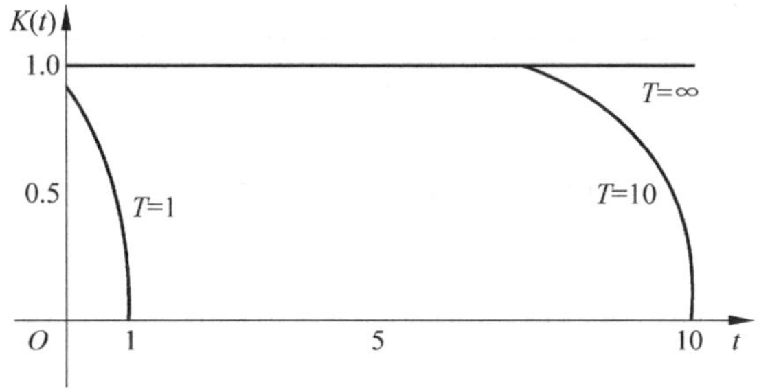

图 7.5　反馈增益变化($s=0$)

(2) 令 $s=10$，这时对终值状态有一定的要求，反馈增益的末值 $p(T)=10$。

当 $T=1$ 时，$\xi_2=1.643\text{rad}$，则 $p(t)=-0.5+1.5\text{cth}(-1.5t+1.643)$。

当 $T=10$ 时，$\xi_2=15.143\text{rad}$，则 $p(t)=-0.5+1.5\text{cth}(-1.5t+15.143)$。

当 $T=\infty$ 时，有 $\bar{p}=1$，反馈增益 $K(t)=p(t)$ 的变化如图 7.6 所示。

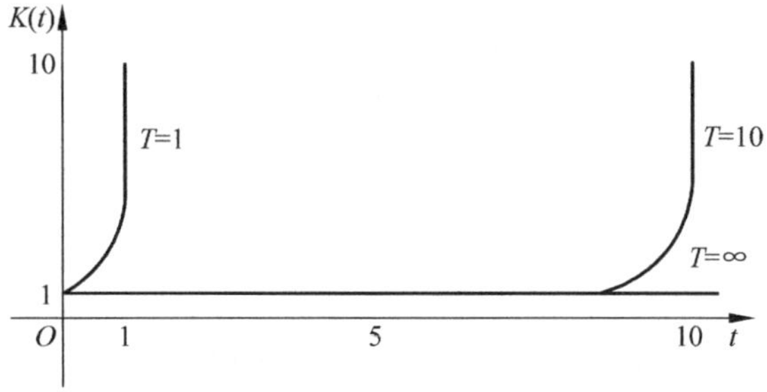

图 7.6　反馈增益变化($s=10$)

(3) 令 $s\to\infty$，这时限制末值状态 $x(T)=0$，边界条件 $p(T)=s\to\infty$。解逆里卡蒂方程 $\dot{p}^{-1}=-p^{-1}+2(p^{-1})^2-1$，初值为 $p^{-1}=0$，得其解为

$$p^{-1}=0.25+0.75\text{th}(-1.5t+1.5T-0.346)$$

当 $T=1$ 时，$p^{-1}=0.25+0.75\text{th}(-1.5t+1.134)$；

当 $T=10$ 时，$p^{-1}=0.25+0.75\text{th}(-1.5t+14.634)$；

当 $T=\infty$ 时，$\lim\limits_{T\to\infty}P^{-1}(t,T)=1=\bar{p}$。反馈增益 $K(t)=p(t)$ 的变化如图 7.7 所示。

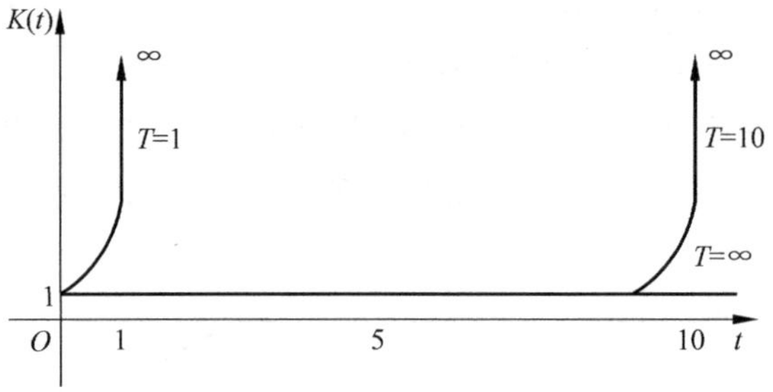

图 7.7 反馈增益变化($s\to\infty$)

7.36** 设二阶系统为 $\dot{\boldsymbol{x}}=\begin{bmatrix}0&1\\0&0\end{bmatrix}\boldsymbol{x}+\begin{bmatrix}0\\1\end{bmatrix}u$，$\boldsymbol{x}(0)=\begin{pmatrix}x_{10}\\x_{20}\end{pmatrix}$，$y=x_1=(1,0)\begin{bmatrix}x_1\\x_2\end{bmatrix}$，性能指标为 $J=\dfrac{1}{2}\int_0^{\infty}((y-\eta)^2+u^2)\mathrm{d}t$。试求最优控制 u^*。

解 由题设知 $\boldsymbol{A}=\begin{bmatrix}0&1\\0&0\end{bmatrix}$，$\boldsymbol{B}=\begin{bmatrix}0\\1\end{bmatrix}$，$\boldsymbol{Q}=1$，$R=1$，$\boldsymbol{C}=(1,0)$。首先设 $T<\infty$，则由方程和边界条件有

$$-\begin{bmatrix}\dot{p}_1&\dot{p}_2\\\dot{p}_2&\dot{p}_3\end{bmatrix}+\begin{bmatrix}p_1&p_2\\p_2&p_3\end{bmatrix}\begin{bmatrix}0&1\\0&0\end{bmatrix}+\begin{bmatrix}0&0\\1&0\end{bmatrix}\begin{bmatrix}p_1&p_2\\p_2&p_3\end{bmatrix}-\begin{bmatrix}p_1&p_2\\p_2&p_3\end{bmatrix}\begin{bmatrix}0\\1\end{bmatrix}(0,1)\cdot$$

$$\begin{bmatrix}p_1&p_2\\p_2&p_3\end{bmatrix}+\begin{bmatrix}1\\0\end{bmatrix}(1,0)=0$$

$$\begin{bmatrix}p_1(T)&p_2(T)\\p_2(T)&p_3(T)\end{bmatrix}=\begin{bmatrix}0&0\\0&0\end{bmatrix}$$

整理后得

$$\dot{p}_1=p_2^2-1,\qquad p_1(T)=0$$

$$\dot{p}_2=-p_1+p_2p_3,\qquad p_2(T)=0$$

$$\dot{p}_3=-2p_2+p_3^2,\qquad p_3(T)=0$$

当 $T\to\infty$ 时，稳态正定解为 $\bar{p}_1=\sqrt{2}$，$\bar{p}_2=1$，$\bar{p}_3=\sqrt{2}$。设 $\eta=a$ 为常数，当 $T\to\infty$ 时，$\xi(t)$ 趋于稳态值，即 $\dot{\xi}(t)=\boldsymbol{0}$。由

$$\dot{\xi}(t)+(\boldsymbol{A}^{\mathrm{T}}(t)-\boldsymbol{P}(t)\boldsymbol{B}(t)\boldsymbol{R}^{-1}(t)\boldsymbol{B}^{\mathrm{T}}(t))\,\xi(t)+\boldsymbol{C}^{\mathrm{T}}(t)\boldsymbol{Q}(t)\,\eta(t)=\boldsymbol{0}$$

有

$$\begin{bmatrix}0&-p_2\\1&-p_1\end{bmatrix}\begin{bmatrix}\xi_1\\\xi_2\end{bmatrix}+\begin{bmatrix}\eta\\0\end{bmatrix}=\boldsymbol{0}$$

或 $-\xi_2(t)p_2+\eta(t)=0,\xi_1(t)-\xi_2(t)p_3=0$，即 $\xi_2(t)-\eta(t)=0,\xi_1(t)-\sqrt{2}\xi_2(t)=0$，于是 $\xi_2=\eta=a$。最优控制为 $u^*=-x_1-\sqrt{2}x_2+a$。

若设 $\eta(t)=1-e^{-t}$，方程组化为

$$\dot{\xi}_1(t)=\xi_2(t)-\eta,\qquad \xi_1(T)=0$$

$$\dot{\xi}_2(t)=-\xi_1(t)+\sqrt{2}\xi_2,\quad \xi_2(T)=0$$

令 $T\to\infty$，极限解为

$$\xi_2(t)=1-\frac{1}{2+\sqrt{2}}e^{-t}$$

最优控制为

$$u^*=-x_1-\sqrt{2}x_2+\left(1-\frac{1}{2+\sqrt{2}}e^{-t}\right)$$

由于

$$1-\frac{1}{2+\sqrt{2}}e^{-t}=(1-e^{-t})+\frac{1+\sqrt{2}}{2+\sqrt{2}}e^{-t}\approx\eta+0.7\dot{\eta}$$

得闭环控制如图 7.8 所示。

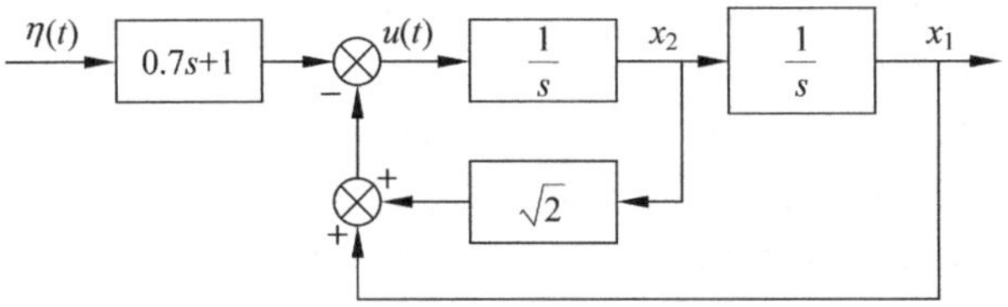

图 7.8　闭环控制系统结构

7.37** 考虑如下系统：

$$\dot{\boldsymbol{x}}(t)=\begin{bmatrix}-0.3 & 0.1 & -0.05\\ 1 & 0.1 & 0\\ -1.5 & -8.9 & -0.05\end{bmatrix}\boldsymbol{x}(t)+\begin{bmatrix}2\\0\\4\end{bmatrix}u(t)$$

$$y(t)=[1\quad 2\quad 3]\boldsymbol{x}(t)$$

设计线性二次最优调节器。

解　可以用如下的 MATLAB 语句来设计线性二次最优调节器：

```
>>Q = eye(3,3);R = 1;A = [ - 0.3,0.1, - 0.05;1,0.1,0; - 1.5, - 8.9, - 0.05];B = [2;0;
    4];C = [1,2,3];
    D = 0;Kc = lqr(A,B,Q,R)
Kc =
    5.9789   10.2705   - 1.0786
```

7.38** 考虑如下系统：

$$\dot{\boldsymbol{x}}(t)=\begin{bmatrix}-0.2 & 0.5 & 0 & 0 & 0\\ 0 & -0.5 & 1.6 & 0 & 0\\ 0 & 0 & -14.3 & 85.8 & 0\\ 0 & 0 & 0 & -33.3 & 100\\ 0 & 0 & 0 & 0 & -10\end{bmatrix}\boldsymbol{x}(t)+\begin{bmatrix}0\\0\\0\\0\\30\end{bmatrix}u(t)$$

$$y(t)=[1\quad 0\quad 0\quad 0\quad 0]\boldsymbol{x}(t)$$

设计线性二次最优调节器。

解 可以选择 $\boldsymbol{Q}=\mathrm{diag}\{\rho,0,0,0,0\}$ 和 $R=1$。若设 $\rho=1$，可以由如下的MATLAB语句得到线性二次最优调节器问题的解。

```
>>A = [ - 0.2,0.5,0,0,0;0, - 0.5,1.6,0,0;0,0, - 14.3,85.8,0;0,0,0, - 33.3,100;0,
    0,0,0, - 10];
  B = [0;0;0;0;30];Q = diag[1,0,0,0,0]0;R = 1;C = [1,0,0,0,0];D = 0;[K,P] = lqr(A,
    B,Q,R)
K =
    0.9260  0.1678  0.0157  0.0371  0.2653
P =
    0.3563  0.0326  0.0026  0.0056  0.0309
    0.0326  0.0044  0.0004  0.0009  0.0056
    0.0026  0.0004  0.0000  0.0001  0.0005
    0.0056  0.0009  0.0001  0.0002  0.0012
    0.0309  0.0056  0.0005  0.0012  0.0088
```

7.39** 有一单位质点，在 $x(0)=1$ 处以初速度为 2 沿直线运动。现施加一力 $u(t)$，$|u(t)|\leqslant 1$，使质点尽快返回原点，并停留在原点上。力 $u(t)$ 简称为控制。若其他阻力不计，试求此控制力 $u(t)$。

解 由动力学知，质点运动方程为 $\ddot{x}=u$，写成状态方程为

$$\dot{x}_1(t)=x_2(t),\quad x_1(0)=1,$$

$$\dot{x}_2(t)=u(t),\quad x_2(0)=2$$

由最小值原理，构造哈密顿函数 $H=1+\lambda_1x_2+\lambda_2u$，得伴随方程为 $\dot{\lambda}_1(t)=0$，$\dot{\lambda}_2(t)=-\lambda_1(t)$，其解为 $\lambda_1(t)=C$，$\lambda_2(t)=C_1t+C_2$，其中 C_1 和 C_2 为待定常数。

由最优控制的必要条件，最优控制为 $u^*=-\mathrm{sgn}\lambda_2(t)$。在 $[0,T]$ 上 λ_2 不恒等于 0，否则与 $H(T)=0$ 矛盾。

因为 $\lambda_2(t)$ 为线性函数，只能定性地表示为下面 4 种情况，其图形及所对应的控制如图 7.9 所示。

从图 7.9 中可看到，最优控制只能取值 1 和 -1，且是开关型的，每时每刻都“用劲最大”。与 $u=1$ 和 $u=-1$ 对应的轨线族称为备选最优轨线族。可令 $u=\pm1$，

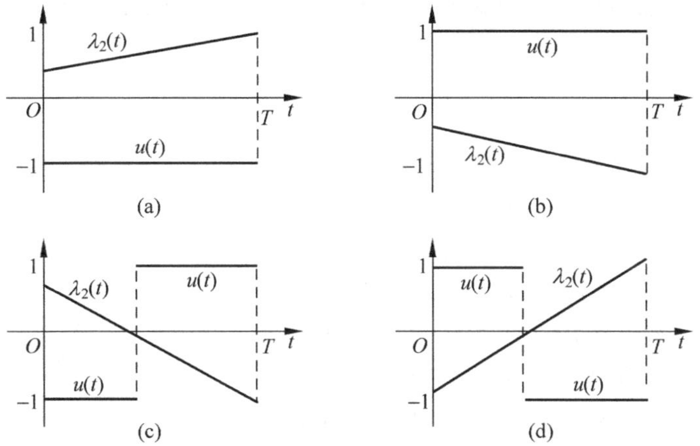

图 7.9　协态变量与控制函数示意图

由方程$\dot{x}_1=x_2$，$\dot{x}_2=\pm 1$ 在相平面中求得备选最优轨线族。事实上，由状态方程可得

$$\frac{\mathrm{d}x_1}{\mathrm{d}x_2}=\pm x_2$$

其解为 $x_1=\pm\frac{1}{2}x_2^2+C$，其中 C 为任意常数。这是一抛物线族，相点流向为顺时针，$C=0$ 时，相轨线通过原点。轨线族如图 7.10 所示。

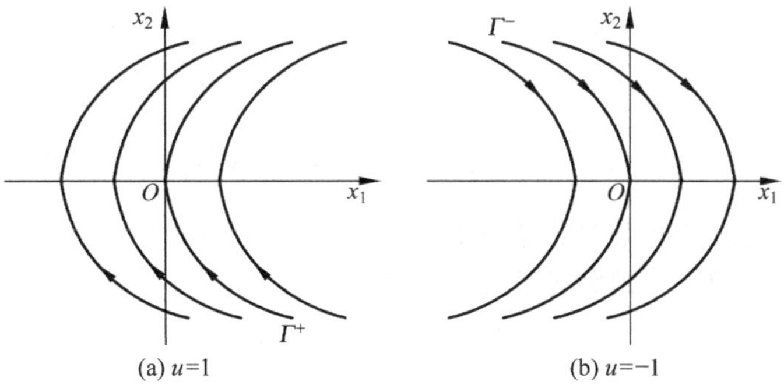

图 7.10　相轨线族示意图

从图 7.10 中可看到，当 $u=1$ 时，仅有一条轨线通过原点，顺时针由下而上，记为 Γ^+

$$x_1=\frac{1}{2}x_2^2,\quad x_2<0$$

当 $u=-1$，也仅有一条轨线通过原点，顺时针由上而下，记为 Γ^-。

$$x_1=-\frac{1}{2}x_2^2,\quad x_2>0$$

因此,若相点 $\boldsymbol{x}\in\Gamma^+$,则 $u=1$ 为最优控制;若相点 $\boldsymbol{x}\in\Gamma^-$,则 $u=-1$ 为最优控制。令 $\Gamma=\Gamma^+\cup\Gamma^-$,其方程为

$$x_1+\frac{1}{2}x_2|x_2|=0$$

如图 7.11 所示,它是过原点的两段抛物线弧,它将相平面分为上、下两部分,上部分记为 R^-,下部分记为 R^+,曲线 Γ 称为开关曲线。若相点在开关曲线上,可采用 $u=1$ 或 $u=-1$ 控制,直接快速返回原点。若不在开关曲线上,要回到原点,必须首先将相点控制到开关曲线上,并同时转换控制的极性。根据轨线上点的流向,凡在开关曲线上部的点,即 $\boldsymbol{x}\in R^-$,最优控制为 $u=-1$,在开关曲线下部的点,即 $\boldsymbol{x}\in R^+$,最优控制为 $u=1$。

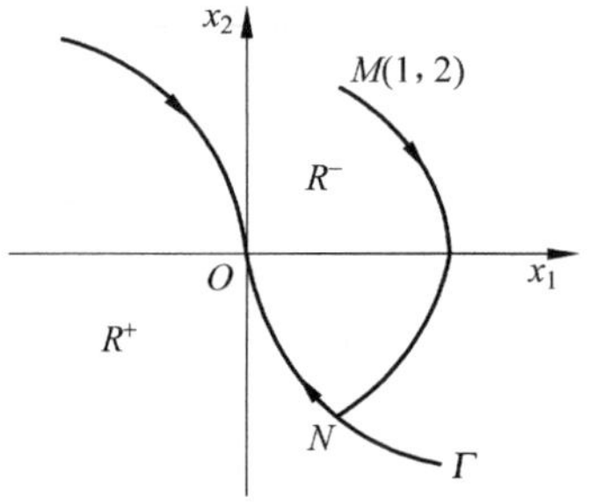

图 7.11 开关曲线

由上面的分析可知,该问题初始状态为 $\boldsymbol{x}(0)=[1,2]^{\mathrm{T}}\in\boldsymbol{R}^-$,最优控制为 $u=-1$,状态方程为

$$\begin{aligned}\dot{x}_1(t)&=x_2(t),\quad x_1(0)=1,\\ \dot{x}_2(t)&=1,\qquad\ \ x_2(0)=2,\end{aligned}$$

其解为

$$x_1(t)=\frac{1}{2}(-t+2)^2+3$$

$$x_2(t)=-t+2$$

消去 t 后,得相轨线为 $x_1=-\frac{1}{2}x_2^2+3$,它是通过点 $M(1,2)$ 的抛物线,为最优轨线的一部分。它与 Γ 相交于点 N,可计算得其坐标为 $N\left(\frac{3}{2},-\sqrt{3}\right)$,见图 7.11。

设 t_1 为从点 M 到点 N 所需的时间,则由上式求得 $t_1=2+\sqrt{3}$。另一方面,将时间倒转,令 $t=T-\tau$,则倒转时间方程为

$$\frac{\mathrm{d}x_1}{\mathrm{d}\tau}=\frac{\mathrm{d}x_1}{\mathrm{d}t}\frac{\mathrm{d}t}{\mathrm{d}\tau}=-x_2,\quad x_1(\tau)\Big|_{\tau=0}=0,$$

$$\frac{\mathrm{d}x_2}{\mathrm{d}\tau}=\frac{\mathrm{d}x_2}{\mathrm{d}t}\frac{\mathrm{d}t}{\mathrm{d}\tau}=-1,\quad x_2(\tau)\Big|_{\tau=0}=0,$$

其解为

$$x_1=-\frac{1}{2}\tau^2,\quad x_2=-\tau$$

因 $x_2=-\sqrt{3}$,$\tau_\alpha=\sqrt{3}$,其中 τ_α 是 N 点到达原点所需的时间,这样,总时间为 $T=2+2\sqrt{3}$,最优控制为

$$u^*(t)=\begin{cases}-1, & 0\leqslant t<2+\sqrt{3}\\ 1, & 2+\sqrt{3}\leqslant t\leqslant 2+2\sqrt{3}\end{cases}$$

7.40** 设二阶系统为

$$\begin{bmatrix}\dot{x}_1\\ \dot{x}_2\end{bmatrix}=\begin{bmatrix}0 & 1\\ -1 & 0\end{bmatrix}\begin{bmatrix}x_1\\ x_2\end{bmatrix}+\begin{bmatrix}0\\ 1\end{bmatrix}u,\quad |u|\leqslant 1$$

试求快速返回原点的开关曲线和最优综合控制函数 $u(\boldsymbol{x},t)$。

解　由最小值原理，构造哈密顿函数 $H=1+\lambda_1 x_2+\lambda_2(-x_2+u)$，得伴随方程为

$$\dot{\lambda}_1(t)=-\frac{\partial H}{\partial x_1}=\lambda_2(t),\quad \dot{\lambda}_2(t)=-\frac{\partial H}{\partial x_2}-\lambda_1(t),$$

可求得 $\lambda_2(t)=A\sin(t+\alpha)$，其中 A 和 α 是两个任意常数，最优控制为

$$u^*=-\operatorname{sgn}\lambda_2(t)=-\operatorname{sgn}[A\sin(t+\alpha)]$$

图 7.12 表示了最优控制 $u(t)$ 与协态变量 $\lambda_2(t)$ 的变化。

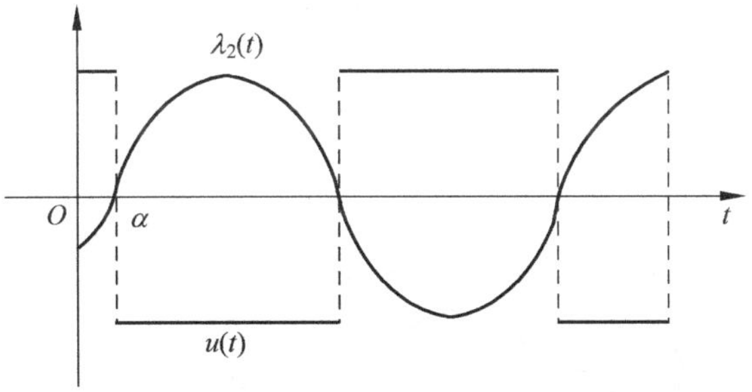

图 7.12　最优控制与协态变量的变化情况

从图 7.12 中可见，控制是"砰砰控制"，除了首尾之外，在 1 和 −1 上的停留时间均为 π。下面分析备选最优轨线族。令 $u=\pm 1$，得 $\frac{\mathrm{d}x_1}{\mathrm{d}x_2}=\frac{x_2}{-x_1\pm 1}$，积分后得 $(x_1\mp 1)^2+x_2^2=C^2$，其中 C 为任意常数，这是两族同心圆方程。当 $u=1$ 时，圆心位于点(0,1)，当 $u=-1$ 时，圆心位于点(−1,0)，备选最优轨线族如图 7.13 所示。

相点沿轨线顺时针方向运动，其速度为

$$v=\frac{\mathrm{d}s}{\mathrm{d}t}=\sqrt{x_1^2+x_2^2}=\sqrt{(x_1\pm 1)^2+x_2^2}=C$$

因轨线是半径为 C 的圆周，故转一周的时间为 2π。由前面的分析可知，除首尾两段外，两开关点之间相隔的时间均为 π，相点沿轨线刚好运行半个圆周。据此可求出开关曲线。事实上，最后一段开关曲线为，圆心分别在点(1,0)和点(−1,0)且半径为 1 的下、上半圆 Γ^+ 和 Γ^-，如图 7.14 所示，因此相点只有沿这两个半圆弧才能到达原点。

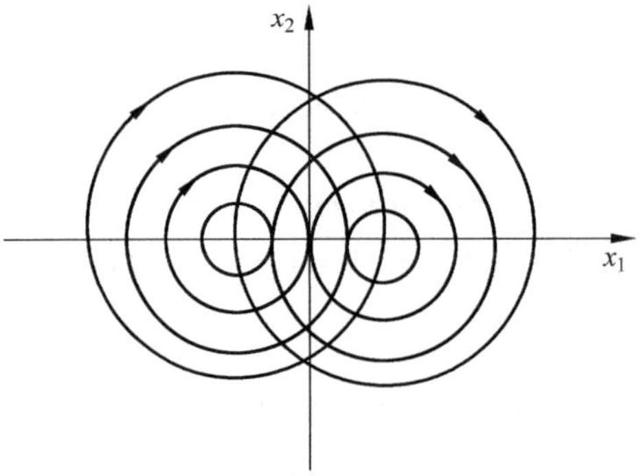

图 7.13 备选最优轨线族

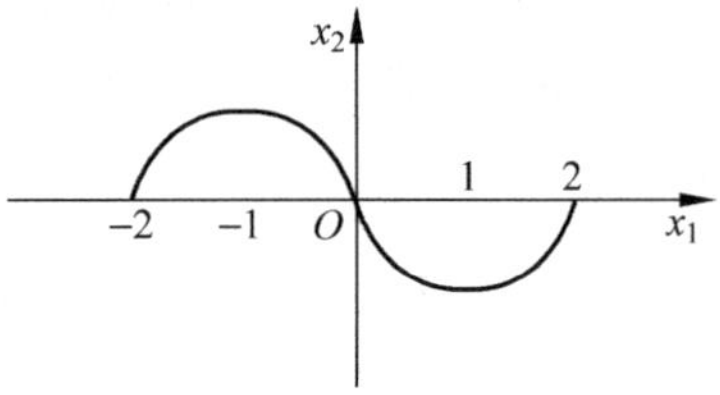

图 7.14 开关曲线

倒数第二段开关曲线就时间说刚好差 π，于是它应与上段关于点(−1,0)和点(1,0)相对称，圆心在点(−3,0)和点(3,0)，半径为 1 的上半圆周和下半圆周，如图 7.15 所示。

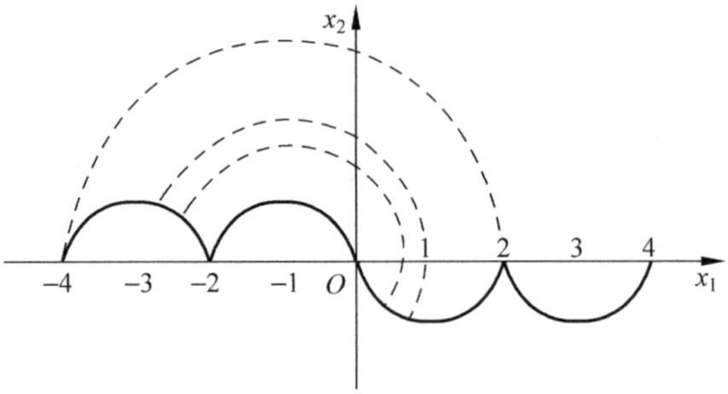

图 7.15 第二段开关曲线

依此类推，可求出倒数第三段、第四段，……，整个开关曲线如图 7.16 所示。它将相平面分为上、下两部分，记上部分为 R^-，下部为 R^+。

最优综合控制函数为

$$u^* = \begin{cases} 1, & (x_1, x_2)^T \in R^+ \cup \Gamma^+ \\ -1, & (x_1, x_2)^T \in R^- \cup \Gamma^- \end{cases}$$

例如，当初始状态由 M 点出发，最优轨线如图 7.16 中虚线所示。

7.41* 给定系统

$$\dot{\boldsymbol{x}}(t) = \begin{bmatrix} 0 & 1 \\ 0 & 0 \end{bmatrix} \boldsymbol{x}(t) + \begin{bmatrix} 0 \\ 1 \end{bmatrix} u(t)$$

及性能指标 $J = \dfrac{1}{2}\int_0^{\infty} [x_1^2(t) + 2bx_1(t)x_2(t) + ax_2^2(t) + u^2(t)]\mathrm{d}t$，求最优控制 $u^*(t)$。

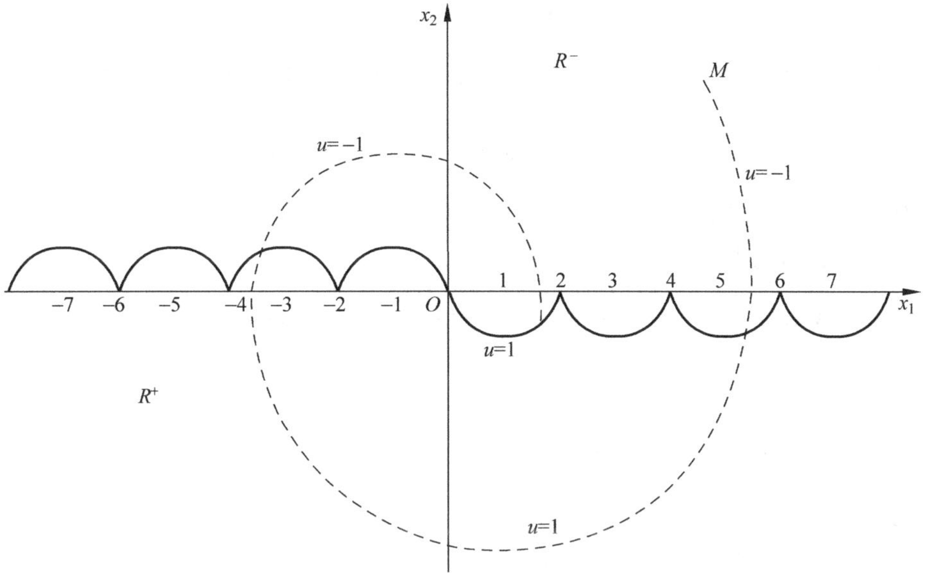

图 7.16　整个开关曲线

解　显然

$$A = \begin{bmatrix} 0 & 1 \\ 0 & 0 \end{bmatrix},\quad B = \begin{bmatrix} 0 \\ 1 \end{bmatrix},\quad Q = \begin{bmatrix} 1 & b \\ b & a \end{bmatrix},\quad R = 1$$

由于

$$[B \quad AB] = \begin{bmatrix} 0 & 1 \\ 1 & 0 \end{bmatrix}$$

非奇异，故系统完全能控。先求解里卡蒂矩阵方程，设

$$P = \begin{bmatrix} P_1 & P_2 \\ P_2 & P_3 \end{bmatrix}$$

则有

$$P = \begin{bmatrix} P_1 & P_2 \\ P_2 & P_3 \end{bmatrix}\begin{bmatrix} 0 & 1 \\ 0 & 0 \end{bmatrix} + \begin{bmatrix} 0 & 0 \\ 1 & 0 \end{bmatrix}\begin{bmatrix} P_1 & P_2 \\ P_2 & P_3 \end{bmatrix}$$

$$-\begin{bmatrix} P_1 & P_2 \\ P_2 & P_3 \end{bmatrix}\begin{bmatrix} 0 \\ 1 \end{bmatrix}[0 \quad 1]\begin{bmatrix} P_1 & P_2 \\ P_2 & P_3 \end{bmatrix} + \begin{bmatrix} 1 & b \\ b & a \end{bmatrix} = \begin{bmatrix} 0 & 0 \\ 0 & 0 \end{bmatrix}$$

经简单矩阵运算，得 $P_2^2 - 1 = 0$，$-P_1 + P_2P_3 - b = 0$，$-2P_2 + P_3^2 - a = 0$。求解，得 $P_2 = \pm 1$，$P_3 = \pm\sqrt{a + 2P_2} = \pm\sqrt{a \pm 2}$，$P_1 = P_2P_3 - b$。在保证 P 正定的条件下，P_1 与 P_3 都应大于 0，于是有 $P_2 = 1$，$P_3 = \sqrt{a+2}$，$P_1 = \sqrt{a+2} - b > 0$。因此在 $\sqrt{a+2} > b$ 的条件下，最优控制为

$$u^* = -R^{-1}B^{\mathrm{T}}Px = -[0 \quad 1]\begin{bmatrix} P_1 & P_2 \\ P_2 & P_3 \end{bmatrix}x$$

$$=-[P_2 \quad P_3]\boldsymbol{x}=-x_1(t)-(\sqrt{a+2})x_2(t)$$

7.42* 给定二阶系统$\dot{\boldsymbol{x}}=\begin{bmatrix}0 & 1\\0 & -2\end{bmatrix}\boldsymbol{x}+\begin{bmatrix}0\\1\end{bmatrix}u, y=[1 \quad 0]\boldsymbol{x}$,及性能指标

$$J=\frac{1}{2}\int_0^{\infty}\{[y(t)-z]^2+u^2(t)\}\mathrm{d}t$$

求使 J 取最小值的 $u^*(t)$。

解 在本题中

$$\boldsymbol{A}=\begin{bmatrix}0 & 1\\0 & -2\end{bmatrix},\quad \boldsymbol{B}=\begin{bmatrix}0\\1\end{bmatrix},\quad \boldsymbol{C}=[1 \quad 0],\quad \boldsymbol{Q}=1,\quad \boldsymbol{R}=1$$

设

$$\boldsymbol{P}=\begin{bmatrix}P_1 & P_2\\P_2 & P_3\end{bmatrix}$$

则有

$$\begin{bmatrix}P_1 & P_2\\P_2 & P_3\end{bmatrix}\begin{bmatrix}0 & 1\\0 & -2\end{bmatrix}+\begin{bmatrix}0 & 0\\1 & -2\end{bmatrix}\begin{bmatrix}P_1 & P_2\\P_2 & P_3\end{bmatrix}$$
$$-\begin{bmatrix}P_1 & P_2\\P_2 & P_3\end{bmatrix}\begin{bmatrix}0\\1\end{bmatrix}[0 \quad 1]\begin{bmatrix}P_1 & P_2\\P_2 & P_3\end{bmatrix}+\begin{bmatrix}1\\0\end{bmatrix}[1 \quad 0]=0$$

即 $P_2^2=1, P_1-2P_2=P_2P_3, 2(P_2-2P_3)=P_3^2$,故得 $P_1=\sqrt{6}, P_2=1, P_3=\sqrt{6}-2$,所以有

$$\boldsymbol{q}=\left\{\begin{bmatrix}\sqrt{6} & 1\\1 & \sqrt{6}-2\end{bmatrix}\begin{bmatrix}0\\1\end{bmatrix}[0 \quad 1]-\begin{bmatrix}0 & 0\\1 & -2\end{bmatrix}\right\}^{-1}\begin{bmatrix}1\\0\end{bmatrix}z(t)=\begin{bmatrix}\sqrt{6}\\1\end{bmatrix}z(t)$$

有 $u^*=-x_1(t)-(\sqrt{6}-2)x_2(t)+z(t)$。显然,本例中的反馈增益矩阵是时变的。

7.43* 给定二阶系统

$$\dot{x}_1=u_1,\qquad x_1(0)=x_2(0)=0$$
$$\dot{x}_2=x_1+u_2,\quad x_1(1)=x_2(1)=1$$

试求出 $u_1(t)$($u_1(t)$无约束)及 $u_2(t)\left(0<u_2(t)\leqslant\frac{1}{4}\right)$,使性能指标

$$J=\frac{1}{2}\int_0^1(x_1+u_1^2+u_2^2)\mathrm{d}t$$

取最小值。

解 这是终止时刻与终止状态都固定的情况。在本题中哈密顿函数如下:

$$H=x_1+u_1^2+u_2^2+\lambda_1u_1+\lambda_2(x_1+u_2)$$

故协态方程为$\dot{\lambda}_1=-1-\lambda_2, \dot{\lambda}_2=0$。解之得 $\lambda_2=C_1, \lambda_1=-C_1t-t+C_2$。由于终止状态固定,故无法直接确定 λ_1 与 λ_2,只能间接获得有关 $\boldsymbol{u}^*(t)$ 与 $\boldsymbol{x}^*(t)$ 的信息。由于 H 是 u 的二次函数,故可由

$$H_{u_1} = 2u_1 + \lambda_1 = 0$$

$$H_{u_2} = 2u_2 + \lambda_2 = 0$$

得到关于 u_1 与 u_2 的一些信息

$$u_1 = -\frac{\lambda_1}{2} = \frac{1+C_1}{2}t - \frac{C_2}{2}$$

$$u_2 = -\frac{\lambda_2}{2} = -\frac{C_1}{2}$$

由最小值原理可知

$$u_2^* = \begin{cases} \dfrac{1}{4}, & \dfrac{\lambda_2}{2} < -\dfrac{1}{4} \text{ 或 } \lambda_2 < 0 \\ -\dfrac{\lambda_2}{2}, & \left|\dfrac{\lambda_2}{2}\right| < \dfrac{1}{4} \end{cases}$$

将上述有关 u_1 与 u_2 的信息代入状态方程，得

$$\dot{x}_1 = \frac{1+C_1}{2}t - \frac{C_2}{2}, \quad \dot{x}_2^* = \begin{cases} x_1 + \dfrac{1}{4}, & \dfrac{\lambda_2}{2} < -\dfrac{1}{4} \text{ 或 } \lambda_2 < 0 \\ x_1 - \dfrac{\lambda_2}{2}, & \left|-\dfrac{\lambda_2}{2}\right| < \dfrac{1}{4} \end{cases}$$

解之，得

$$x_1 = \frac{1+C_1}{4}t^2 - \frac{C_2}{2}t + C_3$$

$$x_2 = \begin{cases} \dfrac{1+C_1}{12}t^3 - \dfrac{C_2}{4}t^2 + C_3 t + C_4, & \dfrac{\lambda_2}{2} < -\dfrac{1}{4} \text{ 或 } \lambda_2 < 0 \\ \dfrac{1+C_1}{12}t^3 - \dfrac{C_2}{4}t^2 + C_3 t + C_4 - \dfrac{C_1}{2}t, & \left|-\dfrac{\lambda_2}{2}\right| < \dfrac{1}{4} \end{cases}$$

代入初值，得

$$C_3 = C_4 = 0, \quad \frac{1+C_1}{4} - \frac{C_2}{2} = 1$$

$$\frac{1+C_1}{12} - \frac{C_2}{4} + \frac{1}{4} = 1 \quad \text{或} \quad \frac{1+C_1}{12} - \frac{C_2}{4} - \frac{C_1}{2} = 1$$

分别解之，得

$$C_1 = -7, C_2 = -5 \quad \text{或} \quad C_1 = -1, C_2 = -2$$

舍去 $u_2 = -\dfrac{C_1}{2} = \dfrac{1}{2} > \dfrac{1}{4}$，最后得

$$u_1^* = -3t + \frac{5}{2}, \quad u_2^* = \frac{1}{4}$$

$$x_1^* = -\frac{3}{2}t^2 + \frac{5}{2}t, \quad x_2^* = -\frac{1}{2}t^3 + \frac{5}{4}t^2 + \frac{1}{4}t$$

7.44* 给定二阶系统

$$\dot{x}_1 = x_2, \quad x_1(0) = 1, \quad x_1(t_1) = 0$$

$$\dot{x}_2 = -x_2 + u, \quad x_2(0) = 1, \quad x_2(t_1) = 0$$

求 $u(t)$，使 $|u| \leqslant 1$，并使 $J = \int_0^{t_1} \mathrm{d}t$ 为最小值，并求开关曲线。

解 先求开关曲线，令 $t = t_1 - \tau$，则

$$x_1(t) = x_1(t_1 - \tau) = \bar{x}_1(\tau)$$

$$x_2(t) = x_2(t_1 - \tau) = \bar{x}_2(\tau)$$

故

$$\dot{\bar{x}}_1(\tau) = \dot{x}_1 \frac{\mathrm{d}t}{\mathrm{d}\tau} = -x_2(t) = -\bar{x}_2(\tau), \quad \bar{x}_1(0) = 0$$

$$\dot{\bar{x}}_2(\tau) = \dot{x}_2 \frac{\mathrm{d}t}{\mathrm{d}\tau} = -\dot{x}_2(t) = \bar{x}_2(\tau) - u(\tau), \quad \bar{x}_2(0) = 0$$

取 $u=1$，则

$$\bar{x}_1 = \mathrm{e}^{\tau} - \tau - 1, \quad \bar{x}_2 = 1 - \mathrm{e}^{\tau}$$

因为 $\tau = \ln(1 - \bar{x}_2)$，$\bar{x}_2 < 0$，故可将 τ 消去，得 $x_1 = -x_2 - \ln(1 - x_2)$，$x_2 < 0$。

同理可取 $u=-1$，得 $x_1 = -x_2 + \ln(1 + x_2)$，$x_2 > 0$。

合起来得开关曲线 $x_1 + x_2 - \mathrm{sgn}(x_2)\ln(1 + x_2) = 0$，故可得最优控制的综合函数为

$$u^*(t) = \begin{cases} -1, & \text{在开关曲线上}, x_2 > 0 \\ -\mathrm{sgn}\{x_1 + x_2 - \mathrm{sgn}(x_2)\ln(1 + |x_2|)\}, & \text{在开关曲线外} \\ 1, & \text{在开关曲线上}, x_2 < 0 \end{cases}$$

7.45* 一质点静止在距原点为 4 的地方，现用力把它推向零态。设力的大小不大于 1，试证质点到达零态的时间不能短于 4s。

解 设 x 表示质点的位移，由牛顿第二定律 $F = ma$ 有 $m\ddot{x} = u$。其中 $m=1$，取 $x_1 = x$，$x_2 = \dot{x}_1$，则有

$$\begin{cases} \dot{x}_1 = x_2, \quad x_1(0) = 4, x_1(t_1) = 0 \\ \dot{x}_2 = u, x_2(0) = 0, \quad x_2(t_1) = 0 \end{cases}$$

问题化为求 u，满足 $|u| \leqslant 1$，且使 $J = \int_0^{t_1} \mathrm{d}t$ 取最小值。

(1) 先求开关曲线。

设 $t = t_1 - \tau$，则 $\dot{\bar{x}}_1(\tau) = -\bar{x}_2(\tau)$，$\dot{\bar{x}}_2(\tau) = -u(\tau)$。

令 $u=1$，则有 $\bar{x}_2(\tau) = -\tau$，$\bar{x}_1(\tau) = \frac{1}{2}\tau^2$。故 $x_1 = -\frac{1}{2}x_2^2$，$x_2 > 0$。

令 $u=-1$，则有 $\bar{x}_2(\tau) = \tau$，$\bar{x}_1(\tau) = -\frac{1}{2}\tau^2$。故 $x_1 = -\frac{1}{2}x_2^2$，$x_2 < 0$。

故开关曲线为 $x_1 = -\frac{x_2|x_2|}{2}$。

(2) 先取 $u=-1$（因为 $x_1(0) = 4 > 0$），由

$$\begin{cases}\dot{x}_1 = x_2, & x_1(0) = 4 \\ \dot{x}_2 = -1, & x_2(0) = 0\end{cases}$$

得 $x_2=-t, x_1=-\dfrac{1}{2}t^2+4$，消去参数 t，得 $x_1=-\dfrac{1}{2}x_2^2+4, x_2<0$。

(3) 求交点，由

$$\begin{cases}x_1 = -\dfrac{1}{2}x_2^2, & x_2 < 0 \\ x_1 = -\dfrac{1}{2}x_2^2 + 4, & x_2 < 0\end{cases}$$

得 $x_2=-2, x_1=2$，将其代入

$$\begin{cases}x_2 = -t \\ x_1 = -\dfrac{1}{2}t^2 + 4\end{cases}$$

得 $t_a=2$(将质点移向开关曲线所用的时间)。将其代入

$$\begin{cases}\bar{x}_2 = -\tau \\ \bar{x}_1 = -\dfrac{1}{2}\tau^2\end{cases}$$

得 $t_b=2$(将质点沿开关曲线移向原点的时间)。故 $t_a+t_b=4$ 为最短时间，从而得证。

7.46* 给定泛函 $J=\int_0^R \sqrt{1+\dot{x}_1^2+\dot{x}_2^2}\,\mathrm{d}t$，求此泛函在约束条件 $t^2+x_1^2=R^2$ 和边界条件 $x_1(0)=-R, x_2(0)=0, x_1(R)=0, x_2(R)=\pi$ 下的极值。

解 作泛函

$$J_0 = \int_0^R \left[\sqrt{1+\dot{x}_1^2+\dot{x}_2^2} + \lambda(t)(t^2+x_1^2-R^2)\right]\mathrm{d}t$$

写出泛函 J_0 的欧拉方程：

$$2\lambda x_1 - \frac{\mathrm{d}}{\mathrm{d}t}\frac{\dot{x}_1}{\sqrt{1+\dot{x}_1^2+\dot{x}_2^2}} = 0$$

$$\frac{\mathrm{d}}{\mathrm{d}t}\frac{\dot{x}_2}{\sqrt{1+\dot{x}_1^2+\dot{x}_2^2}} = 0$$

对后一方程积分，并将两端平方，可得

$$\frac{\dot{x}_2}{1+\dot{x}_1^2+\dot{x}_2^2} = C_1$$

由此解出

$$\dot{x}_2^2 = \frac{C_1}{1-C_1}(1+\dot{x}_1^2) = C_2(1+\dot{x}_1^2)\left(C_2 = \frac{C_1}{1-C_1}\right)$$

对约束方程 $t^2+x_1^2=R^2$ 两端求 t 的导数，由此可得 $\dot{x}_1^2=\dfrac{t^2}{R^2-t^2}$。将它代入 $\dot{x}_2^2$ 的表

达式，给出$\dot{x}_2^2=\dfrac{C_2R^2}{R^2-t^2}$，两边开方，给出$\dot{x}_2^2=\dfrac{C_3}{\sqrt{R^2-t^2}}(C_3=\sqrt{C_2}R)$。由此可写出$\mathrm{d}x_2=\dfrac{C_3\mathrm{d}t}{\sqrt{R^2-t^2}}$。两边积分，便得$x_2=C_3\arcsin\dfrac{t}{R}+C_4$。代入边界条件$x_2(0)=0$，$x_2(R)=\pi$，可求出积分常数$C_3=2,C_4=0$。因而$x_2=2\arcsin\dfrac{t}{R}$。从约束方程并结合$x_1(t)$的边界条件，可得$x_1=-\sqrt{R^2-t^2}$。因此，泛函$J$的极限函数为

$$x_1=-\sqrt{R^2-t^2},\quad x_2=2\arcsin\frac{t}{R}$$

7.47* 求泛函$J(x_1,x_2)=\int_0^{\frac{\pi}{2}}(2x_1x_2+\dot{x}_1^2+\dot{x}_2^2)\mathrm{d}t$在条件$x_1(0)=0$，$x_1\left(\dfrac{\pi}{2}\right)=1,x_2(0)=0,x_2\left(\dfrac{\pi}{2}\right)=-1$下的极值曲线。

解 这时的欧拉微分方程组为

$$\begin{cases}\ddot{x}_1-x_2=0\\ \ddot{x}_2-x_1=0\end{cases}$$

对头一个方程求导两次，再由第二个方程，可以将x_2消去，得$x_1^{(4)}-x_1=0$。不难求出此方程的解

$$x_1=C_1\mathrm{e}^t+C_2\mathrm{e}^{-t}+C_3\cos t+C_4\sin t$$

对此式求导两次，得

$$x_2=C_1\mathrm{e}^t+C_2\mathrm{e}^{-t}-C_3\cos t-C_4\sin t$$

利用给定的端点条件，可求出$C_1=C_2=C_3=0,C_4=1$。因此，曲线

$$x_1=\sin t$$
$$x_2=-\sin t$$

是泛函的一条极值曲线。

7.48* 已知系统的状态方程和输出方程为

$$\dot{x}_1=x_2$$
$$x_2=x_2+10u(t)$$
$$y=x_1(t)$$

性能指标为

$$J=\frac{1}{2}\int_0^{\infty}\{[y(t)-1]^2+u^2\}\mathrm{d}t$$

要求的输出$y=1(t\geqslant 0)$，试确定最优控制$u^*(t)$，使J取最小值。

解 因为

$$\boldsymbol{A}=\begin{bmatrix}0&1\\0&-1\end{bmatrix},\quad \boldsymbol{B}=\begin{bmatrix}0\\10\end{bmatrix},\quad \boldsymbol{C}=[1\quad 0],\quad \boldsymbol{Q}=1,\quad \boldsymbol{R}=1$$

则当设

$$\boldsymbol{P}=\begin{bmatrix}P_1 & P_2\\ P_2 & P_3\end{bmatrix}$$

时，有

$$\boldsymbol{P}=\begin{bmatrix}P_1 & P_2\\ P_2 & P_3\end{bmatrix}\begin{bmatrix}0 & 1\\ 0 & -1\end{bmatrix}+\begin{bmatrix}0 & 0\\ 1 & -1\end{bmatrix}\begin{bmatrix}P_1 & P_2\\ P_2 & P_3\end{bmatrix}-$$

$$\begin{bmatrix}P_1 & P_2\\ P_2 & P_3\end{bmatrix}\begin{bmatrix}0\\ 10\end{bmatrix}[0\quad 10]\begin{bmatrix}P_1 & P_2\\ P_2 & P_3\end{bmatrix}+\begin{bmatrix}1\\ 0\end{bmatrix}[1\quad 0]=\boldsymbol{0}$$

故有 $100P_2^2=1, P_1-P_2-100P_2P_3=0, 100P_3^2+2P_3-2P_2=0$，联立求解，得 $P_1\approx 0.45, P_2\approx 0.1, P_3\approx 0.035$。故有

$$\begin{aligned}\boldsymbol{q}&=[\boldsymbol{PBR}^{-1}\boldsymbol{B}^{\mathrm{T}}-\boldsymbol{A}^{\mathrm{T}}]^{-1}\boldsymbol{C}^{\mathrm{T}}\boldsymbol{QZ}\\&=\left[\begin{bmatrix}0.45 & 0.1\\ 0.1 & 0.035\end{bmatrix}\begin{bmatrix}0 & 0\\ 0 & 100\end{bmatrix}-\begin{bmatrix}0 & 0\\ 1 & -1\end{bmatrix}^{\mathrm{T}}\right]^{-1}\begin{bmatrix}1\\ 0\end{bmatrix}\\&=\begin{bmatrix}0.45\\ 0.1\end{bmatrix}\end{aligned}$$

从而

$$u^*=\boldsymbol{R}^{-1}\boldsymbol{B}^{\mathrm{T}}\boldsymbol{Px}+\boldsymbol{R}^{-1}\boldsymbol{B}^{\mathrm{T}}\boldsymbol{q}=-x_1-0.35x_2+0.1$$

7.49* 给定一阶系统 $\dot{x}=-ax+bu$，其中 $|u|\leqslant 1$，性能指标为 $J=\int_0^{t_1}x^2\mathrm{d}t$，试写出最优性能指标函数 V 所满足的方程。

解 由哈密顿-雅可比方程得

$$-\frac{\partial V}{\partial t}=\min_u\left[x^2+\frac{\partial V}{\partial x}(-ax+bu)\right]=x^2-ax\frac{\partial V}{\partial x}+\min\left(\frac{\partial V}{\partial x}bu\right)$$

因为 $|u|\leqslant 1$，故 $\bar{u}=-\mathrm{sgn}\left(\frac{\partial V}{\partial x}b\right)$，代入原式，得

$$-\frac{\partial V^*}{\partial t}=x^2-ax\frac{\partial V^*}{\partial x}-\frac{\partial V^*}{\partial x}b\cdot\mathrm{sgn}\left(\frac{\partial V^*}{\partial x}b\right)$$

从而有

$$ax\frac{\partial V^*}{\partial x}+\left|b\frac{\partial V^*}{\partial x}\right|-x^2=\frac{\partial V^*}{\partial t}$$

此即最优性能指标函数 V^* 所满足的方程。

第8章 状态估计(卡尔曼滤波)

实际系统中往往存在许多随机因素的影响，形成所谓随机系统；同时观测向量的维数也往往小于系统状态向量的维数，因此如何根据观测值估计出系统状态变量值就显得十分重要。状态估计内容主要为最小方差估计、最小线性方差估计、最小二乘估计和卡尔曼滤波。

动态随机系统通常可以用下面随机状态空间模型描述

$$\boldsymbol{X}_k = \phi_{k,k-1}\boldsymbol{X}_{k-1} + \boldsymbol{B}_{k-1}\boldsymbol{U}_{k-1} + \Gamma_{k-1}\boldsymbol{W}_{k-1} \tag{8.1}$$

$$\boldsymbol{Z}_k = \boldsymbol{H}_k\boldsymbol{X}_k + \boldsymbol{Y}_k + \boldsymbol{V}_k \tag{8.2}$$

式(8.1)为系统状态方程；式(8.2)为观测方程。其中，$\boldsymbol{X}_k \in \boldsymbol{R}^n$ 为 k 时刻的状态向量；$\phi_{k,k-1} \in \boldsymbol{R}^{n\times n}$ 为一步转移矩阵，把 $k-1$ 时刻的状态转移到 k 时刻的状态；$\boldsymbol{B}_{k-1}$ 为 $k-1$ 时刻的控制矩阵，$\boldsymbol{U}_{k-1}$ 为 $k-1$ 时刻的控制向量；$\boldsymbol{W}_{k-1} \in \boldsymbol{R}^l$ 为 $k-1$ 时刻的状态噪声；$\Gamma_{k-1} \in \boldsymbol{R}^{n\times l}$ 为 $k-1$ 时刻的状态噪声系数矩阵；$\boldsymbol{Z}_k \in \boldsymbol{R}^m$ 为 k 时刻的观测向量，$m \leqslant n$；$\boldsymbol{V}_k \in \boldsymbol{R}^m$ 为 k 时刻的观测噪声；$\boldsymbol{H}_k \in \boldsymbol{R}^{m\times n}$ 为 k 时刻的已知观测矩阵。利用随机状态空间模型可以方便地实现系统的状态反馈、最优控制、鲁棒控制及参考模型自适应控制。

随机变量常用大写字母 X,Y,Z 表示，强调其取值时用小写字母 x、y、z 表示。

8.1 最小方差估计

设 $\hat{\boldsymbol{X}}(\boldsymbol{Z})$ 为依据观测值 $\boldsymbol{Z}$ 对 $\boldsymbol{X}$ 做出的一种估计，$\hat{\boldsymbol{X}}(\boldsymbol{Z})$ 也是一个随机向量，其估计误差记为 $\tilde{\boldsymbol{X}} = \boldsymbol{X} - \hat{\boldsymbol{X}}(\boldsymbol{Z})$。设 $\boldsymbol{X}$ 的概率密度为 $f(x)$、$\boldsymbol{Z}$ 的概率密度为 $g(z)$、联合概率密度为 $\varphi(x,z)$、则在 $\boldsymbol{Z}=z$ 的条件下，$\boldsymbol{X}$ 的条件概率密度为 $p(x \mid z) = \varphi(x,z)/g(z)$，因此估计量 $\hat{\boldsymbol{X}}(\boldsymbol{Z})$ 的误差方差阵为

$$\begin{aligned}\mathrm{E}\,\tilde{\boldsymbol{X}}\,\tilde{\boldsymbol{X}}^{\mathrm{T}} &= \mathrm{E}(\boldsymbol{X} - \hat{\boldsymbol{X}}(\boldsymbol{Z}))(\boldsymbol{X} - \hat{\boldsymbol{X}}(\boldsymbol{Z}))^{\mathrm{T}} \\ &= \iint_{-\infty}^{+\infty} (\boldsymbol{X} - \hat{\boldsymbol{X}}(z))(\boldsymbol{X} - \hat{\boldsymbol{X}}(z))^{\mathrm{T}} \varphi(x,z)\,\mathrm{d}x\mathrm{d}z\end{aligned}$$

$$= \int_{-\infty}^{+\infty} \left[\int_{-\infty}^{+\infty} (\boldsymbol{X} - \hat{\boldsymbol{X}}(z))(\boldsymbol{X} - \hat{\boldsymbol{X}}(z))^{\mathrm{T}} p(x/z) \mathrm{d}x \right] g(z) \mathrm{d}z \tag{8.3}$$

选择一个估计函数$\hat{\boldsymbol{X}}(\boldsymbol{Z})$,使方差阵 $\mathrm{E}\,\widetilde{\boldsymbol{X}}\widetilde{\boldsymbol{X}}^{\mathrm{T}}$ 最小的估计就叫最小方差估计。

定理 8.1　$\boldsymbol{X}$ 的最小方差估计$\hat{\boldsymbol{X}}_{\mathrm{MV}}(\boldsymbol{Z})$等于 $\boldsymbol{X}$ 的条件均值

$$\hat{\boldsymbol{X}}(\boldsymbol{Z}) = \mathrm{E}(\boldsymbol{X}/\boldsymbol{Z}) \tag{8.4}$$

8.2　线性最小方差估计

由于 $\boldsymbol{X},\boldsymbol{Z}$ 的联合概率密度 $\varphi(x,z)$在实际问题中往往很难求得,通常求取 $\boldsymbol{X}$ 的线性最小估计。$\boldsymbol{X}$ 的线性最小方差估计为

$$\hat{\boldsymbol{X}}_{\mathrm{L}}(\boldsymbol{Z}) = \mathrm{E}\boldsymbol{X} + \mathrm{cov}(\boldsymbol{X},\boldsymbol{Z})(\boldsymbol{DZ})^{-1}(\boldsymbol{Z} - \mathrm{E}\boldsymbol{Z}) \tag{8.5}$$

其误差方差阵

$$\mathrm{E}[\boldsymbol{X} - \hat{\boldsymbol{X}}_{\mathrm{L}}(\boldsymbol{Z})][\boldsymbol{X} - \hat{\boldsymbol{X}}_{\mathrm{L}}(\boldsymbol{Z})]^{\mathrm{T}} = \mathrm{D}\boldsymbol{X} - \mathrm{cov}(\boldsymbol{X},\boldsymbol{Z})(\mathrm{D}\boldsymbol{Z})^{-1}\mathrm{cov}(\boldsymbol{Z},\boldsymbol{X})$$

在实际问题中,根据遍历性定理,往往可以比较容易地求得观测量 $\boldsymbol{Z}$ 和被估计量 $\boldsymbol{X}$ 的一阶矩及其二阶矩($\mathrm{E}\boldsymbol{X},\mathrm{E}\boldsymbol{Z},\mathrm{D}\boldsymbol{X},\mathrm{D}\boldsymbol{Z},\mathrm{cov}(\boldsymbol{X},\boldsymbol{Z})$),从而线性最小方差估计$\hat{\boldsymbol{X}}_{\mathrm{L}}$ 通常容易获得。

线性最小方差估计$\hat{\boldsymbol{X}}_{\mathrm{L}}$ 的统计性质有

(1) 线性 $\hat{\boldsymbol{X}}_{\mathrm{L}}=a+\boldsymbol{BZ}$;

(2) 无偏性 $\mathrm{E}\,\hat{\boldsymbol{X}}_{\mathrm{L}}=\mathrm{E}[\mathrm{E}\boldsymbol{X}+\mathrm{cov}(\boldsymbol{X},\boldsymbol{Z})(\mathrm{D}\boldsymbol{Z})^{-1}(\boldsymbol{Z}-\mathrm{E}\boldsymbol{Z})]=\mathrm{E}\boldsymbol{X}$;

(3) 正交性 $\mathrm{E}(\boldsymbol{X}-\hat{\boldsymbol{X}}_{\mathrm{L}})\boldsymbol{Z}^{\mathrm{T}}=0$。

设$\hat{x}_1$ 和$\hat{x}_2$ 是变量 x 的两个独立的无偏估计,误差方差分别为 σ_1^2 和 σ_2^2,可以证明

$$\hat{x}_{\mathrm{L}} = (1 - w)\,\hat{x}_1 + w\,\hat{x}_2 \tag{8.6}$$

为由$\hat{x}_1$ 和$\hat{x}_2$ 构成的线性最小方差估计,其中 $w=\dfrac{\sigma_1^2}{\sigma_1^2+\sigma_2^2}$。显然,各个估计的加权因子与各估计的方差 σ_i^2 成反比。容易求得 $x-\hat{x}_{\mathrm{L}}$ 的方差为

$$\hat{\sigma}^2 = \frac{\sigma_1^2\sigma_2^2}{\sigma_1^2 + \sigma_2^2} = (1 - \hat{w})\sigma_1^2 = \hat{w}\sigma_2^2 \tag{8.7}$$

从式(8.7)可以看出,修正后的估计$\hat{x}$的误差方差小于原来估计$\hat{x}_1$ 和$\hat{x}_2$ 的误差方差。

8.3　最小二乘估计

为了估计未知量 $\boldsymbol{X}$,对它进行 k 次测量,测量值为

$$z_i = h_i\boldsymbol{X} + \varepsilon_i,\quad i = 1,2,\cdots,k \tag{8.8}$$

式中，h_i 为已知量；ε_i 为第 i 次测量时的随机误差。设所得估计值为$\hat{\boldsymbol{X}}$，则第 i 次测量值与相应估计值 $h_i\hat{\boldsymbol{X}}$之间的误差为

$$\hat{e}_i = z_i - h_i\hat{\boldsymbol{X}}$$

将此误差的平方和记为

$$J(\hat{\boldsymbol{X}}) = \sum_{i=1}^{k}(z_i - h_i\hat{\boldsymbol{X}})^2 \tag{8.9}$$

使 $J(\hat{\boldsymbol{x}})$取最小值的估计值$\hat{\boldsymbol{x}}$称为未知量 $\boldsymbol{x}$ 的最小二乘估计，记作 $\hat{x}_{\mathrm{LS}}$。使 $J(\hat{x})$取最小值的准则称为最小二乘准则，根据最小二乘准则求估计值的方法称为最小二乘法。

记

$$\boldsymbol{Z} = \begin{bmatrix} z_1 \\ z_2 \\ \vdots \\ z_k \end{bmatrix}, \quad \boldsymbol{X} = \begin{bmatrix} x_1 \\ x_2 \\ \vdots \\ x_k \end{bmatrix}, \quad \boldsymbol{H} = \begin{bmatrix} h_1 \\ h_2 \\ \vdots \\ h_k \end{bmatrix}, \quad \varepsilon = \begin{bmatrix} \varepsilon_1 \\ \varepsilon_2 \\ \vdots \\ \varepsilon_k \end{bmatrix}$$

方程(8.8)和(8.9)可分别写成

$$\boldsymbol{Z} = \boldsymbol{H}\boldsymbol{X} + \varepsilon$$

$$J(\hat{\boldsymbol{X}}) = (\boldsymbol{Z} - \boldsymbol{H}\hat{\boldsymbol{X}})^{\mathrm{T}}(\boldsymbol{Z} - \boldsymbol{H}\hat{\boldsymbol{X}})$$

令

$$\frac{\partial J(\hat{\boldsymbol{X}})}{\partial \hat{\boldsymbol{X}}} = -2\boldsymbol{H}^{\mathrm{T}}(\boldsymbol{Z} - \boldsymbol{H}\hat{\boldsymbol{X}}) = 0$$

当$(\boldsymbol{H}^{\mathrm{T}}\boldsymbol{H})^{-1}$存在时，可得到

$$\hat{\boldsymbol{X}}_{\mathrm{LS}} = (\boldsymbol{H}^{\mathrm{T}}\boldsymbol{H})^{-1}\boldsymbol{H}^{\mathrm{T}}\boldsymbol{Z} \tag{8.10}$$

由于 $\boldsymbol{H}^{\mathrm{T}}\boldsymbol{H}>0$ 所以$\hat{\boldsymbol{X}}_{\mathrm{LS}}=(\boldsymbol{H}^{\mathrm{T}}\boldsymbol{H})^{-1}\boldsymbol{H}^{\mathrm{T}}\boldsymbol{Z}$ 确为最小二乘估计。

应该注意，最小二乘估计属于线性估计，其误差方差阵通常大于线性最小方差估计的误差方差阵。

在估计时，若取

$$J(\hat{\boldsymbol{X}}) = (\boldsymbol{Z} - \boldsymbol{H}\hat{\boldsymbol{X}})^{\mathrm{T}}\boldsymbol{W}(\boldsymbol{Z} - \boldsymbol{H}\hat{\boldsymbol{X}}) \tag{8.11}$$

使 $J(\hat{x})$取最小值的估计方法称为加权最小二乘估计，其估计量为

$$\hat{\boldsymbol{X}}_{\mathrm{LSW}} = (\boldsymbol{H}^{\mathrm{T}}\boldsymbol{W}\boldsymbol{H})^{-1}\boldsymbol{H}^{\mathrm{T}}\boldsymbol{W}\boldsymbol{Z} \tag{8.12}$$

其中 $\boldsymbol{W}$ 为对称正定阵，通常取

$$\boldsymbol{W} = \begin{bmatrix} w_1 & & 0 \\ & w_2 & \\ 0 & & w_3 \end{bmatrix} \geqslant \boldsymbol{0}$$

8.4　投影定理

两个随机向量 $\boldsymbol{X}$ 和 $\boldsymbol{Y}$ 正交是指 $\mathrm{E}(\boldsymbol{X}-\mathrm{E}\,\hat{\boldsymbol{X}})(\boldsymbol{Y}-\mathrm{E}\,\hat{\boldsymbol{Y}})^{\mathrm{T}}=0$，即两个随机向量的各分量之间彼此不相关。

定义　如果一个与随机向量 $\boldsymbol{X}$ 同维数的随机向量 $\hat{\boldsymbol{X}}$ 具有性质：

(1) $\hat{\boldsymbol{X}}=a+\boldsymbol{B}\boldsymbol{Z}$；

(2) $\mathrm{E}(\boldsymbol{X}-\hat{\boldsymbol{X}})=\boldsymbol{0}$；

(3) $\mathrm{E}(\boldsymbol{X}-\hat{\boldsymbol{X}})\boldsymbol{Z}^{\mathrm{T}}=0$；

则称 $\hat{\boldsymbol{X}}$ 为 $\boldsymbol{X}$ 在向量 $\boldsymbol{Z}$ 上的投影。

投影定理：

(1) 设 $\boldsymbol{X}$、$\boldsymbol{Z}_1$ 为两个随机向量，维数分别为 n 与 m_1，则

$$\hat{\mathrm{E}}(\boldsymbol{A}\boldsymbol{X}\mid\boldsymbol{Z}_1)=\boldsymbol{A}\,\hat{\mathrm{E}}(\boldsymbol{X}\mid\boldsymbol{Z}_1)\tag{8.13}$$

其中 $\boldsymbol{A}$ 为 $l\times n$ 矩阵。

(2) 设 $\boldsymbol{X}$、$\boldsymbol{Z}_1$、$\boldsymbol{Z}_2$ 为三个随机向量，维数分别为 n、m_1、m_2。令 $\boldsymbol{Z}=\begin{bmatrix}\boldsymbol{Z}_1\\ \boldsymbol{Z}_2\end{bmatrix}$，则

$$\hat{\mathrm{E}}(\boldsymbol{X}\mid\boldsymbol{Z})=\hat{\mathrm{E}}(\boldsymbol{X}\mid\boldsymbol{Z}_1)+\mathrm{E}(\widetilde{\boldsymbol{X}}\,\widetilde{\boldsymbol{Z}}_2^{\mathrm{T}})(\mathrm{E}\,\widetilde{\boldsymbol{Z}}_2\,\widetilde{\boldsymbol{Z}}_2^{\mathrm{T}})^{-1}\,\widetilde{\boldsymbol{Z}}_2\tag{8.14}$$

式中

$$\widetilde{\boldsymbol{X}}=\boldsymbol{X}-\hat{\mathrm{E}}(\boldsymbol{X}\mid\boldsymbol{Z}_1)\tag{8.15}$$

$$\widetilde{\boldsymbol{Z}}_2=\boldsymbol{Z}_2-\hat{\mathrm{E}}(\boldsymbol{Z}_2\mid\boldsymbol{Z}_1)\tag{8.16}$$

8.5　卡尔曼滤波

讨论离散动态系统

$$\boldsymbol{X}_k=\phi_{k,k-1}\boldsymbol{X}_{k-1}+\boldsymbol{B}_{k-1}\boldsymbol{U}_{k-1}+\Gamma_{k-1}\boldsymbol{W}_{k-1}\tag{8.17}$$

$$\boldsymbol{Z}_k=\boldsymbol{H}_k\boldsymbol{X}_k+\boldsymbol{V}_k\tag{8.18}$$

其中，$\boldsymbol{X}_k\in\boldsymbol{R}^n$，$\phi_{k,k-1}\in\boldsymbol{R}^{n\times n}$；$\boldsymbol{U}_{k-1}\in\boldsymbol{R}^p$，$\boldsymbol{B}_{k-1}\in\boldsymbol{R}^{n\times p}$；$\boldsymbol{W}_{k-1}\in\boldsymbol{R}^l$，$\Gamma_{k-1}\in\boldsymbol{R}^{n\times l}$，$\boldsymbol{Z}_k\in\boldsymbol{R}^m$，$m\leqslant n$，$\boldsymbol{V}_k\in\boldsymbol{R}^m$，$\boldsymbol{H}_k\in\boldsymbol{R}^{m\times n}$。

令 $\boldsymbol{Z}^k$ 表示第 k 步及其以前的全部观测值，即

$$\boldsymbol{Z}^k=\begin{bmatrix}\boldsymbol{Z}_1\\ \vdots\\ \vdots\\ \boldsymbol{Z}_k\end{bmatrix}$$

$\hat{\boldsymbol{X}}_{j|k}$表示利用第 k 时刻及其以前的观察向量($\boldsymbol{Z}^k$)对第 j 时刻状态的估计值。对模型噪声 $\boldsymbol{W}_k$ 和观测噪声 $\boldsymbol{V}_k$ 作如下假设:

(1) 状态噪声和观测噪声均为白噪声,且互不相关,即

$$\mathrm{E}\boldsymbol{W}_k = \boldsymbol{0}, \quad \mathrm{cov}(\boldsymbol{W}_k, \boldsymbol{W}_j) = \mathrm{E}\boldsymbol{W}_k\boldsymbol{W}_j^{\mathrm{T}} = \boldsymbol{Q}_k\delta_{kj} \tag{8.19}$$

$$\mathrm{E}\boldsymbol{V}_k = \boldsymbol{0}, \quad \mathrm{cov}(\boldsymbol{V}_k, \boldsymbol{V}_j) = \mathrm{E}\boldsymbol{V}_k\boldsymbol{V}_j^{\mathrm{T}} = \boldsymbol{R}_k\delta_{kj}, \quad \mathrm{cov}(\boldsymbol{W}_k, \boldsymbol{V}_j) = \mathrm{E}\boldsymbol{W}_k\boldsymbol{V}_j^{\mathrm{T}} = \boldsymbol{0} \tag{8.20}$$

(2) 系统的初始状态 $\boldsymbol{X}_0$ 与噪声序列$\{\boldsymbol{W}_k\}$,$\{\boldsymbol{V}_k\}$均不相关,即

$$\mathrm{cov}(\boldsymbol{X}_0, \boldsymbol{W}_k) = \boldsymbol{0}, \quad \mathrm{cov}(\boldsymbol{X}_0, \boldsymbol{V}_k) = \boldsymbol{0} \tag{8.21}$$

$$\mathrm{E}\boldsymbol{X}_0 = \mu_0, \mathrm{D}\boldsymbol{X}_0 = \mathrm{E}(\boldsymbol{X}_0 - \mu_0)(\boldsymbol{X}_0 - \mu_0)^{\mathrm{T}} = \boldsymbol{P}_0 \tag{8.22}$$

记

$$\hat{\boldsymbol{X}}_{k-1} = \hat{\mathrm{E}}(\boldsymbol{X}_{k-1} | \boldsymbol{Z}^{k-1})$$

$$\hat{\boldsymbol{X}}_{k|k-1} = \hat{\mathrm{E}}(\boldsymbol{X}_k | \boldsymbol{Z}^{k-1})$$

直接应用投影定理(8.13)和(8.14)可推导出状态估计递推公式:

$$\hat{\boldsymbol{X}}_k = \phi_{k,k-1}\hat{\boldsymbol{X}}_{k-1} + \boldsymbol{B}_{k-1}\boldsymbol{U}_{k-1} + \boldsymbol{K}_k[\boldsymbol{Z}_k - \boldsymbol{H}_k\phi_{k,k-1}\hat{\boldsymbol{X}}_{k-1}] \tag{8.23}$$

$$\boldsymbol{K}_k = \boldsymbol{P}_{k|k-1}\boldsymbol{H}_k^{\mathrm{T}}[\boldsymbol{H}_k\boldsymbol{P}_{k|k-1}\boldsymbol{H}_k^{\mathrm{T}} + \boldsymbol{R}_k]^{-1} \tag{8.24}$$

$$\boldsymbol{P}_{k|k-1} = \phi_{k,k-1}\boldsymbol{P}_{k-1}\phi_{k,k-1}^{\mathrm{T}} + \Gamma_{k-1}\boldsymbol{Q}_{k-1}\Gamma_{k-1}^{\mathrm{T}} \tag{8.25}$$

$$\boldsymbol{P}_k = (\boldsymbol{I} - \boldsymbol{K}_k\boldsymbol{H}_k)\boldsymbol{P}_{k|k-1} \tag{8.26}$$

当 $\boldsymbol{P}_0$、$\hat{\boldsymbol{X}}_0$、$\phi_{i,i-1}$、$\boldsymbol{H}_i$、Γ_i、$\boldsymbol{R}_i$、$\boldsymbol{Q}_i$ 为已知时,可以根据观测值递推估计出系统的状态变量$\hat{\boldsymbol{X}}_1$,$\hat{\boldsymbol{X}}_2\cdots$。

在实际问题中 $\boldsymbol{P}_0$ 往往未知,但对于完全能控、能观的线性定常系统,可任取对称正定阵 $\boldsymbol{P}_0>\boldsymbol{0}$。同时,$\{\boldsymbol{P}_k\}$有极限 $\boldsymbol{P}$,当 k 充分大时,$\boldsymbol{P}_k\approx\boldsymbol{P}$,滤波结果几乎不受影响。

8.6 利用 MATLAB 实现状态估计

在 MATLAB 中有专用的卡尔曼滤波函数,是基于具有一般性的线性定常系统

$$\dot{\boldsymbol{x}}(k+1) = \boldsymbol{A}\boldsymbol{x}(k) + \boldsymbol{B}\boldsymbol{u}(k) + \boldsymbol{G}\boldsymbol{w}(k),$$

$$\boldsymbol{y}(k) = \boldsymbol{C}\boldsymbol{x}(k) + \boldsymbol{D}\boldsymbol{u}(k) + \boldsymbol{H}\boldsymbol{w}(k) + v(k)$$

给出的。式中,$\boldsymbol{x}(k)$为 k 时刻的状态向量;$\boldsymbol{u}(k)$为 k 时刻的控制向量;$\boldsymbol{w}(k)$为状态随机噪声;$v(k)$为观测随机噪声。在编写程序时,可按下面步骤完成。

(1) 首先给动态方程中各矩阵 $\boldsymbol{A}$、$\boldsymbol{B}$、$\boldsymbol{C}$、$\boldsymbol{D}$、$\boldsymbol{G}$、$\boldsymbol{H}$ 赋值。

(2) 给定 $\boldsymbol{A}$、$\boldsymbol{B}$、$\boldsymbol{C}$、$\boldsymbol{D}$、$\boldsymbol{G}$、$\boldsymbol{H}$ 后利用下面语句对系统进行描述

```
SYS = SS(A,[B G],C,[D H],T)   SYS = SS(A,[B])
```

式中，T 表示该离散系统的采样间隔时间，若取 $T=-1$，则表示采样间隔时间为默认值。如果系统中缺少某项，则可将相应矩阵用零阵代替。

(3) 进而调用卡尔曼滤波函数进行滤波。

```
[KEST,L,P,M,Z] = kalman(SYS,QN,RN,NN)
```

式中，SYS 代表系统；QN 代表状态噪声的方差阵；RN 代表观测噪声的方差阵；NN 代表状态噪声和观测噪声的协方差阵。语句左边为输出结果，其中，KEST 代表系统输出估计值$\hat{\boldsymbol{Y}}$和状态估计值$\hat{\boldsymbol{X}}$，$\boldsymbol{L}$ 和 $\boldsymbol{M}$ 分别代表两个增益矩阵，$\boldsymbol{P}$ 和 $\boldsymbol{Z}$ 分别代表预报误差方差阵和滤波误差方差阵。

(4) 根据公式

$$\hat{\boldsymbol{x}}(k+1 \mid k) = \boldsymbol{A}\hat{\boldsymbol{x}}(k \mid k-1) + \boldsymbol{L}(\boldsymbol{y}(k) - \boldsymbol{C}\hat{\boldsymbol{x}}(k \mid k-1))$$

$$\hat{\boldsymbol{x}}(k \mid k) = \hat{\boldsymbol{x}}(k \mid k-1) + \boldsymbol{M}(\boldsymbol{y}(k) - \boldsymbol{C}\hat{\boldsymbol{x}}(k \mid k-1))$$

计算出 $\boldsymbol{x}(k|k)$。

(5) 打印所需要的结果或曲线。

习题与解答

8.1　试求常数 a，使

$$\mathrm{E}[(X-a)^2] = \int_{-\infty}^{\infty} (x-a)^2 p(x)\mathrm{d}x$$

取最小值，其中 X 是随机变量。

解　注意

$$\begin{aligned}\frac{\mathrm{d}}{\mathrm{d}a}\mathrm{E}(X-a)^2 &= \int_{-\infty}^{\infty} \frac{\partial}{\partial a}(x-a)^2 p(x)\mathrm{d}x \\ &= -2\int_{-\infty}^{\infty} (x-a)p(x)\mathrm{d}x \\ &= -2\left[\int_{-\infty}^{\infty} xp(x)\mathrm{d}x - a\int_{-\infty}^{\infty} p(x)\mathrm{d}x\right] \\ &= -2(\mathrm{E}X - a)\end{aligned}$$

令此导数等于零，可得 $a=\mathrm{E}X$。

8.2　根据两次观测

$$\begin{bmatrix}3\\2\\1\end{bmatrix} = \begin{bmatrix}1 & 1\\0 & 1\\1 & 0\end{bmatrix}\boldsymbol{x} + \boldsymbol{e}_1;\quad 5 = [1\quad 2]\boldsymbol{x} + \boldsymbol{e}_2$$

求 $\boldsymbol{x}$ 的最小二乘估计。

解　根据最小二乘求解式(8.10)知

$$\hat{x}_{LS}=(\boldsymbol{H}^T\boldsymbol{H})^{-1}\boldsymbol{H}^T\boldsymbol{Z}$$

$$=\left[\begin{pmatrix}1&0&1&1\\1&1&0&2\end{pmatrix}\begin{pmatrix}1&1\\0&1\\1&0\\1&2\end{pmatrix}\right]^{-1}\begin{bmatrix}1&0&1&1\\1&1&0&2\end{bmatrix}\begin{bmatrix}3\\2\\1\\5\end{bmatrix}$$

$$=\begin{bmatrix}3&3\\3&6\end{bmatrix}^{-1}\begin{bmatrix}9\\15\end{bmatrix}=\begin{bmatrix}1\\2\end{bmatrix}$$

8.3 如果公式

$$\hat{\boldsymbol{X}}_{LS}=(\boldsymbol{H}^T\boldsymbol{H})^{-1}\boldsymbol{H}^T\boldsymbol{Z}$$

中的($\boldsymbol{H}^T\boldsymbol{H}$)没有逆存在，那么代表什么情况？

解 如($\boldsymbol{H}^T\boldsymbol{H}$)无逆，则$\hat{\boldsymbol{X}}_{LS}$公式推导过程中只能得到($\boldsymbol{H}^T\boldsymbol{H}$)$\boldsymbol{X}=\boldsymbol{H}^T\boldsymbol{Z}$，由于$|\boldsymbol{H}^T\boldsymbol{H}|=0$，可知方程有无穷多组解，即$\boldsymbol{Z}=\boldsymbol{H}\boldsymbol{X}$的解不唯一，估计值$\hat{\boldsymbol{X}}_{LS}$不确定。

8.4 试根据观测方程

$$\begin{bmatrix}3\\1\\2\end{bmatrix}=\begin{bmatrix}1&1\\0&1\\1&0\end{bmatrix}\boldsymbol{X}+\boldsymbol{e}$$

任选一加权阵，求 $\boldsymbol{X}$ 的加权最小二乘估计，所得结果说明什么问题？

解 任选加权阵

$$\boldsymbol{W}=\begin{bmatrix}w_1&&0\\&w_2&\\0&&w_3\end{bmatrix}\geqslant\boldsymbol{0}$$

由式(8.12)，知其加权最小二乘估计为

$$\hat{\boldsymbol{X}}_{LSW}=(\boldsymbol{H}^T\boldsymbol{W}\boldsymbol{H})^{-1}\boldsymbol{H}^T\boldsymbol{W}\boldsymbol{Z}$$

$$=\left\{\begin{bmatrix}1&0&1\\1&1&0\end{bmatrix}\begin{bmatrix}w_1&&0\\&w_2&\\0&&w_3\end{bmatrix}\begin{bmatrix}1&1\\0&1\\1&0\end{bmatrix}\right\}^{-1}\begin{bmatrix}1&0&1\\1&1&0\end{bmatrix}\begin{bmatrix}w_1&&0\\&w_2&\\0&&w_3\end{bmatrix}\begin{bmatrix}3\\1\\2\end{bmatrix}$$

$$=\frac{1}{w_1w_2+w_2w_3+w_1w_3}\begin{bmatrix}w_1+w_2&-w_1\\-w_1&w_1+w_3\end{bmatrix}\begin{bmatrix}3w_1+2w_3\\3w_1+w_2\end{bmatrix}$$

$$=\frac{1}{w_1w_2+w_2w_3+w_1w_3}\begin{bmatrix}2(w_1w_2+w_2w_3+w_1w_3)\\w_1w_2+w_2w_3+w_1w_3\end{bmatrix}$$

$$=\begin{bmatrix}2\\1\end{bmatrix}$$

注意，由式(8.10) 知 $\boldsymbol{X}$ 的普通最小二乘估计

$$\hat{\boldsymbol{X}}_{LS}=(\boldsymbol{H}^{T}\boldsymbol{H})^{-1}\boldsymbol{H}^{T}\boldsymbol{Z}$$

$$=\left\{\begin{bmatrix}1&0&1\\1&1&0\end{bmatrix}\begin{bmatrix}1&1\\0&1\\1&0\end{bmatrix}\right\}^{-1}\begin{bmatrix}1&0&1\\1&1&0\end{bmatrix}\begin{bmatrix}3\\1\\2\end{bmatrix}=\begin{bmatrix}2&1\\1&2\end{bmatrix}^{-1}\begin{bmatrix}5\\4\end{bmatrix}$$

$$=\frac{1}{3}\begin{bmatrix}2&-1\\-1&2\end{bmatrix}\begin{bmatrix}5\\4\end{bmatrix}=\begin{bmatrix}2\\1\end{bmatrix}$$

在这个问题中,$\boldsymbol{X}$ 的最小二乘估计与加权最小二乘估计相同。

8.5　给定观测方程为

$$\boldsymbol{Z}_i=\boldsymbol{H}\boldsymbol{X}+\boldsymbol{e}_i,\quad i=1,2,\cdots$$

式中,$\boldsymbol{X}$ 是 n 维未知向量;$\boldsymbol{H}$ 是 $n\times n$ 非奇异观测矩阵。试证 $\boldsymbol{X}$ 的最小二乘估计存在如下的递推公式:

$$\hat{\boldsymbol{X}}_{i+1}=\hat{\boldsymbol{X}}_i+\frac{\boldsymbol{H}^{-1}}{i+1}(\boldsymbol{Z}_{i+1}-\boldsymbol{H}\hat{\boldsymbol{X}}_i)$$

证明　对于前 i 次观测,得方程组

$$\begin{bmatrix}\boldsymbol{Z}_1\\\boldsymbol{Z}_2\\\vdots\\\boldsymbol{Z}_i\end{bmatrix}=\begin{bmatrix}\boldsymbol{H}\\\boldsymbol{H}\\\vdots\\\boldsymbol{H}\end{bmatrix}\boldsymbol{X}+\begin{bmatrix}\boldsymbol{e}_1\\\boldsymbol{e}_2\\\vdots\\\boldsymbol{e}_i\end{bmatrix}$$

可求得 $\boldsymbol{X}$ 的最小二乘估计为

$$\hat{\boldsymbol{X}}_i=\left\{[\boldsymbol{H}^{T}\quad\boldsymbol{H}^{T}\quad\cdots\quad\boldsymbol{H}^{T}]\begin{bmatrix}\boldsymbol{H}\\\boldsymbol{H}\\\vdots\\\boldsymbol{H}\end{bmatrix}\right\}^{-1}[\boldsymbol{H}^{T}\quad\boldsymbol{H}^{T}\quad\cdots\quad\boldsymbol{H}^{T}]\begin{bmatrix}\boldsymbol{Z}_1\\\boldsymbol{Z}_2\\\vdots\\\boldsymbol{Z}_i\end{bmatrix}$$

$$=(i\boldsymbol{H}^{T}\boldsymbol{H})^{-1}\boldsymbol{H}^{T}(\boldsymbol{Z}_1+\boldsymbol{Z}_2+\cdots+\boldsymbol{Z}_i)$$

$$=\frac{1}{i}\boldsymbol{H}^{-1}(\boldsymbol{H}^{T})^{-1}\boldsymbol{H}^{T}(\boldsymbol{Z}_1+\boldsymbol{Z}_2+\cdots+\boldsymbol{Z}_i)$$

$$=\frac{1}{i}\boldsymbol{H}^{-1}(\boldsymbol{Z}_1+\boldsymbol{Z}_2+\cdots+\boldsymbol{Z}_i)$$

同理可得,由前 $i+1$ 次观测值的最小二乘估计值

$$\hat{\boldsymbol{X}}_{i+1}=\frac{1}{i+1}\boldsymbol{H}^{-1}(\boldsymbol{H}^{T})^{-1}\boldsymbol{H}^{T}(\boldsymbol{Z}_1+\boldsymbol{Z}_2+\cdots+\boldsymbol{Z}_i+\boldsymbol{Z}_{i+1})$$

$$=\frac{1}{i+1}(i\hat{\boldsymbol{X}}_i+\boldsymbol{H}^{-1}\boldsymbol{Z}_{i+1})$$

$$=\frac{1}{i+1}[(i+1)\hat{\boldsymbol{X}}_i+\boldsymbol{H}^{-1}\boldsymbol{Z}_{i+1}-\hat{\boldsymbol{X}}_i]$$

$$=\hat{\boldsymbol{X}}_i+\frac{\boldsymbol{H}^{-1}}{i+1}(\boldsymbol{Z}_{i+1}-\boldsymbol{H}\hat{\boldsymbol{X}}_i)$$

于是得到上面由$\hat{\boldsymbol{X}}_i$和$\boldsymbol{Z}_{i+1}$计算$\hat{\boldsymbol{X}}_{i+1}$的递推公式。

8.6 给定观测方程为

$$z = [1 \quad 2]\boldsymbol{x} + e$$

式中，$\mathrm{E}\boldsymbol{x} = \begin{bmatrix} 4 \\ 3 \end{bmatrix}$，$\mathrm{D}\boldsymbol{x} = \begin{bmatrix} 2 & 0 \\ 0 & 1 \end{bmatrix}$，$\mathrm{E}\boldsymbol{x}e = 0$，$\mathrm{E}e = 0$，$\mathrm{E}e^2 = 3$。求 $\boldsymbol{x}$ 的线性最小方差估计。

解 $\boldsymbol{x}$ 的线性最小方差估计为

$$\hat{\boldsymbol{x}}_{\mathrm{LV}} = \mathrm{E}\boldsymbol{x} + \mathrm{cov}(\boldsymbol{x}, z)(\mathrm{D}z)^{-1}(z - \mathrm{E}z)$$

而

$$\begin{aligned} \mathrm{E}z &= \mathrm{E}(\boldsymbol{H}\boldsymbol{x} + e) = \boldsymbol{H}\mathrm{E}\boldsymbol{x} + \mathrm{E}e \\ &= [1 \quad 2]\begin{bmatrix} 4 \\ 3 \end{bmatrix} + 0 = 10 \end{aligned}$$

$$\begin{aligned} \mathrm{D}z &= \mathrm{E}(z - \mathrm{E}z)(z - \mathrm{E}z)^{\mathrm{T}} \\ &= \mathrm{E}[\boldsymbol{H}(\boldsymbol{x} - \mathrm{E}\boldsymbol{x}) + e][\boldsymbol{H}(\boldsymbol{x} - \mathrm{E}\boldsymbol{x}) + e]^{\mathrm{T}} \\ &= \boldsymbol{H}\mathrm{E}(\boldsymbol{x} - \mathrm{E}\boldsymbol{x})(\boldsymbol{x} - \mathrm{E}\boldsymbol{x})^{\mathrm{T}}\boldsymbol{H}^{\mathrm{T}} + \mathrm{E}ee \\ &= \boldsymbol{H} \cdot \mathrm{D}\boldsymbol{x} \cdot \boldsymbol{H}^{\mathrm{T}} + \mathrm{E}ee \\ &= [1 \quad 2]\begin{bmatrix} 2 & 0 \\ 0 & 1 \end{bmatrix}\begin{bmatrix} 1 \\ 2 \end{bmatrix} + 3 \\ &= 9 \end{aligned}$$

$$\begin{aligned} \mathrm{cov}(\boldsymbol{x}, z) &= \mathrm{E}(\boldsymbol{x} - \mathrm{E}\boldsymbol{x})(z - \mathrm{E}z)^{\mathrm{T}} \\ &= \mathrm{E}(\boldsymbol{x} - \mathrm{E}\boldsymbol{x})[\boldsymbol{H}(\boldsymbol{x} - \mathrm{E}\boldsymbol{x}) + \boldsymbol{e}]^{\mathrm{T}} \\ &= \mathrm{E}(\boldsymbol{x} - \mathrm{E}\boldsymbol{x})(\boldsymbol{x} - \mathrm{E}\boldsymbol{x})^{\mathrm{T}}\boldsymbol{H}^{\mathrm{T}} \\ &= \mathrm{D}\boldsymbol{x}\boldsymbol{H}^{\mathrm{T}} = \begin{bmatrix} 2 & 0 \\ 0 & 1 \end{bmatrix}\begin{bmatrix} 1 \\ 2 \end{bmatrix} \\ &= \begin{bmatrix} 2 \\ 2 \end{bmatrix} \end{aligned}$$

所以

$$\hat{\boldsymbol{x}}_{\mathrm{LY}} = \begin{bmatrix} 4 \\ 3 \end{bmatrix} + \frac{1}{9}\begin{bmatrix} 2 \\ 2 \end{bmatrix}(z - 10)$$

8.7 对未知数量 x 进行了两次独立的观测，得观测方程

$$z_1 = 2x + e_1$$
$$z_2 = 2x + e_2$$

已知 $\mathrm{E}x=4$，$\mathrm{E}e_1=\mathrm{E}e_2=0$，$\mathrm{E}Xe_1=\mathrm{E}Xe_2=0$，$\mathrm{D}x=3$，$\mathrm{D}e_1=1$，$\mathrm{D}e_2=2$，试求 x 的线性最小方差估计，及估计误差的方差。

解 令

$$\boldsymbol{H}=\begin{bmatrix}2\\2\end{bmatrix},\boldsymbol{e}=\begin{bmatrix}e_1\\e_2\end{bmatrix},\mathrm{D}\boldsymbol{e}=\begin{bmatrix}1&0\\0&2\end{bmatrix}$$

则有向量表达式

$$\boldsymbol{z}=\begin{bmatrix}z_1\\z_2\end{bmatrix}=\begin{bmatrix}2\\2\end{bmatrix}x+\begin{bmatrix}e_1\\e_2\end{bmatrix}=\boldsymbol{H}x+\boldsymbol{e}$$

$$\mathrm{E}\boldsymbol{z}=\boldsymbol{H}\mathrm{E}x+\mathrm{E}\boldsymbol{e}=\begin{bmatrix}2\\2\end{bmatrix}\times 4+\begin{bmatrix}\mathrm{E}e_1\\\mathrm{E}e_2\end{bmatrix}=\begin{bmatrix}8\\8\end{bmatrix}$$

$$\begin{aligned}\mathrm{D}\boldsymbol{z}&=\boldsymbol{H}\mathrm{D}x\boldsymbol{H}^{\mathrm{T}}+\mathrm{E}\boldsymbol{e}\boldsymbol{e}^{\mathrm{T}}\\&=\begin{bmatrix}2\\2\end{bmatrix}\times 3\times[2\quad 2]+\begin{bmatrix}1&0\\0&2\end{bmatrix}=\begin{bmatrix}13&12\\12&14\end{bmatrix}\end{aligned}$$

$$\mathrm{cov}(x,\boldsymbol{z})=\mathrm{D}x\cdot\boldsymbol{H}^{\mathrm{T}}=3\times[2\quad 2]=[6\quad 6]$$

于是

$$\begin{aligned}\hat{x}_{\mathrm{LV}}&=\mathrm{E}x+\mathrm{cov}(x,\boldsymbol{z})(\mathrm{D}\boldsymbol{z})^{-1}(\boldsymbol{z}-\mathrm{E}\boldsymbol{z})\\&=4+[6\quad 6]\times\frac{1}{38}\times\begin{bmatrix}14&-12\\-12&13\end{bmatrix}\left(\boldsymbol{z}-\begin{bmatrix}8\\8\end{bmatrix}\right)\\&=4+\frac{3}{19}\times[2\times(z_1-8)+(z_2-8)]\end{aligned}$$

其估计误差为

$$x-\hat{x}_{\mathrm{LV}}=(x-\mathrm{E}x)-\mathrm{cov}(x,\boldsymbol{z})(\mathrm{D}\boldsymbol{z})^{-1}(\boldsymbol{z}-\mathrm{E}\boldsymbol{z})$$

则估计误差的方差为

$$\begin{aligned}\mathrm{E}(x-\hat{x}_{\mathrm{LV}})^2&=\mathrm{D}x-\mathrm{cov}(x,\boldsymbol{z})(\mathrm{D}\boldsymbol{z})^{-1}\mathrm{cov}(\boldsymbol{z},x)\\&=3-[6\quad 6]\times\frac{1}{38}\times\begin{bmatrix}14&-12\\-12&13\end{bmatrix}\begin{bmatrix}6\\6\end{bmatrix}\\&=3-\frac{54}{19}=\frac{3}{19}\end{aligned}$$

8.8 被估计量 x 与观测量 z 的联合分布由表 8.1 给定,分别求出 x 的线性最小方差估计和最小方差估计,以及它们的估计误差的方差,所得结果说明什么问题。

表 8.1 x 和观测量 z 的联合分布

z \ x	1	2	3	4
1	$\frac{1}{6}$	$\frac{1}{3}$	—	—
2	—	—	$\frac{1}{3}$	$\frac{1}{6}$

解 由 x 及 z 的概率分布表可直接求出 x 与 z 的一、二阶矩。

$$\bar{x}=\mathrm{E}x=\frac{1}{6}+2\times\frac{1}{3}+3\times\frac{1}{3}+4\times\frac{1}{6}=\frac{5}{2}$$

$$\bar{z}=\mathrm{E}z=1\times\left(\frac{1}{6}+\frac{1}{3}\right)+2\times\left(\frac{1}{3}+\frac{1}{6}\right)=\frac{3}{2}$$

$$\mathrm{D}x=\mathrm{E}(x-\bar{x})^2=\frac{1}{6}\left(1-\frac{5}{2}\right)^2+\frac{1}{3}\times\left(2-\frac{5}{2}\right)^2+\frac{1}{3}\times\left(3-\frac{5}{2}\right)^2+\frac{1}{6}\times\left(4-\frac{5}{2}\right)^2=\frac{11}{12}$$

$$\mathrm{D}z=\mathrm{E}(z-\bar{z})^2=\left(1-\frac{3}{2}\right)^2\times\left(\frac{1}{6}+\frac{1}{3}\right)+\left(2-\frac{3}{2}\right)^2\times\left(\frac{1}{3}+\frac{1}{6}\right)=\frac{1}{4}$$

$$\begin{aligned}\mathrm{cov}(x,z)&=\mathrm{E}(x-\bar{x})(z-\bar{z})\\&=\frac{1}{6}\times\left(1-\frac{5}{2}\right)\left(1-\frac{3}{2}\right)+\frac{1}{3}\times\left(2-\frac{5}{2}\right)\left(1-\frac{3}{2}\right)\\&\quad+\frac{1}{3}\times\left(3-\frac{5}{2}\right)\left(2-\frac{3}{2}\right)+\frac{1}{6}\times\left(4-\frac{5}{2}\right)\left(2-\frac{3}{2}\right)=\frac{5}{12}\end{aligned}$$

进而,可求出线性最小方差估计

$$\begin{aligned}\hat{x}_{\mathrm{LV}}&=\bar{x}+\mathrm{cov}(x,z)(\mathrm{D}z)^{-1}(z-\bar{z})\\&=\frac{5}{2}+\frac{5}{12}\times4\times\left(z-\frac{3}{2}\right)=\frac{5}{3}z=\begin{cases}\dfrac{5}{3}, & z=1\\[2mm]\dfrac{10}{3}, & z=2\end{cases}\end{aligned}$$

其误差方差为

$$\begin{aligned}\mathrm{E}\,\tilde{x}_{\mathrm{LV}}^2&=\mathrm{D}x-\mathrm{cov}(x,z)(\mathrm{D}z)^{-1}\mathrm{cov}(z,x)\\&=\frac{11}{12}-\frac{5}{12}\times4\times\frac{5}{12}=\frac{2}{9}\end{aligned}$$

而最小方差估计

$$\hat{x}_{\mathrm{V}}=\mathrm{E}(x\mid z)=\begin{cases}\dfrac{1}{3}+\dfrac{2}{3}\cdot2=\dfrac{5}{3}, & z=1\\[2mm]\dfrac{2}{3}+\dfrac{1}{3}\cdot4=\dfrac{10}{3}, & z=2\end{cases}$$

相应误差方差均为

$$\mathrm{E}\,\tilde{x}_{\mathrm{V}}^2=\frac{1}{6}\left(1-\frac{5}{3}\right)^2+\frac{1}{3}\left(2-\frac{5}{3}\right)^2+\frac{1}{3}\left(3-\frac{10}{3}\right)^2+\frac{1}{6}\left(4-\frac{10}{3}\right)^2=\frac{2}{9}$$

由于最小方差估计此时也恰为 z 的线性函数,所以其估计值及其方差均与线性最小方差估计相同。

8.9　未知数量 x 与观测量 z 的联合分布如表 8.2 所示,求 x 的线性最小方差估计和最小方差估计。

表 8.2　x 和观测量 z 的联合分布

z \ x	1	2	3	4	6
1	$\frac{1}{6}$	$\frac{1}{4}$	$\frac{1}{6}$	—	—
2	—	—	—	$\frac{1}{4}$	$\frac{1}{6}$

解　由题设可看出

$$\mathrm{E}x=\bar{x}=\frac{1}{6}+2\times\frac{1}{4}+3\times\frac{1}{6}+4\times\frac{1}{4}+6\times\frac{1}{6}=\frac{19}{6}$$

$$\mathrm{E}z=\bar{z}=1\times\left(\frac{1}{6}+\frac{1}{4}+\frac{1}{6}\right)+2\times\left(\frac{1}{4}+\frac{1}{6}\right)=\frac{17}{12}$$

$$\mathrm{D}z=\left(\frac{1}{6}+\frac{1}{4}+\frac{1}{6}\right)\left(1-\frac{17}{12}\right)+\left(\frac{1}{4}+\frac{1}{6}\right)\left(2-\frac{17}{12}\right)=\frac{35}{144}$$

$$\begin{aligned}\mathrm{cov}(x,z)=&\mathrm{E}\left(1-\frac{19}{6}\right)\left(1-\frac{17}{12}\right)\times\frac{1}{6}+\left(2-\frac{19}{6}\right)\left(1-\frac{17}{12}\right)\times\frac{1}{4}+\\&\left(3-\frac{19}{6}\right)\left(1-\frac{17}{12}\right)\times\frac{1}{6}\\=&\left(4-\frac{19}{6}\right)\left(2-\frac{17}{12}\right)\times\frac{1}{4}+\left(6-\frac{19}{6}\right)\left(2-\frac{17}{12}\right)\times\frac{1}{6}=\frac{49}{72}\end{aligned}$$

于是可求得

$$\begin{aligned}\hat{x}_{\mathrm{L}}&=\bar{x}+\mathrm{cov}(x,z)(\mathrm{D}z)^{-1}(z-\bar{z})\\&=\frac{19}{6}+\frac{49}{72}\times\frac{144}{35}\left(z-\frac{17}{12}\right)=\frac{19}{6}+\frac{14}{5}\left(z-\frac{17}{12}\right)\\&=\begin{cases}2, & z=1\\ \frac{24}{5}, & z=2\end{cases}\end{aligned}$$

同样根据定义可直接求出

$$\hat{x}_{\mathrm{V}}=\mathrm{E}(x\mid z)=\begin{cases}\dfrac{1\times\frac{1}{6}+2\times\frac{1}{4}+3\times\frac{1}{6}}{\frac{1}{6}+\frac{1}{4}+\frac{1}{6}}=2, & z=1\\[2ex] \dfrac{\frac{1}{4}+6\times\frac{1}{6}}{\frac{1}{4}+\frac{1}{6}}=\frac{24}{5}, & z=2\end{cases}$$

显然对于此问题,x 的线性最小方差估计与最小方差估计相同。

8.10　证明:若未知数 x 与观测量 z 的联合分布如表 8.3 所示,则 x 的线性最小方差估计与最小方差估计是一致的。

表 8.3 x 和观测量 z 的联合分布

$z \backslash x$	x_1	$x_2 \cdots x_m$	x_{m+1}	$x_{m+2} \cdots x_n$
z_1	p_1	$p_2 \cdots p_m$		
z_2			p_{m+1}	$p_{m+2} \cdots p_n$

表中的 z_1、z_2、x_1、…、x_n 都是实数，且 $p_i>0$，$\sum\limits_{i=1}^{n} p_i = 1$。

证明 首先计算最小方差估计

$$\hat{x}_V = E(x \mid z) = \begin{cases} \dfrac{\sum\limits_{i=1}^{m} p_i x_i}{\sum\limits_{i=1}^{m} p_i}, & z = z_1 \\ \dfrac{\sum\limits_{i=m+1}^{n} p_i x_i}{\sum\limits_{i=m+1}^{n} p_i}, & z = z_2 \end{cases}$$

下面计算 x 与 z 的一、二阶矩

$$Ex = \bar{x} = \sum_{i=1}^{m} p_i x_i$$

$$Ez = \bar{z} = \sum_{i=1}^{m} p_i z_1 + \sum_{i=m+1}^{n} p_i z_2$$

因为

$$\sum_{i=1}^{n} p_i(x - \bar{x}) = 0, \sum_{i=1}^{n} p_i(z - \bar{z}) = 0$$

所以

$$\sum_{i=m+1}^{n} p_i(x - \bar{x}) = -\sum_{i=1}^{m} p_i(x - \bar{x})$$

$$\sum_{i=m+1}^{n} p_i(z_2 - \bar{z}) = -\sum_{i=1}^{m} p_i(z_1 - \bar{z})$$

于是可推出

$$\begin{aligned} Dz &= \sum_{i=1}^{m} p_i(z_1 - \bar{z})^2 + \sum_{i=m+1}^{n} p_i(z_2 - \bar{z})^2 \\ &= \sum_{i=1}^{m} p_i(z_1 - \bar{z})^2 - \sum_{i=1}^{m} p_i(z_1 - \bar{z})(z_2 - \bar{z}) \end{aligned}$$

$$= \sum_{i=1}^{m} p_i(z_1 - \bar{z})(z_1 - \bar{z}_2)$$

$$\text{cov}(x,z) = \sum_{i=1}^{m} p_i(x_i - \bar{x})(z_1 - \bar{z}) + \sum_{i=m+1}^{n} p_i(x_i - \bar{x})(z_2 - \bar{z})$$

$$= \sum_{i=1}^{m} p_i(x_i - \bar{x})(z_1 - \bar{z}) - \sum_{i=1}^{m} p_i(x_i - \bar{x})(z_2 - \bar{z})$$

$$= \sum_{i=1}^{m} p_i(x_i - \bar{x})(z_1 - z_2)$$

进一步求得线性最小方差估计：

$$\hat{x}_{\mathrm{L}} = \bar{x} + \text{cov}(x,z)(\text{var}z)^{-1}(z - \bar{z})$$

$$= \bar{x} + \sum_{i=1}^{m} p_i(x_i - \bar{x})(z_1 - z_2)\frac{z - \bar{z}}{\sum_{i=1}^{m} p_i(z_1 - \bar{z})(z_1 - z_2)}$$

$$= \bar{x} + \frac{\sum_{i=1}^{m} p_i(x_i - \bar{x})(z_1 - \bar{z})}{\sum_{i=1}^{m} p_i(z_1 - \bar{z})}$$

令 $z = z_1$ 代入上式得

$$\hat{x}_{\mathrm{L}}\,|_{Z_1} = \bar{x} + \frac{\sum_{i=1}^{m} p_i x_i + \sum_{i=1}^{m} p_i \bar{x}}{\sum_{i=1}^{m} p_i} = \frac{\sum_{i=1}^{m} p_i x_i}{\sum_{i=1}^{m} p_i} = \hat{x}_{\mathrm{V}}\,|_{Z_1}$$

再令 $z = z_2$，整理，得

$$\hat{x}_{\mathrm{L}}\,|_{Z_1} = \bar{x} + \frac{-\sum_{i=m+1}^{n} p_i(x_i - \bar{x})(z_2 - \bar{z})}{-\sum_{i=m+1}^{n} p_i(z_2 - \bar{z})} = \frac{\sum_{i=m+1}^{n} p_i x_i}{\sum_{i=m+1}^{n} p_i} = \hat{x}_{\mathrm{V}}\,|_{Z_2}$$

于是可知结论成立。

8.11　精度不同的表对同一电流进行了两次测量，第一次的测量值为 I_1，误差的方差为 σ_1^2；第二次的测量值为 I_2，误差的方差为 σ_2^2，试求电流的线性最小方差估计。设误差的均值为零。

解　因两次测量独立，且误差平均值为零，故可应用线性最小方差估计公式，取加权因子

$$w = \frac{\sigma_1^2}{\sigma_1^2 + \sigma_2^2},\ 1 - w = \frac{\sigma_2^2}{\sigma_1^2 + \sigma_2^2}$$

所以，电流的最小方差估计

$$\hat{I}_{\mathrm{L}} = (1 - w)I_1 + wI_2 = \frac{\sigma_2^2}{\sigma_1^2 + \sigma_2^2}I_1 + \frac{\sigma_1^2}{\sigma_1^2 + \sigma_2^2}I_2 = \frac{1}{\sigma_1^2 + \sigma_2^2}(\sigma_2^2 I_1 + \sigma_1^2 I_2)$$

$$= \frac{1}{\sigma_1^2 + \sigma_2^2}\left(\sigma_1^2\sigma_2^2 \cdot \frac{1}{\sigma_1^2} I_1 + \sigma_1^2\sigma_2^2 \cdot \frac{1}{\sigma_2^2} I_2\right) = \frac{\sigma_1^2\sigma_2^2}{\sigma_1^2 + \sigma_2^2}\left(\frac{1}{\sigma_1^2} I_1 + \frac{1}{\sigma_2^2} I_2\right)$$

$$= \frac{1}{\dfrac{\sigma_1^2 + \sigma_2^2}{\sigma_1^2\sigma_2^2}}(\sigma_1^{-1} I_1 + \sigma_2^{-2}) = \frac{1}{\sigma_1^{-2} + \sigma_2^{-2}}(\sigma_1^{-1} I_1 + \sigma_2^{-2} I_2)$$

8.12 设$\hat{\boldsymbol{x}}_1$ 和$\hat{\boldsymbol{x}}_2$ 分别是未知二维向量 $\boldsymbol{x}$ 的两次独立无偏估计，误差的方差阵分别为 $\boldsymbol{Q}$ 和 $\boldsymbol{R}$，已知

$$\hat{\boldsymbol{x}}_1 = \begin{bmatrix} \frac{5}{2} \\ \frac{5}{2} \end{bmatrix}, \quad \boldsymbol{Q} = \begin{bmatrix} 2 & 1 \\ 1 & 2 \end{bmatrix}, \quad \hat{\boldsymbol{x}}_2 = \begin{bmatrix} 2 \\ 3 \end{bmatrix}, \quad \boldsymbol{R} = \begin{bmatrix} 3 & 0 \\ 0 & 3 \end{bmatrix}$$

试求 $\boldsymbol{x}$ 的线性最小方差估计。

解 取加权阵

$$\boldsymbol{W} = \boldsymbol{Q}(\boldsymbol{Q} + \boldsymbol{R})^{-1} = \begin{bmatrix} 2 & 1 \\ 1 & 2 \end{bmatrix}\left[\begin{bmatrix} 2 & 1 \\ 1 & 2 \end{bmatrix} + \begin{bmatrix} 3 & 0 \\ 0 & 3 \end{bmatrix}\right]^{-1}$$

$$= \begin{bmatrix} 2 & 1 \\ 1 & 2 \end{bmatrix}\left[\begin{bmatrix} 5 & 1 \\ 1 & 5 \end{bmatrix}\right]^{-1} = \frac{1}{24}\begin{bmatrix} 2 & 1 \\ 1 & 2 \end{bmatrix}\begin{bmatrix} 5 & -1 \\ -1 & 5 \end{bmatrix}$$

$$= \frac{1}{24}\begin{bmatrix} 9 & 3 \\ 3 & 9 \end{bmatrix} = \frac{1}{8}\begin{bmatrix} 3 & 1 \\ 1 & 3 \end{bmatrix}$$

则有

$$\hat{\boldsymbol{x}} = \hat{\boldsymbol{x}}_1 + \boldsymbol{W}(\hat{\boldsymbol{x}}_2 - \boldsymbol{x}_1) = \begin{bmatrix} \frac{5}{2} \\ \frac{5}{2} \end{bmatrix} + \frac{1}{8}\begin{bmatrix} 3 & 1 \\ 1 & 3 \end{bmatrix}\left[\begin{bmatrix} 2 \\ 3 \end{bmatrix} - \begin{bmatrix} \frac{5}{2} \\ \frac{5}{2} \end{bmatrix}\right]$$

$$= \begin{bmatrix} \frac{5}{2} \\ \frac{5}{2} \end{bmatrix} + \frac{1}{8}\begin{bmatrix} -1 \\ 1 \end{bmatrix} = \frac{1}{8}\begin{bmatrix} 19 \\ 21 \end{bmatrix}$$

8.13 设系统的状态方程和观测方程分别为

$$\boldsymbol{X}_k = \boldsymbol{X}_{k-1}$$

$$\boldsymbol{Z}_k = \boldsymbol{X}_k + \boldsymbol{V}_k$$

式中，$\boldsymbol{X}_k$ 是 n 维向量，其初态的统计特性为

$$\mathrm{E}\boldsymbol{X}(0) = \overline{\boldsymbol{X}}_0, \mathrm{D}\boldsymbol{X}(0) = c \cdot \boldsymbol{I}$$

观测噪声 $\boldsymbol{V}_k$ 与 $\boldsymbol{X}(0)$是不相关的，其统计特性为

$$\mathrm{E}\boldsymbol{V}_k = \boldsymbol{0}, \quad \mathrm{E}\boldsymbol{V}_k\boldsymbol{V}_j^{\mathrm{T}} = \boldsymbol{R}_k\delta_{kj}$$

试求当 $c\to\infty$时的最优线性滤波$\hat{\boldsymbol{X}}_1$ 及其滤波误差方差阵 $\boldsymbol{P}_1$。

解 首先对已知条件做直观分析，这里虽然给出了 $\overline{\boldsymbol{X}}_0$，但当 $c\to\infty$时，$\mathrm{D}\boldsymbol{X}(0)=\infty$，即 $\boldsymbol{X}(0)$在∞范围内均匀分布各点概率密度都为 0，这相当于没有给出 $\overline{\boldsymbol{X}}_0$ 值。

这时便只能由观测方程来估计,因而有

$$\hat{\boldsymbol{X}}_1 = \mathrm{E}(\boldsymbol{Z}_1 - \boldsymbol{V}_1) = \boldsymbol{Z}_1$$

其误差方程为

$$\mathrm{E}(\boldsymbol{X}_1 - \hat{\boldsymbol{X}}_1)(\boldsymbol{X}_1 - \hat{\boldsymbol{X}}_1)^{\mathrm{T}} = \mathrm{E}\boldsymbol{V}_1\boldsymbol{V}_1^{\mathrm{T}} = \boldsymbol{R}_1$$

现用卡尔曼滤波公式求解,由状态方程得

$$\hat{\boldsymbol{X}}_{1|0} = \mathrm{E}\boldsymbol{X}(0) = \bar{\boldsymbol{X}}_0$$

注意$\Phi_{1,0}=\boldsymbol{0}$,$\boldsymbol{Q}_0=\boldsymbol{0}$,由验前方差方程得

$$\boldsymbol{P}_{1|0} = \Phi_{1,0}\boldsymbol{P}_0\,\Phi_{1,0}^{\mathrm{T}} + \boldsymbol{Q}_0 = \boldsymbol{P}_0 = c\cdot\boldsymbol{I}$$

由增量方程得

$$\boldsymbol{K}_1 = \boldsymbol{P}_{1|0}\boldsymbol{H}_1^{\mathrm{T}}(\boldsymbol{H}_1\boldsymbol{P}_{1|0}\boldsymbol{H}_1^{\mathrm{T}} + \boldsymbol{R}_1)^{-1} = \boldsymbol{P}_0(\boldsymbol{P}_0 + \boldsymbol{R}_1)^{-1} = c(c\boldsymbol{I} + \boldsymbol{R}_1)^{-1}$$

由滤波方程得

$$\begin{aligned}\hat{\boldsymbol{X}}_1 &= \hat{\boldsymbol{X}}_{1|0} + \boldsymbol{K}_1(\boldsymbol{Z}_1 - \boldsymbol{H}_1\hat{\boldsymbol{X}}_{1|0}) \\ &= \bar{\boldsymbol{X}}_0 + c\cdot\boldsymbol{I}(c\cdot\boldsymbol{I} + \boldsymbol{R}_1)^{-1}(\boldsymbol{Z}_1 - \bar{\boldsymbol{X}}_0) \\ &= \boldsymbol{R}_1(c\cdot\boldsymbol{I} + \boldsymbol{R}_1)^{-1}\bar{\boldsymbol{X}}_0 + c\cdot\boldsymbol{I}(c\cdot\boldsymbol{I} + \boldsymbol{R}_1)^{-1}\boldsymbol{Z}_1 \qquad (1)\end{aligned}$$

由验后方差方程得

$$\boldsymbol{P}_1 = (\boldsymbol{P}_{1|0}^{-1} + \boldsymbol{H}_1^{\mathrm{T}}\boldsymbol{R}_1^{\mathrm{T}}\boldsymbol{H}_1)^{-1} = [(c\cdot\boldsymbol{I})^{-1} + \boldsymbol{R}_1^{-1}]^{-1} \qquad (2)$$

由式(1)、式(2)可看出,当 $c\to\infty$时,有

$$\hat{\boldsymbol{X}}_1 = \boldsymbol{Z}_1, \quad \boldsymbol{P}_1 = \boldsymbol{R}_1$$

这与直观结论相同。

8.14 设有数量系统

$$X_k = X_{k-1} + W_{k-1}$$
$$Z_k = X_k + V_k$$

它满足条件:

(1) 状态噪声和观测噪声均为白噪声,且互不相关,即

$\mathrm{E}W_k = 0,\mathrm{cov}(W_k,W_j) = \mathrm{E}W_kW_j = Q_k\delta_{kj}$

$\mathrm{E}V_k = 0,\mathrm{cov}(V_k,V_j) = \mathrm{E}V_kV_j = R_k\delta_{kj},\mathrm{cov}(W_k,V_j) = \mathrm{E}W_kV_j = 0$

(2) 系统的初始状态 $\boldsymbol{X}_0$ 与噪声序列$\{\boldsymbol{W}_k\}$,$\{\boldsymbol{V}_k\}$均不相关,即

$$\mathrm{cov}(X_0,W_k) = 0, \quad \mathrm{cov}(X_0, V_k) = 0,$$
$$\mathrm{E}X_0 = \mu_0, \quad \mathrm{D}X_0 = \mathrm{E}(X_0 - \mu_0)(X_0 - \mu_0) = P_0$$

并已知 $P_0=20$,$Q_k=5$,$R_k=3$。试求在稳态下的滤波方程,并说明其代表的实际意义。

解 应用卡尔曼滤波公式来求解。其中 $\Phi_{k,k-1}=1$,$H_k=1$,设 P_{k-1}已知,则可求得

$$P_{k,k-1} = \Phi_{k,k-1}P_{k-1}\Phi_{k,k-1} + Q_{k-1} = P_{k-1} + 5$$

$$\begin{aligned}K_1 &= P_{k|k-1}H_k(H_kP_{k|k-1}H_k + R_k)^{-1} \\ &= (P_{k-1} + 5)(P_{k-1} + 5 + 3)^{-1} = \frac{P_{k-1} + 5}{P_{k-1} + 8}\end{aligned}$$

$$P_k=(1-K_kH_k)P_{k|k-1}=\frac{3\times(P_{k-1}+5)}{P_{k-1}+8}$$

已知 $P_0=20$，根据递推公式可以计算出：$P_1=2.68$，$P_2=2.15$，$P_3=2.11$，$P_4=2.11$，…。

P_k 的稳态值也可以通过解方程得到，设 $\lim\limits_{k\to\infty}P_k=\overline{P}_k$，则当 $k\to\infty$ 时有 $\overline{P}_k=\frac{3(\overline{P}_k+5)}{\overline{P}_k+8}$，即

$$\overline{P}_k^2+5\overline{P}_k-15=0$$

解此方程得 $\overline{P}_k=2.11$（另一根 $-7.1<0$，不符合方差定义，舍去）。可以看出，当 $k=3$ 以后，P_k 便趋近于稳态值 2.11。进一步可求得

$$\overline{K}_k=\frac{2.11+5}{2.11+8}=0.703$$

稳态滤波方程为

$$\begin{aligned}\hat{x}_k&=\hat{x}_{k|k-1}+K_k(z_k-H_k\,\hat{x}_{k|k-1})\\&=\hat{x}_{k-1}+0.703(z_k-\hat{x}_{k-1})\\&=0.297\,\hat{x}_{k-1}+0.703z_k\end{aligned}$$

8.15 设有数量系统

$$x_k=\frac{1}{2}x_{k-1}+w_{k-1}$$

$$z_k=x_k+v_k$$

满足题 8.14 中的条件，并已知 $\bar{x}_0=0$，$P_0=1$，$Q_k=1$，$R_k=2$，及头两次的观测值 $z_1=2$，$z_2=1$ 试求最优线性滤波 $\hat{x}_1$ 和 $\hat{x}_2$。

解 应用卡尔曼滤波公式计算，其中 $\Phi=\frac{1}{2}$，$H=1$。

$$P_{1|0}=\Phi^2P_0+Q=\frac{1}{4}\times1+1=\frac{5}{4}$$

$$K_1=P_{1|0}\,(P_{1|0}+R)^{-1}=\frac{5}{4}\times\left(\frac{5}{4}+2\right)^{-1}=\frac{5}{13}$$

$$\hat{X}_{1|0}=\Phi\overline{X}_0=0,Z_1=2$$

所以

$$\hat{x}_1=\hat{x}_{1|0}+K_1(z_1-\hat{x}_{1|0})=\frac{5}{13}\times2=\frac{10}{13}$$

$$P_1=(1-K_1)P_{1|0}=\left(1-\frac{5}{13}\right)\times\frac{5}{4}=\frac{10}{13}$$

$$P_{2|1}=\Phi^2P_1+Q=\frac{1}{4}\times\frac{10}{13}+1=\frac{31}{26}$$

$$K_2=P_{2|1}(P_{2|1}+R)^{-1}=\frac{31}{36}\times\left(\frac{31}{26}+2\right)^{-1}=\frac{31}{83}$$

$$\hat{x}_{2|1} = \Phi \hat{x}_1 = \frac{1}{2} \times \frac{10}{13} = \frac{5}{13}$$

$$z_2 = 1$$

所以

$$\hat{x}_2 = \frac{5}{13} + \frac{31}{83} \times \left(1 - \frac{5}{13}\right) = \frac{51}{83}$$

8.16　给定二阶系统

$$x_1(k) = 0.9x_1(k-1) + 0.1x_2(k-1) + w(k-1)$$

$$x_2(k) = -0.1x_1(k-1) + 0.8x_2(k-1)$$

$$z(k) = x_2(k) + v(k)$$

它满足题 8.14 中条件,并已知

$$\mathrm{E}\begin{bmatrix} x_1(0) \\ x_2(0) \end{bmatrix} = \begin{bmatrix} 3 \\ -3 \end{bmatrix}, \quad \boldsymbol{P}_0 = \begin{bmatrix} 4 & 0 \\ 0 & 1 \end{bmatrix}, \quad \boldsymbol{Q}(k) = \begin{bmatrix} 1 & 0 \\ 0 & 0 \end{bmatrix}$$

$$R(k) = 1, z(1) = -2$$

试求最优线性滤波$\hat{x}_1(1)$、$\hat{x}_2(1)$和滤波误差方差阵 $\boldsymbol{P}_1$。

解　应用卡尔曼滤波递推公式,在其中代入

$$\boldsymbol{\Phi} = \begin{bmatrix} 0.9 & 0.1 \\ -0.1 & 0.8 \end{bmatrix}, \quad \boldsymbol{H} = [0 \quad 1]$$

可以求到

$$\hat{\boldsymbol{X}}_{1|0} = \boldsymbol{\Phi} \cdot \mathrm{E}\begin{bmatrix} x_1(0) \\ x_2(0) \end{bmatrix} = \begin{bmatrix} 0.9 & 0.1 \\ -0.1 & 0.8 \end{bmatrix}\begin{bmatrix} 3 \\ -3 \end{bmatrix} = \begin{bmatrix} 2.4 \\ -2.7 \end{bmatrix}$$

$$\boldsymbol{P}_{1|0} = \boldsymbol{\Phi P}_0 \boldsymbol{\Phi}^{\mathrm{T}} + \boldsymbol{Q} = \begin{bmatrix} 0.9 & 0.1 \\ -0.1 & 0.8 \end{bmatrix}\begin{bmatrix} 4 & 0 \\ 0 & 1 \end{bmatrix}\begin{bmatrix} 0.9 & -0.1 \\ 0.1 & 0.8 \end{bmatrix} + \begin{bmatrix} 1 & 0 \\ 0 & 0 \end{bmatrix}$$

$$= \begin{bmatrix} 4.25 & -0.28 \\ -0.28 & 0.68 \end{bmatrix}$$

$$\boldsymbol{K}_1 = \boldsymbol{P}_{1|0}\boldsymbol{H}^{\mathrm{T}}(\boldsymbol{HP}_{1|0}\boldsymbol{H}^{\mathrm{T}} + \boldsymbol{R})^{-1}$$

$$= \begin{bmatrix} 4.25 & -0.28 \\ -0.28 & 0.68 \end{bmatrix}\begin{bmatrix} 0 \\ 1 \end{bmatrix}\left[[0 \quad 1]\begin{bmatrix} 4.25 & -0.28 \\ -0.28 & 0.68 \end{bmatrix}\begin{bmatrix} 0 \\ 1 \end{bmatrix} + 1\right]^{-1}$$

$$= \frac{1}{1.68}\begin{bmatrix} -0.28 \\ 0.68 \end{bmatrix} = \begin{bmatrix} -0.167 \\ 0.405 \end{bmatrix}$$

所以

$$\hat{\boldsymbol{X}}_1 = \hat{\boldsymbol{X}}_{1|0} + \boldsymbol{K}_1(\boldsymbol{Z}_1 - \boldsymbol{H}\hat{\boldsymbol{X}}_{1|0})$$

$$= \begin{bmatrix} 2.4 \\ -2.7 \end{bmatrix} + \begin{bmatrix} -0.167 \\ 0.405 \end{bmatrix}\left[-2 - [0 \quad 1]\begin{bmatrix} 2.4 \\ -2.7 \end{bmatrix}\right]$$

$$= \begin{bmatrix} 2.4 \\ -2.7 \end{bmatrix} + \begin{bmatrix} -0.117 \\ 0.28 \end{bmatrix} = \begin{bmatrix} 2.28 \\ -2.42 \end{bmatrix}$$

$$\boldsymbol{P}_1 = (1-\boldsymbol{K}_1\boldsymbol{H})\boldsymbol{P}_{1|0}$$
$$= \left[\begin{bmatrix}1 & 0\\0 & 1\end{bmatrix} - \begin{bmatrix}-0.167\\0.405\end{bmatrix}\begin{bmatrix}0 & 1\end{bmatrix}\right]\begin{bmatrix}4.25 & -0.28\\-0.28 & 0.68\end{bmatrix}$$
$$= \begin{bmatrix}4.203 & -0.167\\-0.167 & 0.405\end{bmatrix}$$

8.17 给定 n 阶系统

$$\boldsymbol{X}_k = \boldsymbol{A}\boldsymbol{X}_{k-1} + \boldsymbol{W}_{k-1}$$
$$\boldsymbol{Z}_k = \boldsymbol{H}\boldsymbol{X}_k + \boldsymbol{V}_k$$

满足题 8.14 中假设条件，且

$$\boldsymbol{Q}_k = \boldsymbol{Q}, \quad \boldsymbol{R}_k = \boldsymbol{R}$$

都是与 k 无关的常数矩阵，设系统是完全能控与能观测的，试证 $\boldsymbol{P}_{k|k-1}$ 当 $k\to\infty$ 时的极限值 P' 满足方程

$$\boldsymbol{P}' = \boldsymbol{A}\boldsymbol{P}'\boldsymbol{A}^{\mathrm{T}} - \boldsymbol{A}\boldsymbol{P}'\boldsymbol{H}^{\mathrm{T}}[\boldsymbol{H}\boldsymbol{P}'\boldsymbol{H}^{\mathrm{T}} + \boldsymbol{R}]^{-1}\boldsymbol{H}\boldsymbol{P}'\boldsymbol{A}^{\mathrm{T}} + \boldsymbol{Q}$$

证明 因系统完全能控、能观测，所以，当 $k\to\infty$ 时，系统进入稳态。设一次预报误差方差阵的稳态值为 $\boldsymbol{P}'$，即 $\lim\limits_{k\to\infty}\boldsymbol{P}_{k-1|k-2} = \boldsymbol{P}'$。根据滤波公式知

$$\lim_{k\to\infty}\boldsymbol{K}_{k-1} = \boldsymbol{P}'\boldsymbol{H}^{\mathrm{T}}(\boldsymbol{H}\boldsymbol{P}'\boldsymbol{H}^{\mathrm{T}} + \boldsymbol{R})^{-1}$$
$$\lim_{k\to\infty}\boldsymbol{P}_{k-1} = \lim_{k\to\infty}(\boldsymbol{I} - \boldsymbol{K}_{k-1}\boldsymbol{H})\boldsymbol{P}_{k-1|k-2} = [\boldsymbol{I} - \boldsymbol{P}'\boldsymbol{H}^{\mathrm{T}}(\boldsymbol{H}\boldsymbol{P}'\boldsymbol{H}^{\mathrm{T}} + \boldsymbol{R})^{-1}\boldsymbol{H}]\boldsymbol{P}'$$

所以

$$\boldsymbol{P}' = \lim_{k\to\infty}\boldsymbol{P}_{k|k-1} = \lim_{k\to\infty}(\boldsymbol{A}\boldsymbol{P}_{k-1}\boldsymbol{A}^{\mathrm{T}} + \boldsymbol{Q})$$
$$= \boldsymbol{A}\boldsymbol{P}'\boldsymbol{A}^{\mathrm{T}} - \boldsymbol{A}\boldsymbol{P}'\boldsymbol{H}^{\mathrm{T}}(\boldsymbol{H}\boldsymbol{P}'\boldsymbol{H}^{\mathrm{T}} + \boldsymbol{R})^{-1}\boldsymbol{H}\boldsymbol{P}'\boldsymbol{A}^{\mathrm{T}} + \boldsymbol{Q}$$

8.18 在题 8.16 中设

$$\boldsymbol{P}_0 = \begin{bmatrix}3.06 & -0.52\\-0.52 & 0.19\end{bmatrix}$$

其余数据不变，试计算 $\boldsymbol{P}_{1|0}$ 和 $\boldsymbol{P}_1$，并说明计算结果的含义。

解 根据公式可直接求出 $\boldsymbol{P}_{1|0}$ 和 $\boldsymbol{P}_1$ 如下：

$$\boldsymbol{P}_{1|0} = \boldsymbol{A}\boldsymbol{P}_0\boldsymbol{A}^{\mathrm{T}} + \boldsymbol{Q}$$
$$= \begin{bmatrix}0.9 & 0.1\\-0.1 & 0.8\end{bmatrix}\begin{bmatrix}3.06 & -0.52\\-0.52 & 0.19\end{bmatrix}\begin{bmatrix}0.9 & -0.1\\0.1 & 0.8\end{bmatrix} + \begin{bmatrix}1 & 0\\0 & 0\end{bmatrix}$$
$$= \begin{bmatrix}3.43814 & -0.625987\\-0.625987 & 0.233583\end{bmatrix}$$

$$\boldsymbol{P}_1 = [\boldsymbol{I} - \boldsymbol{P}_{1|0}\boldsymbol{H}^{\mathrm{T}}(\boldsymbol{H}\boldsymbol{P}_{1|0}\boldsymbol{H}^{\mathrm{T}} + \boldsymbol{R})\boldsymbol{H}]\boldsymbol{P}_{1|0}$$
$$= \left\{\begin{bmatrix}1 & 0\\0 & 0\end{bmatrix} - \begin{bmatrix}3.43814 & -0.625987\\-0.625987 & 0.233583\end{bmatrix}\begin{bmatrix}0\\1\end{bmatrix}\right.$$
$$\left[\begin{bmatrix}0 & 1\end{bmatrix}\begin{bmatrix}3.43814 & -0.625987\\-0.625987 & 0.233583\end{bmatrix}\begin{bmatrix}0\\1\end{bmatrix} + 1\right]^{-1}$$

$$\begin{bmatrix}0 & 1\end{bmatrix}\Big\} \cdot \begin{bmatrix} 3.43814 & -0.625987 \\ -0.625987 & 0.233583 \end{bmatrix}$$

$$= \begin{bmatrix} 3.12048 & -0.507454 \\ -0.507454 & 0.189353 \end{bmatrix} = \boldsymbol{P}_0$$

此结果表明,由于所给 $\boldsymbol{P}_0$ 值已近似为滤波误差方差阵的稳态值,所以系统从一开始便很接近于稳定状态,换句话说,$\boldsymbol{P}_0$ 就是滤波误差方差阵的近似稳定值。

8.19　试利用矩阵恒等式证明

$$\boldsymbol{K}_k = (\boldsymbol{P}_{k|k-1}^{-1} + \boldsymbol{H}_k^{\mathrm{T}}\boldsymbol{R}_k^{-1}\boldsymbol{H}_k)^{-1}\boldsymbol{H}_k^{\mathrm{T}}\boldsymbol{R}_k^{-1} = \boldsymbol{P}_k\boldsymbol{H}_k^{\mathrm{T}}\boldsymbol{R}_k^{-1}$$

证明　离散系统卡尔曼滤波增量方程

$$\begin{aligned}
\boldsymbol{K}_k &= \boldsymbol{P}_{k|k-1}\boldsymbol{H}_k^{\mathrm{T}}(\boldsymbol{H}_k\boldsymbol{P}_{k|k-1}\boldsymbol{H}_k^{\mathrm{T}} + \boldsymbol{R})^{-1} \\
&= (\boldsymbol{P}_{k|k-1}^{-1} + \boldsymbol{H}_k^{\mathrm{T}}\boldsymbol{R}_k^{-1}\boldsymbol{H}_k)^{-1}(\boldsymbol{P}_{k|k-1}^{-1} + \boldsymbol{H}_k^{\mathrm{T}}\boldsymbol{R}_k^{-1}\boldsymbol{H}_k)\boldsymbol{P}_{k|k-1}\boldsymbol{H}_k^{\mathrm{T}}(\boldsymbol{H}_k\boldsymbol{P}_{k|k-1}\boldsymbol{H}_k^{\mathrm{T}} + \boldsymbol{R}_k)^{-1} \\
&= (\boldsymbol{P}_{k|k-1}^{-1} + \boldsymbol{H}_k^{\mathrm{T}}\boldsymbol{R}_k^{-1}\boldsymbol{H}_k)^{-1}(\boldsymbol{H}_k^{\mathrm{T}} + \boldsymbol{H}_k^{\mathrm{T}}\boldsymbol{R}_k^{-1}\boldsymbol{H}_k\boldsymbol{P}_{k|k-1}\boldsymbol{H}_k^{\mathrm{T}})(\boldsymbol{H}_k\boldsymbol{P}_{k|k-1}\boldsymbol{H}_k^{\mathrm{T}} + \boldsymbol{R}_k)^{-1} \\
&= (\boldsymbol{P}_{k|k-1}^{-1} + \boldsymbol{H}_k^{\mathrm{T}}\boldsymbol{R}_k^{-1}\boldsymbol{H}_k)^{-1}\boldsymbol{H}_k^{\mathrm{T}}\boldsymbol{R}_k^{-1}(\boldsymbol{R}_k + \boldsymbol{H}_k\boldsymbol{P}_{k|k-1}\boldsymbol{H}_k^{\mathrm{T}})(\boldsymbol{H}_k\boldsymbol{P}_{k|k-1}\boldsymbol{H}_k^{\mathrm{T}} + \boldsymbol{R}_k)^{-1} \\
&= (\boldsymbol{P}_{k|k-1}^{-1} + \boldsymbol{H}_k^{\mathrm{T}}\boldsymbol{R}_k^{-1}\boldsymbol{H}_k)^{-1}\boldsymbol{H}_k^{\mathrm{T}}\boldsymbol{R}_k^{-1} \\
&= \boldsymbol{P}_k\boldsymbol{H}_k^{\mathrm{T}}\boldsymbol{R}_k^{-1}
\end{aligned}$$

式中 $\boldsymbol{P}_k = (\boldsymbol{P}_{k|k-1}^{-1} + \boldsymbol{H}_k^{\mathrm{T}}\boldsymbol{R}_k^{-1}\boldsymbol{H}_k)^{-1}$ 由下题证明。

8.20　试证明滤波公式

$$\boldsymbol{P}_k = (\boldsymbol{P}_{k|k-1}^{-1} + \boldsymbol{H}_k^{\mathrm{T}}\boldsymbol{R}_k^{-1}\boldsymbol{H}_k)^{-1} = (\boldsymbol{I} - \boldsymbol{K}_k\boldsymbol{H}_k)\boldsymbol{P}_{k|k-1}$$

证明　注意滤波误差方差方程

$$\begin{aligned}
\boldsymbol{P}_k &= (\boldsymbol{I} - \boldsymbol{K}_k\boldsymbol{H}_k)\boldsymbol{P}_{k|k-1}(\boldsymbol{I} - \boldsymbol{K}_k\boldsymbol{H}_k)^{\mathrm{T}} + \boldsymbol{K}_k\boldsymbol{R}_k\boldsymbol{K}_k^{\mathrm{T}} \\
&= \boldsymbol{P}_{k|k-1} - \boldsymbol{K}_k\boldsymbol{H}_k\boldsymbol{P}_{k|k-1} - \boldsymbol{P}_{k|k-1}\boldsymbol{H}_k^{\mathrm{T}}\boldsymbol{K}_k + \boldsymbol{K}_k\boldsymbol{H}_k\boldsymbol{P}_{k|k-1}\boldsymbol{H}_k^{\mathrm{T}}\boldsymbol{K}_k + \boldsymbol{K}_k\boldsymbol{R}_k\boldsymbol{K}_k^{\mathrm{T}} \\
&= (\boldsymbol{I} - \boldsymbol{K}_k\boldsymbol{H}_k)\boldsymbol{P}_{k|k-1} - \boldsymbol{P}_{k|k-1}\boldsymbol{H}_k^{\mathrm{T}}\boldsymbol{K}_k + \boldsymbol{K}_k(\boldsymbol{H}_k\boldsymbol{P}_{k|k-1}\boldsymbol{H}_k^{\mathrm{T}} + \boldsymbol{R}_k)\boldsymbol{K}_k^{\mathrm{T}}
\end{aligned}$$

利用

$$\boldsymbol{K}_k = \boldsymbol{P}_{k|k-1}\boldsymbol{H}_k^{\mathrm{T}}(\boldsymbol{H}_k\boldsymbol{P}_{k|k-1}\boldsymbol{H}_k^{\mathrm{T}} + \boldsymbol{R}_k)^{-1}$$

$$\boldsymbol{K}_k(\boldsymbol{H}_k\boldsymbol{P}_{k|k-1}\boldsymbol{H}_k^{\mathrm{T}} + \boldsymbol{R}_k) = \boldsymbol{P}_{k|k-1}\boldsymbol{H}_k^{\mathrm{T}}$$

则得

$$\begin{aligned}
\boldsymbol{P}_k &= (\boldsymbol{I} - \boldsymbol{K}_k\boldsymbol{H}_k)\boldsymbol{P}_{k|k-1} - \boldsymbol{P}_{k|k-1}\boldsymbol{H}_k^{\mathrm{T}}\boldsymbol{K}_k^{\mathrm{T}} + \boldsymbol{P}_{k|k-1}\boldsymbol{H}_k^{\mathrm{T}}\boldsymbol{K}_k^{\mathrm{T}} \\
&= (\boldsymbol{I} - \boldsymbol{K}_k\boldsymbol{H}_k)\boldsymbol{P}_{k|k-1}
\end{aligned}$$

进一步将 $\boldsymbol{K}_k$ 的表达式再次代入上式,并利用矩阵求逆公式

$$(\boldsymbol{P}^{-1} + \boldsymbol{H}_k^{\mathrm{T}}\boldsymbol{R}_k^{-1}\boldsymbol{H}_k)^{-1} = \boldsymbol{P} - \boldsymbol{P}\boldsymbol{H}^{\mathrm{T}}(\boldsymbol{H}\boldsymbol{P}\boldsymbol{H}^{\mathrm{T}} + \boldsymbol{R})^{-1}\boldsymbol{H}\boldsymbol{P}$$

则得

$$\begin{aligned}
\boldsymbol{P}_k &= (\boldsymbol{I} - \boldsymbol{K}_k\boldsymbol{H}_k)\boldsymbol{P}_{k|k-1} \\
&= \boldsymbol{P}_{k|k-1} - \boldsymbol{K}_k\boldsymbol{H}_k\boldsymbol{P}_{k|k-1} \\
&= \boldsymbol{P}_{k|k-1} - \boldsymbol{P}_{k|k-1}\boldsymbol{H}_k^{\mathrm{T}}(\boldsymbol{H}_k\boldsymbol{P}_{k|k-1}\boldsymbol{H}_k^{\mathrm{T}} + \boldsymbol{R}_k)^{-1}\boldsymbol{H}_k\boldsymbol{P}_{k|k-1} \\
&= (\boldsymbol{P}_{k|k-1}^{-1} + \boldsymbol{H}_k^{\mathrm{T}}\boldsymbol{R}_k^{-1}\boldsymbol{H}_k)^{-1}
\end{aligned}$$

8.21 给定二阶系统

$$\boldsymbol{X}_k = \boldsymbol{\Phi}_{k,k-1}\boldsymbol{X}_{k-1} + \boldsymbol{W}_{k-1}$$
$$\boldsymbol{Z}_k = \boldsymbol{X}_k + \boldsymbol{V}_k$$

并已知

$$\hat{\boldsymbol{X}}_{1|0} = \begin{bmatrix} \frac{8}{3} \\ -\frac{1}{2} \end{bmatrix}, \quad \boldsymbol{Z}_1 = \begin{bmatrix} \frac{9}{4} \\ -\frac{1}{3} \end{bmatrix}$$

现计算出估计值

$$\hat{\boldsymbol{X}}_1 = \begin{bmatrix} \frac{11}{5} \\ -\frac{2}{5} \end{bmatrix}$$

问是否合理?

解 设由观测值 $\boldsymbol{Z}$ 得到的 $\boldsymbol{X}_1$ 的估计值为

$$\hat{\boldsymbol{X}}_{1|Z_1} = \mathrm{E}\boldsymbol{X}_1 = \mathrm{E}(\boldsymbol{Z}_1 - \boldsymbol{V}_1) = \boldsymbol{Z}_1 = \begin{bmatrix} \frac{9}{4} \\ -\frac{1}{3} \end{bmatrix}$$

现 $\hat{\boldsymbol{X}}_1$ 是根据估计值 $\hat{\boldsymbol{X}}_{1|0}$ 和 $\hat{\boldsymbol{X}}_{1|Z_1}$ 而做出的新的估计,因此 $\hat{\boldsymbol{X}}_1$ 的各分量值应该落在以 $\hat{\boldsymbol{X}}_{1|0}$、$\hat{\boldsymbol{X}}_{1|2}$ 相应分量为界的闭区间内。但由于 $\hat{\boldsymbol{X}}_1$ 的第一个分量 $\frac{11}{5} < \frac{9}{4} < \frac{8}{3}$,在 $\left[\frac{9}{4}, \frac{8}{3}\right]$ 之外,故计算出估计值不合理。

8.22* 同题 8.11,设第三次的测量值为 I_3,误差的方差为 σ_3^2,试根据前两次和这次的测量值求电流的线性最小方差估计。

解 设

$$\hat{x}_{\mathrm{L}} = w_1 x_1 + w_2 x_2 + (1 - w_1 - w_2) x_3 \tag{1}$$

则

$$\begin{aligned} \mathrm{D}\,\hat{x}_{\mathrm{L}} &= \mathrm{E}\{w_1(x - x_1) + w_2(x - x_2) + (1 - w_1 - w_2)(x - x_3)\} \\ &= \mathrm{E}\{w_1\ (x - x_1)^2\} + \mathrm{E}\{w_2\ (x - x_2)^2\} + \mathrm{E}\{(1 - w_1 - w_2)\ (x - x_3)^2\} \\ &= w_1^2\sigma_1^2 + w_2^2\sigma_2^2 + (1 - w_1 - w_2)^2 \end{aligned}$$

令 $\dfrac{\partial \mathrm{D}\,\hat{x}_{\mathrm{L}}}{\partial w_1} = \dfrac{\partial \mathrm{D}\,\hat{x}_{\mathrm{L}}}{\partial w_2} = 0$,得方程组

$$\sigma_1^2 - (1 - w_1 - w_2)\sigma_3^2 = 0$$
$$\sigma_2^2 - (1 - w_1 - w_2)\sigma_2^2 = 0$$

解方程组得

$$w_1=\frac{\sigma_2^2\sigma_3^2}{\sigma_1^2\sigma_2^2+\sigma_2^2\sigma_3^2+\sigma_1^2\sigma_3^2},\quad w_2=\frac{\sigma_1^2\sigma_3^2}{\sigma_1^2\sigma_2^2+\sigma_2^2\sigma_3^2+\sigma_1^2\sigma_3^2}$$

将 w_1、w_2 的值代入式(1),得

$$\begin{aligned}\hat{x}_L&=\frac{\sigma_2^2\sigma_3^2x_1}{\sigma_1^2\sigma_2^2+\sigma_2^2\sigma_3^2+\sigma_1^2\sigma_3^2}+\frac{\sigma_1^2\sigma_3^2x_2}{\sigma_1^2\sigma_2^2+\sigma_2^2\sigma_3^2+\sigma_1^2\sigma_3^2}+\frac{\sigma_1^2\sigma_2^2x_3}{\sigma_1^2\sigma_2^2+\sigma_2^2\sigma_3^2+\sigma_1^2\sigma_3^2}\\&=\frac{1}{\sigma_1^{-2}+\sigma_2^{-2}+\sigma_3^{-2}}(\sigma_1^{-2}I_1+\sigma_2^{-2}I_2+\sigma_1^{-2}I_3)\end{aligned}$$

8.23* 对电流进行了五次测量,测量结果:两次是 27A,两次是 28A,一次是 29A,求电流的最小二乘估计。

解 由方程 $z_i=I+v_i,i=1,\cdots,5$ 得方程组 $\boldsymbol{z}=\boldsymbol{X}\cdot I+v$,其中,$\boldsymbol{z}=[27\quad 27\quad 28\quad 28\quad 29]^{\mathrm{T}}$,

$$\boldsymbol{X}=[1\quad 1\quad 1\quad 1\quad 1]^{\mathrm{T}},\quad v=[v_1\quad v_2\quad v_3\quad v_4\quad v_5]^{\mathrm{T}}$$

其最小二乘解为

$$I=(\boldsymbol{X}^{\mathrm{T}}\boldsymbol{X})^{-1}\boldsymbol{X}^{\mathrm{T}}\boldsymbol{z}=\frac{1}{5}\times(27+27+28+28+29)=27.8(\mathrm{A})$$

8.24* 在题 8.7 中,选取加权阵 $\boldsymbol{W}=\begin{bmatrix}1&0\\0&\frac{1}{2}\end{bmatrix}$,求加权最小二乘估计及误差方差。

解 由式(8.12)知

$$\begin{aligned}\hat{x}_{\mathrm{LSW}}&=(\boldsymbol{H}^{\mathrm{T}}\boldsymbol{W}\boldsymbol{H})^{-1}\boldsymbol{H}^{\mathrm{T}}\boldsymbol{W}\boldsymbol{Z}\\&=\left[[2\quad 2]\begin{bmatrix}1&0\\0&\frac{1}{2}\end{bmatrix}\begin{bmatrix}2\\2\end{bmatrix}\right]^{-1}[2\quad 2]\begin{bmatrix}1&0\\0&\frac{1}{2}\end{bmatrix}\begin{bmatrix}z_1\\z_2\end{bmatrix}=\frac{1}{6}(2z_1+z_2)\end{aligned}$$

$$\begin{aligned}\mathrm{D}\,\hat{x}_{\mathrm{LSW}}&=\mathrm{E}\left[x-\frac{1}{6}(2z_1+z_2)\right]^2=\mathrm{E}\left[-\frac{1}{3}e_1-\frac{1}{6}e_2\right]^2\\&=\frac{1}{9}\mathrm{E}e_1^2+\frac{1}{36}\mathrm{E}e_2^2=\frac{1}{9}+\frac{1}{36}\times 2=\frac{1}{6}<\mathrm{D}x_{\mathrm{LV}}=\frac{3}{19}\end{aligned}$$

8.25* 已知未知量 x 与观测量 z 的联合分布如表 8.4 给定,试求 x 的最小方差估计和线性最小方差估计。

表 8.4　x 和观测量 z 的联合分布

z \ x	-3	-2	1	2
-1	$\frac{1}{4}$	$\frac{1}{4}$	0	0
0	0	0	$\frac{1}{4}$	0
2	0	0	0	$\frac{1}{4}$

解 注意到

$$p(x=-1 \mid z=-1)=p(x=-2 \mid z=-1)=\frac{1}{2}$$

$$p(x=1 \mid z=0)=p(x=2 \mid z=2)=1$$

x 的最小方差估计为

$$\hat{x}_{\mathrm{V}}=p(x \mid z)=\begin{cases}\frac{1}{2}\times(-1)+\frac{1}{2}\times(-2)=-\frac{3}{4}, & z=-1\\ 1\times 1=1, & z=0\\ 2\times 1=2, & z=2\end{cases}$$

由

$$\mathrm{E}x=(-1)\times\frac{1}{4}+(-2)\times\frac{1}{4}+1\times\frac{1}{4}+2\times\frac{1}{4}=0$$

$$\mathrm{E}z=(-1)\times\frac{1}{4}+(-1)\times\frac{1}{4}+0\times\frac{1}{4}+2\times\frac{1}{4}=0$$

$$\mathrm{D}z=(-1)^2\times\frac{1}{4}+(-1)^2\times\frac{1}{4}+0\times\frac{1}{4}+2^2\times\frac{1}{4}=\frac{3}{2}$$

$$\begin{aligned}\operatorname{cov}(x,z)&=\mathrm{E}[(x-\mathrm{E}x)(z-\mathrm{E}z)]\\&=\frac{1}{4}\times(-1)\times(-1)+\frac{1}{4}\times(-2)\times(-1)+\frac{1}{4}\times 1\times 0+\frac{1}{4}\times 2\times 2\\&=\frac{7}{4}\end{aligned}$$

可求得 x 的最小方差估计为

$$\hat{X}_{\mathrm{L}}(Z)=\mathrm{E}X+\operatorname{cov}(X,Z)\,(\mathrm{D}Z)^{-1}(Z-\mathrm{E}Z)=0+\frac{7}{4}\times\frac{2}{3}\times(z-0)=\frac{7}{6}z$$

8.26* 设已知电路的外加电压 u 和产生的电流 i 分别为

$$u=U_{\mathrm{m}}\sin(\omega t-\theta),\quad i=I_{\mathrm{m}}\sin\omega t$$

现测量出在某一时刻电流的值为 I,试证外加电压在该时刻的估计值为

$$\hat{u}=\frac{\frac{U_{\mathrm{m}}}{\sqrt{2}}\cdot\frac{I_{\mathrm{m}}}{\sqrt{2}}\cos\theta}{\left(\frac{I_{\mathrm{m}}}{\sqrt{2}}\right)^2}\cdot I$$

证明 注意电路中的有效功率为

$$P=\frac{U_{\mathrm{m}}}{\sqrt{2}}\frac{I_{\mathrm{m}}}{\sqrt{2}}\cos\theta$$

电流的有效值为

$$I_{\mathrm{r}}=\frac{I_{\mathrm{m}}}{\sqrt{2}}$$

从而可知,电路中的等效电阻为

$$R=\frac{\dfrac{U_{\mathrm{m}}}{\sqrt{2}}\cdot\dfrac{I_{\mathrm{m}}}{\sqrt{2}}\cos\theta}{\left(\dfrac{I_{\mathrm{m}}}{\sqrt{2}}\right)^{2}}$$

因此，电路中等效电阻两端的电压为

$$\hat{u}=\frac{\dfrac{U_{\mathrm{m}}}{\sqrt{2}}\cdot\dfrac{I_{\mathrm{m}}}{\sqrt{2}}\cos\theta}{\left(\dfrac{I_{\mathrm{m}}}{\sqrt{2}}\right)^{2}}\cdot I$$

8.27* 已知观测方程为

$$\begin{bmatrix}3\\1\\5\end{bmatrix}=\begin{bmatrix}1&1\\0&1\\1&2\end{bmatrix}\boldsymbol{x}+\boldsymbol{e}$$

其中观测误差方差阵为

$$\mathrm{E}\boldsymbol{e}\boldsymbol{e}^{\mathrm{T}}=\begin{bmatrix}1&0&0\\0&1&0\\0&0&\dfrac{1}{2}\end{bmatrix}$$

试正确地选择加权阵 $\boldsymbol{W}$，求 x 的加权最小二乘估计。

解　取 $\boldsymbol{W}=[\mathrm{E}\boldsymbol{e}\boldsymbol{e}^{\mathrm{T}}]^{-1}=\begin{bmatrix}1&0&0\\0&1&0\\0&0&2\end{bmatrix}$

则

$$\begin{aligned}\hat{x}_{\mathrm{LSW}}&=(\boldsymbol{H}^{\mathrm{T}}\boldsymbol{W}\boldsymbol{H})^{-1}\boldsymbol{H}^{\mathrm{T}}\boldsymbol{W}\boldsymbol{Z}\\&=\left[\begin{bmatrix}1&0&1\\1&1&2\end{bmatrix}\begin{bmatrix}1&0&0\\0&1&0\\0&0&2\end{bmatrix}\begin{bmatrix}1&1\\0&1\\1&2\end{bmatrix}\right]^{-1}\begin{bmatrix}1&0&1\\1&1&2\end{bmatrix}\begin{bmatrix}1&0&0\\0&1&0\\0&0&2\end{bmatrix}\begin{bmatrix}3\\1\\5\end{bmatrix}\\&=\begin{bmatrix}3&5\\5&10\end{bmatrix}^{-1}\begin{bmatrix}13\\24\end{bmatrix}=\frac{1}{5}\begin{bmatrix}10&-5\\-5&3\end{bmatrix}\begin{bmatrix}13\\24\end{bmatrix}=\begin{bmatrix}2\\\dfrac{7}{5}\end{bmatrix}\end{aligned}$$

8.28** 设被估计量 x 和观测量 z 的联合分布如表 8.5 所示，试求 x 的最小方差估计。

表 8.5　X 和观测量 Z 的联合分布

Z \ X	-3	-2	2	3
-1	$\frac{1}{4}$	$\frac{1}{4}$	0	0
1	0	0	$\frac{1}{4}$	$\frac{1}{4}$

解 因为

$$p(A/B)=p(AB)/P(B)$$

所以

$$p(x=-3/z=-1)=\frac{p(x=-3,z=-1)}{P(z=-1)}=\frac{\frac{1}{4}}{\frac{1}{4}+\frac{1}{4}}=\frac{1}{2}$$

$$p(x=-2/z=-1)=\frac{p(x=-2,z=-1)}{P(z=-1)}=\frac{\frac{1}{4}}{\frac{1}{4}+\frac{1}{4}}=\frac{1}{2}$$

$$p(x=2/z=-1)=\frac{p(x=2,z=-1)}{P(z=-1)}=\frac{\frac{1}{4}}{\frac{1}{4}+\frac{1}{4}}=\frac{1}{2}$$

$$p(x=3/z=-1)=\frac{p(x=3,z=-1)}{P(z=-1)}=\frac{\frac{1}{4}}{\frac{1}{4}+\frac{1}{4}}=\frac{1}{2}$$

$$\hat{X}_{\mathrm{V}}=\mathrm{E}(X/Z)$$

$$=\begin{cases}-3\times p(x=-3,z=-1)-2\times p(x=-3,z=-1)=-\dfrac{5}{2}, & \text{当 } z=-1 \text{ 时}\\ 3\times p(x=3,z=1)+2\times p(x=3,z=1)=\dfrac{5}{2}, & \text{当 } z=1 \text{ 时}\end{cases}$$

8.29** 已知被估计量 x 和观测量 z 的联合分布如表 8.6 所示，试求 x 的最小方差估计。

表 8.6 状态 X 和观测量 Z 的联合分布

Z \ X	-1	0	0	1	1	2
-1	$\frac{1}{10}$	$\frac{2}{10}$				
0			$\frac{1}{10}$	$\frac{3}{10}$		
1					$\frac{2}{10}$	$\frac{1}{10}$

解 因为

$$p(A/B)=p(AB)/P(B)$$

所以

$$p(x=-1/z=-1)=\frac{p(x=-3,z=-1)}{P(z=-1)}=\frac{\frac{1}{10}}{(\frac{1}{10}+\frac{2}{10})}=\frac{1}{3}$$

$$p(x=0/z=-1)=\frac{p(x=-2,z=-1)}{P(z=-1)}=\frac{\frac{2}{10}}{\frac{1}{10}+\frac{2}{10}}=\frac{2}{3}$$

$$p(x=0/z=0)=\frac{p(x=0,z=1)}{P(z=0)}=\frac{\frac{1}{10}}{\frac{1}{10}+\frac{3}{10}}=\frac{1}{4}$$

$$p(x=1/z=0)=\frac{p(x=1,z=0)}{P(z=0)}=\frac{\frac{3}{10}}{\frac{1}{10}+\frac{3}{10}}=\frac{3}{4}$$

$$p(x=1/z=1)=\frac{p(x=1,z=1)}{P(z=1)}=\frac{\frac{2}{10}}{\frac{2}{10}+\frac{1}{10}}=\frac{2}{3}$$

$$p(x=2/z=1)=\frac{p(x=2,z=1)}{P(z=1)}=\frac{\frac{1}{10}}{\frac{2}{10}+\frac{1}{10}}=\frac{1}{3}$$

于是,有

$$\hat{X}_V=E(X/Z=-1)=-1\times p(x=-1/z=-1)=-1\times\frac{1}{3}=-\frac{1}{3}$$

$$\hat{X}_V=E(X/Z)$$

$$=\begin{cases}-1\times p(x=-1/z=-1)=-1\times\frac{1}{3}=-\frac{1}{3}, & z=-1\\ 1\times p(x=1/z=0)=-1\times\frac{3}{4}=-\frac{3}{4}, & z=0\\ 1\times p(x=1/z=1)+2\times p(x=2/z=1)=\frac{2}{3}+2\times\frac{1}{3}=\frac{4}{3}, & z=1\end{cases}$$

估计误差的方差为

$$\begin{aligned}E(X-\hat{X}_V)^2&=\sum_{i=1}^{6}\sum_{j=1}^{3}p_{ij}(x_{ij}-\hat{x}_{ij})^2\\&=\frac{1}{10}\left(-1+\frac{1}{3}\right)^2+\frac{2}{10}\left(0+\frac{1}{3}\right)^2+\frac{1}{10}\left(0+\frac{3}{4}\right)^2\\&\quad+\frac{3}{10}\left(1+\frac{3}{4}\right)^2+\frac{2}{10}\left(1-\frac{4}{3}\right)^2+\frac{1}{10}\left(2-\frac{4}{3}\right)^2\end{aligned}$$

$$= \frac{1}{10}\left(\frac{2}{3}\right)^2 + \frac{2}{10}\left(\frac{1}{3}\right)^2 + \frac{1}{10}\left(\frac{3}{4}\right)^2 + \frac{3}{10}\left(\frac{1}{4}\right)^2 + \frac{2}{10}\left(\frac{1}{3}\right)^2 + \frac{1}{10}\left(\frac{2}{3}\right)^2 = \frac{5}{24}$$

8.30** 设 $\boldsymbol{X} \sim N(\mu, \boldsymbol{P})$ 为被估计的随机向量。观测向量 $\boldsymbol{Z}$ 与 $\boldsymbol{X}$ 的关系为 $\boldsymbol{Z}=\boldsymbol{HX}+\boldsymbol{V}$。其中 $\boldsymbol{V} \sim N(\boldsymbol{0}, \boldsymbol{R})$ 为测量噪声，$\boldsymbol{X}$ 为 n 维向量，$\boldsymbol{Z}$ 与 $\boldsymbol{V}$ 为 m 维向量，$\boldsymbol{X}$、$\boldsymbol{V}$ 互相独立，$\boldsymbol{H}$ 是已知的 $m \times n$ 矩阵。试求 $\boldsymbol{X}$ 的最小方差估计。

解 由已知可求出

$$\mathrm{E}\boldsymbol{X} = \mu, \quad \mathrm{D}\boldsymbol{X} = \boldsymbol{P}, \quad \mathrm{D}\boldsymbol{V} = \boldsymbol{R}, \quad \mathrm{E}\boldsymbol{Z} = \boldsymbol{H}\mu,$$

$$\mathrm{D}(\boldsymbol{Z}) = \boldsymbol{HPH}^{\mathrm{T}} + \boldsymbol{R}, \quad \mathrm{cov}(\boldsymbol{X},\boldsymbol{Z}) = \boldsymbol{PH}^{\mathrm{T}} = \mathrm{cov}^{\mathrm{T}}(\boldsymbol{Z},\boldsymbol{X})$$

再根据正态联合分布中的条件概率可知

$$\hat{\boldsymbol{X}}_{\mathrm{V}} = \mathrm{E}(\boldsymbol{X} \mid z) = \mu + \boldsymbol{PH}^{\mathrm{T}}[\boldsymbol{HPH}^{\mathrm{T}} + \boldsymbol{R}]^{-1}(\boldsymbol{Z} - \boldsymbol{H}\mu)$$

8.31** 设被估计量 X 和观测量 Z 的联合分布如表 8.5 所示，试求 X 的线性最小方差估计。

解 根据表中数据可以求出

$$\mathrm{E}X = \frac{1}{4}(2+3-2-3) = 0, \quad \mathrm{E}Z = \frac{1}{4}(1+1-1-1) = 0$$

$$\mathrm{D}X = \frac{1}{4}[2^2 + 3^2 + (-2)^2 + (-3)^2] = \frac{13}{2}$$

$$\mathrm{D}Z = \frac{1}{4}[1^2 + 1^2 + (-1)^2 + (-1)^2] = 1$$

$$\mathrm{cov}(X,Z) = [1\times 2 + 1\times 3 + (-1)(-2) + (-1)(-3)] = \frac{5}{2}Z$$

进而求得 $\boldsymbol{X}$ 的线性最小方差估计

$$\hat{X}_{\mathrm{LV}}(Z) = \mathrm{E}X + \mathrm{cov}(X,Z)\,(\mathrm{D}Z)^{-1}(Z - \mathrm{E}Z) = 0 + \frac{5}{2}\times 1 \times Z = \frac{5}{2}Z$$

8.32** 已知被估计量 X 和观测量 Z 的联合分布如表 8.6 所示，试求 $\boldsymbol{X}$ 的线性最小方差估计。

解 首先求出 X 和 Z 的二阶矩，由表 8.6 可知

$$\mathrm{E}X = \frac{1}{10}(-1) + \frac{3}{10}\times 1 + \frac{2}{10}\times 1 + \frac{1}{10}\times 2 = \frac{6}{10}$$

$$\mathrm{E}Z = \left(\frac{1}{10} + \frac{2}{10}\right)(-1) + \left(\frac{1}{10} + \frac{2}{10}\right)\times 1 = 0$$

$$\mathrm{D}X = \frac{1}{10}\left(\frac{17}{10}\right)^2 + \frac{2}{10}\left(\frac{7}{10}\right)^2 + \frac{1}{10}\left(\frac{7}{10}\right)^2 + \frac{3}{10}\left(\frac{3}{10}\right)^2 + \frac{1}{10}\left(\frac{3}{10}\right)^2 + \frac{2}{10}\left(\frac{173}{10}\right)^2 = \frac{81}{100}$$

$$\mathrm{D}Z = \left(\frac{1}{10} + \frac{2}{10}\right)(-1)^2 + \left(\frac{1}{10} + \frac{2}{10}\right)\times 1^2 = \frac{3}{5}$$

$$\operatorname{cov}(X,Z)=\frac{1}{10}\left(-\frac{17}{10}\right)(-1)+\frac{2}{10}\left(-\frac{7}{10}\right)(-1)+\frac{1}{10}\times\frac{3}{10}+\frac{2}{10}\times\frac{13}{10}=\frac{3}{5}$$

X 的线性最小方差估计为

$$\hat{X}_{LV}(Z)=EX+\operatorname{cov}(X,Z)(DZ)^{-1}(Z-EZ)$$

$$=\frac{7}{10}+Z=\begin{cases}-\dfrac{3}{10}, & z=-1\\[2mm] \dfrac{7}{10}, & z=0\\[2mm] \dfrac{17}{10}, & z=1\end{cases}$$

估计误差方差为

$$D[X-\hat{X}_L(Z)]=DX-\operatorname{cov}(X,Z)(DZ)^{-1}\operatorname{cov}(Z,X)=\frac{81}{100}-\frac{3}{5}=\frac{21}{100}$$

大于前面最小方差估计时的误差方差 $D(X-\hat{X}_V)=\frac{5}{24}$。

8.33** 对同一电压,用精度不同的表测量两次。已知第一次测量值为 10V,误差方差为 2;第二次测量值为 11V,误差方差为 1。试求出电压的线性最小方差估计值。

解 由式(8.7)得加权因子 $w=\frac{\sigma_1^2}{\sigma_1^2+\sigma_2^2}=\frac{2}{3}$,代入式(8.6),则得电压的最小方差估计

$$\hat{x}_{LV}=(1-w)\,\hat{x}_1+w\,\hat{x}_2=\left(1-\frac{2}{1+2}\right)\times 10+\frac{2}{1+2}\times 11=10\,\frac{2}{3}$$

此时的估计误差方差为

$$\hat{\sigma}^2=(1-\hat{w})\sigma_1^2=\frac{2}{3}$$

小于前面的任何一次测量误差的方差。

8.34** 根据对二维向量 $\boldsymbol{x}$ 的两次观测:

$$\boldsymbol{z}_1=\begin{bmatrix}2\\1\end{bmatrix}=\begin{bmatrix}1&1\\0&1\end{bmatrix}\boldsymbol{x}+\varepsilon_1$$

$$\boldsymbol{z}_2=4=\begin{bmatrix}1&2\end{bmatrix}\boldsymbol{x}+\varepsilon_2$$

求 $\boldsymbol{x}$ 的最小二乘估计。

解 采用记号

$$\boldsymbol{z}=\begin{bmatrix}\boldsymbol{z}_1\\\boldsymbol{z}_2\end{bmatrix}=\begin{bmatrix}2\\1\\4\end{bmatrix},\quad \boldsymbol{H}=\begin{bmatrix}\boldsymbol{H}_1\\\boldsymbol{H}_2\end{bmatrix}=\begin{bmatrix}1&1\\0&1\\1&2\end{bmatrix},\quad \varepsilon=\begin{bmatrix}\varepsilon_1\\\varepsilon_2\end{bmatrix}$$

则可将两个观测方程合成一个观测方程

$$\begin{bmatrix}2\\1\\4\end{bmatrix}=\begin{bmatrix}1&1\\0&1\\1&2\end{bmatrix}\boldsymbol{x}+\varepsilon$$

这里,矩阵 $\boldsymbol{H}$ 的秩为 2,$(\boldsymbol{H}^{\mathrm{T}}\boldsymbol{H})^{-1}$存在。利用式(8.10)可求得

$$\hat{\boldsymbol{x}}_{\mathrm{LV}}=\left\{\begin{bmatrix}1&0&1\\1&1&2\end{bmatrix}\begin{bmatrix}1&1\\0&1\\1&2\end{bmatrix}\right\}^{-1}\begin{bmatrix}1&0&1\\1&1&2\end{bmatrix}\begin{bmatrix}2\\1\\4\end{bmatrix}$$

$$=\begin{bmatrix}2&3\\3&6\end{bmatrix}^{-1}\begin{bmatrix}6\\11\end{bmatrix}=\frac{1}{3}\begin{bmatrix}6&-3\\-3&2\end{bmatrix}\begin{bmatrix}6\\11\end{bmatrix}=\begin{bmatrix}1\\\frac{4}{3}\end{bmatrix}$$

8.35** 考虑由数量方程

$$x_k=-x_{k-1},\quad k=1,2,\cdots$$

所定义的随机过程,其中 x_0 是均值为零,方差为 P_0 的正态随机变量。观测方程为

$$z_k=-x_{k-1}+v_k,\quad k=1,2,\cdots$$

其中观测噪声$\{v_k\}$是均值为零,方差为 R_k 的正态白噪声序列。设 $P_0=2,R_1=1$,$z_1=3,R_2=2,z_2=3$,试求出 $k=1,2$ 时状态的 $x(k)$的卡尔曼滤波值$\hat{x}(k)$。

解 由滤波公式可知 $P_{1|0}=P_0=2$;$K_1=\dfrac{P_0}{P_0+R_1}=\dfrac{2}{3}$。$x_1$ 的最优线性滤波

$$\hat{x}_1=(-1)\hat{x}_0+\frac{2}{3}(z_1-(-1)\hat{x}_0)=2$$

滤波误差为

$$P_1=\frac{P_0R_1}{P_0+R_1}=\frac{2}{3}$$

重复上述步骤,进一步递推,可得

$$P_{2|1}=P_1=\frac{2}{3};\quad K_1=\frac{P_1}{P_1+R_2}=\frac{1}{4}$$

x_1 的最优线性滤波

$$\hat{x}_1=(-1)\hat{x}_1+K_2(z_2-(-1)\hat{x}_1)=-2\frac{1}{4}$$

此时滤波误差为

$$P_2=\frac{P_1R_2}{P_1+R_2}=\frac{1}{2}$$

显然 P_2 小于 P_1,即第二步滤波结果比第一步滤波更准确。

8.36** 设一维的线性时不变系统的状态方程与观测方程分别为

$$x_k=ax_{k-1}+bw_k,y_k=hx_k+v_k$$

式中,w_k,v_k 为零均值正态分布白噪声,彼此不相关,同时假设 $\mathrm{D}w_k=\mathrm{D}v_k=1$;$x_0$

与 W_k、V_k 不相关，同时 $x_0 \sim N(0, P_0)$。试求此情况下的滤波公式。

解　此时滤波公式为

$$\hat{x}_k = a\hat{x}_{k-1} + K_k(y_k - ha\hat{x}_{k-1})$$

$$K_k = P_{k|k-1}h(h^2P_{k|k-1} + R)^{-1}$$

$$P_{k|k-1} = a^2P_{k-1} + b^2Q$$

$$P_k = (1 - K_kh)P_{k|k-1} = \frac{R \cdot (a^2P_{k-1} + b^2Q)}{(a^2P_{k-1} + b^2Q)h^2 + R}$$

根据题意 $Q=1, R=1$，则

$$P_k = \frac{a^2P_{k-1} + b^2}{h^2(a^2P_{k-1} + b^2) + 1}$$

可以证明当 $k \to \infty$ 时 P_k 有一个极限值，显然此值满足上面方程，即

$$a^2h^2P^2 + (b^2h^2 + 1 - a^2)P - b^2 = 0$$

由此解得

$$P = \frac{-(b^2h^2 + 1 - a^2) \pm \sqrt{(b^2h^2 + 1 - a^2)^2 + 4a^2b^2h^2}}{2a^2h^2}$$

由于要求 P 总是大于 0 的，上式只能取正号，于是得

$$P = \frac{1}{2a^2h^2}\left[\sqrt{(b^2h^2 + 1 - a^2)^2 + 4a^2b^2h^2} - (b^2h^2 + 1 - a^2)\right]$$

假设 $a=0.5, b=1.0, h=2.0, x_0=0, P_0$ 分别取 0 和 0.25，此时 $P_0, P_1, P_2, \cdots$ 计算结果如表 8.7 所示。

表 8.7　滤波中的 P 值

P_0	P_1	P_2	P_3	…	P_∞
0	0.2	0.2019	0.20194	…	0.20194
0.25	0.2024	0.2019	0.20194	…	0.20194

由表 8.7 可见 P_∞ 值与初始 P_0 取值无关，但 P_k 值与 R 值密切相关。

8.37**

(1) 给定矩阵 $\boldsymbol{A} = \begin{bmatrix} 0.5 & 0.3 & 0.4 \\ 0.5 & -0.4 & 0.4 \\ -0.1 & 0.4 & 0.3 \end{bmatrix}$，$\boldsymbol{C} = [0 \quad 1 \quad 0]$ 和状态初值 $\bar{\boldsymbol{x}}_1 = \begin{bmatrix} 0.85 \\ 1.25 \\ 0.39 \end{bmatrix}$ 构造一个模拟动态系统

$$\boldsymbol{x}_{k+1} = \boldsymbol{A}\boldsymbol{x}_k + \boldsymbol{e}_k, \quad y_k = [0 \quad 1 \quad 0]\boldsymbol{x}_k, \quad \bar{\boldsymbol{x}}_1 = \begin{bmatrix} 0.85 \\ 1.25 \\ 0.39 \end{bmatrix}$$

式中 $\{\boldsymbol{e}_i\}$ 和标准正态随机噪声 $\{v_i\}$ 为互不相关的正态白噪声。求出模拟系统的

输出。

(2) 调用卡尔曼滤波函数，利用得到的输出值 $y_1,y_2,\cdots,y_{20}$ 进行滤波，求出模拟系统状态滤波值 $\hat{\boldsymbol{x}}_1,\hat{\boldsymbol{x}}_2,\cdots,\hat{\boldsymbol{x}}_{20}$。将 $\bar{\boldsymbol{x}}_k(i)$ 和 $\hat{\boldsymbol{x}}_k(i)(k=1,2,\cdots,20,i=1,2,3)$ 分别打印出来，并加以比较。

解

(1) 构造模拟系统

① 利用递推公式 $\boldsymbol{x}_{k+1}=\boldsymbol{A}\boldsymbol{x}_k$ 和状态初值 $\bar{\boldsymbol{x}}_1=\begin{bmatrix}0.85\\1.25\\0.39\end{bmatrix}$，得出确定值 $\bar{\boldsymbol{x}}_2,\bar{\boldsymbol{x}}_3,\cdots,\bar{\boldsymbol{x}}_{20}$；

② 利用计算机生成标准正态随机噪声 $\boldsymbol{e}_1,\boldsymbol{e}_2,\cdots,\boldsymbol{e}_{20}$ 并分别与 $\bar{\boldsymbol{x}}_1,\bar{\boldsymbol{x}}_2,\cdots,\bar{\boldsymbol{x}}_{20}$ 叠加得到 $\boldsymbol{x}_i=\bar{\boldsymbol{x}}_i+\boldsymbol{e}_i,i=1,2,\cdots,20$；

③ 令 $\bar{y}_k=\boldsymbol{C}\boldsymbol{x}_k=[0\quad 1\quad 0]\begin{bmatrix}x_k(1)\\x_k(2)\\x_k(3)\end{bmatrix}=x_k(2)$。利用计算机生成标准正态随机噪声 $v_1,v_2,\cdots,v_{20}$，$\mathrm{E}[v(i)\boldsymbol{e}(j)]=0$，并分别与 $\bar{\boldsymbol{x}}_1,\bar{\boldsymbol{x}}_2,\cdots,\bar{\boldsymbol{x}}_{20}$ 叠加得出模拟系统的输出 $y_i=\bar{y}_i+v_i,i=1,2,\cdots,20$。

相应 MATLAB 程序如下：

```
%理论初值
    x(:,1) = [8.539;12.481; - 3.924];
%状态估计初值
    x_e(:,1) = [15;16;17];
    A = [0.5,0.3,0.4;0.5, - 0.4,0.4; - 0.1,0.4,0.3];
    B = zeros(3,3);
    G = eye(3,3);
    C = [0,1,0];
    D = [0,0,0];
    H = zeros(1,3);
    for i = 2: 20
%产生服从正态分布 N(0,1)的模型噪声
    w = randn(3,1);
%产生服从正态分布 N(0,1)的观测噪声
    v = randn(1,1);
    x(:,i) = A * x(:,i - 1);
%加模型噪声干扰
    x1(:,i) = x(:,i) + w;
    QN = eye(2,2);
    RN = 1;
```

```
    NN = 0;
%加观测噪声干扰
    z0(:,i) = C * x1(:,i) + v;
```

(2) 调用卡尔曼滤波函数,利用得到的输出值 $y_1, y_2, \cdots, y_{20}$ 进行滤波,求出模拟系统状态滤波值 $\hat{x}_1, \hat{x}_2, \cdots, \hat{x}_{20}$。将 $\bar{x}_k(i)$ 和 $\hat{x}_k(i)$, $k=1,2,\cdots,20$; $i=1,2,3$ 分别打印出来,并加以比较。具体程序如下:

```
%描述系统
    SYS = SS(A,[B G],C,[D H], - 1);
% Kalman 滤波
    [KEST,L,P] = kalman(SYS,QN,RN,NN);
%计算滤波值
    x_e(:,i) = A * x_e(:,i - 1) + L * (z0(:,i) - C * A * x_e(:,i - 1));
end
%绘图说明状态理论值与滤波后最优估计值的对比
t = 1: 20;
subplot(2,2,1),plot(t,x(1,:),'b',t,x_e(1,:),'r');
subplot(2,2,2),plot(t,x(2,:),'b',t,x_e(2,:),'r');
subplot(2,2,3),plot(t,x(3,:),'b',t,x_e(3,:),'r');
```

为了简洁明了,没有把 $\{y_i\}$ 和 $\{\hat{\boldsymbol{x}}_i\}$ 值具体打印输出,通过图 8.1 可以看出 10 个时间间隔后滤波值 $\hat{\boldsymbol{x}}_k$ 与状态真值(未加噪声值) $\bar{\boldsymbol{x}}_k$ 已经非常接近。

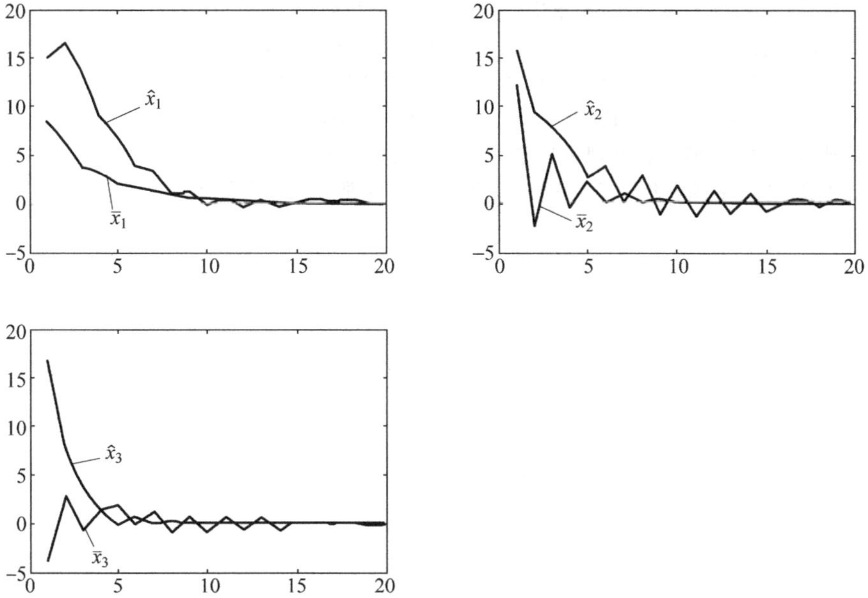

图 8.1　滤波效果显示

参考文献

1 谢绪恺.现代控制理论基础.辽宁：辽宁人民出版社，1980

2 王照林等.现代控制理论基础.北京：国防工业出版社，1981

3 郑大中.线性系统理论(第二版).北京：清华大学出版社，2002

4 张嗣瀛.现代控制理论.北京：冶金工业出版社，1994

5 王贞祥等.系统辨识与参数估计.辽宁：东北大学出版社，1983

6 尤昌德.现代控制理论基础.北京：电子工业出版社，1996

7 王积伟.现代控制理论与工程.北京：高等教育出版社，2003

8 薛定宇，陈阳泉.基于 MATLAB/Simulink 的系统仿真技术与应用.北京：清华大学出版社，2003

9 William L. Brogan, Modern Control Theory, Prentice hall, Upper Saddle River, NJ 07458, 2000

10 于长官.现代控制理论.哈尔滨：哈尔滨工业大学出版社，2005

11 曲延滨，王新生.现代控制理论基础.哈尔滨：哈尔滨工业大学出版社，2005

12 梁慧冰，孙炳达.现代控制理论基础.北京：机械工业出版社，1998

13 李少康.现代控制理论基础.西安：西北工业大学出版社，2005

14 程鹏，王艳东.现代控制理论基础.北京：北京航空航天大学出版社，2005

15 王划一，杨西侠，林家恒.现代控制理论基础.北京：国防工业出版社，2005

16 宋丽蓉.现代控制理论基础.北京：中国电力出版社，2006

17 刘豹.现代控制理论.北京：机械工业出版社，1998

18 李斌，何济民.现代控制理论.重庆：重庆大学工业出版社，2003

19 武俊峰.现代控制理论基础.哈尔滨：哈尔滨工程大学出版社，1998

20 王孝武.现代控制理论基础.合肥：合肥工业大学出版社，1998

21 谢克明.现代控制理论基础.北京：北京工业大学出版社，2000

22 钟秋海，傅梦印.现代控制理论与应用.北京：机械工业出版社，1997

23 方永良.现代控制理论及其 MATLAB 实践.杭州：浙江大学出版社，2005

《全国高等学校自动化专业系列教材》丛书书目

教材类型	编　号	教材名称	主编/主审	主编单位	备注
本科生教材					
控制理论与工程	Auto-2-(1+2)-V01	自动控制原理(研究型)	吴麒、王诗宓	清华大学	
	Auto-2-1-V01	自动控制原理(研究型)	王建辉、顾树生/杨自厚	东北大学	
	Auto-2-1-V02	自动控制原理(应用型)	张爱民/黄永宣	西安交通大学	
	Auto-2-2-V01	现代控制理论(研究型)	张嗣瀛、高立群	东北大学	
	Auto-2-2-V02	现代控制理论(应用型)	谢克明、李国勇/郑大钟	太原理工大学	
	Auto-2-3-V01	控制理论 CAI 教程	吴晓蓓、徐志良/施颂椒	南京理工大学	
	Auto-2-4-V01	控制系统计算机辅助设计	薛定宇/张晓华	东北大学	
	Auto-2-5-V01	工程控制基础	田作华、陈学中/施颂椒	上海交通大学	
	Auto-2-6-V01	控制系统设计	王广雄、何朕/陈新海	哈尔滨工业大学	
	Auto-2-8-V01	控制系统分析与设计	廖晓钟、刘向东/胡佑德	北京理工大学	
	Auto-2-9-V01	控制论导引	万百五、韩崇昭、蔡远利	西安交通大学	
	Auto-2-10-V01	控制数学问题的 MATLAB 求解	薛定宇、陈阳泉/张庆灵	东北大学	
控制系统与技术	Auto-3-1-V01	计算机控制系统(面向过程控制)	王锦标/徐用懋	清华大学	
	Auto-3-1-V02	计算机控制系统(面向自动控制)	高金源、夏洁/张宇河	北京航空航天大学	
	Auto-3-2-V01	电力电子技术基础	洪乃刚/陈坚	安徽工业大学	
	Auto-3-3-V01	电机与运动控制系统	杨耕、罗应立/陈伯时	清华大学、华北电力大学	
	Auto-3-4-V01	电机与拖动	刘锦波、张承慧/陈伯时	山东大学	
	Auto-3-5-V01	运动控制系统	阮毅、陈维钧/陈伯时	上海大学	
	Auto-3-6-V01	运动体控制系统	史震、姚绪梁/谈振藩	哈尔滨工程大学	
	Auto-3-7-V01	过程控制系统(研究型)	金以慧、王京春、黄德先	清华大学	
	Auto-3-7-V02	过程控制系统(应用型)	郑辑光、韩九强/韩崇昭	西安交通大学	
	Auto-3-8-V01	系统建模与仿真	吴重光、夏涛/吕崇德	北京化工大学	
	Auto-3-8-V01	系统建模与仿真	张晓华/薛定宇	哈尔滨工业大学	
	Auto-3-9-V01	传感器与检测技术	王俊杰/王家祯	清华大学	
	Auto-3-9-V02	传感器与检测技术	周杏鹏、孙永荣/韩九强	东南大学	
	Auto-3-10-V01	嵌入式控制系统	孙鹤旭、林涛/袁著祉	河北工业大学	
	Auto-3-13-V01	现代测控技术与系统	韩九强、张新曼/田作华	西安交通大学	
	Auto-3-14-V01	建筑智能化系统	章云、许锦标/胥布工	广东工业大学	
	Auto-3-15-V01	智能交通系统概论	张毅、姚丹亚/史其信	清华大学	
	Auto-3-16-V01	智能现代物流技术	柴跃廷、申金升/吴耀华	清华大学	

续表

教材类型	编　　号	教材名称	主编/主审	主编单位	备注
本科生教材					
信号处理与分析	Auto-5-1-V01	信号与系统	王文渊/阎平凡	清华大学	
	Auto-5-2-V01	信号分析与处理	徐科军/胡广书	合肥工业大学	
	Auto-5-3-V01	数字信号处理	郑南宁/马远良	西安交通大学	
计算机与网络	Auto-6-1-V01	单片机原理与接口技术	杨天怡、黄勤	重庆大学	
	Auto-6-2-V01	计算机网络	张曾科、阳宪惠/吴秋峰	清华大学	
	Auto-6-4-V01	嵌入式系统设计	慕春棣/汤志忠	清华大学	
	Auto-6-5-V01	数字多媒体基础与应用	戴琼海、丁贵广/林闯	清华大学	
软件基础与工程	Auto-7-1-V01	软件工程基础	金尊和/肖创柏	杭州电子科技大学	
	Auto-7-2-V01	应用软件系统分析与设计	周纯杰、何顶新/卢炎生	华中科技大学	
实验课程	Auto-8-1-V01	自动控制原理实验教程	程鹏、孙丹/王诗宓	北京航空航天大学	
	Auto-8-3-V01	运动控制实验教程	綦慧、杨玉珍/杨耕	北京工业大学	
	Auto-8-4-V01	过程控制实验教程	李国勇、何小刚/谢克明	太原理工大学	
	Auto-8-5-V01	检测技术实验教程	周杏鹏、仇国富/韩九强	东南大学	
研究生教材					
	Auto(*)-1-1-V01	系统与控制中的近代数学基础	程代展/冯德兴	中科院系统所	
	Auto(*)-2-1-V01	最优控制	钟宜生/秦化淑	清华大学	
	Auto(*)-2-2-V01	智能控制基础	韦巍、何衍/王耀南	浙江大学	
	Auto(*)-2-3-V01	线性系统理论	郑大钟	清华大学	
	Auto(*)-2-4-V01	非线性系统理论	方勇纯/袁著祉	南开大学	
	Auto(*)-2-6-V01	模式识别	张长水/边肇祺	清华大学	
	Auto(*)-2-7-V01	系统辨识理论及应用	萧德云/方崇智	清华大学	
	Auto(*)-2-8-V01	自适应控制理论及应用	柴天佑、岳恒/吴宏鑫	东北大学	
	Auto(*)-3-1-V01	多源信息融合理论与应用	潘泉、程咏梅/韩崇昭	西北工业大学	
	Auto(*)-4-1-V01	供应链协调及动态分析	李平、杨春节/桂卫华	浙江大学	

教师反馈表

感谢您购买本书！清华大学出版社计算机与信息分社专心致力于为广大院校电子信息类及相关专业师生提供优质的教学用书及辅助教学资源。

我们十分重视对广大教师的服务，如果您确认将本书作为指定教材，请您务必填好以下表格并经系主任签字盖章后寄回我们的联系地址，我们将免费向您提供有关本书的其他教学资源。

您需要教辅的教材：			
您的姓名：			
院系：			
院/校：			
您所教的课程名称：			
学生人数/所在年级：	__________人/ 1 2 3 4 硕士 博士		
学时/学期	__________学时/__________学期		
您目前采用的教材：	作者：__________ 书名：__________ 出版社：__________		
您准备何时用此书授课：			
通信地址：			
邮政编码：		联系电话	
E-mail：			
您对本书的意见/建议：		系主任签字 盖章	

我们的联系地址：

清华大学出版社　学研大厦 A602，A604 室

邮编：100084

Tel：010-62770175-4409，3208

Fax：010-62770278

E-mail：liuli@tup.tsinghua.edu.cn；hanbh@tup.tsinghua.edu.cn